光尘
LUXOPUS

TURING 图灵新知

理性的边界

人类语言、逻辑与科学的局限性

[美] 诺桑·S. 亚诺夫斯基 (Noson.S.Yanofsky) —— 著

王晨 —— 译

THE OUTER LIMITS OF REASON

WHAT SCIENCE，MATHEMATICS，AND LOGIC CANNOT TELL US

人民邮电出版社

北京

图书在版编目（CIP）数据

理性的边界：人类语言、逻辑与科学的局限性 /
（美）诺桑·S.亚诺夫斯基（Noson S. Yanofsky）著 ；
王晨译. -- 北京 ： 人民邮电出版社，2023.7（2024.2重印）
（图灵新知）
ISBN 978-7-115-61732-3

Ⅰ. ①理… Ⅱ. ①诺… ②王… Ⅲ. ①知识论 Ⅳ.
①G302

中国国家版本馆CIP数据核字（2023）第090975号

内容提要

科学的每一次进步，都源自科学家对人类知识极限的不断探索，对客观、理性和自我的深刻问题的一次次挑战。许多书解释了人类已知的科学，这本书则聚焦于我们不知道的知识。作者希望通过探索未知，指出人类知识边界，并找到突破极限的方法。本书解读了量子的奇异性、相对论的意义、混沌理论的诞生过程、无限大的不同层次、无法用正常方法解决的数学问题、正确但无法证明的事实，为我们展示了知识的极限，并在此基础上重新定义了何为理性，以及探讨了人类世界与思维的复杂关系。

本书适合所有喜欢深度思考、探求事物本质的读者阅读。

◆ 著　　　　　　［美］诺桑·S.亚诺夫斯基（Noson S. Yanofsky）
译　　　　　　王　晨
责任编辑　　　温　雪　谢婷婷
责任印制　　　胡　南
◆ 人民邮电出版社出版发行　　北京市丰台区成寿寺路 11 号
邮编　100164　电子邮件　315@ptpress.com.cn
网址　https://www.ptpress.com.cn
文畅阁印刷有限公司印刷
◆ 开本：720×960　1/16
印张：29　　　　　　　　　　　2023 年 7 月第 1 版
字数：395 千字　　　　　　　　2024 年 2 月河北第 2 次印刷
著作权合同登记号　　　　图字：01-2023-1960 号

定价：99.80 元
读者服务热线：（010）84084456-6009　印装质量热线：（010）81055316
反盗版热线：（010）81055315
广告经营许可证：京东市监广登字 20170147 号

版权声明

献给谢娜·莉娅
哈达萨、丽芙卡、巴鲁克和米里亚姆

前　言

我们对世界了解得越多、越深入，我们对自己所不知道的东西，对我们的无知的了解，就越是自觉、详细和清楚。[1]

——卡尔·波普尔（Karl Popper）

一个人必须知道自己的局限。

——哈里·卡拉汉（Harry Callahan），

《紧急搜捕令》（*Magnum Force*，1973）

凡事应该尽可能简单，但不能太过简单。

——（被认为是）阿尔伯特·爱因斯坦（Albert Einstein）

人类对事物的理解总是伴随着矛盾的情绪。一旦我们了解了什么事物，我们常常会觉得它乏味平庸，甚是无趣。另外，神秘未知的事物总是令人着迷，吸引着我们的注意力。这些我们不知道或不了解的事物激发着我们的兴趣，而那些我们**无法知道**的事情更令我们心驰神往。理性告诉我们，一些事物我们无法理解，是因为它们超出了理性的边界，本书将就此主题进行探讨。

许多图书透过科学、数学和理性向我们揭示了令人惊叹的事实。还有一些书探讨的是科学、数学和理性尚未彻底解释清楚的主题。本书有点不同，我们在这里研究的是，科学、数学和理性告诉我们的哪些事物是**不可能**被揭示的。

什么是无法被预测或了解的？什么是永远不会被理解的？什么是被计算机、物理学、力学和我们的思维过程所局限的？什么位于理性的边界之外？本书致力于回答其中的一些问题，书中的许多想法对我们关于宇宙、人类理性以及我们自身的根深蒂固的观念提出了挑战。

在这条道路上，我们将研究需要数万亿个世纪才能解决的简单计算机问题；思考结构上无懈可击但毫无意义的句子；了解无限的不同层次；进入不可思议的、奇妙的量子世界；讨论计算机永远不可能解决的具体问题；和带来龙卷风的蝴蝶交朋友；思忖在不同的派对上同时起舞的粒子；认识悖论和自指悖论；看一看我们对空间、时间和因果关系的朴素认知在相对论面前会得到怎样的教诲；理解哥德尔关于逻辑局限性的著名定理；探寻一些无法解决的数学和物理学问题；探索科学、数学和理性的真正本质；探究为什么这个世界看上去对人类来说如此完美；检视我们的思维、理性与物质世界之间的复杂关系。我们还将试着向理性的边界之外窥视，看看那里有什么东西。以上这些内容以及许多其他令人着迷的话题将以清晰易懂的方式呈现在读者面前。

在探索各个领域的这些局限性时，我们会发现，众多不同方面的局限性拥有相似的模式。本书将研究这些模式，以便读者更好地理解理性及其局限性。

本书并不是一本可以证明理性局限性的全部范例的汇编。我们的目标是理解为什么会出现这些边界，以及为什么理性不能逾越这些边界。我们在每个领域挑选数个有代表性的局限性范例，并对它们进行深入讨论。

我不会只是列出这些局限，我的目标是解释它们，或者至少直观地说明为什么某一特定领域会超出理性的边界。读者需要知道这本书并没有投机的意图，也无意开创什么新时代。它也不是一本历史书，我不会在里面用精心雕琢的辞藻粉饰名词的意义，也不会一门心思地关注它们按照年代顺序发展的历程。这是一本通俗的科普读物，它将循序渐进且清楚明晰地阐述其中的思想。

斯蒂芬·霍金（Stephen Hawking）有一句名言："每个方程式会让读者的

数量减少一半。"我很认同这句话，所以这本书里的方程式很少。我相信图表能够将复杂的概念以简洁的方式表达出来。清楚明晰是我的目标。

　　书中的每一章探讨一个不同的领域：科学、数学、语言学、哲学等。这些内容按照从具体到抽象的逻辑进行排列。我会从使用日常语言的简单问题开始，过渡到容易理解的哲学问题，以抽象的数学世界作为结尾。在大部分情况下，这些章节是彼此独立的，以任何顺序阅读都可以。建议读者从自己最感兴趣的主题开始阅读（自指悖论是本书的统一性主题，出现在第 2 章、第 4 章、第 6 章和第 9 章）。

目　录

前言

第 1 章　理性不是万能的　　　　　　　　　　　／ 001

第 2 章　语言悖论　　　　　　　　　　　　　　／ 019
　　2.1　骗子！骗子！　　　　　　　　　　　　　／ 021
　　2.2　自指悖论　　　　　　　　　　　　　　　／ 026
　　2.3　描述数的性质　　　　　　　　　　　　　／ 034

第 3 章　哲学难题　　　　　　　　　　　　　　／ 039
　　3.1　从忒修斯之船说起　　　　　　　　　　　／ 041
　　3.2　芝诺、哥德尔和时空旅行　　　　　　　　／ 052
　　3.3　语言的模糊性　　　　　　　　　　　　　／ 063
　　3.4　"知道"意味着什么　　　　　　　　　　／ 071

第 4 章　无限谜题　　　　　　　　　　　　　　／ 077
　　4.1　有限集合　　　　　　　　　　　　　　　／ 080
　　4.2　无限集合　　　　　　　　　　　　　　　／ 085
　　4.3　还有比无限更大的吗？　　　　　　　　　／ 092
　　4.4　可知的和不可知的　　　　　　　　　　　／ 104

第 5 章　　计算的复杂性　　　　　　　　　　　/ 115

　　5.1　一些简单但不轻松的问题　　　　　/ 118

　　5.2　一些难以求解的问题　　　　　　　/ 129

　　5.3　这些问题都是相通的　　　　　　　/ 143

　　5.4　不够圆满的答案　　　　　　　　　/ 152

　　5.5　更难的问题还在后面　　　　　　　/ 155

第 6 章　　计算机的局限性　　　　　　　　　　/ 159

　　6.1　陷入死循环的程序　　　　　　　　/ 162

　　6.2　停机还是不停机?　　　　　　　　 / 165

　　6.3　更多的不可判定的问题　　　　　　/ 174

　　6.4　计算机的"神谕"　　　　　　　　 / 182

　　6.5　让计算机拥有思维　　　　　　　　/ 188

第 7 章　　科学的局限性　　　　　　　　　　　/ 191

　　7.1　混沌和秩序　　　　　　　　　　　/ 193

　　7.2　量子力学　　　　　　　　　　　　/ 208

　　7.3　相对论　　　　　　　　　　　　　/ 249

第 8 章　　元科学的困惑　　　　　　　　　　　/ 271

　　8.1　科学的哲学局限性　　　　　　　　/ 273

8.2 科学和数学 / 292

8.3 理性的起源 / 314

第 9 章 数学面临的障碍 / **341**

9.1 古典时代的局限 / 343

9.2 伽罗瓦理论 / 350

9.3 比停机问题还难 / 355

9.4 逻辑学 / 365

9.5 公理和独立性 / 381

第 10 章 理性之外 / **389**

10.1 总结 / 391

10.2 定义理性 / 397

10.3 向更远处眺望 / 401

致谢 / **407**

注释 / **411**

参考文献 / **437**

第 1 章

理性不是万能的

人类理性在其知识的某个门类里有一种特殊的命运，那就是：它为一些它无法摆脱的问题所困扰；因为这些问题是由理性自身的本性向自己提出来的，但它又不能回答它们；因为这些问题超越了人类理性的一切能力。[1]

——伊曼努尔·康德（Immanuel Kant，1724—1804）

当光明的圆扩大之时，黑暗的圆周亦随之扩大。[2]

——（被认为是）阿尔伯特·爱因斯坦

佐巴：那个年轻人为什么会死？为什么任何人都要死？

巴兹尔：我不知道。

佐巴：要是你那些该死的书不能回答这些问题，它们又有什么用呢？

巴兹尔：它们告诉了我，那些不能回答你这些问题的人的痛苦。

佐巴：我唾弃那种痛苦！

——《希腊人佐巴》（*Zorba the Greek*，1964）

　　科学和技术的发达程度可以作为衡量文明的标准。科学和技术越发达，相应的文明就越先进。我们的文明被认为比原始社会更先进，这要归功于我们取得的所有科技成果。相比之下，如果某个外星文明造访地球，我们的文明就会被认为是原始的，这几乎是不言而喻的，因为它们掌握了星际空间的旅行技术，而我们没有。使用科学和技术作为衡量标准的原因在于：这些活动是人类文化的各个方面中唯一以自身为基础进行构建的。后人蒙前人福荫，继往开来。迄今最伟大的科学家之一艾萨克·牛顿（Isaac Newton，1643—1727）对此做了十分精妙的表述："如果我（比别人）看得更远，那只是因为我站在巨人的肩膀上。"科学的发展是这样一种持续不断的积累，因此它很适合作为比较不同文明的标尺。与科学和技术形成对比的是，人类文化的其他方面如艺术、人际关系、文学、政治、道德等，都不能说是以自身为基础进行构建的。[3]

　　衡量文明的另一种方式是看它在多大程度上摒弃了不科学和非理性的观念。现今社会更加先进，因为我们已经将炼金术当作傻乎乎的梦想丢进了垃圾桶，转而潜心研究化学。几个世纪以来的占星学论著都被视为胡言乱语，但我们保留了对天文学的研究。随着文明的进步，它会将自身的观念和神话置于逻辑分析的框架中，抛弃超出理性范围之外的内容。

　　在进步的过程中，文明使用的工具是理性。理性和推理是社会进步使用的方法论。某种文化若合乎理性，它就会进步。当它偏离理性，或者超出理性的边界，它就会停滞不前甚至倒退。

　　理性有很多种形式。按照广义的（或许也是不甚精确的）概念，科学是我们用来描述和预测可度量的实体世界的语言。数学更为抽象，可以分成两个领域：应用数学是科学的语言，而纯数学是理性的语言。逻辑学也是一种理性的语言。因为科学、技术、理性、逻辑和数学全都是彼此相互联系的，所以我对其中任何一种事物的描述通常也适用于其他事物。有时候我会只用理性（reason）一词来指代它们所有。

　　千百年来，哲学家一直在反思和争论哪些东西是人类有可能知道的，又有哪些东西是人类不可能知道的。这个探讨人类知识及其边界的哲学门类称为**认识论**（epistemology）。虽然这些哲学家提出的观念十分引人入胜，但他们的作品并不是我们在这本书里关注的焦点。相反，我们感兴趣的是，科学家、数学家和当下的研究者对于人类的知识与理性的边界的阐述。

　　现代科学、数学和理性最了不起的一点在于它们已经发展得非常成熟，到了能够看见自身局限性的水平。最近，科学家和数学家已经加入哲学家的行列，共同讨论人类认识世界之能力的局限。而理性在科学上的局限性正是本书的主题。

　　下面这个可爱的小游戏能让我们初步了解理性的局限是什么意思。[4] 这个游戏非常有趣，很值得思考，而且强烈推荐作为任何鸡尾酒派对上的益智挑战。找一张普通的 8×8 国际象棋棋盘和一些尺寸为 2×1 的多米诺骨牌，尝试用多米诺骨牌盖住整张棋盘。

　　棋盘上有 64 个方格，每张多米诺骨牌覆盖两个方格，所以一共需要 32 张多米诺骨牌。完成这项任务的方式有数百万种之多。图 1-1 展示了我们开始进行这个过程的一种可能性。

　　这的确很简单。现在让我们尝试一项更有挑战性的任务。在棋盘对角的两个方格上各放置一枚代表王后的棋子。现在再来试试盖住除了这两个方格之外的所有方格，如图 1-2 所示。需要覆盖的方格是 62 个，意味着一共需要 31 张

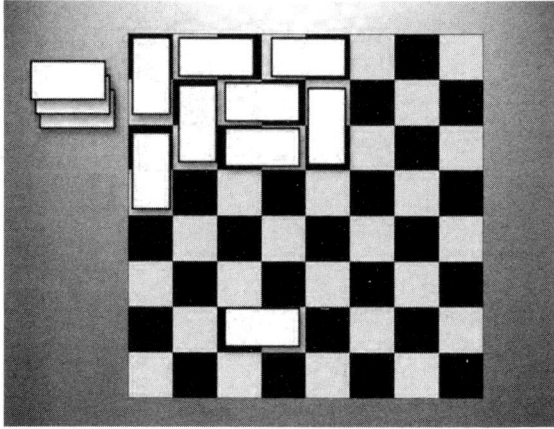

图 1-1　用多米诺骨牌覆盖国际象棋棋盘

多米诺骨牌。试试看！

　　尝试了一会儿并发现自己无法盖住每个方格之后，你可能会考虑将这个小游戏展示给别人，尤其是那些游戏迷。他们也会有相似的体验。你或许想找一台计算机来解决这个问题，因为机器可以迅速尝试多种可能性。开始在棋盘上放置多米诺骨牌的方式即使没有几十亿种，也有数百万种之多。然而，没有任何人或任何计算机能够完成这项任务。

　　将 31 张多米诺骨牌放置在一张国际象棋棋盘上，这个简单的问题之所以看上去那么困难，是因为它是**无法做到**的。它不是一个困难的问题，它是一个**不可能解决**的问题。实际上要解释这一点倒是很容易。每张多米诺骨牌都是 2×1 的尺寸，所以必须在棋盘上占据 1 个黑方格和 1 个白方格。图 1-1 中的棋盘有 32 个黑方格和 32 个白方格需要覆盖。棋盘上的黑白方格是完全对称的。相比之下，图 1-2 中的棋盘只有 30 个黑方格和 32 个白方格需要覆盖。然而因为每张多米诺骨牌必须覆盖 1 个黑方格和 1 个白方格，所以这 62 个方格无法用多米诺骨牌全部覆盖。移动棋子的位置，让一个王后位于黑方格上，另一个王后位于白方格上。现在再来试试看。

图 1-2　去掉对角的两个方格后再覆盖棋盘

　　这个小游戏有很多美妙的特点。它容易解释，易于玩家尝试寻找解决方案，而且还可以尝试使用计算机解决问题。然而它无法解决。不是因为我们不够聪明，不能解决这个问题，也不是因为这个问题超出了当下技术水平的能力，它根本就是无法被解决的。这个问题无法被解决，这不是某位人士的意见，而是放之四海而皆准的事实。理智告诉我们，我们解决这一问题的能力存在局限。这个问题最棒的部分在于，它为什么无法被解决的理由是很容易解释的。一旦陈述出这个理由，你就会被彻底说服，不再为之烦心。

　　本书将展示许多诸如此类无法解决的问题和局限。

　　接下来，我将对本书涵盖的局限类型进行分类介绍，而不是按照顺序给出每一章的概要。对于每一类局限，我将列出来自不同章节的例子。这将让本书呈现出更富于整体性的结构。

　　关于局限的例子十分丰富。计算机科学家已经向我们展示过，有很多任务是计算机无法在一段合理的时间之内完成的（第 5 章）。他们还发现，有些任务是计算机无论花多长时间也完成不了的（第 6 章）。物理学家讨论了这个世界的复杂程度，而有些现象复杂到连科学和数学都无法对其进行预测（7.1 节）。数学家发现某些类型的方程无法用正常方法求解（9.2 节）。逻辑学家已经证明，论证的力量是有局限的。他们描述了一些为真但无法被证明的逻辑语句（9.4 节）。语言哲学家指出，对于这个我们自身生活在其中的世界，我们的描述能力是受到局限的（第 2 章）。

还存在其他一些类型的局限，而且从某种意义上说，这些局限拥有更深的层次。这些局限表明，我们对自身生活的世界以及我们与这个世界的关系的朴素直觉是错误的。我们对宇宙及其性质的思考方式必须升级。每个物体都有一个客观定义，这是我们的一条基本假设，但它需要重新评估（3.1 节）。古典哲学家芝诺（Zeno）表示，我们对空间、时间和运动的常规认识需要做更深入的分析（3.2 节）。量子力学已经教会我们，知道者和被知道的事物之间的关系并不简单。物理学的这一分支向我们展示，世界比此前设想的关联更紧密（7.2 节）。研究者发现，我们对于无限的简单直觉是错误的，需要修正（第 4 章）。相对论表明，我们对空间、时间和因果关系的认知是错误的，需要更正。物理学家指出，不存在对长度或持续时间的客观测量（7.3 节）。我们、我们的世界，以及我们用来描述世界的科学和数学，这些事物之间的关系并不简单（第 8 章）。本书后面的内容将深入探讨所有这些以及其他更多主题。

上述局限的展现方式有许多种。比较有趣的方式之一是悖论（paradox）。这个词来自希腊语前缀 para-（"与之相反的"）和 doxa（"意见"）。《牛津英文词典》给出了许多互相重叠的定义，列举如下。

- 与被人们广为接受的观点或信仰相反的陈述或理念。（例如："二手烟对你来说没有那么糟糕。"）

- 一种听上去十分荒谬或自相矛盾的陈述或命题，或者让人感到强烈地违反直觉，然而对其进行调查、分析和解释，却发现它是根据充分的或真实的。（例如：“长期来看，股票市场不是个投资的好地方。”“站立比步行更费力。”）

对我们而言，最重要的定义是：

- 一种论证过程，它基于（表面上）合理的前提并使用（表面上）有效的推理，得出的结论违反常识，在逻辑上不合理或者自相矛盾。

这些悖论将是我们关注的重点。悖论先得有一个前提或假设，然后用有效的逻辑推理推导出谬误。我们可以将悖论的推导过程表示如下：

假设 ➡ 谬误。

由于谬误是不应该发生的，而我们的推导过程使用的是有效的逻辑推理，那么唯一的结论就是我们的假设是不正确的。在某种程度上，悖论是一种测试，可以看出某个假设是否能合理地通过理性的检验。如果使用有效的推理从假设推导出谬误的话，那么假设就是错误的。出现悖论表明我们已经跨过了理性的边界。从这个意义上说，悖论是不正确观点的指针。它指出这样一个事实，即假设是错误的。既然假设是错误的，它就不能通过理性的检验。这是理性的一种局限。

在大多数情况下，我们遇到的谬误类型是矛盾。我所说的矛盾，是指一件事看上去既是真的，同时又是假的。可表示如下：

假设 ➡ 矛盾。

由于世界上不会存在这样的矛盾，所以假设一定有问题。例如，在第 6 章中，如果我们假设一台计算机能够执行某项特殊的任务，那么我们就会在其他特定的计算机上推导出矛盾。既然计算机这样的物体不会存在矛盾，那么我们的假设一定有问题。

悖论的论证方式与一种常见的数学论证方法是相同的。下面要介绍的就是"矛盾证明法"（proof by contradiction），即"反证法"，拉丁语表示为 reductio ad absurdum（"归谬法"）。如果你想证明某个命题是正确的，只要假设这个命题是假的，并推导出矛盾即可：

命题为假 ➡ 矛盾。

由于矛盾在数学推理的世界中是不允许出现的，那么假设一定是不正确的，也就是说原命题为真。我们来看一个简单的例子，对数字 2 的平方根不是有理数这一命题的数学证明（9.1 节）。如果假设数字 2 的平方根是有理数，就会推导出矛盾。我们由此得出结论，数字 2 的平方根不是有理数。在 4.3 节中，如果假设某两个特定的集合大小相等，就会推导出矛盾。我们由此得出结论，其中一个集合必然大于另一个集合。利用矛盾进行证明的例子无所不在。

悖论的推导并不需要一个十分成熟的矛盾。只要推导出一个与观察结果不符或者虚假的事件即可：

假设 ➡ 虚假的事件。

再一次地，因为我们推导出了谬误，所以我们的假设一定是错误的。芝诺悖论就属于这个类型（3.2 节）。芝诺先做出某种假设，然后推导得出结论，即运动是不可能的。任何曾在街道上行走的人都知道，运动无时无刻不在发生，所以芝诺的假设是错误的。芝诺悖论的难点在于找到假设的荒谬之处。

在很多情况下，悖论出现的时候将此前隐藏的假设暴露得无所遁形。这些假设可能深植于我们的意识之中，以至于我们压根不会认真思考它们（例如，空间是连续的而非离散的，或者物体有确切的定义）。这些悖论将挑战我们对自身生活在其中的世界的直觉。在发现我们的直觉是虚假的之后，我们就可以抛弃它们，继续向前探索。美国哲学家威拉德·冯·奥曼·奎因（Willard Van Orman Quine，1908—2000）雄辩地写道：

> 形成悖论的论证会暴露出某种隐藏前提或预设观念的荒谬之处，而这些前提或预设观念此前被认为是物理理论、数学或思维过程的重要基石。因此，在看起来最无关紧要的悖论中可能隐藏着灾难。悖论的发现导致人类思维的基础发生重要的重构，这样的情况在历史上发生过不止一次。[5]

探索悖论并寻找其假设，这种方法将是贯穿本书的一大重点。

某些特定类型的悖论在我们讲述的故事中扮演着重要的角色。自指悖论是这样一套悖论系统，系统中的对象可以处理 / 操纵自身。自指悖论的经典案例是所谓的说谎者悖论。思考下面这句话：

"这个句子是假的。"

如果这个句子是真的，那么根据它对自身的描述，这个句子实际上是假的。如果这个句子是假的，那么既然这个句子已经表达了自己的谬误，那么这个句子就是真的。这便是货真价实的矛盾。这个问题之所以会出现，是因为语句能够描述自身的真实和虚假。例如，"此句有五字"是个合理的句子，因为它表达了自身的某种正确属性。相比之下，"此句有六字"就是关于自身的虚假陈述。我们将看到，只要某个体系能够讨论关于自身的性质，就会出现导致悖论的情形。我们会发现，语言、思维、集合、逻辑、数学和计算机全都是能够处理自身的体系。在上述每个领域内，自我指涉的潜力都将导致悖论，从而产生某种类型的局限性。令人惊讶的是，虽然这些领域彼此之间极为不同，但悖论的形式都是相同的。

描述局限的另一种方法是将其附属在已经确定的局限上。在我详细解释之前，让我们先谈一谈登山。珠穆朗玛峰海拔 8848.86 米（数据截至 2021 年 12 月 8 日），而德纳里山的海拔"只有"大约 6193 米。下列事实似乎是显而易见的：如果你能攀登珠穆朗玛峰，那么德纳里山就更不在话下了，你肯定也能登上它。我们将这个推导过程表示如下：

攀登珠穆朗玛峰 ➡ 攀登德纳里山。

如果你能攀登德纳里山，你会感到很自豪。我们将其表示为：

攀登德纳里山 ➡ 自豪。

将这两个式子结合在一起，我们得到：

攀登珠穆朗玛峰 ➡ 攀登德纳里山 ➡ 自豪。

结论显而易见，如果你能攀登珠穆朗玛峰，你会感到很自豪。现在让我们来看看登山的黑暗面。假设你的医生告诉你，如果你尝试攀登德纳里山，会有糟糕的事情发生在你身上。我们将其表示如下：

攀登德纳里山 ➡ 糟糕。

这是在描述你的运动能力的局限：你不应该攀登德纳里山。将它与第一个式子结合，我们就得到：

攀登珠穆朗玛峰 ➡ 攀登德纳里山 ➡ 糟糕。

它陈述了一个显而易见的事实，如果你应该避免攀登德纳里山，那么你肯定也应该避免攀登珠穆朗玛峰。换句话说：

攀登珠穆朗玛峰 ➡ 攀登德纳里山。

这个显而易见的含义可以用来将与攀登德纳里山有关的某种已知局限转移到或附属到与攀登珠穆朗玛峰有关的局限上。我将在接下来的内容中使用这些简单的概念。

　　现在让我们使用这种关于登山的直觉，去理解一种局限附属到另一种局限上的广义概念。设想某种局限通过矛盾建立，如下：

假设 A ➡ 矛盾。

即，假设 A 不可能是正确的，因为我们可以从它推导出矛盾。现在再加入一个假设 B。如果从假设 B 能推导出假设 A，即：

假设 B ➡ 假设 A，

那么我们就会得到：

假设 B ➡ 假设 A ➡ 矛盾。

如果假设 B 是正确的，那么假设 A 也是正确的，既然我们已经确定假设 A 是不正确的，那么我们可以断定，假设 B 也不可能是正确的。这种论证方式称为归约（reduction），一种假设被归约为另一种假设。在归约的过程中，已知的局限会被转移到其他领域。

归约的例子贯穿全书：

- 我指出，如果计算机解决某一特定问题需要花很长时间，那么计算机解决其他更难的问题将要花费更长的时间（5.3 节）；
- 我指出，如果计算机不能解决某一特定问题，那么计算机也不可能解决更难的问题（6.3 节）；
- 我用类似的方法指出，某些陈述方式十分简单的数学问题是无法解决的（9.3 节）；
- 其他相似的归约例子出现在我们对逻辑学的讨论中（9.5 节）。

我要在这里陈述关于矛盾的一些事实。物质世界不允许出现任何矛盾：

- 某种特定的分子不可能既是盐酸，又不是盐酸；
- 同一个地方不可能既是周一，又不是周一；
- 正方形的对角线不可能等于它的边长。

类似地，作为对物质世界的一种描述，科学也不能表达矛盾：

- 方程式 $E = Mc^2$ 和 $E \neq Mc^2$ 不可能都是正确的；

- 关于化学过程的计算不可能既是真的，又是假的；

- 一项预测不可能预测出两个不相容的事件。

如果科学中存在矛盾，那它就不可能是对没有矛盾的物质世界的准确描述。类似地，数学和逻辑学也是如此：由于它们是用来描述真实世界和科学的，它们不能含有任何矛盾。

然而，有一个地方的确会发生矛盾：人类思维的内部。我们所有人都充满矛盾；我们渴望矛盾的事物；我们相信矛盾的观念；我们还预测自相矛盾的事件。任何曾经谈过恋爱的人都知道对一个人又爱又恨是什么感觉。我们想吃蛋糕，又想要苗条的身材。正如《爱丽丝镜中奇遇记》（*Through the Looking Glass*）中皇后对爱丽丝所说的那样："哎呀，有时候还没吃早饭，我就已经相信多达六件不可能的事情了。"人类的思维不是完美的机器。我们总是矛盾重重，充满困惑。类似地，表达人类思维状态的人类语言一定也有矛盾。当我们说"我爱她也恨她"的时候，并没有什么奇怪的。有人在享用第二块蛋糕的时候表达自己想要苗条身材的愿望，这也不是什么稀奇的事情。[6]

当我们在物质世界中遇到悖论并推导出矛盾的时候，我们知道这个悖论的假设一定存在什么问题。然而，当我们在人类思维或人类语言的领域遇到矛盾时，我们并不需要抛弃假设。更加微妙的状态是可能的。为什么不允许矛盾存在呢？思考一下我们之前讨论过的说谎者悖论。为什么不简单地说：

这句话是假的。

这句话既是真的也是假的呢？或许它只是毫无意义呢？这只是一个句子，而很多句子都会表达矛盾。类似地：

这个观点是错误的。

这个观点既是真的也是假的。为什么不允许这样矛盾的观念出现在我们本就混乱的思维里呢?

不存在矛盾的物质世界与我们虚弱无力的人类思维和语言之间的关系导致了许多更有趣的问题。人类思维如何能够理解世界的任何一部分呢?人类组织出来的语言如何能描述世界呢?科学为什么经得起检验?数学为什么如此善于描述科学和世界?科学法则是不是客观存在,又或者它们只存在于我们的思维之中?对世界的终极描述有可能存在吗,也就是说,科学会完成它的任务,走向尽头吗?科学和数学的真相与时间有关还是与文化有关?人类如何辨别科学理论正确与否?就像阿尔伯特·爱因斯坦笔下所写的那样,"世界的永恒谜团是它可以被理解"。这些问题以及其他许多关于科学和数学的哲学问题会在第 8 章得到论述。在没有矛盾的物质世界和充满矛盾的人类思维之间,存在着一片充满模糊的地带。

- 站在门口的人既在房间里又不在房间里。
- 一个人要掉多少头发才会被认为是光头?取决于风的方向,他有时会被认为是光头,有时会被认为不是光头。
- 42 是个小数还是个大数?

人们总是在使用模糊的概念。我们的思维模式和与之相伴的人类语言充满了模糊的陈述。

- 有时候我们说站在门口的人在房间里,有时候我们说他们不在房间里。

- 有些头发很少的人被我们叫作光头，而另外一些头发同样很少的人，我们说他们不是光头。
- 如果银行账户里只有 42 美元，我们会说 42 是个小数，但是如果我们说的是一个人身上疾病的数量，那么 42 是个大数。

因为模糊概念不存在于科学和数学的纯粹世界，所以我们在面对这些概念时不能依赖某些通常的思维工具。模糊性在第 3 章的讨论中发挥着重要作用。

说几句离题的话，某些类型的笑话也是我们的讨论感兴趣的内容。我们已经见到，悖论这种方法能够揭露人在理性的道路上走得太远是什么样子。出现悖论，意味着你已经超出了理性的边界，进入了荒谬的领地。有些笑话的可笑之处也在于我们在理性的道路上走得太远。这些笑话将逻辑和理性运用到它们本来不应出现的地方，开头是很容易理解的概念，然后借题发挥，超出其通常情况下的意义。思考下列笑话。

- 伍迪·艾伦（Woody Allen）在玄学考试中作弊了，他偷看了坐在他身边男生的灵魂。
- 格劳乔·马克斯（Groucho Marx）不想属于任何一个愿意接收他这种人当会员的俱乐部。

在所有这些笑话中，正常的概念被发挥得太过分了。在考试中作弊，或者放弃俱乐部会员资格，这些都是很常见的概念。然而，这些伟大的思想家将这些常见概念发挥到了它们本身没有容身之处的地方：那是愚蠢可笑的境地。

就连双关语也属于这一类型。在使用双关语的笑话中，某个词或短语的意思被运用到它们本来不应该出现的领域。

- "你听说那个左半身被切掉的人了吗？他现在全好啦。"①
- "我正在读一本关于反重力的书。根本没办法把它放下来。"
- "你听说过悖——论（par-a-dox）吗？夏皮罗医生和米勒医生。"②

哎呀！（抱歉。唯一比双关语更糟的就是对双关语的分析了。让我们继续吧。）

我想用若干关于理性本质及其局限的问题作为本章的结尾。读者应该带着这些问题阅读这本书。我会在最后一章回到这些问题上来，并使用书中表达的某些理念进行分析，或许这样能够更接近这些问题的答案。

如果我写了一本名为《理性的边界》的书却没有给出理性的定义，那就太大意了。毕竟，如果不对理性进行定义的话，怎么能说某件事物超出了理性的边界呢？什么是确认事实的理性过程？理性有不同层次的分别吗？我们如何认定炼金术和化学之间的分界线呢？占星术和天文学之间呢？为什么有些行为被认为是理性的，而另外一些行为被认为是非理性的？为什么检查自己的血压是明智的，而确认自己的星座就是荒谬可笑的呢？什么样的思维过程是明智的，并且能够避免矛盾呢？

《牛津英文词典》对"理性"这个词给出了 16 种定义。最符合我们需要的定义是，"通过合乎逻辑的思考过程并形成有效判断的思维能力；用来将思想或行动改造至一定水平的精神智力；人类思维在思考过程中的指导原则；常与意志、想象力、热情等对比使用；常被拟人化"。但是这个定义又引出了更多问题。什么是"有效判断"？合乎逻辑的过程与不合逻辑的过程之间的区别是什么？思维什么时候属于意志，什么时候属于理性？这个定义无法令人满意。

---

① 原文 "He's all right now" 按照字面可理解为 "他现在全都是右边了"。——译者注
② 悖论的英文单词 "paradox" 可拆分成 "par-a-dox"，与 "pair of docs" 谐音，意为 "一对医生"。——译者注

其他所谓的定义也没有好到哪里去。

在我们的整体讨论中，一直存在着某种程度的自我指涉。我们是在用理性寻找理性的局限。如果理性是有局限的，我们要如何用理性来发现这些局限呢？我们发现局限的能力又存在着什么样的局限呢？

让我们先暂时搁置这些问题，到第 10 章再重新回顾它们，届时我们会对这场针对理性局限的探索做出总结。

第 2 章

语言悖论

他们谈论的那些关于我的谎言有一半不是真的。

——尤吉·贝拉（Yogi Berra）[1]

对于我们无法言说的，我们必须保持沉默。[2]

　　——路德维希·维特根斯坦（Ludwig Wittgenstein，1889—1951），

　　　　《逻辑哲学论》（*Tractatus Logico-Philosophicus*）第 7 章

毕竟，关于不能言说的事物，维特根斯坦有许多话可以说。

　　——伯特兰·罗素（Bertrand Russell，1872—1970），

　　　　维特根斯坦《逻辑哲学论》的序

与其一开始就直奔主题，谈论理性的局限，我们不如由浅入深，先看一下语言的局限。语言是一种工具，用来描述我们生活在其中的世界。然而千万不要把地图和真实的土地混淆了！我们生活的世界和语言之间有一个重大的不同之处：真实的世界没有矛盾，而人造的语言对这个世界的描述却存在矛盾。

在 2.1 节中，我们会遇到著名的说谎者悖论以及它的众多变体。我们将从这些相对容易的谜题开始探索。2.2 节包括一系列自我指涉类型的悖论。我会指出它们都拥有相同的形式。在 2.3 节中，我们将遇到若干与描述数字有关的悖论。

2.1　骗子！骗子！

语言悖论指的是与自身矛盾的短语或句子。语言悖论最简短的版本是矛盾修辞法［oxymoron，源自希腊语单词"oxys"（尖锐）和"moros"（愚蠢）——合并之后的意思是"突出地傻"或"突出地无趣"］。使用矛盾修辞法的短语通常由两个互相矛盾的词组成，例如"原创复制品""公开的秘密""无疑很困惑""好战的和平主义者""更大的一半""单独在一起"，还有我最喜欢的"自然而然地行动"。虽然这些短语其实根本说不通，但我们人类仍然会在日常语言中自如地使用它们。

语言悖论的经典案例是著名的**埃庇米尼得斯悖论**，它的历史已经超过了

2600 年。埃庇米尼得斯（Epimenides，公元前 600 年）是一位生活在克里特岛上的哲学家和诗人，他曾在一首名为《克里特》（Cretica）的诗中这样抱怨自己的邻居们："克里特人，都是些骗子、邪恶的野兽、大腹便便的懒蛋！"这似乎³是悖论。如果这个陈述是真的，那么既然埃庇米尼得斯是克里特人，他就是在称自己是骗子，于是这句话就是假的。相反，如果它是假的，那么埃庇米尼得斯就不是骗子，于是这句话又成真的了。

很多语言悖论和埃庇米尼得斯的话类似。**说谎者悖论**是一个简单的句子，如：

> 我在说谎。

或

> 这个句子是假的。

如果这些句子是真的，那么它们就是假的。而如果它们是假的，那么它们就是真的。

说谎者悖论有许多种不同的形式。例如，我们可以将某个句子表示为 L_1，然后说 L_1 声称自身为假：

> L_1：L_1 为假。

和上面的情况一样，如果 L_1 是真的，那么它就是假的。而如果 L_1 是假的，那么它就是真的。说谎者悖论还有其他一些变体，在这些变体中，句子并不直接自我指涉。思考下面这两个句子：

L_2：L_3 为假。

L_3：L_2 为真。

如果 L_2 是真的，那么 L_3 就是假的，也就意味着 "L_2 为真" 是假的，因此 L_2 是假的。相反，如果 L_2 是假的，那么 L_3 是真的，而 L_3 声称 L_2 是真的。哎呀！矛盾出现了。

需要指出的一点是，仅仅因为句子指涉自身和自身的谬误，并不一定意味着会产生矛盾。思考这两个句子：

L_4：L_5 为假。

L_5：L_4 为假。

让我们假设 L_4 为假。那么 L_5 就为真，即 L_4 为假。同样，如果一开始认为 L_4 是真的，那么就会推出 L_5 为假，因此 L_4 为真。无论哪一种假设都不会产生矛盾。

说谎者悖论还有许多其他形式：

- <u>本页唯一有下画线的句子是个彻头彻尾的谎言。</u>
- **本页使用粗体印刷的句子完全是谬误。**
- 本页使用粗体印刷的句子后面的句子不是真的。

这些句子为真还是为假呢？

说谎者悖论存在的历史已经超过 2600 年了，哲学家设计了多种不同的方式来避免这些矛盾。为了避免这些语言悖论，一些哲学家声称这些与谎言有关的句子既不是真的也不是假的。毕竟并不是每一句话都要么为真，要么为假。问句如 "去你家还是我家？" 和祈使句如 "去死吧你！" 都既非真亦非假。我们通常认为陈述句如"雪是白的"要么为真，要么为假，但这些和说谎相关的句子表明，有些陈述句既不是真的，也不是假的。

还有一些人声称，"这个句子是假的"这句话在语法上本来就是不正确的。毕竟，"这个句子"指的是什么呢？如果它确有所指，我们应该能够将"这个句子"替换成它所指代的事物，无论该事物是什么。让我们来试一下：

"这个句子是假的"是假的。

这句话在语法上是正确的，而且它可能是真的或者是假的。但它不再自我指涉，也不等同于最初的说谎者句子。这类似于句子：

"此句为假"有 4 个字。

这是真的，而

"此句为假"有 5 个字。

这是假的。如果有一句话语法上完全正确，而且还是自我指涉类型的悖论就好了。奎因非常聪明地找到了一个例子。思考奎因的这句话：

"前面出现对自身的引用时产生谬误"
前面出现对自身的引用时产生谬误。

首先需要注意的是，这句话完全符合语法。整句话的主语是双引号里面的内容，谓语动词是"产生"。现在让我们来问问自己它是否为真。如果它是真的，那么当你将主语中的内容应用到整个句子时，我们就得到了谬误。于是这个句子是假的。相比之下，假如这个句子是假的呢？那就意味着当主语应用到整个句子时，没有产生谬误，得到的是一个真实的句子。也就是说，如果假设奎因的句子是假的，就会推导出它是真的。这是一个语法上完全正确然而又自相矛盾的句子。

　　针对引起悖论的句子，另一个可能的解决方案是限制语言的使用，以避免出现这样的句子。有人说语言应该分成不同的等级。他们声称，句子不能谈论与自身等级相同或更高的其他句子。例如，等级最低的句子有"草是绿的"和"我的笔是蓝色的"等。而再高一级的句子描述的是最低等级的句子，例如：

　　　　"草是绿的"是一句显而易见的话。

或

　　　　"我的笔是蓝色的"有 7 个字。

　　让我们再升高一级：

　　　　"'我的笔是蓝色的'有 7 个字"是一个不折不扣的事实。

　　通过限制句子的类型，我们将避免下面这种句子：

　　　　本页使用斜体印刷的句子符合语法规范。

　　这个句子描述自身，因此它谈论的内容与自身同级。它被认为不符合语言规范。每个句子都只能谈论位于自身级别"之下"的句子。如果某个句子谈论与自身级别相同的句子，那么它就会被宣布是无意义的。这种分级方法将避免自我指涉的情形出现，因此也就不会导致矛盾。在这样的限制下，语言学家确信自己避免了大多数导致悖论的语句。然而这个解决方案显得有些刻意为之。人类的日常语言总是能游刃有余地处理某些类型的自我指涉。

- 某人说："噢！我今天醉醺醺的，不知道自己在说什么。"他意识到自己在说这句话吗？
- 卡莉·西蒙（Carly Simon）唱的一首歌中有这样一句歌词："你是如此自负，你大概以为这首歌是关于你的。"但这首歌就是关于他的！
- "每个规则都有例外，只有一个规则例外：这一个。"
- "绝不说'绝不'！"
- "唯一的规则是没有规则。"

在所有这些例子以及不胜枚举的更多例子中，人类语言都在违反这个只能谈论位于自身级别"之下"句子的规则。在每个例子中，句子都在谈论自身。然而不知为何，所有这些例子都被认为是规范的人类语言。

针对悖论语句，另一个可能的解决方案已在第 1 章提及，即人类语言是人类思维的产物，因此必然蕴含着矛盾。人类语言不是全无不协调之处的完美系统（完美系统包括数学、科学、逻辑和物质世界）。我们何不简单地承认这样一个事实：人类语言有瑕疵和内在的矛盾。这在我看来十分合理。

2.2　自指悖论

造成说谎者悖论这一问题的原因是语言可以用来描述语言。具体地说，就是一句话可以讨论它自身的真实性。语言描述语言的能力是一种自我指涉。从这种自我指涉中诞生的悖论是本节探讨的主题。虽然这些悖论本身并不是语言悖论，但它们与说谎者悖论非常相似，并且有助于我们理解自我指涉的真正本质。

英国哲学家伯特兰·罗素曾经描述过一个十分有趣的小悖论，后来称为理发师悖论。想象一下，在奥地利的阿尔卑斯山区有一座偏僻的小村庄，村子里只有一名理发师。有的村民自己刮胡子，有的村民找理发师刮胡子。村子里的每个人都遵守下列规则：所有不自己刮胡子的人都必须找唯一的理发师刮胡子，而所有自己刮胡子的人都不劳烦理发师动手。这似乎是一条无关痛痒的规则。要是能通过给自己刮胡子的方式省下一笔钱的话，为什么还要去找理发师呢？如果去找理发师的话，为什么还要自己刮胡子呢？现在，你只需要问问自己下面这个问题：

谁来给理发师刮胡子呢？

理发师也是村民的一员，所以如果他不自己刮胡子的话，他必须去找理发师。但他自己就是理发师，于是他变成了自己刮胡子的人。如果他给自己刮胡子的话，那就是理发师给他刮胡子，所以他应该去找理发师，而不应该给自己刮胡子。[4]

可以用图 2-1 来表示理发师悖论。我们将所有村民这个集合分成两部分，看一看理发师应该位于左边还是右边。

村民

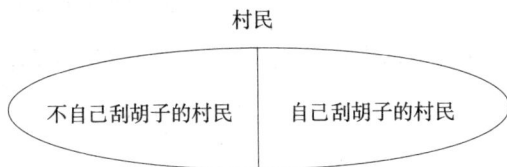

图 2-1　理发师在哪个子集里呢？

与说谎者悖论不同，理发师悖论的解决方案非常简单：符合这种描述的村庄是不存在的。它不可能存在，因为对它的描述隐藏着内在矛盾。我们对村民的描述在理发师身上施加了矛盾。既然真实的世界不可能有矛盾，这座村庄也就不会真正存在。奥地利的阿尔卑斯山区有许多其他村庄，但它们的情况都与之不同。这些村庄可能有两个互相刮胡子的理发师；可能有一名不需要刮胡子的女性理发师；还可能住着一些嬉皮士，胡子头发长得老长，根本不需要任何理发师。对其他村庄的这些描述是完全合理的，不会产生任何自相矛盾的结果。但罗素描述的村庄不可能存在。

还有一个机智的悖论涉及英语中的形容词，称作非自状悖论（heterological paradox）或格雷林悖论（Grelling's paradox）。想一想 English（意为"英语的"）这个词。English 是一个英语词。然而相比之下，French（意为"法语的"）却不是一个法语词（它是一个英语词）。让我们将视线转向其他形容词，看看它们是如何指涉自身的：polysyllabic（意为"多音节的"）是多音节的。monosyllabic（意为"单音节的"）不是单音节的。pentasyllabic（意为"有 5 个音节的"）有 5 个音节。misspelled（意为"拼错的"）没有拼错。adjectival（意为"形容词性的"）是形容词性的。female（意为"雌性的"）不是雌性的①。awkwardnessfull（意为"笨拙，累赘的"）是笨拙、累赘的②。unpronounceable（意为"无法发音的"）不是无法发音的。实际上，我们有两类形容词：一类是描述自身的，另一类是不描述自身的。所有描述自身的形容词都被称作是自状的（autological，来自希腊语单词 auto 和 logos，前者意为"自己"或"自身的"，后者意为"词""言语"或"推论"；亦称 homological）。相比之下，所有不描述自身的形容词都被称作是非自状的（heterological，来自希腊语单词 heteros，意为"其他的"或"不同的"）。所以 English、polysyllabic、adjectival

---

① 这是因为 female 在这里是形容词，本身不会有雌雄概念。

② 这是因为这个合成词的拼写不符合规范，十分累赘。

等单词都是自状的形容词。相比之下，French、monosyllabic、unpronounceable 等单词都是非自状的形容词。建立了这两个类群之后，我们现在可以提出下面这个问题：

> heterological 这个形容词是非自状的吗？

让我们假设 heterological 是非自状的。那么参照

> English 是英语的 ➡ English 是自状的，

于是：

> heterological 是非自状的 ➡ heterological 是自状的。

因此 heterological 不是非自状的。相比之下，如果我们一开始就采取相反的态度，认为 heterological 不是非自状的，那么我们只要参照

> French 不是法语的 ➡ French 是非自状的，

于是：

> heterological 不是非自状的 ➡ heterological 是非自状的。

我们得到的结论是，当且仅当 heterological 这个词不是非自状的时候，它才是非自状的。哎呀！这真是个令人棘手的矛盾。

我们可以在图 2-2 中将这个自指悖论表示出来。

形容词

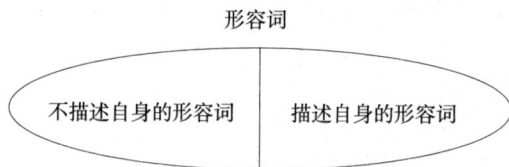

不描述自身的形容词　　描述自身的形容词

图 2-2　heterological 属于哪个子集？

这个悖论似乎也存在一个简单的解决方案：heterological 这个词不存在，或者说即使这个词存在，它也没有任何意义。我们已经看到，如果有人定义了 heterological，那么矛盾就会立即产生。为了解决这个矛盾，可以说这个词不存在，就像说理发师悖论中的村庄不存在一样。

然而，并非我们随便挥挥手，宣布 heterological 这个词不存在或者没有意义，就可以解决所有问题。这个问题深深地根植于语言的本质。与其关注 heterological 这个词，不如思考与它有关的一个形容词性短语，"与自身不符的"（not true of itself）。你只需要问一问"与自身不符的"是否符合自身。只有它不符合自身时，它才与自身符合。我们只需要假设"与自身不符的"不是合理的形容词性短语就万事大吉了吗？这个短语里的任何一个字都没有问题。和 heterological 这个词相比，这个短语没有任何类似的怪异之处。然而，当我们使用它时仍然会遭遇矛盾。

图书目录悖论（reference-book paradox）与非自状悖论非常相似。图书目录也是一种书，它按照不同的分类将一批图书罗列出来。图书目录有很多本，而且会列出许多不同类型的书。有的图书目录罗列的是古代典籍，有的是人类学图书，有的是关于挪威动物区系的图书等。有些图书目录会把自己也列出来。例如，如果有人要出版一本将有史以来出版过的所有图书都列出来的图书目录，它一定会将自己包括进来。还有一些图书目录不会将自己列出来。例如，关于挪威动物区系的图书目录就不会将自己列出来。设想一下，如果存在这样一本图书目录，它列出了所有不列出自己的图书目录。现在问问自己下面这个简单的问题：这本书列出自己吗？只需要稍微想一想就知道，只有在这本书不列出自己的时候，它才列出自己。我们的结论是，不可能存在这样的图书目录，令其内容符合这条规则。（关于这个悖论，也可以画出与图 2-1 和图 2-2 类似的图示，我把这个任务留给读者，试一试吧。）

伯特兰·罗素使用理发师悖论解释了一个更加严肃的悖论，即**罗素悖论**（Russell's paradox）。它比我们见到的其他自指悖论更加抽象，很值得思考。假设存在不同的集合：所谓集合即由一系列对象组成的合集。某些集合只包括简单的元素，而某些集合包括其他集合。例如，一所学校可以看作一个集合，由不同的年级组成，而每个年级也是一个集合，组成元素是该年级的学生。某些集合甚至包含自身。本书列出的所有集合构成的集合包含自身。元素数量超过 5 个的所有集合构成的集合包含自身。当然，也有很多集合不包含自身。例如，设想一下由所有红苹果构成的集合。它不包含自身，因为一个红苹果不是集合。罗素想让我们假设这样一个集合 R，它包含了所有不包含自身的集合。现在提出下面这个问题：

R 包含自身吗？

一方面，如果 R 的确包含自身，那么根据 R 的定义，它不会被 R 包含。另一方面，如果 R 不包含自身，那么它满足属于 R 的条件，因此包含在 R 内。我们推出了矛盾。这种情形可以用图 2-3 表示。

集合

不包含自身的集合　　包含自身的集合

图 2-3　集合 R 属于哪个部分？

通常情况下，这一悖论的"解决"方案是假定集合 R 不存在——也就是说，由所有不包含自身的集合组成的集合不是一个合法的集合。如果你要讨论这个不合法的集合，你就是在超越理性的界限。但是我们为什么不能讨论集合 R 呢？它对构成自身的对象进行了完美无瑕的描述，找不出一丁点问题。它看上去当然很像是个合法的集合。然而为了根除矛盾，我们必须约束自己。对于每一种清晰的描述而言，符合这种描述的所有事物都能组成一个集合，这种显而易见（而且似乎非常合理）的观念不再那么显而易见（或者合情合理）。对于"红色的物体"这种清晰的描述，存在一个包含所有红色物体的集合。然而，对于"所有不包含自身的集合"这样看似清晰的描述，却不存在符合这一性质的集合。我们必须调整我们的认知，重新审视哪些事物是显而易见的。[5]

说谎者悖论可以概括成一句话：

> 这个句子是假的。

它还可以概括成下列描述：

> 一个否定自身的句子。

与之类似，其他 4 种自指悖论可以概括成下列 4 种描述。

- "给所有不自己刮胡子的村民刮胡子的村民。"
- "描述所有不描述自身的词汇的词。"
- "列出所有不列出自身的图书的图书目录。"
- "包含所有不包含自身的集合的集合。"

如你所见，所有这些描述都拥有完全一样的结构（亦如图 2-1 至图 2-3 所示）。每当存在自我指涉时，都会有产生矛盾的可能。这些矛盾必须避免，因此需要对此施加限制。我们会在整本书里探讨这样的限制。

在开始下一节之前，还有一个有趣的结果需要我们进一步思索。你可能会认为每一种语言悖论都有某种程度的自我指涉。也就是说，一定存在某种返回起点的环状推理链条。这曾经是普遍观念，直到斯蒂芬·亚布罗（Stephen Yablo）提出了一个机智的悖论，名叫**亚布罗悖论**（Yablo's paradox）。思考由下列句子组成的无穷序列：

K_1　对所有 $i > 1$，K_i 为假

K_2　对所有 $i > 2$，K_i 为假

K_3　对所有 $i > 3$，K_i 为假

…

K_m　对所有 $i > m$，K_i 为假

K_{m+1}　对所有 $i > m+1$，K_i 为假

…

K_n　对所有 $i > n$，K_i 为假

…

每个句子都声称所有后来的句子为假。注意，没有任何一个句子指涉自身，这一长串链条也不会返回自身的起点。然而矛盾依然存在，因为我们不能说任何一个句子是真的或是假的。设想某一数值 m，并假设 K_m 为真。K_m 声称所有 K_{m+1}，K_{m+2}，K_{m+3}，…都为假。将其分开，我们得到 K_{m+1} 为假，而所有 K_{m+2}，K_{m+3}，…都为假。然而 K_{m+1} 声称所有 K_{m+2}，K_{m+3}，…都为假，也就意味着 K_{m+1} 为真。因此，通过假设 K_m 为真，针对 K_{m+1} 的真假状态，我们得到了矛盾。图 2-4 表示了这一过程。

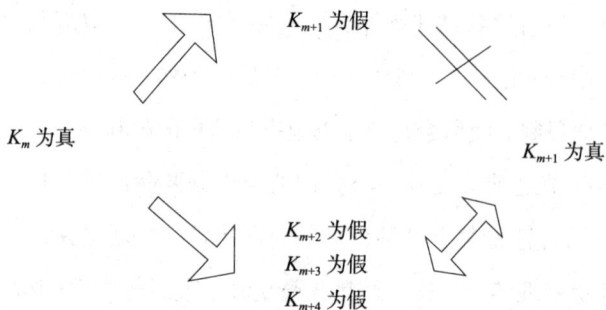

图 2-4　亚布罗悖论——假设为真

相反，对于任意数值 m，我们假设 K_m 为假。那就意味着，若 $n > m$，则并非所有的 K_n 都为假，至少存在一个大于 m 的 n 令 K_n 为真。但是我们看到，如果 K_n 为真，那么就会得到如图 2-5 所示的矛盾。

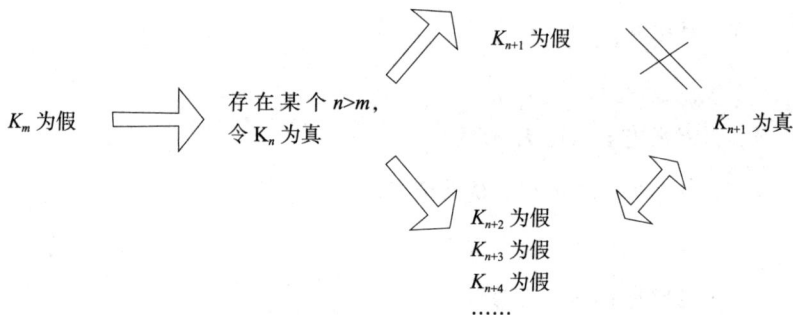

图 2-5　亚布罗悖论——假设为假

无论假设任意一个 K_m 为真或为假，我们都会得到矛盾。这是一种不含自我指涉的矛盾。

2.3　描述数的性质

数是我们拥有的最精确的概念。关于 42 这个数，不存在任何模糊不清、难以确定之处。它不是一个主观概念，否则每个人对 42 究竟是什么都会有自己的观念。然而我们将看到，即使是对数值概念的描述也依然存在问题。先讲一个小故事。20 世纪初，数学家 G. H. 哈代（G. H. Hardy，1877—1947）前去拜访自己的朋友兼合作搭档，天才的斯里尼瓦萨·拉马努金（Srinivasa Ramanujan，1887—1920）。哈代写道："我记得有一次他在帕特尼生病时，我去看望他。我是坐出租车去的，那辆出租车的车牌号是 1729。我跟他说，在我看来这个数相当无趣，还说但愿这不是什么不好的兆头。'不，'他回答道，'这是个非常有趣的数；它是能够用两种方式表示成两个自然数立方之和的最小的数。'"[6] 详细地说，1729 等于 $1^3 + 12^3$，也等于 $9^3 + 10^3$。既然 1729 是能够用如此方式表示出来的最小的数，那么 1729 就是一个"有趣的"数了。[7]

这个故事揭示了有趣数悖论（interesting-number paradox）。让我们逐个浏览一些比较小的整数。1 是有趣的，因为它是第一个正整数。2 是第一个素数。3 是第一个奇素数。4 这个数的有趣之处在于 $2 \times 2 = 4 = 2 + 2$。5 是素数。6 是完全数，即某个数的因数之和等于它自身（例如 $6 = 1 \times 2 \times 3 = 1 + 2 + 3$，诸如此类）。开头的这些数都有着有趣的性质。任何没有有趣性质的数都应该被称为"无趣数"。最小的无趣数是什么？最小的无趣数是个有趣的数。我们陷入了窘境。

这里出了什么差错？矛盾之所以产生，是因为我们认为可以将所有的数分成两类：有趣的数和无趣的数。这是错的。并不存在某种方法来定义什么是有趣的数。这是个模糊的陈述，我们不能说某个数在什么时候是有趣的，在什么时候是无趣的。[8]"有趣"是某个人在理解某件事之后产生的感觉，因此是一种主观性质。我们不能从这样的主观性质中得到悖论。

贝里悖论（Berry paradox）是一项更严肃也更有关联的悖论。理解这一悖论的关键是，通常来说，英语里某个短语中使用的单词数量越多，它能够表示的数就越大。可以用一个词表示的最大的数是 90（ninety）。91（ninety one）

需要不止一个单词。两个单词可以表示 90 万亿（ninety trillion）。90 万亿零 1 是此后所有必须用超过两个单词表示的数中的第一个。3 个单词可以表示 90 万亿个万亿（ninety trillion trillion）。下一个数（90 万亿个万亿零 1）需要 3 个以上的单词表示。相似地，单词中的字母越多，能够描述的数就越大。3 个字母就能描述 10（ten），但是描述不了 11（eleven）。

让我们专注于单词的数量，并将描述数的性质且英语单词数量少于 11 个的短语称为**贝里短语**（Berry phrase）。现在思考下面这个短语：

the least number not expressible in fewer than eleven words
（使用少于 11 个单词便无法描述出来的最小的数）

这个短语有 10 个单词，所以它应该是一个贝里短语。然而看一看它所描述的数吧。这个数应该是无法用少于 11 个单词描述的。这个数可以用 11 个或更少的单词描述出来吗？这可是个货真价实的矛盾。

我们还可以探讨表示语言复杂程度的其他衡量标准。思考：

the least number not expressible in fewer than fifty syllables
（使用少于 50 个音节便无法描述出来的最小的数）

这个短语的音节少于 50 个。另一个短语，

the least number not expressible in fewer than sixty letters
（使用少于 60 个字母便无法描述出来的最小的数）

拥有 59 个字母。这些短语是否描述了数的性质呢？如果它们的确描述了数的

性质，那它们描述的是哪些数呢？当且仅当它们不描述某个特定数的时候，它们才描述了这个数。但是为什么不呢？每个短语看上去都是非常合适的修饰性短语。

还有一个有趣的悖论和描述数的性质有关，它就是**理查德悖论**（Richard's paradox）。某些短语描述的是 0 和 1 之间的实数。例如：

- "π 减去 3" ≈ 0.141 59；
- "掷骰子时得到数字 3 的概率" = 1/6；
- "π 除以 4" ≈ 0.785；
- "0 和 1 之间的实数，按照十进制展开为 0.555 55" = 0.555 55。

我们将所有此类短语称为**理查德短语**（Richard phrase）。我们即将描述一个能推导出悖论的句子。但是在直接给出这个长句子之前，让我们先一步一步来。思考下面这个短语：

介于 0 和 1 之间的实数，且不同于任何理查德短语

如果这个短语描述了某个数，它就会成为悖论，因为它描述了数的性质，然而又不是理查德短语。然而，有很多实数的性质不同于任何理查德短语。它是哪一个呢？问题出在上面的短语并不真的描述任何一个确切的数。让我们试着更精确一些。理查德短语构成的集合是所有短语的子集，因此它们可以像电话簿里的名字一样编号排序。可以先给所有包含 1 个单词的理查德短语排序，再给包含 2 个单词的短语排序，以此类推。拥有这样一张编号清单之后，就可以指定第 n 个理查德短语了。现在思考下面这个短语：

> 位于 0 和 1 之间的实数，其第 n 位数字不等于第 n 个理查德短语的第
> n 位数字

这个短语只是展示了这个数如何不同于所有理查德短语，但它仍然没有描述一个确切的数。第 42 个理查德短语描述的数在第 42 位上的数字可能是 8，因此我们知道上述短语描述的数在第 42 位上不能是 8。但是这个数字应该是 9 或是 6 吗？让我们明确一下：

> 位于 0 和 1 之间的实数，其第 n 位数字等于 9 减去第 n 个理查德短语
> 的第 n 位数字

也就是说，如果相应的第 n 个理查德短语的第 n 位数字是 5，那么这个短语描述的数的第 n 位数字就是 4。如果相应的第 n 位数字是 8，这个第 n 位数字就是 1。如果相应的第 n 位数字是 9，这个第 n 位数字就是 0。这个短语是个合情合理的短语，并且精确地描述了一个位于 0 和 1 之间的实数，然而它又和每一个理查德短语不同。当且仅当它不描述某个数时，它才描述某个数。这可怎么办呢？[9]

最后这两个悖论可以看成自指悖论。在某种程度上，它们可以总结成以下两句描述：

- "和所有贝里短语都不同的贝里短语"；
- "和所有理查德短语都不同的理查德短语"。

从这个角度出发，它们只不过是说谎者悖论的简单延伸。自我指涉十分常见，我们必须小心对待。

第 3 章

哲学难题

此外，虽然这些意见似乎在辩证的讨论中是符合逻辑的，但是考虑到事实，要是相信它们，好像离发疯也就只有一步之遥了。实际上，就算是疯子也不会如此偏离常识。

——亚里士多德（Aristotle，公元前 384—前 322 年），
《论生成与毁灭》（*On Generation and Corruption*，325a15）

所有人都是疯子，但能够分析自己的妄想的人被称为哲学家。

——安布罗斯·比尔斯（Ambrose Bierce），

《安布罗斯·比尔斯全集》（ *The Collected Works of Ambrose Bierce* ）

这取决于"是"这个词的意思是什么。

——威廉·杰弗逊·克林顿（William Jefferson Clinton）

早在现代科学家开始着手研究理性的局限之前，哲学家就已经在分析我们这个世界的复杂性以及我们对它的认识了。在本章中，我将探索古代和当代哲学对理性局限的一些认知。

在 3.1 节中，我先讨论一些重大问题，这些问题涉及物体的具体性和抽象性以及我们定义它们的方式。在 3.2 节中，我们会使用芝诺的一些悖论分析空间、时间和运动的本质。在这一节的最后，我们将简短地讨论时间旅行悖论。3.3 节的主题是模糊性。3.4 节关注的是知道并拥有信息这一观念。这些章节彼此独立，并独立于本书的其他章节，可以按照任何顺序阅读。

3.1 从忒修斯之船说起

在古希腊，有一位传说中的国王名叫忒修斯（Theseus），据说他建立了雅典这座城市。由于他曾在多场海战中战斗，雅典人决定在港口中保留他的战船，作为对他的纪念。[1] 这艘"忒修斯之船"在那里停留了数百年。随着时间的流逝，忒修斯之船的一些木板开始腐烂。为了保持这艘船的良好状况和完整性，人们用材料相同的新木板将腐烂的木板换下。下面是关键性问题：如果更换了一块木板，它仍然是同一艘忒修斯之船吗？关于一艘传说之船的这个问题是所有哲学领域中最有趣的问题之一，即同一性问题（problem of identity）。物理对象是什么？为什么即使事物发生了变化，仍然被认为是和从前一样的？某件物体达到哪个临界点时才会变得不同？当我们谈论某件物体并说"它变了"的时候，"它"到底是什么？

要是你更换了这艘船的两块木板呢？这样做会比只更换一块木板让它更不像最初的船吗？如果这艘船是由 100 块木板建造的，其中 49 块被更换了呢？被更换的木板数量是 51 块呢？更换 100 块木板中的 99 块呢？最底部的那一块木板足以维持这艘船最初的神圣地位吗？如果所有木板都被更换了呢？如果这种变化是渐进式的，这艘船是否仍然维持着作为忒修斯之船的神圣地位？这种变化必须达到至少怎样的渐进程度呢？

我们无法回答这些问题，因为不存在客观上的正确答案。有人说更换一块木板就改变了这艘船，让它不再是忒修斯之船。另外一些人说只要它还有至少一块最初的木板，它就是最初的那艘船。最后还有人声称，变化后的船总是和原来的船相同，因为它拥有最初的船的样式。这些不同的立场都没有错。不过也没有理由说其中任何一种立场是正确的。

让我们针对这艘饱受争议的船继续发问。如果我们将古老的木板换成更加现代的塑料板呢？那么，随着我们更换越来越多的板子，这艘船的材料将与最初不同。如果换板子的人在安装新板子的时候出了错，让船呈现出稍微不同的样式呢？还有一个问题：为这艘船更换木板的人选重要吗——也就是说，执行这一任务的必须是某一群或另一群工人吗？如果这艘船要被保存数百年之久的话，那么无疑需要许多不同的人来更换它的板子。如果我们对这艘船做出了如此多的改变，以至于它再也无法扬帆出海了呢？如果它不能实现最初的功能，我们还能称其为威武的忒修斯之船吗？[2]

诸如此类的问题层出不穷。我将控制住自己，只再多讨论一种情况。假设每次更换一块木板时，我们不将旧板子扔进废料堆，而是放进仓库储藏起来。经过一段时间后，所有旧木板组装成了一艘船。这艘新船完全按照老船的样子建造，而且每块木板都位于自己原本的位置。问：哪艘船有权自称忒修斯之船，用新板子更替而成的船还是用旧板子建造出来的船？

针对这些问题中的部分问题，一个常见的答案是船还是原来的船，因为改变是渐进的。然而我们却不清楚渐进式的改变有什么不一样。如果想让这艘船维持它最初的身份，那么这种渐进程度应该是怎样的呢？对于改变的发生而言，存在某个最小速度吗？如果要考虑什么是"渐进"这个问题，不妨思考华盛顿的斧子这个案例。某座博物馆想要保存美国国父的这把斧子，它由两个部件组成：斧柄和斧头。随着时间的流逝，木质斧柄会腐烂，而金属斧头会生锈。博物馆会在必要的时候更换这两个部件的任意一个。时光荏苒，斧头被更换了 4 次，而斧柄被更换了 3 次。它还是华盛顿的斧子吗？注意这里没有关于渐进的问题。每次发生变化时，斧子的一半都被替换了。

我们的讨论不仅限于船和斧子。一棵树在夏天苍翠葱茏，到了冬天就只剩下光秃秃的棕色树皮。山峰的高度会有起伏变化。汽车和计算机都会得到整修翻新。任何物体都会随着时间发生变化。赫拉克利特（Heraclitus）有一个著名的论断：人不能两次踏进同一条河流。对赫拉克利特而言，河流每个瞬间都在变化。

变化的不仅仅是物体。商业、机构和组织也是不断变化和演变的动态实体。巴林银行（Barings Bank）存在于 1762 年至 1995 年。在这段时间里，老板、雇员和顾客全都发生了改变。布鲁克林道奇队（Brooklyn Dodgers）成立的时间是 1883 年。它的选手、经理、老板和球迷无疑都发生了改变。对于一支棒球队而言，保持不变的是什么？在无情地背叛自己诞生的城市之后，道奇队甚至无法声称自己还在最初的那座城市打球。在大学里，学生每四年换一拨，即使是教授也会随着岁月的流逝更送。大学唯一真正的心脏和灵魂是亲爱的秘书们。但是，哎，连他们也会更换。政党也不能免于变化。民主党成立于 18 世纪末，最初致力于支持州权与联邦政府的权力抗衡，这和民主党现在的政治立场正好相反。所有东西都在变化！

我们不只是在讨论变化。事实上，我们讨论的是一件物体之所以是这件物体，到底意味着什么。某个机构之所以是这个机构，又意味着什么？当我们说某件物体变化的时候，我们的意思是它此前拥有某种性质，变化发生之后，它不再拥有这种性质了。一开始，忒修斯之船拥有忒修斯本人曾触摸过的木板。到最后，所有木板都是他未曾触摸的。这是这艘船性质上的变化。我们的根本问题是，忒修斯之船的核心性质是什么？我们已经指出，这个问题没有清晰的答案。

当我们停止谈论古代船只，开始谈论人类时，这场讨论就变得有趣多了。每个人都随着时间流逝发生改变。我们会从嗷嗷待哺的婴儿长成脚步蹒跚的老人。一个 3 岁的幼童与多年后 83 岁的自己之间有什么共同的性质呢？这些哲学问题被称为**个人同一性问题**。是什么性质构成了一个特定的人？我们都不是几年前的那个人了。然而，我们仍然被当成同一个人。

哲学家通常在这个问题上分成几大阵营。某些思想家推广的观念是，人本质上是自己的身体。我们每个人都有不同的身体，因此可以说每个人的身份都是根据自己的身体确定的。如果假设人就是自己的身体，我们就会面临忒修斯之船以及其他物体面临的同一个无法解决的问题。我们的身体处于不断变化中。老细胞死亡，新细胞不断诞生。实际上，我们身体的大部分细胞每 7 年就更新一次。这就导致了哲学家千百年来提出的千百个问题。一个人在 7 年之后为什么还要被关押在监狱里呢？毕竟犯罪的并不是"他"，而是另外一个人。一个人 7 年之后应该拥有任何东西吗？东西是之前那个人买的。一个人截肢之后为什么和之前还是同一个人呢？科幻小说家非常善于讨论克隆、精神转移、同卵双胞胎、连体双胞胎和其他有趣的主题，这些主题都与这种认为人等同于自己身体的观念相关。当一只阿米巴原虫分裂的时候，哪一只是原来的那只，哪一只又是它的后代呢？当你的身体失去细胞的时候，就是在失去构成物质的原子。这些原子此后可以属于其他人。类似地，其他人的原子也可以成为你身体的一部分。我们又该如何对待死亡呢？我们通常认为人的死亡即其存在的结束，虽然他的身体仍然在那里。有时候我们说"她埋在那儿"，好像"她"仍然是个世间的人。有时候我们说"他的身体埋在那儿"，好像"他"和他的身体之间存在区别。简而言之，"人等同于自己的身体"这种说法是有问题的。

其他思想家认为人实际上是他们的精神状态或心智。毕竟，人不仅仅是自己的身体。一个人不仅仅是一件物体，因为他有思想。在持有这种观点的哲学家看来，人是一股连续不断的意识流——它们是记忆、意图、想法和欲望。这将导致我们提出其他一些难以回答的问题：如果一个人得了遗忘症呢？他还是同一个人吗？一个人的个性难道不会随着时间变化吗？哪个人才是真正的你：疯狂地爱上某人的你，还是两个月后对同一个人心生厌倦的你？针对一个人的记忆、意图、想法和欲望的变化，我们可以提出成百上千个问题。同样，哲学家和科幻小说家也非常善于描述许多有趣的情形，挑战我们将人类等同于精神状态连续意识流的观念。这些情形涉及阿尔茨海默病、遗忘症、人格改变、裂脑实验、多重人格障碍、计算机思维等。思想和身体的对立也存在着很多问题。思想——人类的决定性特征——在多大程度上独立于作为身体一部分的大脑呢？

连续性的精神状态决定了人的身份，这一观念面临的更有趣的挑战之一是**同一性的传递性问题**（the question of transitivity of identity）。我的精神状态基本上和 10 年前相同。这意味着我现在是自己 10 年前所是的那个人。此外，我 10 年前的精神状态和再往前推 10 年的精神状态基本相同。因此我 10 年前所是的那个人等同于我 20 年前所是的那个人。然而，目前我的精神状态和 20 年前我的精神状态并不相似。那么既然我与 20 年前的自己并不相同，我又怎么等同于 10 年的我，10 年前的我又怎么等同于 20 年前的我呢？

还存在另外一个解释：每个人都有一个独一无二的灵魂，这个灵魂定义了他们是谁。让我们暂且回避对灵魂的定义或存在的质疑，先关注一下这个解释如何回答我们对人类本质的提问。假设灵魂存在，那么灵魂和身体之间是什么关系呢？灵魂与一个人的行为、心智和个性之间是什么关系呢？如果不存在这种关系，那么一个灵魂如何区别于另一个灵魂呢？如果灵魂对你的任何一部分都没有影响，你要如何区分不同的灵魂呢？灵魂的目的是什么？另外，如果存在这种关系，那么当身体、行为、心智或个性发生变化时，灵魂变化了吗？灵魂是处于变动中的吗？如果灵魂的确会变化，我们又回到了此前我们提出的那个问题：谁是真正的你？你是拥有变化之前的灵魂的人，还是拥有变化之后的灵魂的人？

大多数人的观念很可能是上述三种观念的杂糅版本：人是身体、思维和灵魂的复合体。然而，所有流派的想法在某种程度上都是有问题的。

与其为本节提出的所有问题找出答案，不如让我们思考一下，为什么这些问题全部都没有直截了当的答案，继而用这种方式来阐明道理。为什么当我们向不同的人提出这些问题时，我们会得到如此多不同的答案呢？

让我们来看看人是如何学习识别不同的物体，给出定义，并创造分类的。一开始，婴儿连续不断地感受到许多不一样的感觉和刺激。当蹒跚学步的幼童长大时，他们学习识别世间的种种物体。例如，当他们看到某个闪着银光的东西上覆盖着黏糊糊的棕色物质朝自己冲过来的时候，他们必须意识到这是勺子里的苹果酱，应该张开自己的嘴巴。学会识别银色东西上的棕色黏稠物体是苹果酱之后，他们得以更好地掌控自己的生活。人类需要对物体进行分类。我们学习如何区分物体，以及如何判定它们在什么情况下是相同的。我们通过学习知道，即使在我们看不见的情况下，一件物体也仍然存在（"客体永久性"）。儿童经过一段时间的学习就能认出自己的母亲。几个月之后，他们还会通过学习了解到，即使她化了妆，也就是说即使她看上去有所不同，她仍然是同一个人。儿童必须要知道，即使他们的母亲喷了香水，闻起来的气味完全不同，她还是之前的那个人。在这里，蹒跚学步的幼童仿佛哲学家，学着如何应对关于个人同一性的各种问题。掌握所有这些技巧之后，儿童就将秩序和结构引入自己身处的这个复杂的世界中。在掌握这些技巧之前，他们一直接受着川流不息但无法被自己理解的刺激和感觉。拥有这些分类能力之后，儿童可以理解并开始控制自己的环境。如果他们没能掌握这种分类技巧，他们就会不堪外部刺激的重负，无法与自己的周围环境相处。

思维足够成熟之后，儿童还能学会区分抽象实体。例如，他们会知道什么是家庭。他们的母亲是家庭成员。他们的父亲和兄弟姊妹也是家庭的一部分。堂兄弟姊妹和表兄弟姊妹呢？远房堂兄弟姊妹和表兄弟姊妹呢？这就有点模糊了。有时候他们是家人，有时候则不是。儿童必须学会区分什么是家庭，什么不是家庭。随着年岁增长，他们还将学会区分更抽象的实体，例如数和政党。

儿童不光是学习给物体和人分类，他们还学习叫出它们的名称。他们意识到自己和其他分类者共同生活在社会中，而为了和这些欲罢不能的分类癖进行交流，他们追随对方的做法，将名称赋予物体。他们首先给自己感受到的外部刺激起了只有自己才能听懂的名称。随着交流技巧的进步，他们学会抛弃自己起的名字，开始使用其他人对物体的命名。他们把黏糊糊的棕色物体叫作“苹果酱”。他们学会将照顾自己的女人称为“妈妈”，无论她化妆与否。通过使用和他人一样的名称，儿童向社会展示，他们遵从现行的分类体系，而且他们的心理过程也和别人相似。然后社会奖励他们，给他们许多的爱，提供他们需要的保护。

重点在于，分类和使用名称都是习得技巧。儿童不学习事物的确切定义，因为他们从来不会见到确切定义。他们学习的是区分和命名物理刺激。某些观念是确切而且不变的。数字 4 这个概念就是确切的，而且有着清晰的定义。相比之下，其他许多观念缺少明确的定义。本节在一开始就指出，即便是物理对象也没有界限清晰的明确定义。

记住这一点，我们就可以讨论本节开头提出的那么多问题了。更换一块板子后，忒修斯之船还是同样的船吗？恰当的回应是，我们对这艘船的定义不够清晰，无法让我们给出这个问题的答案。**忒修斯之船不存在确切的定义。**我们只拥有我们习得的东西，即我们所了解的与这艘船相关的刺激。

忒修斯之船并不真正**作为忒修斯之船**而存在。不存在确切的定义描述"忒修斯之船"这些字眼意味着什么。它的存在形式是一系列感觉而非一件物体。没错，如果你用脚踢它，你的脚趾会疼。当你看着它时，你会看见棕色的木头。如果你舔舔它，你将感觉到陈旧的木头和咸咸的海水。但这些都只是感觉，我们将这些感觉与我们称为"忒修斯之船"的物体联系在一起。人类将这些感觉综合起来，形成了忒修斯之船。当然，这艘船是由众多原子构成而存在的。但它是用作为原子的原子构成的。[3]这些原子并没有被贴上标签，说它们是这艘船的原子。相反，是我们将这些原子建造成了一个叫作船的实体。是我们认为这艘船属于神话传说中的将军忒修斯。本节在一开始引用了很多例子，说明这艘船在损失并更换大量原子的情况下仍然可以是同一艘船。一切都存在于我们的思想之中。我们幸运地生活在与我们相同的他人之间，相同之处在于大家给普遍发生的外部刺激赋予了相同的名字。我们每个人都将这些相似的刺激称为"忒修斯之船"。由于我们一致同意这种命名规范，我们才没有将彼此送到精神病院。然而，忒修斯之船的存在是一场幻觉。

有时候，我们会学到一些确切的定义，然后我们就能回答基于这个定义的所有问题。例如，我们学到开车的速度超过每小时65英里①就是超速。所以如果有人开车的时速超过了67英里，他就是在超速；如果他的速度是每小时64英里，他就没有超速。我们对此十分清楚。然而对大多数物体而言，并不存在此类客观定义。

美学问题很容易引发类似的讨论。大多数人会同意，在关于审美的问题上

---

① 1英里约合1.61千米。——编者注

不存在标准答案。一个人眼中的美在另一个人眼中可能丑陋不堪。当代艺术鉴赏家愿意花数百万美元购买文森特·凡·高（Vincent van Gogh）的任何一幅作品。在凡·高本人的一生中，他是被忽视的，他的画连很少的钱都卖不了。哪一代人对凡·高的作品拥有正确的意见呢？这个问题没有答案，因为世界上不存在客观的美学。这完全关乎审美。类似地，更换船上的一块板子是否改变了这艘船，这个问题也没有确定的答案，因为世界上不存在这样一艘客观的忒修斯之船。

当然可以很轻易地对上述观点提出辩驳，声称物体其实存在于人的思维之外，儿童学习的内容就是对这些实体进行分类和命名。他们学习的是将各个实体的名称与物理刺激一一对应起来。放置在雅典港口并且看起来像是一艘船的一堆老化腐朽的木头应该与"忒修斯之船"对应。这种观念可以称作**极端柏拉图主义**（extreme Platonism，见图 3-1）。经典柏拉图主义认为抽象实体真实地存在于人类思维之外。数字 3 是真实存在的。当有人提到美国政府时，存在一个与之相对应的确切的概念。一把椅子的概念是存在的。然而，经典柏拉图主义否认具体物体的存在。相比之下，极端柏拉图主义则认为，即使是具体物体也拥有与之关联的某种不变的纯精神的本质。对于某个站在这个立场上的人而言，"忒修斯之船的本性"存在某种纯精神的观念，在面临一个与忒修斯之船的变化有关的问题时，唯一应该做的是通过某种方式连接到这种纯精神的观念，看一看改变后的船是否仍然满足这一定义。极端柏拉图主义需要相当高阶的形而上学，而我们无法真正判断作为形而上学的它是真的还是假的。指出这样的抽象实体不存在是不可能的任务。然而，和所有形而上学观念一样，没有真正的理由去假设这样一种存在。[4] 如果你声称某一物体的名称或定义是该物体的某种"标签"，那么我们可以问问这个标签在哪里。为什么人们对忒修斯之船上的标签产生了这么多不一致的意见呢？

唯名论　　　　　　　　　　　　　　　　柏拉图主义

极端 唯名论		极端 柏拉图主义	
即使具体物体 也不存在	抽象物体 不存在	抽象物体是 真实存在的	就连具体物体 也是真实存在的

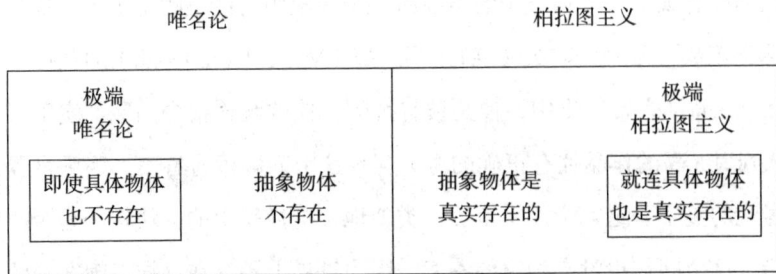

图 3-1　不同的哲学思想流派

　　在本章，我要推广一种观念，它可以称作**极端唯名论**（extreme nominalism）。经典唯名论的哲学立场是抽象实体并不真正存在于人类思维之外。对于一个唯名论者而言，抽象概念如数字 3、美国政府的概念，以及一把椅子或"椅子性"的概念并不真正存在于讨论这些概念的人的思维之外。你可曾见过 3？你能用自己的脚趾踢到一个 3 吗？你能用手指出美国政府吗？一个经典唯名论者会说这些实体只存在于人类的思维之中。由于我们拥有类似的教育和社会结构，我们才能针对这些不同的名字及概念和邻居开一开无伤大雅的玩笑。然而经典唯名论者并不质疑具体的物理对象的存在。

　　极端唯名论将唯名论又向前推进了一步。这种观念认为，即使具体物体作为这些具体物体的存在也只是表现在名称中。它们在人类的思维之外不拥有外在的存在。一把特定的椅子之所以是一把椅子，是因为我们叫它椅子，而不是因为它拥有作为椅子的性质。忒修斯之船就是人们所称的忒修斯之船，无论被人们称为忒修斯之船的是什么。忒修斯之船没有确定的、一致同意的定义。我认为极端唯名论是正确的，因为针对某一特定物体的构成成分这一问题，分歧实在是太大了。如果真的有确切的定义，按道理人们应该知道这些定义。相信（极端）唯名论的另一个理由是，任何形式的柏拉图主义都需要复杂得毫无必要的形而上学。我们为什么需要给每一件具体物体都赋予一个抽象本质或"标签"呢？这样的抽象本质毫无用途。

从极端唯名论者的观点来看，我们无法回答忒修斯之船或人的变化的相关问题的原因就变得很清楚了，这和语言的限制并没有关系。并不是因为我们缺乏正确的词汇或者对这些概念的定义。也不存在认识论上的问题，也就是说，并不是因为缺乏对真正的忒修斯之船的确切定义的知识，我们才无法回答。这个问题同样也不是因为忒修斯之船存在某种超越其物理刺激之外的更深层次的知识而导致的。[5] 相反，我们讨论的是存在问题。用哲学术语表达，这是一个本体论问题。一艘真正的忒修斯之船不需要存在。

有趣的一点是，在极端唯名论看来，与具体物体（如船只）相比，某些抽象物体（如 42）拥有更清晰的存在。毕竟，对于 42 的许多不同的性质，我们所有人都意见一致。如果你从 42 中减去 1，你会得到 41 而不是 42。这和从船上拿掉木板的情况形成了鲜明的对比。

我已经指出，忒修斯之船是我们用文化构建的世界的一部分。这个构建出来的世界还拥有其他对象，如米老鼠和独角兽。实际上，知道米老鼠的人比知道傻乎乎的忒修斯之船的人多。几乎每个孩子都认识这只友好的老鼠，而只有古典文学专业和哲学专业的学生——以及本书亲爱的读者们——才会知道忒修斯。而且，你还可以去迪士尼乐园，看一看以实体形象呈现出来的米老鼠。你甚至还能用自己的脚趾踢到他（不建议这样的行为）。相比之下，如今我们无法在雅典的港口找到忒修斯之船的任何痕迹。我们面临着这个显而易见的问题：这艘船在哪方面比米老鼠更有存在感呢？

针对本节提出的众多问题的解决方案挑战了对世界的通常认知。大多数人相信世界上有确定的物体，人类思维用各种名字称呼这些物体。我在这里阐述的是，这些物体并不是真正存在的。真正存在的是物理刺激。人类区分和命名的是这些不同的刺激。然而这种分类并不总是严格的，因此模糊性无处不在。[6]

3.2　芝诺、哥德尔和时空旅行

埃利亚的芝诺（Zeno of Elea，约公元前 490 年—公元前 430 年）是一位伟大的哲学家，师从巴门尼德（Parmenides，公元前 5 世纪）。作为一名虔诚的学生，芝诺推广了老师的哲学观念，并替老师挡住了所有批评。巴门尼德有一个神秘的哲学观点，认为世界是"一"，变化和运动都只不过是幻象，人经过足够的训练之后就能识破这种幻象。为了论证巴门尼德的观点是正确的，芝诺提出了几个思想试验和悖论，用这种方式指出，认为世界"多元"而非"单一"，或者变化和运动真实发生的观念不符合逻辑。在本节中，我将关注其中 4 个阐述运动实乃幻象的思想实验。由于空间和时间中总是在发生运动，芝诺的悖论将挑战我们对这些显而易见的观念的直觉认知。

不幸的是，芝诺的大多数原始文稿已经丢失了。我们对这些悖论的认识在很大程度上来自那些想要证明他错了的人。亚里士多德先阐述了芝诺的一些观点，然后再将它们一一驳斥。因为芝诺的观点总是被摒弃，所以我们很难弄清他最初的意图是什么。这不应该成为阻止我们的理由，因为我们最关心的不是芝诺实际上说了什么；我们更感兴趣的是弄清楚我们的直觉是否出了毛病，以及我们可以如何调整它。这些观点不应该被等闲视之。它们已经烦扰了哲学家们将近 2500 年了。无论是否同意芝诺的论断，他都是不能被忽视的人。

芝诺关于运动的第一个也是最简单的悖论是二分法悖论（dichotomy paradox）。设想一下，某个聪明的懒人某天早上从床上醒了过来。他试图从床边走到房间的门口（见图 3-2）。

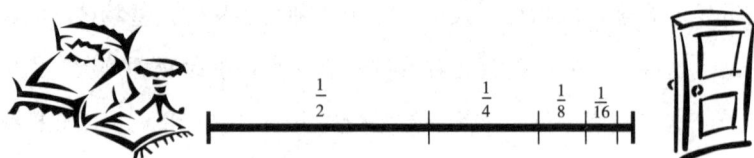

图 3-2　芝诺的二分法悖论

要想走完到门口的全部路程，他必须先来到这段路程 1/2 的位置。抵达这个位置之后，他仍然必须向前走 1/4 的路程。到达那里之后，前面还有 1/8 的路程必须要走。抵达每个节点后，他都必须再向前走剩下路程的一半。似乎这个人永远也无法走到门口。换句话说，如果他真的想走到门口，他就必须完成一段无穷无尽的过程。由于人无法在一段有限的时间里完成一段无穷无尽的过程，他永远走不到门口。

他可以用更多逻辑推理进一步正当化自己的懒惰。要走到门口，就必须先走到中点。要走到中点，就必须先走到 1/4 处，而在 1/4 处之前，就必须先走到 1/8 处，……在进行任何动作之前，他都必须先完成这个动作的一半。无论去任何地方，他都需要完成无限多次的过程。无限多次的过程需要无限多的时间。谁拥有无限多的时间？为什么还要起床呢？

芝诺悖论并不只是关于运动，它与任何需要完成的任务都有关。为了完成一项任务，必须先完成这项任务的一半，然后再继续剩下的任务。这表明在一段有限的时间里，不仅运动是不可能的，执行任何任务甚至任何变化的发生都是不合理的。

对于芝诺的这个小小的思维难题，我们该如何解决呢？毕竟，我们的确曾在一段有限的时间抵达了旅程的终点，而且当我们早上起床之后，我们的确可以做到一些事情。与本书的主题十分相符的是，芝诺悖论可以通过矛盾来证伪。我们假设某件事（错误的），然后通过逻辑推导出矛盾或显而易见的谬误。在这里，我们的结论是不存在运动或变化，然而事实上我们总是见到运动和变化。那么我们的错误假设到底是什么呢？

数学家会争辩说，完成一项无限的任务并不存在问题。看看下面这个无限求和算式吧：

$$1/2 + 1/4 + 1/8 + 1/16 + 1/32 + \cdots$$

缺乏相应知识的人会说省略号意味着这个算式会无穷无尽地延伸，所以总和将是无穷大。然而总和是有限的数字 1。[7]

我们可以用一种优美的平面几何的方式展示这个算式等于 1。设想一个边长为 1 的正方形，如图 3-3 所示。

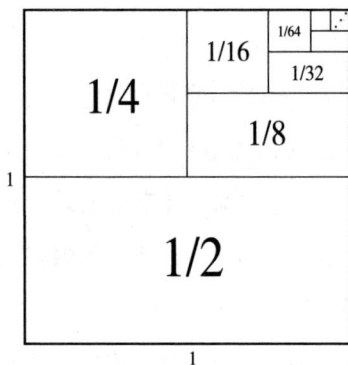

图 3-3　以平面几何表示的无限求和算式

可以看到，这个正方形由它自身的 1/2 加上它的 1/4 再加上 1/8 再加上……组成。每个剩余的部分都可以进一步分成两半。显而易见，整个正方形覆盖的总面积是 1。

然而，如果某个数学家宣布这样就解决了芝诺这个在有限时间内完成无限过程的悖论的话，那他在某种程度上就是不老实的。毕竟，这位数学家并没有将这个无穷算式的每一项都逐个加起来。他只是展示出了前面几项，然后用省略号表示后面还有无限多个加数。他要了个花招，将要加上的各项内容简略地表示了出来。如果有人坐下来，将所有无穷无尽的各项逐个加上去，一定会花无限多的时间。

一个更好的办法是声称芝诺的推理中存在问题，问题在于他假设空间是连续的。这就是说空间看起来就像一条线，是无限可分的——在两点之间存在无限多个点。只有在这样的假设之下，才能描述二分法悖论。如果是相反的情况，不妨设想我们正使用一台拥有几百万像素的老式电视观看懒人走向门口。随着他的走动，他在穿越这些像素。他穿过了电视机屏幕的一半像素，然后穿越了剩余像素的一半。最终电视机里的懒人会距离门口只有 1 个像素，然后他就来到了门口。他不可能只穿过半个像素。一个像素要么被穿过，要么不被穿过。在电视屏幕上，懒人抵达目的地不会产生任何问题，芝诺的悖论也烟消云散了。或许我们也能够对真实的世界做出同样的判断。或许空间是由离散的点构成的，相邻的点彼此独立，任意两点之间其他点的数量都是有限的。如果是这样，我们就不用再为二分法悖论头疼了。如果我们假设空间是离散的，我们就能理解为什么这位懒人能够走到门口了：他只需要穿过一系列数量有限的点。在某一时刻，剩下的间隔再也无法一分为二。在这种类型的空间中，物体的运动形式是从一个离散的点跳跃到另一个离散的点，而不会进入它们之间。

使用第 1 章中的语言，我们可以说这是一个悖论，因为如果我们假设空间是连续的：

空间是连续的 ➡ 运动是不可能的。

由于这个世界上无疑存在运动，我们的假设推导出了谬误的结果，所以我们可以判断，空间是不连续的。相反，它是离散的，或者说分成众多微小的"空间原子"。

对于量子力学的研究者而言，这种离散空间的概念相当熟悉。[8] 物理学家会谈论**普朗克长度**（Planck's length）这个术语，它约等于 1.6162×10^{-35} 米，比它更小的长度是无法测量出来的。从某种意义上说，不存在比它更小的东西。物理学家向我们保证，物体在运动时总是从一个普朗克长度移动到另一个普朗克长度。在高中化学课上，我们学到原子中的电子围绕原子核分层高速运动。

当某个原子吸收能量时，电子会发生"量子跃迁"，从自己原本的那层跳跃到下一层。它们不会进入各层之间的空隙中。或许我们的懒人先生也进行了这样的量子跃迁，因此最终能够走到门口。

让我们重新思考一下图 3-3。如图所示，这个正方形被无限分割了下去。但只有当我们将这个正方形当成一个数学对象时，这种情形才有可能。在数学中，每个代表一段距离的实数都可以一分为二，因此我们才能永远继续切割下去。相比之下，让我们将这个正方形想象成一张纸。开始的时候，我们可以用越来越精细的剪刀将纸裁剪得越来越小。这样的做法可以持续一段时间，但最终我们会到达原子水平，再也无法进一步切割。对于任何由原子构成的具体物体来说都是如此。我们被迫得出结论，从物理学的角度来看，图 3-3 中描绘的正方形并不适用于正方形的纸张。实数可以无限分割，但纸不可以。芝诺迫使我们提出了空间（不是由原子构成的）是否可以无限分割这个问题。如果能够无限分割，懒人先生就不能抵达自己的目的地。如果不能的话，说明一定存在离散的"空间原子"，使用连续实数表示的数学不能够作为空间的合适模型。[9]

然而，我们不能如此轻率地断定空间是离散的而不是连续的。世界看上去的样子当然不像是离散的。运动给人的感觉就是连续的。数学物理的许多内容以微积分为基础，这需要假设真实世界是无限可分的。在量子力学和芝诺的哲学理论之外，连续实数是能够完美适用于物质世界的模型。我们建造火箭和桥梁时使用的数学就假设世界是连续的。让我们不要这么快就抛弃它吧。[10]

关于运动的第二个芝诺悖论是**阿喀琉斯（Achilles）和乌龟**的故事。阿喀琉斯是现代 DC 漫画中闪电侠（The Flash）这个角色的古希腊版本，他是城里跑得最快的人。有一天他和一只慢吞吞的乌龟进行了一场跑步比赛。为了让这场比赛更加有趣（还因为阿喀琉斯是个心地善良的暖男），阿喀琉斯让乌龟先出发，如图 3-4 的第一行所示。

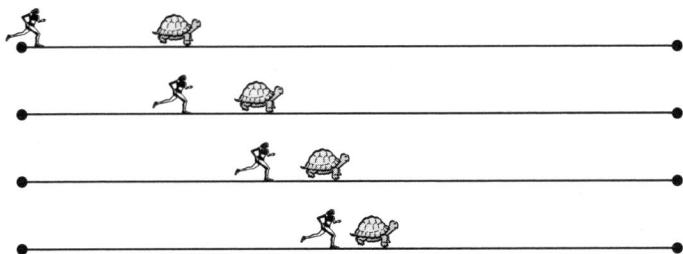

图 3-4　阿喀琉斯追不上乌龟

　　问题在于，阿喀琉斯要想超过乌龟，就必须先通过乌龟开始的起点（如图 3-4 的第二行所示）。当阿喀琉斯跑到这一点时，乌龟已经向前移动了一段距离。再一次地，阿喀琉斯要想超过乌龟，他必须先抵达乌龟已经移动到的地方。在每个节点，阿喀琉斯都越来越接近恼人的乌龟，但他永远也无法追上它，更别说超过它了。

　　针对这个悖论可以进行类似的数学分析。在微积分中，我们说当 x 趋近于正无穷时，$1/x$ 的极限为 0。也就是说，x 越大，$1/x$ 就越接近 0。由于正无穷不是一个数，x 永远不会达到正无穷，所以 $1/x$ 永远不会等于 0。但是极限的概念让这个等式有了意义。相似地，阿喀琉斯和乌龟之间的距离永远不会真正为零，但这个距离的极限等于零。我们同样能在这种类比中找到瑕疵。数学上的极限概念是一种把戏。因为对于任何有限的数，$1/x$ 都不会真正等于 0，也就是说，在任何一段有限的时间里，阿喀琉斯都不会真正追上乌龟。

　　如果我们假设跑道是由离散的点构成的，这个悖论同样也会烟消云散。阿喀琉斯比乌龟跑得快这个事实只是意味着在一段相同的时间里，他跑过的离散点的数量更多。所以最终阿喀琉斯将超过乌龟。离散空间可以解答这个悖论，但是同样，我们必须小心谨慎。我们在抛弃连续空间的观念时应该怀着极大的忧虑，因为这个数学模型在普通物理学中的适用性非常好。

　　在第三个悖论中，芝诺甚至不再关心一个动作是否能够完成。他攻击的是运动这个观念本身。在**飞矢不动悖论**（arrow paradox）中，我们被要求设想一支在空间中飞行的箭。在每一个瞬间，这支箭都处于某个特定的位置上。如果我们将时间设想成一系列连续的"现在"，这些"现在"分开了身后的"过去"和前面的"将来"的话，那么对于每一个"现在"，这支箭都位于某个特定的位置上。在时间的每一个点上，箭都位于某个确定的位置，没有运动。问题是，这支箭在什么时候运动呢？如果它在每个"现在"都不运动，那它在何时运动呢？

如果我们引入离散的概念，这个悖论也会迎刃而解。不过我们在这里要说的不是强调空间是离散的，而是时间是离散的。在时间的每个单独的点上不存在运动。但是时间会从一个点跳跃到另一个点上，运动和这一瞬的跳跃同时发生。换句话说，时间是离散的，不是连续的。我们为什么看不到这些神奇的跳跃呢？我们在看电影时以为自己看到的是连续动作，原因是一样的。事实上，电影是由离散的众多静止画面组成的，这些画面之间不存在运动。因为单独时间点彼此十分接近，而且这样的时间点非常多，所以才产生了连续性的假象。

这个悖论基本描述了下列推导过程：

时间是连续的 ➡ 运动是不可能的。

又是相同的情况，既然"运动是可能的"是显而易见的事实，我们可以得出结论：时间是不连续的。

这个悖论也存在相应的数学类比。将时间设想为代表实数的线。实数线上的每一点都对应着一个"现在"。而每一个"现在"都是没有宽度的。上九年级的时候，你已经学到数学中的实线是由无限多个点组成的，而且每一点的长度都为零。那么一段有长度的实线如何由没有任何宽度的点组成呢？零乘以任何数都等于零。你的九年级数学老师在向你撒谎吗？实数线的概念是对的吗？

我们是否应该摒弃它？

再一次地，为了接纳离散时间观念而摒弃连续时间观念也存在问题。现代物理和工程学都以时间连续这一现象为基础。所有公式都含有一个连续的时间变量，通常表示为 t。然而，正如芝诺向我们展示的那样，连续时间的观念是不符合逻辑的。

第四个也是最后一个针对运动的悖论是**运动场悖论**（stadium paradox）。芝诺想让我们想象一下竞技场上的三支游行队伍，如图 3-5 所示。

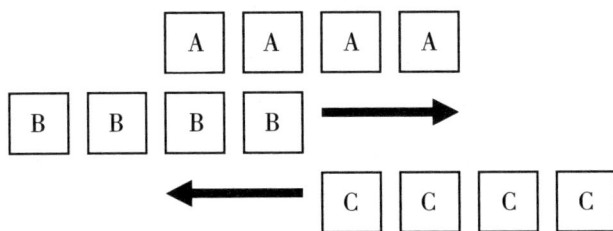

图 3-5　三支游行队伍同时出发

A 队伍静止不动，在 A 队伍身后，B 队伍和 C 队伍正在以相同的速度相向而行。经过一段时间后，这三支游行队伍就会如图 3-6 所示。

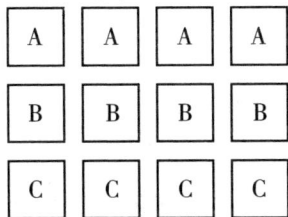

图 3-6　结束时的三支游行队伍

值得注意的是，在一段相同的时间里，B 队伍最前面的成员经过了 2 个 A 队伍成员和 4 个 C 队伍成员。既然 A 队伍和 C 队伍长度相等，B 怎么能经过数量不同的 A 队伍成员和 C 队伍成员呢？显而易见的答案是，A 队伍是静止的，而 C 队伍是运动的。速度和相对速度之间存在差别——亚里士多德使用同样的理由驳斥了这个悖论。当我们开车或坐在车里时，总是会发现路边房屋掠过的速度和对面来车掠过的速度有明显差别，我们对此已经习以为常了。

或许我们不该如此蔑视巴门尼德忠实的学生。事实上并没有办法确定芝诺最初的意图是什么，因为我们只有来自亚里士多德的一段简单的讨论。现代思想家假设了一个稍微复杂一些的情景。在之前的三个悖论中，我们看到如果将空间和时间想象成离散的或者量子化的，这些问题就都迎刃而解了。在最后这个悖论中，让我们假设空间和时间都是离散的。设想各游行队伍的成员都拥有可能情况下最小的离散尺寸。与此同时，想象 B 队伍以可能情况下最快的速度移动。B 队伍从图 3-5 的位置移动到图 3-6 的位置需要两秒。在这样的速度下，B 队伍的每个成员每秒经过一个成员。这是 B 队伍经过两个 A 队伍成员所需要的可能情况下最短的离散时间。在这段最短的时间内，B 队伍是如何经过数量为两倍的 C 队伍成员的？这意味着 B 队伍经过 C 队伍的速度还要更快。对于 B 队伍的成员而言，这样的情景看起来像是什么？在 B 队伍眼中，C 队伍要么遗漏了两个成员，要么移动得比允许的最大速度还要快。对竞技场悖论的解读意味着，"空间和时间是离散的"这样一种假设也是有问题的。

空间和时间是离散的 ➡ 谬误。

我们必须断定，空间和时间不是离散的。

事实究竟如何？空间和时间是连续的还是离散的？一方面，竞技场悖论指出空间和时间应该是连续的。另一方面，如果我们将空间和时间设想为离散的，前三个悖论就能解决。答案很简单，我们不知道空间和时间的性质。

这种冲突是当代物理学的一场对立的缩影。20 世纪物理学的两大成就是相对论和量子论。[11] 这两大革命性的科学进展基本上描述了物理世界的大部分现象。相对论涉及的是引力和宏观物体，而量子论涉及的是其他力和微观物体。然而，这两大理论彼此之间是存在冲突的。它们之间冲突的主要原因之一就在于，相对论认为空间和时间是连续的，而量子论认为空间和时间是离散的。在大多数情况下，由于这两种理论的应用领域不同，这种冲突并不会让我们感到困扰。然而对于某些特定的现象，如黑洞，又被称为"空间的边缘"，这种冲突就会十分明显。既然我们不能同时拥有互相冲突的物理理论，那么一定是因为我们还不知道最终的故事。关于空间和时间的结构，我们尚无定论。

芝诺悖论最令人惊叹的一面在于，它们来自 2500 年前，而且关注的是如此终极的主题。空间、时间和运动的本质是什么？我们无法确定的是，这位来自埃利亚的朋友是否向我们发出了最后这个疑问。

既然我们在讨论空间、时间和逻辑的关系，那就来谈谈时间旅行悖论吧。我们首先必须问问自己，穿越到过去[12] 意味着什么。如果我穿越到 1776 年的费城大陆会议，见证了《独立宣言》的签署，那意味着什么？如果我奇迹般地穿越回去，目睹了签字盛况，那么我在那个炎热的七月天身处那个会议室的事实就意味着这不是原本的大陆会议。毕竟原本的大陆会议的会场没有我的存在。换句话说，如果原本的大陆会议一共有 150 人在场，当我穿越回去的时候，会有 151 人在场。这不是原本的会场。我穿越回去的会场和原始的会场之间存在重大区别。我穿越回去的到底是何时何地？有一点是确定的：不是 1776 年的大陆会议。[13] 这个困境说明，即便是理解时间旅行本身的基础观念，也是非常困难的。

尽管如此，还是让我们暂时设想一下我们理解了时间旅行的真正意义，而且不妨再让我们设想一下，这样的过程其实是可能的。如果时间旅行是可能的，时间旅行者可以回到过去的时间，开枪射杀他当时还是单身汉的祖父，以此确保这位时间旅行者永远不会出生。如果他永远不会出生，那么他永远无法射杀自己的祖父。达成这样充满悖论的效果并不一定需要杀人行凶。时间旅行者可以确保自己的父母永远不会有孩子，[14] 他还可以只是回到过去，确保自己将来不进入时间机器。这些动作会导致矛盾，因此不可能发生。时间旅行者不应该射杀自己的祖父（且不论道德上的理由），因为如果他射杀了自己的祖父，将来他就不会存在，无法穿越回来射杀自己的祖父。于是他通过完成一项动作来确保这一动作无法被完成。这一事件是自我指涉的。通常情况下，一个事件只会影响其他事件，但在这里，一个事件影响了自身。使用第 1 章的语言，我们是在指出：

　　　时间旅行 ➡ 矛盾。

　　由于世界不允许矛盾存在，我们必须通过某种方式避免这种矛盾。要么时间旅行是不可能的，要么即使时间旅行是可能的，一个人也无法制造出杀死更早版本的自己这样的矛盾。我们更喜欢哪种不可能性呢？

　　阿尔伯特·爱因斯坦的相对论告诉我们，我们对宇宙的常规认知方式决定了时间旅行是不可能的。1949 年，爱因斯坦的朋友，他在普林斯顿的邻居库尔特·哥德尔（Kurt Gödel，1906—1978）搞了一点物理学兼职，撰写了一篇关于相对论的论文。哥德尔构建了一种看待宇宙的数学方法，这种方法令时间旅行变得可能。在这样的"哥德尔宇宙"中，回到过去非常困难，但不是没有可能。作为自亚里士多德以来最伟大的逻辑学家，哥德尔充分意识到了时间旅行中的逻辑问题。数学家兼作家鲁迪·鲁克（Rudy Rucker）讲述了他对哥德尔的一次采访，鲁克在这次采访中问到了时间旅行的悖论。相关段落值得在此引用："'时间旅行是可能的，但没有人能够杀死过去的自己。'哥德尔笑了笑，然后得出了结论：'这个推导被严重忽视了。逻辑的力量十分强大。'"[15] 哥德尔回答道，宇宙不会让你杀死过去的自己。正如理发师悖论说明遵守某些严格规则的村庄不可能存在一样，这个物质世界也不允许你做出某个会导致矛盾的行为。

这将让我们提出更多令人兴奋的问题。如果某个人带着一把枪回到过去，朝更早的自己开枪，会发生什么？宇宙如何阻止他？他不会产生犯下这桩卑劣罪行的自由意志呢，还是枪会卡壳呢？如果子弹终究被发射出去，瞄得也很准，子弹会在距离他身体很近的地方停下来吗？生活在一个不允许矛盾的世界里，实在是令人困惑。

3.3 语言的模糊性

一个人要掉多少头发才会被认为是光头呢？非得看见他的头皮才算数吗？如果他的头发长而稀疏呢？那样会有区别吗？一个人在什么情况下才会被认为是高个子呢？一"堆"（pile）玩具和一"堆"（heap）玩具之间有区别吗？这种颜色是深红色还是褐红色？所有这些问题都和模糊性的概念有关。一个人什么情况下是光头，什么情况下不是光头，似乎并不存在普适性的一致性意见。对于"高"和"矮"这对形容词的使用，也不存在普遍认同的观念。甚至你的室内设计师也曾有过一段努力区分深红色和褐红色的艰难时光。在本节中，我们将探索语言和思维中无处不在的模糊性元素。

我们描述理性局限的核心方法之一是寻找矛盾。正如我在第 1 章所强调的那样，物质世界中不存在矛盾。与物质世界相反，在人类语言和思维中，矛盾是可以存在的。人类不是完美的存在。我们的语言和想法充斥着自相矛盾的陈述和观念。当我们想用理性谈论物质世界时，我们必须确保自己的语言和思维不存在矛盾。然而总是存在这样一些时刻，我们表面上在思考或讨论物质世界，但我们的意思表达不清楚。当语言存在模糊性时就会出现这种情况。矛盾的陈述既真又假；与之相反，模糊的陈述可以看成是非真非假的。

模糊性会出现在并不总是有严格定义的词汇上。例如，一个 5 岁大的人显然是一名儿童。相比之下，一个 25 岁大的人肯定不是儿童。一个人在什么节点上就被认为不再是儿童了呢？存在一些**临界个案**，相关之人既不是儿童，年龄也不比儿童更大。此类拥有临界个案的词就是模糊的。拥有临界个案的其他词包括"高""聪明"和"红色"。红色和褐红色的分界线在哪里呢？深红色、鲜红色、猩红色、樱桃红、深褐色、粉红色、红宝石色和紫红色呢？[16]

我们必须先区分**模糊陈述**和**歧义性陈述**。在歧义性陈述中，该陈述的对象是有歧义的。例如，"杰克身高 180 厘米以上"是歧义性陈述，因为你不知道讨论的是哪个杰克。杰克·巴克斯特身高歧义性以上，但杰克·米勒身高不足 180 厘米。然而，这个陈述不是模糊的，因为 180 厘米是确切的长度。当然，我们也可以做出既模糊又有歧义的陈述："杰克很高。"

我们还必须区分**模糊陈述**和**相对陈述**。"杰克·巴克斯特很聪明"可能是真的，也可能是假的，这要取决于和他比较的是谁。如果你将杰克和他班上的其他人比较的话，那么他完全可以被认为是聪明的；然而，这个班级可能并不是最聪明的班级。相对陈述的真实性可能取决于该陈述的语境。我们谈论的是谁呢？有人可能会认为在哈佛大学的毕业典礼上致辞的成绩第二优秀的毕业生代表并不优秀……这很合理，因为如此认为的人是成绩最优秀的毕业生代表。歧义性陈述和相对陈述都是缺乏特异性的。换句话说，它们存在缺失的信息。通常情况下，如果增添了更多信息，这样的描述就能得到清晰的理解。如果能够鉴别出歧义性陈述的描述对象或相对陈述的语境，我们就可以判断相应陈述的真假。相比之下，即使增加更多信息，模糊性的描述通常也无法变得清晰。没有更多的信息可以添加。一个人什么情况下会被认为是光头呢？答案"在风中飘荡"。不存在真正的答案。

模糊性并不一定是件坏事。有时候模糊是必需的。生物学家使用模糊的性状描述不同的物种。[17]许多律师受雇利用模糊性（并混淆事实）。外交官们在和外国缔结条约的时候是模糊的，以免日后违反自己的承诺。当一位女士询问某件裙子是否让她看起来发胖时，你的回答最好模糊一些。

在"模糊性为什么会存在"这个问题上，哲学家通常分成两派。一些哲学家认同的是**本体论的模糊性**（ontological vagueness）——也就是说，某些词没有确切含义的原因是这些词的确切含义真的不存在。"高于 180 厘米"的确切定义是存在的，然而不存在"高"的确切定义。相比之下，另一些哲学家推行的是**认识论的模糊性**（epistemic vagueness）。他们相信模糊词存在确切定义，但我们就是不知道那究竟是什么。

哪种解释更有道理呢？本体论的模糊性还是认识论的模糊性？虽然每个人都有自己的意见，但没有人能给出决定性的结论。不幸的是，这是一个无法回答的形而上学的问题。以本人的愚见，我倾向于本体论的模糊性。[18] 出于在 3.1 节中阐述的理由，很难相信"高""光头"或"红色"存在确切的定义。谁决定了这些确切的定义呢？它们会出现在柏拉图的阁楼里吗？存在某个确切的高度被认为是高的吗？是否有一个均匀分布头发的确切数量，恰好令一个人免于成为光头呢？存在某个确切的波长，令一种光是红色而非樱桃色吗？我对此十分怀疑。既然我们否认了"忒修斯之船"拥有确切定义，那么我们否认"高""光头"或"红色"拥有确切定义也是合情合理的。

模糊词的一个问题在于，我们用来理解世界的常用逻辑和数学工具对于这样的词而言并不适用。例如，逻辑的主要规则之一是，对于任何命题 P，一定存在 P 或非 P 为真。例如，"现在的气温要么低于 0℃，要么不低于 0℃"总是真的（而且因此不包含任何实质性内容）。这个规则称为**排中律**（law of excluded middle）。它意味着一个命题要么为真，要么为假，不存在中间状况。然而，对于模糊性的判断而言，排中律就失效了。我们都认识很多既不算高也不算不高的人，他们就处于中间状况。还有一些男性既不算是光头，也不算不是光头……和许多男性一样，他们正在朝光头的方向发展。

逻辑的主要工具之一是名曰肯定前件（modus ponens）的法则。该法则说，

如果某陈述 P 为真而且"P 推出 Q"为真，那么可以推出陈述 Q 为真。可以用符号将这个过程表示为：

$$\frac{\begin{array}{l} P \\ P \to Q \end{array}}{Q}$$

例如，从"正在下雨"和"如果正在下雨，那么天空中有云"这些事实，可以推出"天空中有云。"这种基础逻辑法则是所有推理活动的根基。然而当我们处理模糊词时，这种法则就会失效。在接下来的一些段落中，我将描述一些由于肯定前件式的应用失败而产生的奇怪的逻辑推理。

如果一个人脑袋上连一根头发都没有，那他肯定是光头。如果他头上有一根头发呢？大多数人会说，头上只有一根头发的人仍然会被认为是光头。如果他头上有两根头发呢？如果有一根头发的人被认为是光头，很难相信再多一根头发他就头发茂盛了。他一定会被认为是光头。3 根头发呢？一定存在这样一条规则：

> 如果拥有 3 根头发的人是光头，那么拥有 4 根头发的话，他也还是光头。

我们仍然只是增添了一根小小的头发，所以这个规则一定是正确的。事实上我们可以将这个规则推广至下列对所有正整数都适用的普适性规则：

> 如果拥有 n 根头发的人是光头，那么拥有 $n + 1$ 根头发的话，他也还是光头。

按照我们的分析继续推导下去，能够得出这样的结论：拥有 10 万根甚至

1000 万根头发的人依然是光头。但这肯定不是真的。有这么多头发的人不是光头。这就是**光头悖论**（bald-man paradox）。

这种类型的悖论可以追溯到古希腊时期，称为**堆垛悖论**（sorites paradox，来自希腊语单词"soros"，意为"堆"）。

通常认为首次提出这个谜题的人是米利都的欧布里德（Eubulides of Miletus，公元前 4 世纪）。[19] 他的问题是多少个麦粒才能组成一堆。一粒麦子是一堆吗？显然不是。如果再加一粒呢？两粒麦子是一堆吗？仍然不是。毕竟我们只添了一个小小的麦粒。我们可以如此表示下列规则：

> 如果 n 个麦粒不是一堆，那么 $n+1$ 个麦粒也不是一堆。

按照和光头悖论类似的分析推导下去，我们会得到明显错误的结论，无论多少麦粒也不能组成一堆。什么地方出错了？

让我们仔细分析这一论证。从显而易见的陈述开始：

> 1 个麦粒不是一堆。

使用 $n=1$ 的 n 个麦粒规则，我们得到：

> 如果 1 个麦粒不是一堆，那么 2 个麦粒也不是一堆。

使用肯定前件式将这两个规则结合起来，我们得到：

> 2 个麦粒不是一堆。

继续推导，将此陈述与

如果 2 个麦粒不是一堆，那么 3 个麦粒也不是一堆。

结合，我们得到：

3 个麦粒不是一堆。

继续无限地推导下去，我们就能看出，对于任意正整数 n，无论 n 有多大，n 个麦粒都不是一堆。

这显然是谬误。

我们还可以从相反的方向推导。假设某个谷堆由 1 万个麦粒组成。如果我们拿走一个小小的麦粒，我们能得出 9999 个麦粒不是一堆的结论吗？很显然，它们仍然是一堆。可以将其表达为下列规则：

如果 n 个麦粒是一堆，那么 $n-1$ 个麦粒也是一堆。

使用这一规则并将肯定前件式应用许多次的话，我们就能得到一个明显为假的结论，总共 1 粒麦子也是一堆。类似的论证方式可以指出，只有 1 根头发甚至没有头发的人不是光头。

另一种类型的堆垛悖论是**小数值悖论**（small-number paradox，又称王氏悖论）。0 是一个小数值。如果 n 是一个小数值，那么 $n+1$ 也是。我们会得到一个明显为假的结论：任何数值都被视作小数值。还有许多其他类型的堆垛悖论。如果我们给一个人的身高增加 1 厘米，那他就是高个子了吗？如果一个人的体重增加了一千克，他是不是就变成胖子了呢？类似地，对于任何其他的模糊词如"富有""贫穷""短""聪明"等而言，总是存在相关的堆垛悖论。

我们如何理解这样的悖论呢？一些哲学家说，堆垛悖论向我们指出肯定前件的逻辑规则存在问题。通过遵守肯定前件式，我们得到了谬误的结论，所以不能信任肯定前件式。这似乎有点太严厉了。肯定前件式非常完美地适用于大多数逻辑、数学和论证过程。我们为什么要抛弃它呢？其他哲学家（他们相信所有模糊性都是认识论的——也就是说，他们相信存在着我们意识不到的确切边界）认为"如果 n 个麦粒不是一堆，那么 $n+1$ 个麦粒也不是一堆"这条规则是错误的。在他们看来，存在某个 n 使得 n 个麦粒不形成一堆，但 $n+1$ 个麦粒形成一堆。我们这些肉眼凡胎意识不到 n 是什么，但它仍然存在。对于这些哲学家而言，肯定前件式是正确的，但上述推论无效，所以不能用在肯定前件式的论证中。

如前所述，对我们而言，模糊性不是认识论的问题，而是本体论的问题。究竟什么是"堆"不存在明显而确切的界限，而从 n 个到 $n+1$ 个麦粒的推论事实上总是正确的。

与其说肯定前件这一显而易见的规则存在某种问题，我更愿意说这个绝妙的规则是完美的，但并不能总是适用于所有情况，尤其不应该将肯定前件式应用在模糊词上。虽然肯定前件式看似适用于该规则的前面少数几个例子（例如，2 个、3 个和 4 个麦粒都不是一堆），但是对于后面数值大得多的应用，我们得到了显然荒谬的结论。我们必须只能将肯定前件式应用在精确词上。我们无法将肯定前件式应用于模糊词，因为这样做会让我们超出理性的边界。

这些逻辑和数学工具在模糊词面前的失效是有道理的，因为这些工具在人类的思维中都是使用精确词表达的。研究科学、逻辑学和数学都需要精确词。当我们离开了精确定义的领域，即当我们谈论"光头""高"和"红色"时，我们就是在离开逻辑和数学所能帮助我们的边界。模糊性超出了理性的边界。虽然我们在日常生活中可以畅通无阻地使用这些词交流，但我们必须小心谨慎，不要跨越理性的边界。

　　如前所示，在涉及模糊性陈述时，数学家和逻辑学家多少有些不知所措。他们工具箱中的常用工具变得不再有效。然而，由于这些模糊词无处不在，我们不能简单地忽视它们。研究者已经开发出了许多不同的方法来理解这个模糊的世界。我将在这里列出其中的几种。

　　逻辑学通常处理要么为真要么为假的概念。**模糊逻辑**（fuzzy logic）是逻辑学的一个分支，它探讨的概念可以拥有位于真和假之间的任意中间值。假设真是 1，假是 0，模糊逻辑探讨的不是只有两个元素的集合 {0,1}，而是包含 0 和 1 之间所有实数的无限集合 [0,1]。在这样的设定下，我们可以给不同的个例赋予不同的值。特利·萨瓦拉斯和尤尔·伯连纳都是彻彻底底的光头，所以会得到 0 的赋值。拥有一头浓密头发的人会得到 1 的赋值。中间状态的人会得到中间的值。0.1 意味着几乎是光头，而 0.5 就是不偏不倚的中间状态。某人会得到 0.7235 的值。建立起这些不同的值后，研究者继续开发了类似"逻辑与"和"逻辑或"这样的概念，以便让这种逻辑能够运转起来。

　　有一种相关的逻辑领域与模糊逻辑类似，称为**三值逻辑**（three-valued logic）。三值逻辑不认为一种陈述是非真即假的，它认为一种陈述是真的、假的或不确定的。逻辑学的这些分支广泛应用于人工智能领域，以便让计算机的行为更接近人类。如果我们将来要拥有与人类交互的计算机，那么它们就必须像人类一样处理模糊词。这些多值逻辑在处理模糊陈述时表现得非常成功。

　　用来处理模糊词的另一种方法是限制对逻辑的使用。假设一个人位于光头和头发茂盛正中间的状态。与其说他既不是光头，也不是有头发的，不如说他既是光头，也是有头发的。在经典逻辑学中，如果一种陈述和它的反面都为真，我们就有了矛盾，逻辑体系就是前后不一的。这种体系存在着一个重大问题，任何事情在这样的体系内都可以被证明，也就是说，从谬误中可以推导出任何事情。虽然大多数逻辑学家极力避免这样的体系，但也有一些逻辑学家如格雷厄姆·普里斯特（Graham Priest）与之合作。他们试图允许存在特定类型的矛盾，以这种方式将逻辑学的领域延伸到模糊性的问题上。认为存在某些类型的矛盾为真的观念称为**双面真理论**（dialetheism）。允许出现这些矛盾的逻辑称为**次协调逻辑**（paraconsistent logics）。这些次协调逻辑所做的基本上就是对逻辑进行限制，以免每个命题都来自一个矛盾。这些限制就位之后，就可以对模糊词推出有意义的命题。这个方向上的研究在过去几年也取得了进展。[20]

3.4 "知道"意味着什么

设想一下，你正在参加电视竞赛节目《一锤定音》（*Let's Make a Deal*），节目主持人蒙蒂·霍尔（Monty Hall）向你展示了三扇门，告诉你其中两扇门的后面是一只山羊，另外一扇门的后面是一辆崭新的跑车。你需要选择一扇门，无论门后是什么都归你了。当你选中一扇门，但还没有打开这扇门看看自己赢了没有的时候，蒙蒂阻止了你，然后打开了另外一扇门，门后是一只山羊（他知道每扇门的后面是什么）。此时他向你提供了一个机会，你可以坚持原来的选择，也可以转而选择第三扇没有被打开的门。你应该怎么做？

你的第一反应是最好坚持原来的选择。毕竟，当你开始选的时候，每扇门都有 1/3 的概率有跑车。现在既然打开了一扇门，那么你最初选择的那扇门后有跑车的概率就变成了 1/2。换一扇门又能得到什么呢？

玛丽莲·沃斯·萨万特（Marilyn vos Savant）针对这个问题在《大观杂志》（*Parade Magazine*）上写了一个谜题特别专栏。她建议你换一扇门。她说跑车更有可能在未被打开的门后，而不是你最初选择的那扇门。如果你起初认为没理由更换的话，也不必感到羞愧：和你站在同一阵营的人多得很。专栏文章发表后，1 万多封读者来信告诉她，她是错误的。在这 1 万多封信中，有 1000 多封信的作者自称是博士学位获得者。这篇文章和这些来信引起了巨大的轰动，以至于让这个故事登上了《纽约时报》的头版。

要弄清楚为什么应该换一扇门，让我们来看看所有的可能性，如图3-7所示。

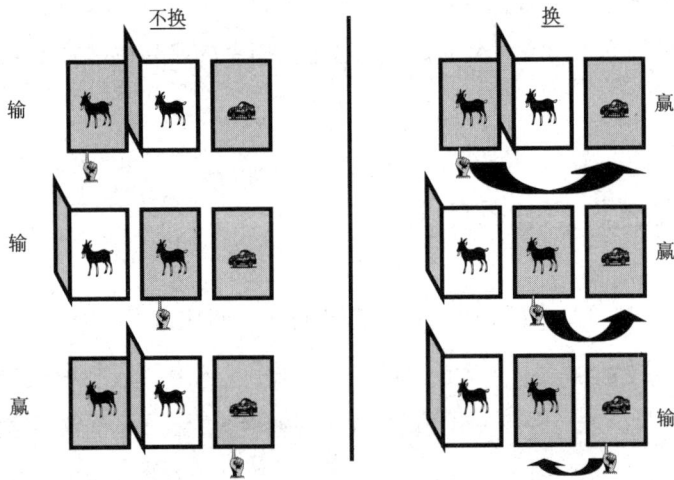

图 3-7　蒙蒂·霍尔问题的所有可能性

假设蒙蒂将跑车放在第三扇门后。你有三扇门可以选择，三种选择用三排情景表示。左半部分显示的是如果你坚持最初的选择会发生什么，右半部分显示的是如果你改变了自己的选择会发生什么。不换的策略让你有1/3的概率得到跑车，而更换的策略让你有2/3的概率获胜。你的确应该换一扇门。

这里发生了什么？为什么换一扇门会有这么大的优势呢？答案在于，当蒙蒂·霍尔打开一扇门时，他给了你更多信息。蒙蒂知道跑车在哪扇门的后面，而且不会打开有跑车的门。通过避开另外一扇门，他为你提供了另外一扇门被避开的信息。当他为你提供了信息的时候，每扇门后面的内容的概率发生了改变。

有一种方法可以让你更清楚地看出这一点。想象一下蒙蒂给你展示了25

扇门，告诉你其中一扇门后面有一辆跑车，其他 24 扇门后都是一只山羊。你选择了一扇门，然后蒙蒂接下来打开了其他 23 扇门，每扇门的后面都是一只山羊，如图 3-8 所示。

图 3-8　蒙蒂·霍尔问题的扩展版

现在只有两扇门是蒙蒂没有打开的：你选择的那扇门和他避开的那扇门。现在只剩下两种可能：(a) 你选择的那扇门是有跑车的（1/25 的概率），蒙蒂在故弄玄虚，希望你换成另一扇；(b) 你选择的是一扇有山羊的门（24/25 的概率），而蒙蒂既然知道跑车在哪扇门后，他就不会去开那扇门。很显然你应该换。在这里，**通过不告诉你跑车在哪里**，蒙蒂隐秘地向你提供了跑车所在的相关信息。

还存在这样一种值得思考的有趣情景。假设蒙蒂本人并不知道跑车在哪里，那么他就会随机开门。他可能会恰好打开有跑车的门，游戏就结束了。但如果他没有恰好打开有车的门，那么你应该换吗？答案：不换！不会有额外的好处。

当你知道蒙蒂知道真相，而且他在隐秘地为你提供信息的时候，你才应该换。

我们在本节探讨"知道"和信息的奇异之处，而这只是其中的一面而已。

与"知道"相关的最简单的悖论是我们在第 2 章遇到的著名的说谎者悖论的变体。在你的头脑中记住下面这个观点：

> 这个观点是错误的。

和说谎者悖论一样，当且仅当这个观点是正确的，它才是错误的。这个自指悖论也有许多变体。例如，在某个周二你突然觉得今天自己不能正常思考，

> 不过明天的时候，我的想法就会清晰、正确。

那么，在周三，你会意识到：

> 我昨天的所有想法都是错误的。

问：你在周二的想法是正确的还是错误的？只需进行简短的论证就会发现，当且仅当周二的想法是错误的时候，周二的想法才是正确的。

针对这个悖论，一个可能的解决方案是承认人类的思维本就充满矛盾。正如我在第 1 章提到的那样，人类思维不是一台完美的机器，存在着互相冲突的想法。只需要一点内省精神，就能发现我们所有人都相信彼此矛盾的概念。

突击测验悖论（surprise-test paradox）是与"知道"相关的更有趣的悖论之一。一位老师在班上声称下周将有一次突击测验。那周需要上课的最后一天是周五。突击测验会在哪一天进行呢？如果测验在周五进行，那么周四晚上放学之后，学生们就知道他们要在周五测验了，这样的测验就不会是突击测验，

所以突击测验不会发生在周五。这是纯粹的逻辑推理，每个人都知道这一点。这场测验会安排在周四吗？周三晚上放学后，学生们会推导出来，既然测验还没发生，而且它不能发生在周五，那它一定是在周四。然而相同的情况再次出现了，既然他们知道测验肯定安排在周四，那它就不再是突击测验了。所以这场测验不能安排在周四或周五。我们可以用同样的方式继续推理，判断出这场测验不能发生在周三、周二或周一。这场突击测验到底会被安排在哪一天呢？逻辑向我们指出，一名老师不可能在既定的时间段里安排一场突击测验。这是个悖论，因为这违反显而易见的常识，数千年来老师们一直在用突击测验折磨自己的学生。

有趣的是，只要老师保持沉默的话，这个悖论就不会出现了。问题之所以产生，仅仅是因为这名老师向学生们宣布将有一场突击测验。学生们被告知有突击测验的那一刻，他们必定同时产生了两种互相矛盾的想法：将有一场突击测验，不可能有一场突击测验。

2006 年，亚当·布兰登布格尔（Adam Brandenburger）和杰尔姆·凯斯勒（Jerome Keisler）共同发表了一篇关于理性与信念的开创性论文。在下象棋的时候，你肯定是基于理性落子的，并将棋盘上各个棋子的位置考虑在内。你的对手在下棋时也是基于理性的，你肯定也会将这一点考虑在内。你会意识到当你走出理性的一步时，你的对手会看到你的动作，并同样走出理性的一步。你的对手也会考虑到你是理性的，而且她知道你知道她是理性的。在需要策略的任何情况下，这样的情景都会来来回回地反复发生（如图 3-9 所示）。然而这样的情景是存在问题的。信念处理自身的能力会导致自指悖论的出现，从而产生某种局限。

布兰登布格尔-凯斯勒悖论（Brandenburger-Keisler paradox）就是一个简单的例子。它是一种双人说谎者悖论。假设安和鲍勃正在思考彼此的想法。现在思考下面这两行话描述的情景：

图 3-9　两个人思考对方的策略

安相信鲍勃认为的

安相信鲍勃认为的是错误的。

提出下面这个问题：

安是否相信鲍勃认为的是错误的？

如果你回答"是"，那么你就是在同意第二行话。第一行话说安相信这个认为是正确而非错误的。因此答案是"否"。让我们试试从反方向推理：这个问题的答案是"否"，即安不相信鲍勃认为的是错误的。那么安相信鲍勃认为的是正确的。那么第二行声称"安相信鲍勃认为的是错误的"，就是正确的。所以应该回答"是"。这是一个矛盾。

布兰登布格尔和凯斯勒采纳了这个观念并将其进一步发展。他们革命性的工作成果表明，在两个对手互相揣摩的任何类型的游戏中，都会存在局限或"漏洞"。也就是说，会存在可能导致矛盾发生的情况。

第 4 章

无限谜题

理性最后的功能是认识到有无限的事物存在于它的边界之外。如果它看得不够远，还不能知道这一点的话，它就是虚弱无力的。[1]

——布莱兹·帕斯卡（Blaise Pascal，1623—1662）

飞向宇宙，浩瀚无垠！

　　　　　——巴斯光年，《玩具总动员》（*Toy Story*，1995）

外面有无数只猴子想要进来和咱们讨论它们创作的剧本《哈姆雷特》。

　　　　　——道格拉斯·亚当斯（Douglas Adams，1952—2001），

　　　　　《银河系漫游指南》（*The Hitchhiker's Guide to the Galaxy*）

自古典时代以来，人们就在思索无限及其性质。在过去的大部分时间里，我们对无限的想法都充斥着难以承受严格论证的检验的奇怪观念。带着这样的混乱，中世纪的人们喋喋不休地讨论着空洞愚蠢的问题，比如："大头针的头上可以容下多少天使跳舞？"19 世纪末，格奥尔格·康托尔（Georg Cantor，1845—1918）和他的几位伙伴终于抓住了这个需要小心对待的主题，取得了一些进展。然而，关于无限的新科学有许多很不直观的观念，这些观念对我们的直觉是一种挑战。

我们需要意识到，关于无限的观念并不只是在象牙塔里神情茫然的教授们中间泛滥的抽象学术思考。相反，整个微积分学都以本章提到的关于无限的现代观念为基础。而微积分学又是所有现代数学、物理学和工程学的基础，正是这些学科让我们高度发达的技术文明成为可能。违反直觉的无限观念之所以是现代科学的中流砥柱，是因为它们行之有效。我们不能简单地忽视它们。

4.1 节讨论的是集合的基本语言。在这一节，我只论述了较为熟悉的有限集合，并对两个集合在什么情况下大小相等进行了妥帖的定义。在 4.2 节中，我会将这个在有限集合中十分适用的定义应用在无限集合中，看一看会发生什么。无限的奇异世界开始让生活变得更加有趣。本章的核心是 4.3 节，我们将遇到无限的不同层次。在这个过程中，我们将学到一种有力的证明方法，称为对角化（diagonalization）。我用 4.4 节作为结尾，并在这一节讨论更为高阶和哲学的主题。

4.1 有限集合

无限的概念是用集合的语言表达的。集合是一系列可区分对象的合集。这些对象可以是任何事物和所有事物（包括其他集合）。集合中的对象称为该集合的元素。集合可以用大括号包围其元素的形式表示。所以集合

$$\{a, b, c\}$$

有 3 个元素，分别是字母 a、b 和 c。我们可以谈论某个班级的学生组成的集合、红色汽车组成的集合、美国居民组成的集合、分数组成的集合等。

集合有多种不同的表示方法。我们可以逐个列出集合的元素，如

$$\{\text{狗，猫，鹦鹉，鱼，蛇}\}$$

我们也可以用描述的方式表示同一个集合：

$$\{x: x \text{ 是 5 种最受欢迎的家养宠物之一}\}$$

这个集合读作"包含所有 x 的集合，x 是 5 种最受欢迎的家养宠物之一"。还有一个例子：

$$\{3, 5, 7, 9, 11\}$$

它和下面这个集合是一样的：

{*x*: *x* 是大于等于 3 并小于 12 的奇数 }

在谈论无限集合的时候，我有时会用省略号（…）表示这个集合是无限延伸的。例如，素数的集合可以写成

{2, 3, 5, 7, 11, 13, …}

大写字母可以作为描述特定集合的名称：

D = {1, 3, 5, 7, 9, 11, 13, 15, …}

对于两个集合而言，如果每个集合的每个元素都是另一集合的元素，反之亦然，那么这两个集合是相等的。所以如果

F = {*x*: *x* 是奇数 }

很显然，

$D = F$

某些集合会成为其他集合的子集合，简称子集。某个班级女生的集合很显然是该班级所有学生的集合的子集。这是因为这个班级的每个女生都是班上的学生。一般而言，对于两个集合 S 和 T，如果 S 的每个元素都是 T 的元素，我们就可以说 S 是 T 的一个**子集**。需要注意的是，T 的子集也可以等于集合 T 本身。如果 S 是 T 的子集且不等于 T，那么 S 就是 T 的**真子集**（proper subset）。也就是

说，如果某个子集等于整个集合的话，它就不是该集合的真子集。如果 T 的某些元素不是 S 的元素，那么 S 就是 T 的真子集。就元素的数量而言，如果 S 的元素数量少于或等于 T，S 就是 T 的子集。如果 S 的元素数量少于 T，那么它就是 T 的真子集。当我们在 4.2 节遇到无限集合时，关于有限集合的这一显而易见的事实将成为关键问题所在。

存在一个特殊的集合，它没有任何元素。这个集合叫作空集，表示为 $\varnothing$。对于任意集合 S 而言，下列命题都是正确的：

$\varnothing$ 的每个元素也是 S 的元素。

因为 $\varnothing$ 中没有元素，所以 $\varnothing$ 是 S 的子集。

对于任意集合 S，我们将 S 的所有子集组成的集合称为 S 的**幂集**（powerset），表示为 $\wp(S)$。例如，如果 $S = \{a, b\}$，则：

$$\wp(S) = \{\varnothing, \{a\}, \{b\}, \{a, b\}\}$$

注意，这个集合拥有 4 个元素，其中 3 个是 S 的真子集。如果 S 有 3 个元素，例如 $S = \{a, b, c\}$，那么 S 的幂集除了拥有之前的子集即 $\varnothing$, $\{a\}$, $\{b\}$, $\{a, b\}$ 之外，还可以在这些子集的每一个中加上一个元素 c，于是我们得到了子集 $\{c\}$，$\{a, c\}$, $\{b, c\}$, $\{a, b, c\}$。所以我们有

$$\wp(\{a, b, c\}) = \{\varnothing, \{a\}, \{b\}, \{a, b\}, \{c\}, \{a, c\}, \{b, c\}, \{a, b, c\}\}$$

也就是说，通过在集合 S 中加入元素 c，子集的数量翻了一番。对于含有两个元素的集合，其幂集含有 4 个元素。对于含有 3 个元素的集合，其幂集含有

2 × 4 = 8 个元素。对于含有 4 个元素的集合，其幂集含有 2 × 8 = 16 个元素。一般地，含有 n 个元素的集合的幂集拥有

$$\underbrace{2 \times 2 \times 2 \times \cdots \times 2}_{n} = 2^n$$

个元素。所以通常情况下，一个集合的幂集比该集合大得多。两个集合在什么情况下大小相等呢？思考集合

$$S = \{a, b, c, d, e\}$$

和家养宠物集合

$$T = \{ \text{狗，猫，鹦鹉，鱼，蛇} \}$$

这两个集合很显然大小相等：它们都拥有 5 个元素。然而不如让我们用另一种方式审视这一显而易见的事实。S 和 T 大小相等，是因为我们可以将 S 的每一个元素与 T 的每个独一无二的元素一一对应起来。也就是说，S 和 T 大小相等，因为存在某种关联可以将 S 的每个元素与 T 的每个独一无二的元素配对，反之亦然。对 S 的每个元素来说，集合 T 中都有一个独一无二的对应元素，而对 T 的每个元素来说，集合 S 中也有一个独一无二的对应元素。这种配对关系可以用下图表示：

S	a	b	c	d	e
T	狗	猫	鹦鹉	鱼	蛇

这两个集合还存在其他配对关系，例如，

S	a	b	c	d	e
T	蛇	狗	鹦鹉	猫	鱼

实际上，S 和 T 都能与下列集合建立这种关联：

$$\{1, 2, 3, 4, 5\}$$

在这些对应关系下，我们可以很确定地说，所有这些集合都拥有 5 个元素。

这个简单的概念是本章的核心。如果任意两个集合 S 和 T 之间存在这种对应关系，我们会说它们是**等势的**（equinumerous）或大小相等的。这两个集合会被认为拥有相等的**势**（cardinality）。

等势集合的例子非常多，举例如下。

- 全世界人类心脏的集合与全世界人类的集合大小相等。（注意，这不能推广到耳朵上，因为人一般有两只耳朵。）
- 美国各州的集合

  {亚拉巴马州，阿拉斯加州，亚利桑那州，…，威斯康星州，怀俄明州}

  可以和美国各州政府驻地的集合建立对应关系：

  {蒙哥马利，朱诺，菲尼克斯，…，麦迪逊，夏延}，

  后者可以和下面的集合建立对应关系：

  {1, 2, 3,…, 49, 50}。
- 国际标准书号（ISBN）的集合可以和出版图书的集合对应起来。

有限集合的世界以及它们之间的对应关系非常直截了当。对两个集合大小相等的定义是绝对合理的。现在让我们向前踏出一小步，进入无限的疆域吧。

4.2　无限集合

大卫·希尔伯特（David Hilbert，1862—1943）是他那一代人里面最伟大的数学家，他讲过一个有趣的故事。想象一下，你拥有一家客房数量无限多的酒店。我们不妨称其为"希尔伯特酒店"。这一天，酒店的生意很好，无限多的客房中每一间都有客人入住。此时又有一位客人开车前来，他需要一个房间。你不想在一个寒风大作的夜晚把他打发走，但你所有的房间都满了。怎么办呢？希尔伯特提出了一项建议：打开酒店广播，让无穷多个客人中的每一个都转移到下一个房间里去。于是 57 号房间的客人转移到 58 号房间里去，53462 号房间的客人转移到 53463 号房间里去。总而言之，n 号房间里的每一名客人都转移到 $n + 1$ 号房间里去。这样就能把 1 号房间空出来，留给这位深表感激的新客人入住了。

让我们继续讲述这个故事。正当所有客人都在自己的新房间里安顿下来，美美地安睡之时，一辆长途汽车停在希尔伯特酒店的门口，车上下来了无限多位旅客，每个人都要求住一个房间。你的无限多的客房中每一间都已经住了客人，而你急切地需要无限多个空房间。一位诚实的酒店经理应该怎么办呢？希尔伯特仍然有好点子：打开酒店广播，让每一位客人都换到房间号是他们目前房间号两倍的房间里去。也就是说，57 号房间的客人换到 114 号房间去，53462 号房间的客人换到 106924 号房间去。总而言之，n 号房间里的每一名客人都转移到 $2n$ 号房间里去。这样一来，所有偶数号房间都会住上人，而所有奇数号房间都会空出来，供乘坐长途汽车而来的疲惫旅人入住。

需要注意的是，这些花招不适用于那些房间数量有限的无趣标准酒店。只有在房间数量无限的酷炫的希尔伯特酒店里，我们才能随意转移客人，不用担心失去任何客源。在第一个例子中，希尔伯特真正向我们指出的是，房间号的无限集合 {1, 2, 3, 4, 5, …} 和它的真子集 {2, 3, 4, 5, …} 存在各项元素一一对应的关系。在第二个例子中，希尔伯特指出房间号的集合 {1, 2, 3, 4, 5, …} 和它的真子集 {2, 4, 6, 8, 10, …} 存在各项元素一一对应的关系。这些违反直觉的奇怪配对关系就是我们将要在本节探讨的内容。

与其讲述关于虚构酒店的故事，不如让我们来看一些真正的无限集合。无限集合的例子有很多，但这些集合必须不能是物体的集合，因为宇宙中物体的数量是有限的。许多其他概念如数可以构成无限集合。有很多常见的无限数集合：

- 自然数，$\mathbf{N}$ = {0, 1, 2, 3,…}
- 整数，$\mathbf{Z}$ = {…, –3, –2, –1, 0, 1, 2, 3,…}
- 有理数或分数，$\mathbf{Q}$ = {m/n：m 和 n 属于 $\mathbf{Z}$ 且 n 不等于 0}
- 实数，$\mathbf{R}$

自然数是所有整数的真子集。每个整数 n 都可以认为是分数 $n/1$，所以整数可以看成是所有有理数的真子集。最后，实数是所有数的集合，甚至包括那些无法用分数表示的数。早在 2500 多年前，人们就知道某些数无法写成分数，如 $\sqrt{2}$、e、–π 和 $\sqrt{5}$。这样的数称为"无理数"。[2] 实数集 $\mathbf{R}$ 包括所有有理数和无理数。所以有理数是实数的真子集。

思考偶数集合：

$$E = \{0, 2, 4, 6, \cdots\}$$

每个偶数都是自然数，所以 E 显然是自然数集合 **N** 的真子集。实际上，我们可以说自然数的数量是偶数的两倍，毕竟自然数包括**偶数**和**奇数**这两种数。但我们先不要那么信任我们对集合和子集的直觉。相反，让我们重拾 4.1 节中提到的对等势的定义。自然数和偶数之间存在一一的对应关系，只需要让每个自然数 n 与相应的偶数 $2n$ 对应即可：

N	0	1	2	3	4	5	$\cdots$	n	$\cdots$
E	0	2	4	6	8	10	$\cdots$	$2n$	

这说明 **N** 和 E 的大小相等。这怎么可能呢？自然数的数量怎么可能和偶数的数量一样多呢？奇数呢？部分的大小怎么会等于整体呢？

　　我们在哪里弄错了？答案是我们并没有弄错。我们在这里使用了用在有限集合上的推理过程。然而，对于有限集合，拥有相同的大小符合我们的直觉。对于无限集合，逻辑学认为我们的直觉不再有效，而且需要修正。伽利略·伽利雷（Galileo Galilei，1564—1642）是第一个在写作中提到无限集合的这点奇异之处的人。他指出一个无限集合可以和自身的真子集等势。在自伽利略以来的近 400 年里，这个新定义已经被所有数学和物理学领域接受了。我们不能因为它违反我们的直觉而忽视它。相反，这种定义对于我们在理解宇宙的过程中使用的模型而言是至关重要的，而且它还被用来进行科学预测。我们必须理解并接受这种定义。我们的直觉需要调整。

　　继续来看更多无限集合吧！假设集合 S 为平方数的和，也就是说，这些数是整数与其自身的乘积：

$$S = \{0, 1, 4, 9, 16, 25, \cdots\}$$

这个集合是无限集合，而且它还是自然数集合 **N** 的真子集。平方数的数量比偶数的数量少得多：在前 100 个自然数中，只有 10 个平方数。然而，S 可以和自然数形成一一对应的关系：

N	0	1	2	3	4	5	$\cdots$	n	$\cdots$
S	0	1	4	9	16	25	$\cdots$	n^2	$\cdots$

这种对应关系表明自然数和它们的真子集平方数是等势的，也就是它们拥有相等的势。我们能用数来描述这些集合中元素的数量吗？显然任何有限的数都无法胜任这项任务。康托尔用 $\aleph_0$ 符号表示这些无限集合的势，该符号读作"阿列夫零"（aleph-null）。阿列夫（$\aleph$）是希伯来字母表中的第一个字母。所有与自然数集合 **N** 等势的集合，其势都等于 $\aleph_0$，并被称为**可数无限**（countably infinite）集合。必须意识到的是，我们无法数完这样的无限集合。然而我们至少可以开始数它们。通过查看与自然数的对比关系，我们可以说出第 0 个元素是什么，第 1 个元素是什么，第 2 个元素是什么，等等。

还有其他集合拥有这样的势。还记得素数吗？如果一个数只能被 1 和它本身整除，它就是素数。思考由所有素数组成的集合：

$$\mathbf{P} = \{\,2, 3, 5, 7, 11, 13, \cdots\,\}$$

虽然看上去素数的数量比自然数少得多，但一一对应的关系仍然存在：

N	0	1	2	3	4	5	$\cdots$	n	$\cdots$
P	2	3	5	7	11	13	$\cdots$	第n个素数	$\cdots$

这表明 **P** 等势于自然数集合。我们如何描述这种对应关系呢？第 42 个素数是什么？不存在任何简单的公式向我们提供这个信息。然而，即使不容易描述这种对应关系，我们只需要这样一种对应关系**存在**，并且它表明 **P** 的势等于 $\aleph_0$

就够了。

到目前为止，我们讨论过的所有无限集合都是自然数集合的真子集。那些看上去比自然数集合更大的集合呢？这些集合真的比自然数集合更大吗？思考整数集合：

$$Z = \{\cdots, -3, -2, -1, 0, 1, 2, 3, \cdots\}$$

自然数集合是集合 Z 的真子集，因为 Z 还包括负整数和零。我们如何在自然数集合 N 和同时包括正负整数和零的集合 Z 之间建立对应关系呢？幸运的是，像康托尔这样极为聪明的人着手研究了这个问题，并且找到了一种简单的对应方式：

N	0	1	2	3	4	5	$\cdots$	$2n-1$	$2n$	$\cdots$
Z	0	1	-1	2	-2	3	$\cdots$	n	$-n$	$\cdots$

通过机智地将 N（暂时忽略零）分为偶数和奇数，我们可以让 N 的奇数对应 Z 的正整数，让 N 的偶数对应 Z 的负整数。由于我们永远无法穷尽奇数或偶数，因此 Z 的每个元素都会得到配对。这正是我们在希尔伯特酒店里所做的事，我们给老客人组成的无限集合分配了偶数号房间，给新客人组成的无限集合分配了奇数号房间。

让我们看看一个真正巨大的集合吧。思考由自然数有序对构成的集合 N×N。它是数字对 $<m, n>$ 的集合，其中 m 和 n 都是自然数。对于每个 m，都存在一个自然数集合 N 的副本：

$$<m, 0>, <m, 1>, <m, 2>, <m, 3>, \cdots$$

因为 m 有无限多个，所以集合 N×N 有无限多个 N 的副本。整数集合 Z 拥有 N 的两个副本，一个副本是正的，一个副本是负的。相比之下，集合 N×N 有**无限多个 N** 的副本。直觉告诉我们，这个集合的元素数量比 N 多得多。我们的直觉是错误的！康托尔是一个非常聪明的人，他在 N 和 N×N 这两个集合之间也找到了对应方式：

N	0	1	2	3	4	5	···
N×N	<0, 0>	<1, 0>	<0, 1>	<0, 2>	<1, 1>	<2, 0>	···

为了清楚地看出这种对应关系，可以将自然数看成一个很长的数列，如图 4-1 所示。

$$0 \rightarrow 1 \rightarrow 2 \rightarrow 3 \rightarrow 4 \rightarrow 5 \rightarrow \!\!\underset{n}{\cdots\cdots\cdots\cdots}\!\!\!\rightarrow \cdots$$

图 4-1　N 是一条无限长的蛇

按照图 4-2 的方式将 N×N 写出来，从左下角开始按照之字形路线将这些数连接起来。

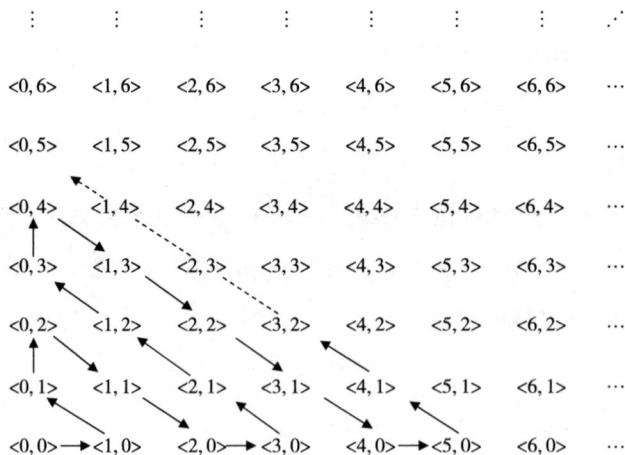

图 4-2　N 和 N×N 之间的对应关系

由于这两个集合是无限集合，而我们只有一张面积有限的纸，因此我们无法将它们的对应关系全部展示出来。不过按照这种模式，每个有序自然数对，包括 <303, 1227> 在内，最终都会与 **N** 中的某个自然数对应。出于显而易见的原因，这种证明有时称为**之字形证明**（zigzag proof）。总之，集合 **N** × **N** 与集合 **N** 等势，其势为 $\aleph_0$。

那么有理数的集合 **Q** 呢？分数的数量当然比自然数多！毕竟集合 **N** 中的每个 n 都是集合 **Q** 中的 $n/1$。所以 **Q** 含有 **N** 的一个副本：

$$0/1, 1/1, 2/1, 3/1, \cdots$$

但是 **Q** 还含有：

$$n/1, n/2, n/3, n/4, \cdots$$

我们也不要忘记负分数：

$$-n/1, -n/2, -n/3, -n/4, \cdots$$

除此之外，需要注意的是任意两个分数——比如 3/5 和 4/5——之间总会存在另一个分数：7/10。我们还可以继续列举下去：3/5 和 7/10 之间还有 13/20。看上去似乎很明显，有理数的数量比自然数多多了。然而，现在你应该能够预料到，事情并不简单。有理数的数量看上去比自然数多得多，但是实际上，它们是同样多的。为了说明这一点，我们将展示 **N** 和 **Q** 之间的对应关系，如图 4-3 所示。

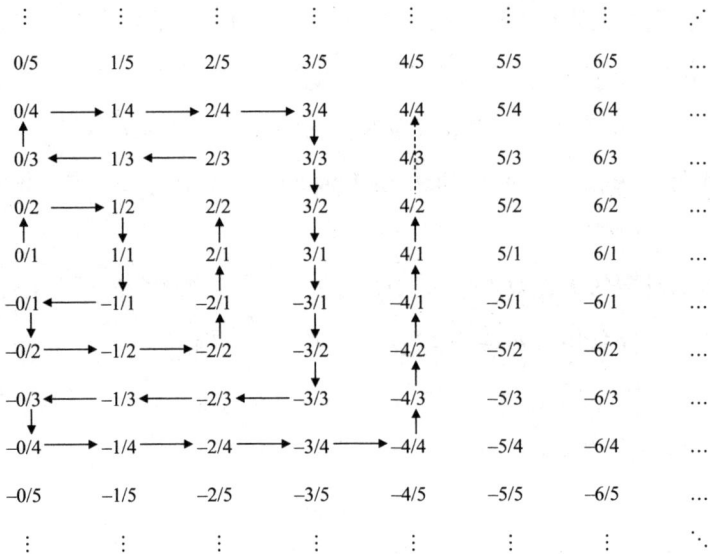

⋮	⋮	⋮	⋮	⋮	⋮	⋮	⋰
0/5	1/5	2/5	3/5	4/5	5/5	6/5	…
0/4 → 1/4 → 2/4 → 3/4	4/4	5/4	6/4	…
0/3 ← 1/3 ← 2/3 3/3 4/3	5/3	6/3	…
0/2 → 1/2 2/2 3/2 4/2	5/2	6/2	…
0/1 1/1 2/1 3/1 4/1	5/1	6/1	…
−0/1 ← −1/1 −2/1 −3/1 −4/1	−5/1	−6/1	…
−0/2 → −1/2 −2/2 −3/2 −4/2	−5/2	−6/2	…
−0/3 ← −1/3 ← −2/3 ← −3/3 −4/3	−5/3	−6/3	…
−0/4 → −1/4 → −2/4 → −3/4 → −4/4	−5/4	−6/4	…
−0/5	−1/5	−2/5	−3/5	−4/5	−5/5	−6/5	…
⋮	⋮	⋮	⋮	⋮	⋮	⋮	⋱

图 4-3　**N** 和 **Q** 之间的对应关系

　　再一次，自然数"蛇行"贯穿分数，最终将每个分数串联起来。这种证明方式有时称为**项链证明**（necklace proof）。你能看出为什么叫这个名字吗？

　　然而这里存在一个小小的问题。我们在图 4-3 中列出的有理数存在重复的情况。有理数 4/7 的值等于 8/14。所以我们真的建立了 **N** 和有理数集合的对应关系吗？实际上，我们做到了更难的事情：我们建立了 **N** 和一个比有理数更大的集合的对应关系。不过也有办法建立 **N** 和有理数集合的关系，只需要让这条连线跳过之前已经出现过的分数即可。

　　综上所述，许多看上去比自然数集合无限大的集合实际上与自然数集合等势。是否存在某个无限集合真的比自然数集合更大呢？

4.3　还有比无限更大的吗？

　　读完第 3 章之后，有人会得出这样的结论：只要足够聪明，每个无限集合都可以和自然数集合形成一一对应的关系。康托尔一度也是这么想的，直到他考虑到实数。

康托尔思考了 0 和 1 之间所有实数构成的实数的子集。这个子集表示为 $(0, 1)^3$，包含像 0.439 053 46...、0.5、0.373 468... 这样的数。他试图在自然数集合 N 和集合 (0, 1) 之间找到一一对应的关系。他想寻找与在 4.2 节中非常奏效的之字形证明或项链证明类似的某种技巧。或许我们可以让自然数以某种方式"蛇行"穿过 (0, 1) 的每一个点，就像图 4-4 中所描绘的那样。

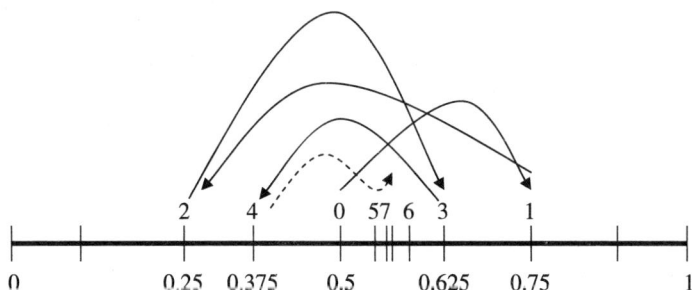

图 4-4　在 N 和 (0, 1) 之间建立联系的（失败）尝试

位于图 4-4 中的横轴上方的数是自然数，横轴下方的数是和这些自然数相对应的实数。这种对应关系如下所示：

N	(0,1)
0	0.500 000...
1	0.750 000...
2	0.250 000...
3	0.625 000...
4	0.375 000...
⋮	⋮

但是这种对应关系并不奏效。实际上，康托尔将自然数与 (0, 1) 一一对应的每种尝试都失败了。他发现 (0, 1) 总会有部分元素在自己尝试的配对关系中被漏掉。

康托尔没能找到一一对应的关系，但他证明了比这有趣得多的事情：**这种**

对应关系没有存在的可能。[4] 他指出，并不是因为自己不够聪明，所以找不到这种对应关系。无论一个人有多聪明，都找不到这样的对应关系，因为这样的对应关系不可能存在。通过指出自然数与集合 (0, 1) 之间不存在一一对应的关系，康托尔证明了集合 (0, 1) 其实比自然数集合 **N** 更大。我们马上就会呈现这种优雅简洁的证明方法。

与自然数集合等势的无限集合被称作**可数无限**的。我们至少可以开始数这些集合有多少元素。和自然数的对应关系可以帮助我们数一数这些集合有多少元素。我们在 4.2 节中看到，集合 **N**、*E*、**P**、**Z**、**N** × **N** 和 **Q** 都是可数无限的。按照这种推理方式，不能和自然数形成对应关系的无限集合被称作**不可数无限**（uncountably infinite）的。我们甚至无法逐个列出不可数无限集合开头的若干元素。我们将证明 (0, 1) 是不可数无限的。与可数无限集合相比，不可数无限集合大得多。

康托尔的研究结果是无限存在不同类型或层次的首个证据。这太违反直觉了。毕竟，谁能想到"永永远远，绝不停息"还会有不同的类型呢？但实际上就是有。通过严格遵循两个集合大小相等的逻辑定义，康托尔得出了这个重要结论。再一次地——而且这一点怎么强调也不为过，无限的不同层次之间的差别被用在现代微积分学中。掌握了这种知识，工程师和物理学家制造出了桥梁和火箭。如果你知道某位工程师不相信康托尔的工作，你还敢穿过他设计建造的现代吊桥，那你未免也太鲁莽了。虽然看上去很违反直觉，但无限的不同层次奠定了我们对宇宙的理解。

这个证明实际上是反证法。为了指出 **N** 和 (0, 1) 不存在一一对应的关系，康托尔（错误地）假设这种对应是存在的，并由此推导出了矛盾。

按照第 1 章中的样式，我们写道：

N 和 (0, 1) 之间有对应关系 ➡ 矛盾。

推导出来的矛盾是存在某个 0 和 1 之间的实数，它无法与假设对应关系中的任何相应元素配对。由于我们假设这种对应关系能够将 0 和 1 之间的每个实数与每个自然数一一配对，因此就产生了矛盾。

通俗地说，该证明描述了一个 0 和 1 之间的实数，而且：

这个实数不位于假设的对应关系中。

或者更精确地说，

这个实数和假设对应关系中的其他每个数都不同。

该证明称作**对角化证明**（diagonalization proof），证明过程如下。假设全体自然数和 (0, 1) 的每个元素之间都存在某种奇妙的一一对应关系。我们可以将这种对应关系用图 4-5 表示出来。

(0, 1)
位置

N	0	1	2	3	4	5	6	7	8	⋯
0	0. 5	0	3	0	3	2	0	0	0	⋯
1	0. 3	3	5	9	7	3	8	6	8	⋯
2	0. 2	5	9	4	1	1	7	8	3	⋯
3	0. 0	5	2	8	2	8	2	6	4	⋯
4	0. 5	0	0	0	0	0	0	0	0	⋯
5	0. 3	3	3	3	3	3	3	3	5	⋯
6	0. 9	9	1	1	2	3	0	4	1	⋯
7	0. 1	2	2	7	1	9	6	7	0	⋯
8	0. 1	0	5	4	1	7	3	5	6	⋯
⋮	⋮	⋮	⋮	⋮	⋮	⋮	⋮	⋮	⋮	⋱

自然数

图 4-5　**N** 和 (0, 1) 所谓的对应关系及其对角线

竖轴左边一列是自然数，然后我们在竖轴右边写下与每个自然数相对应的 (0, 1) 中的数。在这种所谓的对应关系下，我们仍然可以描述出一个这张清单上不可能有的数。这个数是 0 和 1 之间的一个实数，表示为 D［"diagonal"（对角线）的首字母］。D 这个数是从图 4-5 列出的对应关系的对角线中推导出来的。

- D 的小数点后第 0 位数字是 6，因为它比与自然数 0 对应的实数的小数点后第 0 位数字 5 大 1。
- D 的小数点后第 1 位数字是 4，因为它比与自然数 1 对应的实数的小数点后第 1 位数字 3 大 1。
- D 的小数点后第 2 位数字是 0，因为它比与自然数 2 对应的实数的小数点后第 2 位数字 9 不同。
- D 的小数点后第 3 位数字是……

D 在每一位上的数字都以此类推。我们可以删去图 4-5 中不重要的部分，看看图 4-6 对 D 的描述。

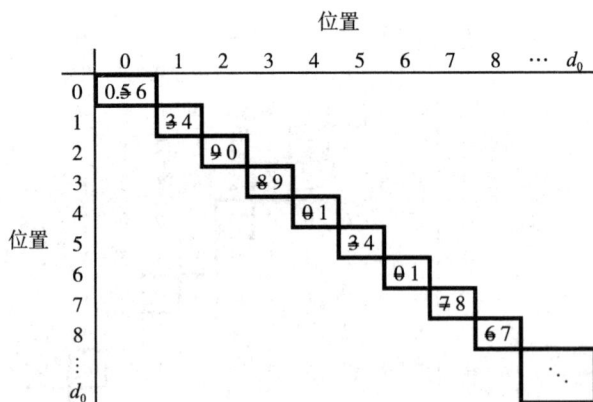

图 4-6 对不存在于假设的对应关系中的数 D 的描述

所以这个数是 0.640 914 187...。这个数显然属于集合 (0, 1)。然而它不在假设的对应关系中。让我们找找它的位置。

- D 无法与 0 对应，因为自然数 0 对应的有理数的小数点后第 0 位数字是 5，而 D 的小数点后第 0 位数字是 6。
- D 无法与 1 对应，因为自然数 1 对应的有理数的小数点后第 1 位数字是 3，而 D 的小数点后第 1 位数字是 4。
- D 无法与 2 对应，因为自然数 2 对应的有理数的小数点后第 2 位数字是 9，而 D 的小数点后第 2 位数字是 0。
- D 无法与 3 对应，因为自然数 3 对应的有理数的小数点后第 3 位数字是 8，而 D 的小数点后第 3 位数字是 9。
　……
- D 无法与 d_0 对应，因为自然数 d_0 对应的有理数的小数点后第 d_0 位数字是 x，而 D 的小数点后第 d_0 位数字不是 x。
　……

由于 D 不在这种对应关系中，因此我们的结论是，这种假设的对应关系根本就不是真正一一对应的关系。实际上，我们所做的事情就是描述了一个和假设对应表格每一行数字都不相同的数 D。需要注意的是，D 不是唯一一个不出现在这种对应关系中的数。想要发现这样的数，只需要逐个查看每一行数字并改掉某些位置的数字即可。通过这种方式，我们就能发现那些与表格中的任何一行都不同的数。在上面的例子中，我们沿着对角线改动了每一行数字某一位置上的数字，但我们也可以用别的方式实现这一点。我们的改动是在相应数字上加 1（9 除外，我们将 9 改成了 0），然而还有其他很多种方式可以用来改动这些数字。

也许会有人尝试描述另一种可能的对应关系，令 D 出现在这个对应表格中。然而同样的方法同样适用于新提出的对应关系。会有 0 和 1 之间的另一个数 D' 无法出现在对应表格中，尽管按照假设它应该在里面。任何可能的对应关系都会遗漏 (0, 1) 的部分元素。[5]

我们的结论是，在任何假设的对应关系中，集合 (0, 1) 中没有得到配对的数比得到配对的数多得多。也就是说，集合 (0, 1) 比自然数集合大得多。与可数无限集合相比，不可数无限集合极为庞大。在这本书里，我们将反复回顾这个事实。许多集合将被指出是可数无限的，和不可数无限的大集合相比，它们显得甚为小巧。实际上，当我们从不可数无限集合中"减去"一个可数无限集合时，我们仍然会得到一个不可数无限集合。

还有许多其他不可数无限集合。思考自然数集合的幂集 $\wp(\mathbf{N})$，也就是 $\mathbf{N}$ 的所有子集的集合。我们已经知道，对于拥有 n 个元素的有限集合，$\wp(\mathbf{N})$ 的大小是 2^n。有人可能会认为，对于无限集合而言，可能存在某种方法令一个集合与它的幂集建立一一对应的关系。这种想法并不正确。无限集合与其幂集的对应关系不可能存在。

同样可以用反证法证明这一点：

$\mathbf{N}$ 和 $\wp(\mathbf{N})$ 之间存在一一对应的关系 ➡ 矛盾。

推导出矛盾的方式是描述自然数的一个子集，也就是 $\wp(\mathbf{N})$ 的一个元素，且它不在假设的对应关系中。由于我们假设自然数集合的每一个子集都能与某个自然数配对，矛盾就产生了。

通俗地说，该证明描述了自然数的一个子集，而且

自然数的这个子集不存在于假设的对应关系中。

或者更精确地说，

自然数的这个子集和这种对应关系中自然数的每个子集都不同。

同样可以用对角化证明来指出这一点。假设 **N** 和 $\wp$(**N**) 之间存在某种一一对应的关系——也就是说，存在某种方式，令每个自然数 n 与自然数集合 **N** 的每个子集一一对应起来。我们不列出每个子集的元素，而是用"是"或"否"标明某个元素是否在该子集中。对这种对应关系的描述见图 4-7。

自然数

	0	1	2	3	4	5	6	7	8	···
0	是	否	否	否	是	否	是	是	是	···
1	是	否	是	否	否	是	否	否	否	···
2	否	否	是	否	是	是	否	否	否	···
3	否	是	否	是	否	否	否	否	是	···
4	是	否	是	是	否	否	是	否	是	···
5	否	否	否	否	否	否	否	否	否	···
6	否	否	否	否	否	是	否	否	否	···
7	否	是	否	否	否	是	否	是	是	···
8	否	否	否	否	否	否	否	否	否	···
⋮	⋮	⋮	⋮	⋮	⋮	⋮	⋮	⋮	⋮	⋱

N 的子集（行标题）

图 4-7 **N** 与 $\wp$(**N**) 之间的一种假设对应关系及其对角线

让我们来看看其中的一些子集。与 1 对应的子集包括 0，不包括 1，包括 2，包括 5，等等。所以这个子集是

$$\{0, 2, 5, \cdots\}$$

与 7 对应的子集是

$$\{1, 5, 7, 8, \cdots\}$$

这种对应关系不可能包含 **N** 的所有子集。通过观察这条对角线，我们就能找到一个不在这张清单上的子集。让我们看看这条对角线的反面是什么，如图 4-8 所示。

自然数

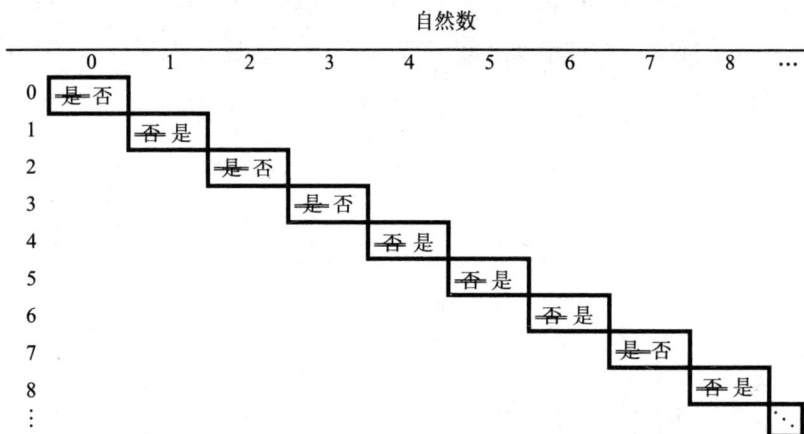

图 4-8　不存在于假设对应关系中的 **N** 的子集

子集 D：

- 不包含 0，因为与自然数 0 对应的子集包含 0；

- 包含 1，因为与自然数 1 对应的子集不包含 1；

- 不包含 2，因为与自然数 2 对应的子集包含 2；

- 不包含 3，因为与自然数 3 对应的子集包含 3；

  ......

- 当且仅当与自然数 d_0 对应的子集不包含 d_0 时，才包含 d_0；

  ......

我们其实是在描述这样一个自然数的子集：

$$D = \{ \mathbf{N} \text{ 中的数 } d：与 d \text{ 对应的子集不包含 } d \}$$

结论是 D 不和自然数集合中的任何元素对应。如果有人说子集 D 与某个数 d_0 对应，那就来看看 d_0 是否在 D 中。

　　　　当且仅当 d_0 不在与 d_0 对应的子集中时，d_0 才在 D 中。

也就是说，

　　　　当且仅当 d_0 不在 D 中时，d_0 才在 D 中。

矛盾出现了。我们的结论是子集 D 不同于和自然数 d_0 对应的子集。实际上也就是说，D 不同于假设对应关系中的任何子集。因此，我们提出的对应关系遗漏了至少一个子集。

　　在这个证明中，自然数其实并没有起到很重要的作用。我们可以对这个证明进行广义的归纳并指出，对于任何集合 S，S 的幂集都无法与 S 形成一一对应的关系。也就是说，集合的子集比集合的元素多。这与本书的自我指涉相关局限这一主题形成了绝妙的呼应。集合 S 的元素不能"对应""描述"或"处理"与集合 S 的组成有关的性质。

　　简短的证明如下：（错误地）假想 S 和 $\wp(S)$ 之间存在一一对应的关系。现在思考如下集合：

$$D = \{ S \text{ 中的元素 } d：与 d \text{ 对应的 } S \text{ 的子集不包含 } d \}$$

D 是 S 的子集，因此是 $\wp(S)$ 的一个元素，但 D 不与 S 的任何元素对应。实际上，D 所说的是：

　　本子集不同于假设对应关系中的任何子集。

如果你（错误地）宣称 S 中有一个 d_0 与 D 对应，那就看一看这个元素 d_0 吧：

　　当且仅当 d_0 不在 D 中时，d_0 才在 D 中。

矛盾出现了，于是我们可以判断 D 不在假想的对应关系中。所以 $\wp(S)$ 大于 S。

　　我们已经看出 $(0, 1)$ 和 $\wp(N)$ 都比 N 大。实际上，这两个集合之间存在一一对应的关系（我将不会在本书中描述），说明它们拥有相等的势。由于大小为 n 的集合，其幂集的势为 2^n，而 N 的势为 $\aleph_0$，所以 $\wp(N)$ 的势为 $2^{\aleph_0}$。因为它也是连续区间 $(0, 1)$ 的势，所以它又称"连续统的势"（cardinality of the continuum）。

　　为什么我们要局限于 $(0, 1)$ 呢？为什么不考虑整个实数集 **R** 呢？整个实数集看上去似乎比 $(0, 1)$ 大得多。毕竟，实数还包括区间 $(1, 2)$ 和 $(2, 3)$。不要忘记负数区间如 $(-23，-18)$。实数集合包含无数多个 $(0, 1)$ 的副本。然而根据我们对两个集合大小相等的定义，可以证明 $(0, 1)$ 等势于 **R**。该证明的正式名称是**球面投影证明**（proof by stereographic projection），但我更喜欢的名字是更加亲切的**阳光证明**（sunshine proof）。该证明基本如图 4-9 所示。

　　首先假设有一个明亮的太阳位于画面上方。然后将区间 $(0, 1)$ 放置在太阳下方并弯曲起来。接下来将代表集合 **R** 的实数线放置在画面底部。需要意识到，这条实线是向左右两边无限延伸的。对 $(0, 1)$ 和 **R** 之间一一对应关系的描述如下：对于 $(0, 1)$ 中的每一点 x，都可以画一条直线令其穿过太阳和 x，而且该直

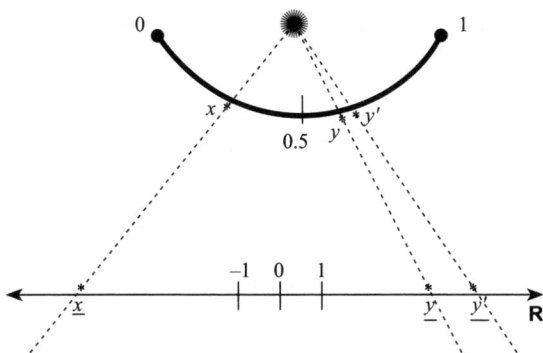

图 4-9　(0, 1) 和 **R** 之间的对应关系

线会与 **R** 相交于一点。这条直线与 **R** 的交点与 x 对应，并表示为 $\underline{x}$。想要看出这是一种充分的对应关系，我们只需要意识到，(0, 1) 中两个不同的点 y 和 y' 将对应 **R** 中两个不同的点 $\underline{y}$ 和 $\underline{y'}$。想要证明 **R** 中的每个点 $\underline{z}$ 都存在于这种对应关系中，只需要用直线将 **R** 中的 $\underline{z}$ 点与太阳连接起来。这条线将穿过 (0, 1) 中某个独一无二的点。总之，(0, 1) 和 **R** 之间存在一一对应的关系，因此它们是等势的。

我们已经指出，实际上有两种方法可以证明某无限集合的势大于 $\aleph_0$。第一，可以用对角化证明指出该集合无法与自然数形成一一对应的关系。第二，可以指出该集合和另一个已知其势大于 $\aleph_0$ 的集合存在一一对应的关系。

我们已经描述了几个其势等于 $\aleph_0$ 的无限集合。我们还见到了几个势等于 $2^{\aleph_0}$ 的集合。显而易见的问题是，是否存在势大于 $2^{\aleph_0}$ 的无限集合。答案是"存在"。集合的幂集一定比该集合大。因此我们可以知道，(0, 1) 的幂集——表示为 $\wp(0, 1)$——不可能和 (0, 1) 对应。也就是说，单位区间 (0, 1) 的子集的集合比 (0, 1) 大。这个集合的势是 $2^{2^{\aleph_0}}$。这样的一个集合是很难想象的。不妨试试将它的一些元素写下来。

当然，我们没有止步于此的理由。我们可以继续用幂集的方式描述出势更高的集合。这些位于无限的不同层次的集合彼此不可能形成——对应的关系。

4.4　可知的和不可知的

　　4.1~4.3 节描述的集合论概念都是完全合理和理性的。不幸的是，在它们之中隐藏着一个小小的致命缺陷：就目前我们所呈现的内容来看，集合论是**不一致**的。这意味着可以使用我们之前使用的集合论的语言推导出矛盾。首先指出这一点的人是伯特兰·罗素。1902 年 6 月 16 日，罗素在写给戈特洛布·弗雷格（Gottlob Frege，1848—1925）的一封信中首次描述了基础集合论中的一个简明扼要的矛盾。这个矛盾被称为罗素悖论。虽然我们已经在 2.2 节中见过这个悖论，但是在这里值得回顾一下它的内容。

　　很多集合都可以拿来讨论。思考如下集合：

$$H = \{a, b, \{c, d\}\}$$

该集合包含 3 个元素，其中两个元素是字母 a 和 b，另一个元素是集合 $\{c, d\}$。现在思考如下集合：

$$J = \{a, b, J\}$$

该集合也包含 3 个元素，但其中一个元素是它自身！现在思考下列集合，我们用罗素的姓名首字母称其为 R：

$$R = 不包含自身的所有集合的集合$$

所以上面的集合 H 是 R 的元素，但上面的集合 J 不是 R 的元素。现在思考下面这个简单的问题：

      R 是它自身的元素吗？

如果 R 是 R 的元素，那么根据对成为 R 的元素的要求，R 必然不是其本身的一个元素。相反，如果 R 不是它本身的元素，那么它满足进入 R 的条件，所以 R 应当包含在 R 当中。这样一来就有了矛盾，所以我们的结论是，此前描述的朴素集合论是不一致的。这对当时的研究者是个重大打击。体系内的矛盾会让该体系变得毫无价值。

    这是个悖论。我们做出了假设并推导出矛盾。我们做出的这个不易察觉的假设是，对于每一种描述，都存在符合这种描述的元素组成的集合。这适用于大多数情况，但不能适用于全部情况。例如，如果我想到了红色这种性质，我就可以构建一个由所有红色物体组成的集合。有了"粉色凯迪拉克"这个描述，就能有粉色凯迪拉克这个集合。但是"不包含自身"这个描述无法对应一个由不包含自身的物体构成的集合。这会导致矛盾。我们必须小心谨慎。

    为了避免像罗素悖论这样的矛盾，研究者试图对集合论的某些观念进行修正，对哪些类型的集合能够存在进行限制。要达到这个目的，首先需要发展出由不证自明的公理构成的公理体系，然后用这些公理推出关于集合的定理。

    恩斯特·策梅洛（Ernst Zermelo，1871—1956）和亚伯拉罕·弗伦克尔（Abraham Fraenkel，1891—1965）就开发了这样一套公理体系。该体系后来被称为**策梅洛–弗伦克尔集合论**（Zermelo-Fraenkel set theory），是该领域最重要的公理体系。[6]策梅洛–弗伦克尔集合论的公理如下。

    1. **外延公理**（axiom of extensionality）　如果两个集合拥有相同的元素，这两个集合就是相同的。

2. **配对公理**（axiom of pairing） 对于任意 x 和 y，都存在集合 $\{x, y\}$。

3. **子集选择公理**［*axiom of subset selection*，又称**包含限制公理**（*axiom of restricted comprehension*）］ 如果 X 是一个集合，φ 是描述 X 中元素的一种性质，那么 X 的子集 Y 若要存在，只能包括 X 中满足这种性质的元素 x，因此可得：

$$Y = \{x \text{ 在 } X \text{ 中} \mid \varphi(x) \text{ 为真}\}$$

（这几乎是在说，如果你有一种性质，比如"红色"，那么你就有一个由所有红色物体组成的集合。然而我们需要限制这个公理，否则只要看看"不包含自身"这个性质，就会碰到罗素悖论那样的麻烦。我们不能谈论"所有一切"的子集。我们只能谈论某个对象的子集。所以对于某种性质 φ，我们不能说

$$Y = \{x \mid \varphi(x) \text{ 为真}\}$$

是一个集合。相反，我们必须将这个性质局限于某特定集合 X。）

4. **并集公理**（axiom of union） 若干集合的合并集合是一个集合。

5. **幂集公理**（axiom of powerset） 对于任何集合 X，X 的幂集也是一个集合。

6. **无穷性公理**（axiom of infinity） 元素数量无穷多的集合是存在的。

7. **替换公理**（axiom of replacement） 如果 F 是一个函数（将一个集合中的元素在另一集合中赋值的方式）且 X 是一个集合，那么 $F(X)$，即 F 的值的集合，也是一个集合：

$$F(X) = \{F(x) \mid x \text{ 在 } X \text{ 中}\}$$

8. **正则公理**［axiom of regularity，又称**基础公理**（axiom of foundation）］集合不存在无限回归，即一个集合只包含一个集合，后者又只包含一个集合，后者还是只包含一个集合……用专业术语来说，每个非空集合 X 都包含一个元素 Y，令 X 和 Y 不是同一个集合。

在此必须提出一个有趣的哲学问题。策梅洛-弗伦克尔集合论认为某些特定的集合是不合法的，不允许我们讨论或接受它们。我们只能将某些特定的合集（collection）当作集合，不允许将其他合集当作集合。这是否意味着其他合集不存在呢？它们不是集合了吗？没错，避开矛盾是好的，我们也喜欢这样没有错误的体系，但是我们对事物的真实存在还持有诚实的态度吗？我们是不是将婴儿和洗澡水一起倒掉了呢？

关于策梅洛-弗伦克尔集合论，令人赞叹的事实是，现代数学的绝大部分都可以用集合和这些简单的公理推导出来。在一部规模浩大的数学百科全书中，我们会找到下列观察报告："现如今，从逻辑学的角度看，目前的数学几乎全部源自这样一个单一来源：集合论。"[7] 换句话说，数学的大多数内容可以看作建立在这些公理的基础上。目前活跃的大部分数学家通常不会思考这些公理，他们也不关心自己的工作是否能置于策梅洛-弗伦克尔集合论的语境之下。然而只要付出足够的努力，就能用策梅洛-弗伦克尔集合论的语言陈述他们的工作。从它们这样重要的地位来看，策梅洛-弗伦克尔集合论的公理可以被看作所有数学的公理，因此也正是理性本身的公理。

显而易见的问题是，策梅洛-弗伦克尔集合论是否一致？毕竟，在集合论中应用公理的原因之一就是确保我们避开像罗素悖论那样的问题和其他矛盾。如果能够知道从这些公理中推导不出矛盾，那就太令人欣慰了。在一致性方面，有好消息也有坏消息。好消息是，策梅洛-弗伦克尔集合论已经出现了大约一个世纪，目前还没有人推导出任何矛盾。将来似乎也没有人能推导出矛盾。坏消息是，著名的哥德尔不完全性定理（我们将在 9.4 节和 9.5 节中详细介绍该定理）的推论之一就是策梅洛-弗伦克尔集合论的一致性无法在普通数学中证明。因此我们不能完全确定策梅洛-弗伦克尔集合论以及以它为基础的所有现代数学是一致的。[8]

让我们看看使用策梅洛-弗伦克尔集合论能够证明什么，不能证明什么。在 4.2 节中，我们指出有很多集合与自然数集合 **N** 等势。在 4.3 节中，我们指出有许多集合与集合 (0, 1) 等势，而且这些集合严格意义上比 **N** 大。一个显而易见的问题出现了：是否存在大小介于 **N** 和 (0, 1) 之间的集合？也就是说，是否存在某个无限集合 S，令 **N** 严格意义上小于 S，而 S 严格意义上小于 (0, 1)？我们真正要问的是，是否存在任何介于 $\aleph_0$ 和 $2^{\aleph_0}$ 之间的东西？这是一个非常简洁的问题。我们只想知道是否存在某个特定大小的集合。我们甚至不关心这个集合的元素是什么。我们唯一在乎的是这个集合的大小。康托尔在 19 世纪 80 年代首次提出了这个问题。他相信这个问题的答案是"否"，并提出了下面这个"连续统假设"（continuum hypothesis）：

> 不存在大小严格位于 **N** 和 (0, 1) 之间的集合。

尽管付出了许多努力，康托尔也没能证明这个猜测。1900 年，大卫·希尔伯特发表了一场著名的演讲，并在演讲中列出了 20 世纪面临的 23 个有待解决的难题。连续统假设是第一个。

1940 年，库尔特·哥德尔证明了（假设策梅洛-弗伦克尔集合论是一致的）连续统假设与策梅洛-弗伦克尔集合论的公理相容。这意味着再增加一条声称连续统假设为真的公理，也无法从策梅洛-弗伦克尔集合论的公理中推导出矛盾。换种说法，存在某种对这些公理的理解方式，令连续统假设为真，即**不存在大小位于 N 和 (0,1) 之间的集合**。

1963 年，曾在布鲁克林学院学习的保罗·科恩（Paul Cohen，1934—2007）

对这个已有 80 年历史的问题给出了最终答案。他证明了（假设策梅洛-弗伦克尔集合论是一致的）连续统假设的反面与策梅洛-弗伦克尔集合论的公理相容。这意味着再增加一条声称连续统假设为假的公理，也无法从策梅洛-弗伦克尔集合论的公理中推导出矛盾。换种说法，存在某种对这些公理的理解方式，令连续统假设为假，即**存在**大小严格位于 **N** 和 (0, 1) 之间的集合。

哥德尔和科恩的结论说明，连续统假设"独立于"策梅洛-弗伦克尔集合论的公理。这意味着这些公理无法证明或推翻它。我们无法用策梅洛-弗伦克尔集合论或任何其他等量齐观的集合论的公理体系回答这些问题。因为它独立于这些公理，所以我们无法询问连续统假设**究竟**为真或为假。真的存在一个大小位于 **N** 和 (0, 1) 之间的集合吗？

连续统假设只是集合论中众多令人着迷的概念之一。集合论中还有一个更有趣的观点，称为"选择公理"（axiom of choice）。让我们先用有限集合举一个简单的例子。思考由所有美国公民构成的集合。他们可以分成 50 个彼此不重叠的子集，因为人们生活在 50 个不同的州。[9]我们可能会想组成这样一个集合，它拥有这 50 个子集中每个子集的正好一个元素或代表。构成此集合最简单的方式是将各州州长选作该州的代表。我们还可以选择该州的资深参议员或年纪最大的人。我们可以有许多不同的选择。然而，如果我们要是从某个**无限**集合中选出一部分呢？我们还能像这样从每个子集中选择一个元素吗？对于无限集合，事情似乎有一点复杂。想象一下，我们面前有一个由无数双鞋子组成的无限集合。（对于某些人来说，这将导致无限的喜悦。）我们可能需要从无数双鞋子中的每一双挑选一只鞋子。这很容易做到，总是选择每双鞋子中左脚的鞋子就可以了。当然你还可以选择右脚的鞋子。然而，如果摆在我们面前的是无限多双直筒袜，而且每一只袜子和它的搭档完全一样呢？我们还能从每双袜子中选择一只吗？哪一只呢？没有任何方法能够描述这种函数。我们会说这样的选择是不可能的。我们将看到，如果假设这样的选择总是可以做到，就会导致问题出现。

选择公理认为，对于任意集合和该集合以任意方式划分而成的非重叠子集，总是可以用每个子集中的一个元素组成一个集合。这似乎是个相当无关痛痒的要求。对于有限集合，选择公理显然是成立的，但是对于无限集合而言，就稍微有些麻烦了。这样的集合总是可以组成的，这不是很明显吗？为什么我们不能组成这样的集合呢？在 1963 年，保罗·科恩指出不仅连续统假设独立于策梅洛-弗伦克尔集合论，就连选择公理也独立于这些公理。也就是说，我们无法用策梅洛-弗伦克尔集合论证明它是对的或错的。

很多数学家认为选择公理足够"不证自明"，应该增添到策梅洛-弗伦克尔集合论的公理中，成为集合论和数学的基础。他们将这种新的公理体系称为**带有选择公理的策梅洛-弗伦克尔集合论**（Zermelo-Fraenkel set theory with choice，简称 ZFC）。它是所有数学领域中最流行的基础体系。而其他数学家更为慎重，对增添选择公理表示担忧。

担忧选择公理的主要原因之一是**巴拿赫-塔斯基悖论**（Banach-Tarski paradox）。该悖论说，使用策梅洛-弗伦克尔集合论和选择公理（但不是仅仅使用策梅洛-弗伦克尔集合论），可以证明下列命题：给出一个任意大小的三维球体，可以将它切成 5 个非重叠的部分，接着拼成两个大小与原来相同的球（见图 4-10）。

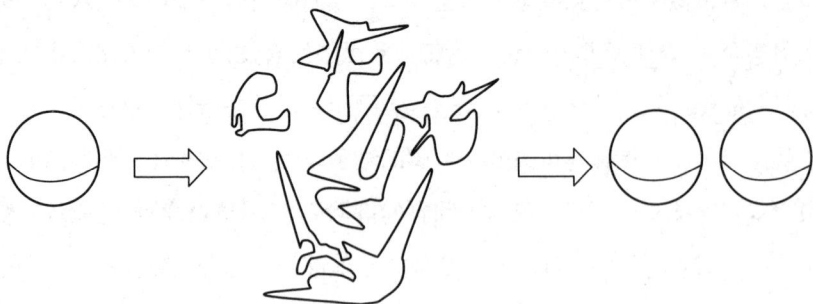

图 4-10　巴拿赫-塔斯基悖论

原来的球体被切成了 5 个部分，每个部分的形状都很不正常，它们看起来像是芝诺在精神恍惚时干出来的事情。每一部分都能连接起来，只是看上去十分怪异。然而，这是看似无害的选择公理的一个可被证明的推导。该悖论的另一个版本是，一个小如豌豆的球可以切成由不同部分构成的有限集合，然后拼在一起，构成一个大小和太阳一样大的球。很多人说，既然该悖论是选择公理的推论，那就是选择公理导致了明显谬误的命题，因此选择公理应该被认为是不合理的。他们想将选择公理从数学中废除。其他人说，我们应该保留这条公理。他们会求助于芝诺悖论，因为芝诺悖论指出我们的空间观念充满了违反直觉的性质。类似地，无限性也拥有一些奇怪的、令人难以理解的推论。毕竟，正如我们在 4.2 节中见到的那样，一个无限集合可以和另一个看起来大小是其两倍的集合形成一一对应的关系（偶数与自然数，自然数与负整数、正整数和零），所以为什么一个无限可分的球不能和两个无限可分的球拥有同样的体积呢？ [10]

面对所有这些问题，我们应该怎么办呢？策梅洛-弗伦克尔集合论是否一致呢？连续统假设是正确的还是错误的？选择公理可接受还是不可接受？这些问题都独立于策梅洛-弗伦克尔集合论，而后者是大部分数学工作的基础。所以我们不能用数学回答这些问题。对所有这些形式简洁的问题的回答都超出了当代数学范畴，超出了理性思考范畴，甚至或许超出了我们人类的能力范畴。

至于如何解决这些问题，人们的意见主要分为两大哲学派别。其中一派是柏拉图主义者或现实主义者，他们追随柏拉图，相信在某种意义上集合真的存在，而且所有这些问题以及任何其他关于数学对象的问题，都拥有明确的答案。数学对象以及描述这些对象的数学定理都是真实的，独立于人类的思想而存在。柏拉图主义者相信，世界上存在完美的理想圆形，这些圆的周长与其直径的比是 π。如果世界上从未出现人类和人类对数字的思考，π 也依然存在。对柏拉图主义者而言，连续统假设是否成立——是否真的存在大小位于 $\mathbf{N}$ 和 $(0, 1)$ 之间的集合——是一件要么为真、要么为假的事情，人类必须努力回答这个问题。既然眼下的公理无法回答这个问题，那么我们必须寻找能够一劳永逸地解决这个问题的更多或不同的公理。这些公理应该是不证自明的，不会导致矛盾，而且不会让我们得到违反直觉的推论。

与这种思想流派相反，位于另一个极端的人有时被称为唯名论者、反柏拉图主义者、反现实主义者、形式主义者或虚拟主义者。[11] 从根本上说，他们不相信"外部"存在任何东西。数学对象是数学家们谈论的东西，在语言和人类思想之外没有任何容身之处。数字 3 和其他人类虚构的东西（如米老鼠和詹姆斯·邦德）一样，仅仅存在于人类的虚构之中。对于这些哲学家而言，本章提出的问题之所以没有答案，是因为这些数学对象还没有得到足够充分的描述。在一位唯名论者看来，数学对象并不真实存在，存在的只是人类的描述。关于数学对象存在一定的规则，就像关于米老鼠和邦德存在一定的规则一样。我们绝不会说米老鼠很刻薄，因为这种描述和伴随我们长大的这个虚构形象不符。类似地，我们也绝不会说邦德穿得像个邋遢鬼。当我们谈论数学对象时，它们看上去更加真实，因为关于它们存在更多规则。所以我们可以想象邦德在某一部影片中不把衬衫的下摆塞进裤子里，尽管这不大可能；但是 3 加 2 等于 6 是绝对无法想象的。回到我们关于连续统假设的问题：唯名论者会说集合的语言还没有得到足够充分的描述，因此无法对大小位于 N 和 (0,1) 之间的集合的存在与否做出判断。为什么要寻找新的公理来让连续统假设为真或为假呢？世上并不存在我们的真理必须遵守的外部真实性。相反，两个体系我们都该研究：我们应该研究连续统假设为真时的策梅洛-弗伦克尔集合论，也应该研究连续统假设为假时的策梅洛-弗伦克尔集合论。这两个体系都值得研究。我们有自主性，为什么不将它利用起来呢！[12]

这两个哲学派别的一些冲突可以概括成对下面这个简单问题的答案：数学定理是被"发现"还是被"发明"的？柏拉图主义者坚持认为自己研究的数学

定理和对象一直存在而且将会永远存在。在他们看来，是数学家发现了一直存在的东西。相比之下，唯名论者会说是数学家发明了一条新的定理。这条定理必须遵循关于某些数学对象的其余已知知识，但这位数学家只不过是增添了一条虚构的文献。非正式调查表明，大部分数学家实际上是柏拉图主义者，他们在工作的时候认为自己是在发现。

然而由于这是个哲学问题而非数学问题，或许他们的答案不应被视作是权威性的。无限集合存在吗？数字 3 存在吗？我从没见过一个无限集合，我的大脚趾也没有踢到过数字 3。我可以谈论无限集合，但也可以谈论独角兽和匹诺曹。我还可以讲述一个关于小红帽的故事，这个故事可以很长、符合逻辑，听上去非常可信，尽管小红帽根本不存在于人类思维之外的任何地方。我们是否可以宣称自然数集合以及它看似非常真实的结构也同样是不存在的？0，1，2，3，…这个序列是否只是语言和文化的发明？或许我们被"存在"这个词的许多可能的意思给弄糊涂了？很难想象这些看起来平淡无奇的关于自然数的观念只不过是语言的一部分，在某种意义上并不真正存在。然而，语言以及掌控我们使用语言的文化，似乎足以解释我们如何使用数字。

柏拉图主义者最强有力的论据是数学令人惊叹的一致性。数千年来，彼此隔绝的数学家们努力工作，产生了类似且不含矛盾的观念。想要做到这一点，唯一可能的情况似乎就是他们全都在试图描述某种存在于他们思维之外的东西。

唯名论者最强有力的论据是像下面这样的问题：谁建立了这些柏拉图理念？它们为什么会在那里？在过去的几百年里，科学家通过消除形而上学的假设取得了巨大的进展。为什么要在数学和集合论中保留任何这样的形而上学呢？在反驳柏拉图主义者的证据时，唯名论者会说这些数学家并不完全是彼此隔绝的。在他们各自孤独地走进用来写作的阁楼间之前，他们已经充分意识到成为一名好的数学家必须遵守的规则。他们知道，如果他们写出任何会导致矛盾的东西，他们就会失去数学家的身份。他们不是孤立的，因为他们事先都知道自己使用的语言。

同时困扰这两个阵营的问题是，数学和集合论在自然科学中不可思议的适用性。为什么物质世界与数学家和集合论学家的思想如此相符呢？柏拉图主义者说柏拉图式的理念世界和我们的物质世界之间存在某种（神秘的）联系。他们还认为柏拉图的理念世界和我们的思维之间也存在某种（神秘的）联系，让我们可以发现这些柏拉图理念。相比之下，唯名论者说数学适用性出色的原因在于，数学是人类的一种语言，这种语言的形成利用了从物质世界感受到的直觉。在他们看来，通过观察物质世界开发出来的体系与物质世界相匹配，这并不令人感到惊讶。[13]

不要认为你可以轻易地在这两个阵营中做出"正确的"选择。得到连续统假设独立性这一结果的两位数学巨人支持不同的结论。哥德尔觉得我们必须找到新的公理，从而以某种方式掌握符合柏拉图理念的集合世界。相比之下，科恩觉得连续统假设问题没有真正的答案。[14]

这场争论已经持续了千年之久，仍然没有明显的胜利者。在我看来，柏拉图主义者给出的任何论据都可以被唯名论者回答得更好。然而我也意识到，我们这些肉眼凡胎的人类将永远不会得出任何确切的结论。

第 5 章

计算的复杂性

每一位自然哲学家用来指引人生的座右铭都应该是，追求简洁，然后不信任它。

——阿尔弗雷德·诺斯·怀特海

（Alfred North Whitehead，1861—1947）

我不喜欢悖论，而且我认为那些喜欢悖论的人既没有文化，也缺乏智慧。

——拉希德·埃尔戴夫（Rashid al-Daif）[1]

被一个傻瓜扔进海里的石头，派十个聪明人也捡不回来。

——意第绪（Yiddish）谚语

　　计算机是理性的典范。它们是毫无心肝的机器，一丝不苟地严格遵守逻辑的法则。计算机没有任何感情用事或者优柔寡断的可能：它们只会在逻辑的规定下完全按照命令行事。计算机是逻辑的发动机，我们正是从这个角度来看待这些机器的，并由此判断它们能够和不能完成什么样的任务。我们都对计算机能够轻松做到和不能轻松做到的事情有直观的感受。它们可以轻易地求出一长串数的和，也可以对海量记录进行排序整理，对于其他简单任务的处理更不在话下。然而令人惊讶的是，对于一些形式非常简单的问题，计算机却无法令人满意地将其解决。在本章中，我将介绍若干问题，这些问题计算机在理论上可以解决，但在实践中需要极为庞大的时间和资源。我还会解释为什么这些问题看上去如此困难，以及为什么研究者相信它们永远都无法被轻易地解决。

　　在 5.1 节中，我将陈述几个相对简单的问题。在探讨这些简单问题的过程中，你将逐渐熟悉接下来的两章使用的语言和符号。5.2 节包括 5 个困难问题的例子。我将证明虽然这些问题的形式很简单，但它们并不容易解决。5.3 节指出，这些问题都是彼此相通的。你还会看到为什么它们没有简单的解决方案。在 5.4 节中，我将揭示如何应对这些困难的问题。它们总是无法解决的，但有时候我们可以近似估计它们的解决方案。我以 5.5 节作为结尾，并在这一节中讨论了更难的问题。在第 6 章中，我的焦点会放在某些形式非常简单的计算机问题上，无论花多少时间或者动用多少资源，这些问题都无法解决。

5.1　一些简单但不轻松的问题

任何曾在过去的 10 年里使用过计算机的人都知道，它正在变得越来越快。曾经需要几个小时完成的事情，现在只需要几秒。曾经需要几秒完成的事情，现在几乎只需要一瞬间。我们对个人计算机的处理速度已经失去感觉了。有些人懒得打理电子邮件收件箱，尽管里面有 10 000 条信息等待删除。只需要轻轻点击一个按钮，一个现代收集癖就能在几秒之内完成这 10 000 条信息的排序。一切发生得如此之快，我们甚至不会意识到计算机在工作。在本章，我们将看一看完成排序和其他简单任务需要多大的工作量。我们还将审视一些需要极大工作量的问题，由于工作量巨大，这些问题无法在可行的时间内完成。首先让我们细心观察某些容易的问题。

加法和乘法运算

上小学四年级的时候，孩子们会学习好几位数的加法和乘法运算。学生们必须遵守他们学到的标准程序，这样才能得到正确答案。用来称呼某种标准程序或指令序列的术语是**算法**（algorithm）。这个词来自穆罕默德·伊本·穆萨·阿尔·花剌子模（Muhammad ibn Mūsā al-Khwārizmī，780—850），他撰写了第一本教导西方世界进行代数运算的书。我们将在下文描述和分析解决不同问题的各种算法。

让我们先从简单的问题开始。将两个 7 位数相加，就必须将每一位的数字两两相加（并且记得进位），这样的数字一共有 7 对，见图 5-1。

	6	7	3	9	2	7	5
+	7	6	1	0	6	7	8
1	4	3	4	9	9	5	3

图 5-1　两个 7 位数相加

无论在何种情况下遇到什么算法，我们都必须搞清楚这种算法需要多少基本操作。所需操作的数量取决于问题的大小。对于两个 7 位数，需要 7 步操作。对于两个 42 位数，需要 42 步操作。一般而言，要让两个 n 位数相加，必须逐步将 n 对数字相加。

乘法与加法又有所不同。将两个 7 位数相乘，必须用第一个数每一位上的数字乘以第二个数每一位上的数字。完成这个步骤并将所有结果都排列在恰当的位置后，还要将这些数字再加起来，如图 5-2 所示。

					6	7	3	9	2	7	5
				×	7	6	1	0	6	7	8
					5	3	9	1	4	2	0	0
				4	7	1	7	4	9	2	5	X
			4	0	4	3	5	6	5	0	X	X
			0	0	0	0	0	0	0	X	X	X
		6	7	3	9	2	7	5	X	X	X	X
	4	0	4	3	5	6	5	0	X	X	X	X
4	7	1	7	4	9	2	5	X	X	X	X	X
5	1	2	9	0	4	5	1	9	7	8	4	5	0

图 5-2　两个 7 位数相乘

与加法相比，乘法运算需要更多操作。对于第二个数的 7 位数字中的每一个，我们都必须进行 7 次乘法运算，所以一共需要 $7 \times 7 = 7^2 = 49$ 次相乘（忽略最后的加法运算）。一般而言，对于两个 n 位数，我们需要用第一个 n 位数每一位上的数字乘以第二个 n 位数每一位上的数字。因此，总共需要进行 n^2 次乘法运算。n^2 通常比 n 大——正如我们将看到的那样，但是它仍然不是很大。

完成这些任务需要多少时间呢？答案取决于计算机的速度。计算机越快，需要的时间就越少。然而，我们将在下面看到，计算机的速度其实并不那么重要。让我们来做一些计算吧。比如，我们想将两个 100 位数相乘。这就需要 $100^2 = 10\ 000$ 次操作。无论我们的计算机每秒能进行 10 万次还是 100 万次操作，我们的任务都将在不到 0.5 秒内完成。很显然，最重要的与其说是计算机的速度，不如说是需要多少基本操作。我们将在后面的内容中看到，虽然乘法运算相对简单，但两个数相乘的反面——也就是将一个数拆分成两个因数——就难多了。

搜索

　　想象一下你有一个装满了文件夹的文件柜，每个文件夹里都是关于一支乐队的信息。假设这些文件夹的排列没有任何顺序。现在，假设你想找到与某支乐队相关的那个文件夹。这无异于在干草堆里找一根针。找到目标文件夹的唯一方法是将所有文件夹逐个检查一遍。这种搜索方法称为**穷举搜索算法**（bruteforce search algorithm）。如果文件柜里有 n 个文件夹，你必须搜索多少文件夹呢？运气好的话，也许你尝试几次就能找到想要的文件夹。然而在最坏的情况下，你必须搜索全部 n 个文件夹才能找到自己想要的那个，或者发现目标文件夹根本不在文件柜里。所以对 n 个无序元素进行穷举搜索可能需要 n 次操作。

　　假设文件柜中关于各乐队的文件夹是严格按照字母顺序排列的。对于这个有序文件柜，你仍然可以像对待无序文件柜那样执行同样的穷举搜索。如果你寻找的是关于 ABBA 乐队的文件夹，那么穷举搜索就会让任务完成得很顺利。然而，如果你要找的是 ZZTop 乐队的文件夹，你就会浪费很多时间。我们感兴趣的是在所有情况下工作量最少的算法。让我们尝试另一种算法，它叫作**二分搜索算法**（binary search algorithm），它需要将一堆文件夹分成两堆。在搜索某个文件夹时，不是从第一个文件夹开始向后逐个搜索，而是从中间的文件夹开始，看看目标文件夹位于它的前面还是后面。假设我们要找的乐队是 Pink Floyd。我们会先看中间的文件夹，比如说 Madonna，既然 Pink Floyd 在字母表上的顺序位于 Madonna 之后，我们会忽略从开头到中间的所有文件夹，然后只关注从 Mariah Carey 开始到 ZZTop 结束这部分的文件柜。我们可以用表 5-1 的第一列描述这次搜索。我们在分割文件夹（用来比较的文件夹）旁用 * 标注。

表 5-1 对有序清单的二分搜索

第一次搜索	第二次搜索	第三次搜索	第四次搜索
ABBA			
AC/DC			
Beatles			
⋮			
Led Zeppelin			
Madonna*			
Mariah Carey	Mariah Carey	Mariah Carey	
Metallica	Metallica	Metallica	
Neil Diamond	Neil Diamond	Neil Diamond*	
Paul McCartney	Paul McCartney	Paul McCartney	Paul McCartney
Pink Floyd	Pink Floyd	Pink Floyd	Pink Floyd *
Prince	Prince*		
Rod Stewart	Rod Stewart		
Tom Jones	Tom Jones		
U2	U2		
Van Morrison	Van Morrison		
ZZTop	ZZTop		

我们的下一个猜测项位于文件柜中这一部分的中央：这一次是 Prince。由于 Pink Floyd 在 Prince 前面，所以我们将忽略从 Rod Stewart 到 ZZtop 的所有文件夹，只关心从 Mariah Carey 到 Prince 的文件夹。我们继续使用这种二分法，直到我们在第四次猜测中找到了我们喜欢的 Pink Floyd 乐队的文件夹。

我们必须要进行多少次比较呢？如果开始的时候有 n 个文件夹，经过一次检查，我们会丢弃大约 $n/2$ 个文件夹，关注剩下的 $n/2$ 个文件夹。又一次检查之后，我们只剩下 $n/4$ 个文件夹需要考虑。按照这种方式继续搜索，直到只剩下一个文件夹，然后我们看看它是否是目标文件夹，也就是说看看我们想要的文件夹是否在文件柜里。对于某个数值 n，n 可以被不断均分的次数用对数函数表示，写成 $\log_2 n$。所以二分搜索算法只用检查 $\log_2 n$ 次。

让我们看看使用这种算法的一些案例吧。对于 $n = 256$，我们可以进行下列二分搜索：

128, 64, 32, 16, 8, 4, 2, 1

既然有 8 次分割，所以我们说 $\log_2 256 = 8$。对于 $n = 1024$，我们有

512, 256, 128, 64, 32, 16, 8, 4, 2, 1

所以 $\log_2 1024 = 10$。最后，对于 $n = 65\,536$，我们有

32 768, 16 384, 8192, 4096, 2048, 1024, 512, 256, 128, 64, 32, 16, 8, 4, 2, 1

既然有 16 次分割，所以 $\log_2 65\,536 = 16$。

对于 $n = 1000$，穷举搜索算法在最糟糕的情况下需要进行 1000 次检查，而二分搜索算法需要进行 $\log_2 1000$ 次检查，也就是大约 10 次检查。这是巨大的进步。

对于某个特定的问题，可能存在几种不同的算法可以用于提供解决方案。有时候某些算法应该用于某些特定类型的输入，而另外一些算法应该用于其他类型的输入。我们已经见到，文件柜有序或无序的情况是存在差别的。穷举搜索算法应该用于无序文件柜，而二分搜索算法应该用于有序文件柜。对于每个问题，我们都将分析不同的算法，并试图找到最有效的算法。对于一个问题而言，在最糟糕的情况下能够解决它的最有效的算法才是最根本性的。所以我们

说，搜索无序清单需要 n 次操作，而搜索有序清单需要 $\log_2 n$ 次操作。

排序

我们在上一个例子中看到，保持事物整洁有序是有回报的。对于一连串的 n 个元素，应该如何对它们排序呢？有很多不同的算法可以执行这个任务，但我要在这里陈述最简单的一种。**选择排序算法**（selection-sort algorithm）的操作步骤如下：

1. 搜索全部元素，找到最小的元素；

2. 将这个最小的元素与清单中第一个元素调换位置；

3. 搜索清单的剩余部分，找到其中最小的元素；

4. 将该元素与清单的第二个元素调换位置；

5. 以这种方式继续，直到所有元素都位于各自争取的位置上。

我们以 3 个字母构成的单词为例，按照字母表顺序排列它们，以便将这种算法形象地表示出来，如图 5-3 所示。

这种算法的工作量是多少呢？为了得到所有元素中最小的，我们需要查看所有 n 个元素。为了找到除了第一个元素之外所有元素中最小的，我们需要查看 $n-1$ 个元素。我们能够看出，按照这种方式继续下去，要将选择排序算法全部执行完毕的话，一共必须查看 $n + (n-1) + (n-2) + \cdots + 2$ 个元素。它们的和大约为 n^2 的一半，于是选择排序算法最多需要 n^2 次操作。

其他更加精密的排序算法需要的操作次数较少，其中之一称为**合并排序算法**（merge-sort algorithm）。我们不需要了解合并排序算法的原理，只需要知道对于大小为 n 的输入，这种排序算法需要 $n \times \log_2 n$ 次操作。例如，对于大小为 1000 的无序清单，合并排序算法能够在 $1000 \times (\log_2 1000) = 1000 \times 10 = 10000$ 次操作后完成对清单的排序。

你也许会认为 n^2 和 $n \times \log_2 n$ 没有多大差别。或许并不值得费力气使用

步骤1和步骤2

搜索*n*个元素

| SON | FUN | SAT | BAN | TIN | FAT | CAB | SIN | TAB | BIN | TON | RAN |

调换

步骤3和步骤4

搜索*n*−1个元素

| BAN | FUN | SAT | SON | TIN | FAT | CAB | SIN | TAB | BIN | TON | RAN |

调换

步骤5和步骤6

搜索*n*−2个元素

| BAN | BIN | SAT | SON | TIN | FAT | CAB | SIN | TAB | FUN | TON | RAN |

调换

⋮

最后一步

搜索2个元素

| BAN | BIN | CAB | FAT | FUN | RAN | SAT | SIN | SON | TAB | TON | TIN |

调换

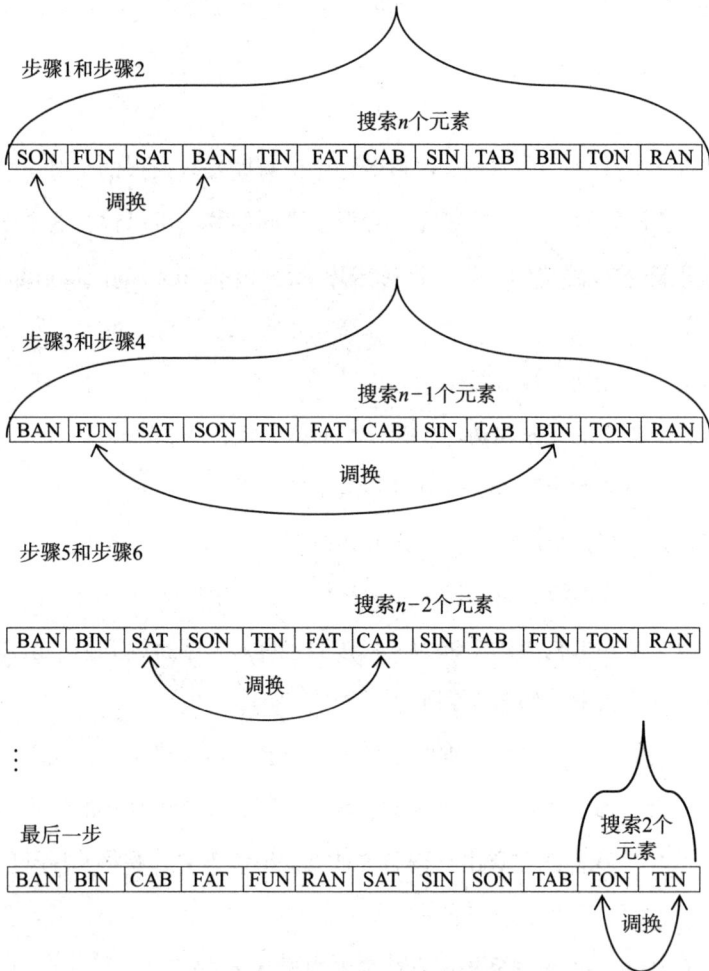

图 5-3　选择排序算法的步骤

这种高级算法。然而绝对值得！思考一下布鲁克林区 400 万个电话号码的排序任务。[2] 对于 400 万个条目的排序，n^2 算法必须执行 16 万亿次操作。相比之下，如果使用更高效的 $n \times \log_2 n$ 算法来对这 400 万个条目排序，则大约需要 8800 万次操作。这是巨大的进步。

欧拉回路

柯尼斯堡（Königsberg）是曾经属于普鲁士的一座俄罗斯城市。这座城市横跨普里高里河（Pregel River）两岸，河中央坐落着奈佛夫岛（Kneiphof Island）。[3] 这座城市的主要城区和这座岛由七座桥彼此相连，如图 5-4 所示。

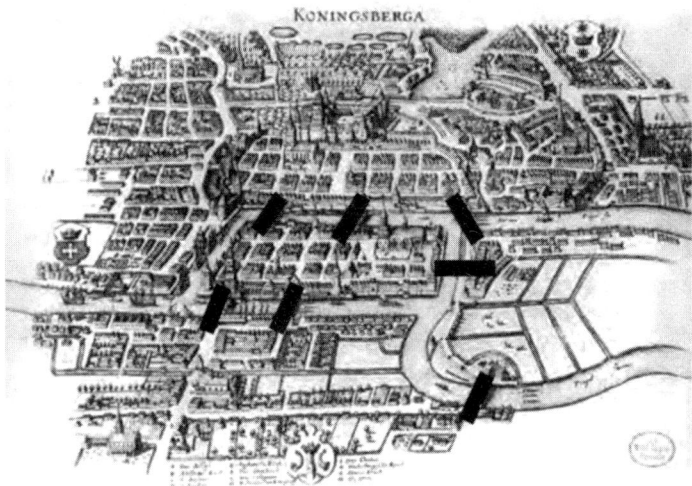

图 5-4　柯尼斯堡的七座桥

城市里的居民一度想要知道，他们是否有可能从城市中的某一点开始漫游，走过七座桥梁中的每一座且只走过一次，最后回到最初的起点。试试寻找一条这样的路径吧。

1736 年，所有时代最伟大的数学家之一莱昂哈德·欧拉（Leonhard Euler，1707—1783）面临着这个问题。他意识到要找到这样一条穿过七座桥的路径，我们并不关心行人会不会停下来买冰激凌，慢悠悠地闲逛，去烤肉野餐，还是花三天时间完成旅程。要紧的是每块土地和桥梁之间的连接方式。他注意到可以将每块陆地想象成一个点。同样无关紧要的是这些桥梁有多宽，或者它们的年代有多久远，或者它们彼此之间距离有多远。唯一有意义的信息是这些桥梁连接的是哪块土地。可以将每座桥梁想象成连接两点的一条线。我们可以在柯尼斯堡的地图上画出这些点和线，如图 5-5 所示。

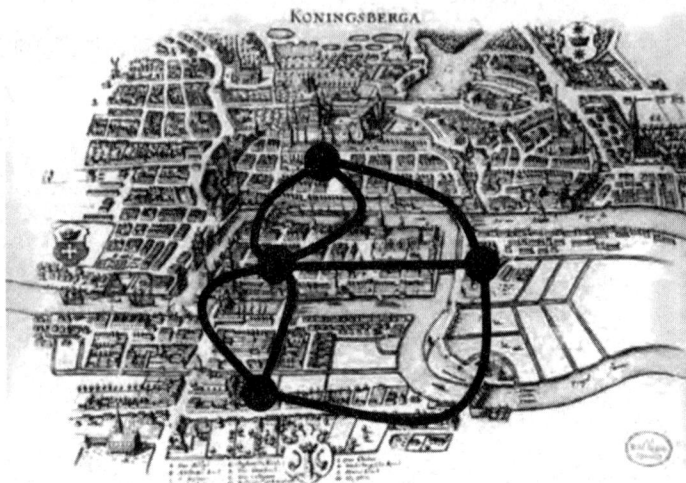

图 5-5　柯尼斯堡和代表其桥梁的草图

在这种洞察力之下，欧拉开创了被称为**图论**（graph theory）的数学领域。这里的"图"指的是若干给定的点之间的一系列点和边（线）构成的图形。

这种图描述了事物之间的关系。由于"事物"是普遍的，图论的应用非常广泛，并且已经成为最重要的数学分支之一。例如，图论可以描述计算机网络：点对应的是计算机，两点之间的边对应的是计算机之间的连接。另一个例子是万维网（World Wide Web）：图的点可以代表网页，边代表两个网页之间的连接。地铁示意图是这种图的另一个常见例子。

下面是图论的一个有趣的应用。思考这样一个图，它的点对应地球上的每一个人。在任意两个认识的人之间画一条线。研究者相信在这个图中，连接任意两点最多只需要 6 条线。这意味着对于世界上的任意两个人，都存在某个链条，令第一个人认识某人，某人认识某人，某人……某人认识第二个人。这个链条一般来说不需要超过 6 个人。这个法则被称为"六度分隔理论"（six degrees of separation）。

让我们回到柯尼斯堡七桥问题上来。一旦欧拉忽略了这个问题中不重要的部分，他就能很容易地看出这样的路径不可能存在。欧拉的推理是，每次有人进入一块陆地或一个点，他们必须能够离开这个点。当然，他们还可以再次来到这个点，但之后必须再次离开。欧拉意识到，这条路径的存在需要每个点必须有偶数条边与其相连。如果满足了这个要求，就会存在一条路径从某一点出发，经过每条边且只经过一次之后重新回到起点。如果不满足这个要求，那就不存在这样的路径。既然图 5-5 中的每个点都有奇数个边/桥与其相连，那就不可能存在这样的回路。

关心这个问题并不一定非得考虑这座古城里的漫游者。对于任何图，我们都可以将开始和结束于同一点的路径称为一个回路。通过每一条边且只通过一次的回路称为**欧拉回路**。所以对于任何图，我们都可以问问是否存在欧拉回路。这就是**欧拉回路问题**（Euler cycle problem）。可以看出，图 5-6 中的图不包含这样的回路。

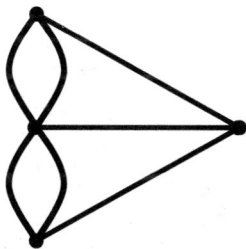

图 5-6　柯尼斯堡七桥问题的图

注意，在图 5-6 中，每个点都有奇数条边与其相连。相比之下，思考图 5-7 中的图，其中每个点都有偶数条边与其相连，因此存在欧拉回路。（试着找一找！）

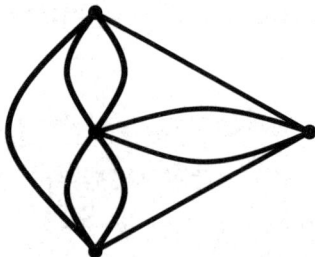

图 5-7　经过修正的柯尼斯堡七桥问题的图

　　我们可以放弃开始和结束于同一点的要求，从而提出**欧拉路径问题**：对于一个图，是否存在一条路径穿过每一条边且只穿过一次，但不需要开始和结束于同一点？理解了欧拉对欧拉回路的要求之后，欧拉路径问题的答案显而易见：如果某个图中**至多两个点**有奇数条边与其相连，而其余的点有偶数条边与它们相连的话，就存在这样的欧拉路径。这两个点将是目标路径的起点和终点。思考图 5-8 中的图。它存在从顶部点到底部点（反之亦然）的欧拉路径，但是不存在欧拉回路。

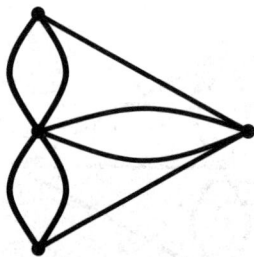

图 5-8　有欧拉路径但没有欧拉回路的图

　　这与计算机和算法有什么关系呢？如果没有前面几个段落提供的信息，我们可能会认为，要想判断某个图是否存在欧拉回路，就必须尝试所有可能的回路，并查看是否有任何回路能够经过每一条边且只经过一次。对于比较大的图，会有数量极多的回路需要查看。现在有了欧拉的技巧，我们就有了判断是否存在欧拉回路的新方法。这种技巧只需要让我们核查每个点是否有 n 条边与其相连，这只要相对较少的操作次数就能完成。欧拉的方法给我们节省了许多工作量。我们将一直寻找这样的技巧。

本节陈述的所有问题都可以用某种算法解决，这些算法的操作步骤的次数可以用多项式表示，如 n、n^2 或者 $n \times \log_2 n$。这些问题称为**多项式问题**（polynomial problem）。所有多项式问题的合集用 P 表示。现代计算机可以在可行的或易掌控的操作次数内解决大部分多项式问题。这些问题可以在一段可行的时间内解决。

和这里讨论的具有可行性的问题不同，我们将在 5.2 节审视不可行或难以驾驭的问题，即在一段合理的时间内无法解决的问题。

5.2　一些难以求解的问题

要想感觉某些问题有多难，让我们先介绍下面 5 个问题，它们都很容易描述。

旅行推销员问题

假设有一名推销员想开车去美国的 6 座特定城市。他想每个城市都只去一次，而且在结束旅行的时候回到出发的那座城市。有很多不同的路线可供选择。我们的这位旅者很注重节俭，为了节省时间和金钱，他想找到路程最短的路线。他查找这些城市之间的距离，并发现了表 5-2 中的这些信息。

表 5-2　美国部分大城市之间的距离

单位：英里（1 英里 ≈1.61 千米）

	旧金山	纽约	迈阿密	洛杉矶	丹佛
芝加哥	2135	795	1380	2020	1000
丹佛	1270	1780	2065	1025	
洛杉矶	385	2800	2740		
迈阿密	3115	1280			
纽约	3055				

既然我们已经知道了关于图的知识，那就可以在图 5-9 中用图将同样的信息表示出来。

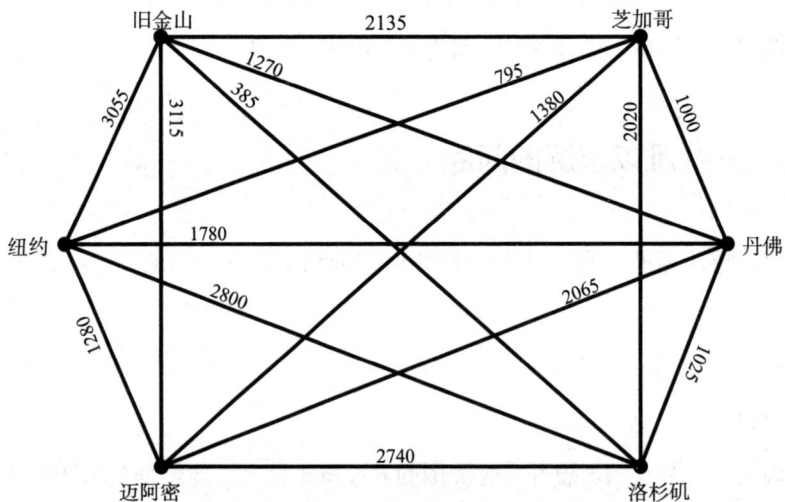

图 5-9　各城市之间距离的完整加权图

每条边上的数代表城市之间的距离。这样的图称为**加权图**，因为各条边的长度都进行了加权。因为每两点之间都有一条边，所以我们说这张图是**完整**的。

问题是，哪条穿过所有城市的路线是最短的？处理这个问题的一种方法是，选择任意一条穿过所有 6 座城市的路线，将相邻城市之间的距离加起来（别忘了回到最初的起点），然后看总距离是多少。计算完成之后，尝试另一条可能的路线，将所有距离相加，看看这次是不是更短。为了确保得到最短的路线，你必须对**所有**可能的路线进行穷举搜索。

一共存在多少条可能的路线需要查看呢？我们必须搜索这 6 座城市所有可能的顺序或排列。让我们数一数有多少种排列方式吧。作为起点的城市存在 6 种可能。当你来到第一座城市之后，由于你不想返回同一座城市，所以第二座城市就剩下了 5 种可能。而下一个目的地你就只有 4 座城市可以选择。按照这种方式继续，你必须全部搜索的可能路线的数量如下：

$$6 \times 5 \times 4 \times 3 \times 2 \times 1 = 720$$

这是很大的工作量，[4] 但使用现代计算机运算，检查所有 720 种可能的路线可以在数微秒之内完成。

让我们从更具普遍意义的视角看待这个问题。假设我们的旅行者想造访 n 座城市。我们可以将这个问题表示为拥有 n 个点的图。在任意两点之间，都有长度经过加权的边代表两座城市之间的距离。于是我们得到了拥有 n 个点的完整加权图，我们想找到经过每座城市（点）且只经过一次，最后回到起点城市的最短路径。使用和上面同样的推理过程：第一座城市有 n 种可能，第二座城市有 n-1 种可能，……总之，必须查看的可能路线的数量如下：

$$n \times (n-1) \times (n-2) \times \cdots \times 2 \times 1$$

我们将这个数写成 $n!$，并将该函数读作"n 阶乘"。关于这个函数有一个令人惊叹的事实：随着 n 变大，$n!$ 会大得令人难以置信。

让我们撸起袖子做一点计算吧。对于 $n = 100$，存在多少路线，一台性能合理的计算机搜索所有这些可能的路线需要多久呢？我们需要计算 100!。我们可以用 100 乘以 99 乘以 98 乘以……乘以 3 乘以 2 乘以 1。我们也可以偷懒，在每台计算机都带有的科学计算器里输入这个阶乘。我们会得到下面的结果：

> 100!=93 326 215 443 944 152 681 699 238 856 266 700 490 715 968 264 381 621 468 592 963 895 217 599 993 229 915 608 941 463 976 156 518 286 253 697 920 827 223 758 251 185 210 916 864 000 000 000 000 000 000 000 000

在你开始晕头转向之前，让我们花一分钟时间看看这个数。它以 9 开头，后面跟着 157 位数字。有一个非常大的数叫作"古戈尔"（googol），是 1 后面跟着 100 个零。[5] 我们的这个数比古戈尔大得多。它是一个难以想象的大数。

对于这些潜在路线中的每一条，我们都必须将这 100 个城市之间的距离加起来，将总和与已经得出的最短距离比较。假设我们拥有一台每秒钟能检查 100 万条路线的计算机。那么用 100! 除以 100 万，我们会得到：

> 93 326 215 443 944 152 681 699 238 856 266 700 490 715 968 264 381 621 468 592 963 895 217 599 993 229 915 608 941 463 976 156 518 286 253 697 920 827 223 758 251 185 210 916 864 000 000 000 000 000 000 秒

要想知道这是多少分钟，必须将其再除以 60，得到：

> 1 555 436 924 065 735 878 028 320 647 604 445 008 178 599 471 073 027 024 476 549 398 253 626 666 553 831 926 815 691 066 269 275

304 770 894 965 347 120 395 970 853 086 848 614 400 000 000 000 000 000 分钟

再除以 60，会得到：

25 923 948 734 428 931 300 472 010 793 407 416 802 976 657 851 217 117 074 609 156 637 560 444 442 563 865 446 928 184 437 821 255 079 514 916 089 118 673 266 180 884 780 810 240 000 000 000 000 000 小时

再除以 24，会得到：

1 080 164 530 601 205 470 853 000 449 725 309 033 457 360 743 800 713 211 442 048 193 231 685 185 106 827 726 955 341 018 242 552 294 979 788 170 379 944 719 424 203 532 533 760 000 000 000 000 000 天

还要继续吗？再除以 365，得到：

2 959 354 878 359 467 043 432 877 944 452 901 461 527 015 736 440 310 168 334 378 611 593 658 041 388 569 114 946 139 776 006 992 588 985 721 014 739 574 573 764 941 185 024 000 000 000 000 000 年

除以 100，会得到：

29 593 548 783 594 670 434 328 779 444 529 014 615 270 157 364
403 101 683 343 786 115 936 580 413 885 691 149 461 397 760 069 925
889 857 210 147 395 745 737 649 411 850 240 000 000 000 000 世纪

这是 2.9×10^{142} 个世纪。这是很长的一段时间，长得令人震惊！

我们需要沉思片刻。旅行推销员问题是一个看上去非常简单的问题，可以向任何一个小学生解释清楚，而且对于数值较小的输入，任何人都可以在几秒之内解决问题。但是当输入数值更大时，所需操作次数会变得极为庞大。没错，这个问题能够解决，但我们无法说一台计算机可以在一段合理的时间内"解决"这个问题。

我们得到一个输入，并需要找到最短、最长或最佳的解决方案，这样的问题称为**最优化问题**（optimization problem）。计算机解决的很多问题都是最优化问题。和我将在本章剩余部分提到的所有其他问题一样，旅行推销员问题还存在另一种形式，名为**判定问题**（decision problem）。判定问题只需要计算机给出"是"或"否"的答案。这些问题不关心最短、最长或最佳的解决方案。相反，它们只关心某种类型的解决方案是否存在。例如，找到美国速度最快的跑步运动员就是一个最优化问题。与之相关的判定问题可能是，"美国是否有任何跑步运动员可以在 3.5 分钟内跑完 1 英里（1 英里 ≈1.61 千米）"。这样的问题需要"是"或"否"的答案。

旅行推销员问题的判定问题形式如下：对于某个完整的加权图和某个整数 K，是否存在一条路径穿过该图的每个点，令路径的总长度小于等于 K。如果存在一条路径小于等于 K，回答"是"。如果不存在，回答"否"。注意我们不需要找到这条路径。值得一提的是，判定问题有比最优化问题更迅速地得到解决的潜力。在判定问题中，如果发现了我们正在寻找的方案，我们就可以停下来，给出肯定的回答。相比之下，为了寻找最优方案，最优化问题必须检查所有可能的路线。不过我们在本节和 5.3 节将主要关注判定问题。

旅行推销员问题一定说明了人类认识能力的某种局限。即使是体量相对合理的问题，人类也不可能知道最短的路径是什么。

哈密顿回路问题

这个问题也和贯穿既定图的路线有关。对于某个图（我们不需要它是加权的或完整的），我们要在其中寻找一条穿过每个顶点且只穿过一次，最后回到起点的连续路径。这样的回路称为**哈密顿回路**（Hamiltonian cycle）。哈密顿回路问题的判定版本是，判定某给定图是否存在哈密顿回路。该问题在真实世界中存在许多应用场景。例如，一位校车司机会拿到一张城市地图，被告知去若干既定地点接学生上车。司机能够在不重复经过任何一个地点的情况下完成这个任务吗？思考图 5-10 中的两个图。

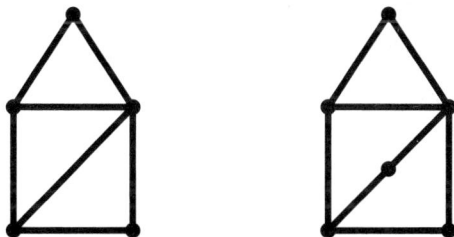

图 5-10　哈密顿回路问题的例子

在左边的图形中，可以从任意一点开始，顺时针或逆时针画线，就能得到一个哈密顿回路。作为对比，尝试在右边的图形中找到一条这样的回路。（不存在。）

解决这个判定问题的一种方法是在既定图形中尝试穷举搜索所有可能的排列。对于每一种排列，查看它是否在图中满足哈密顿回路的要求。对于大小为 n 的图形，一共有 $n!$ 种可能的排列。正如我们在旅行推销员问题中见到的那样，这远远不能令人满意。对于任何稍大的输入而言，都没有足够的时间来解决这个问题。我们能比 $n!$ 算法做得更好一些吗？

　　哈密顿回路问题和欧拉回路问题之间有某种相似性。我们都会得到一个图，尝试在其中寻找一条回路。在哈密顿回路问题中，我们找的是经过每个点且只经过一次的回路，而在欧拉回路问题中，我们找的是经过每条边且只经过一次的回路。在 5.1 节中，我们看到欧拉教给我们一个很酷的技巧来判断某既定图中是否存在欧拉回路：只需确保与每个点相连的边是偶数条即可。有没有类似的技巧告诉我们某既定图中是否存在哈密顿回路呢？遗憾的是，以作者的愚见，并不知道存在这样的技巧，其他任何人也应该不会知道。这一次，对于拥有 n 个点的既定图，判断其中是否存在哈密顿回路的唯一方式是对所有 $n!$ 条可能的回路进行穷举搜索。所以，虽然这两个问题是相似的，但其中一个很容易解决，另一个则看起来很有难度。每个呈现在我们面前的问题都必须小心检查。

　　我们不知道比穷举搜索更好的算法，并不意味着不存在这样的算法。某一天也许有人会发现这样的算法。然而我将在 5.3 节中解释，为什么大部分研究者相信这样的算法不存在。

集合划分问题

　　假如我们有一个班级，班上学生的年龄分别是 {18, 23, 27, 65, 22, 25, 19, 21}。我们想把他们分成拥有同样多"生命体验"的两群。稍微思考一下，就会发现 {18, 27, 65} 和 {23, 22, 25, 19, 21} 这样的划分方式能够满足要求：两边的年龄加起来都是 110 岁。这就是集合划分问题的例子。对于一系列正整数构成的集合，判断这些数是否能划分到两个集合中，令两个集合中所有数之和相等。

　　让我们看看这个问题的其他一些例子。集合 {18, 23, 28, 65, 22, 25, 19, 21} 的情况如何呢？这些数和上面几乎一样，只不过我们用一个 28 岁的学生代替了一个 27 岁的学生。这个集合不可能被划分成相等的两部分。在上一个例子中，所有数之和是 220，我们能将它们分成两个集合，每个集合包含 110。在这个例子中，所有数之和是 221。不可能把奇数 221 分成两个相等的整数。所以判断不存在解决方案的一种方法是将所有数加起来，看结果是不是奇数。如果是奇数，我们就能断定不会存在解决方案。但如果这个总和是偶数呢？

思考集合 {30, 4, 32}。这三个数的总和是 66，这是一个偶数。然而，很显然没有办法将这个集合分成两个相等的部分。所以我们查看所有数之和是奇数还是偶数的方法并不总是有效。它们的和可以是偶数，但这些数仍然无法划分成相等的两部分。

应该如何着手解决此类问题呢？我们必须检查该集合所有可能的划分方式。对于每种划分方式，我们需要将其中一部分相加求和，看看结果是否等于所有元素之和的一半。一共存在多少种划分方式呢？对于某既定集合的每个元素，我们可以将该元素放进一个集合或另一个集合中。所以第一个集合有 2 种可能，第二个集合有 2 种可能，……第 n 个集合有 2 种可能。总共的可能性数量为

$$\underbrace{2 \times 2 \times 2 \times \cdots \times 2}_{n} = 2^n$$

可以说这个问题的工作量是呈指数级增长的。

假设我们想将 100 个数分成总和相等的两堆。我们必须检查多少种可能的划分方式呢？计算一下就知道，一共有 2^{100} = 1 267 650 600 228 229 401 496 703 205 376 种划分方式。如果我们有一台每秒钟能够检查 100 万种划分方式的计算机，我们仍然需要 1 267 650 600 228 229 401 496 703 205 376 ÷ 1 000 000 ≈ 1 267 650 600 228 229 401 496 703 秒。除以 60，得到 21 127 510 003 803 823 358 278 分钟。再次除以 60，得到 352 125 166 730 063 722 637 小时。这相当于 14 671 881 947 085 988 443 天或 40 196 936 841 331 475 年或 401 969 368 413 314 个世纪。这可不是我们等得起的时间啊！

你也许会思考，这个问题是否存在不一样的、更快的解决方法。然而，没有任何已知方法能够在所有情况下以更短的时间解决这个问题。一定能够找到解决方案的唯一已知的方法就是查看所有 2^n 个子集的穷举搜索法。

子集和问题

与集合划分问题类似的是子集和问题。假设你准备去乡下度几天假，正在把行李打包装上车。很多东西你都想带，但你的车容量有限。你想带上足够多的行李，刚好把你的车塞满。这个常见的场景就是子集和问题的非正式版本：对于某个由若干整数构成的集合和某个整数 C（容量），判断该集合是否存在某个子集，令其元素之和正好等于 C。例如，思考集合 {34, 62, 85, 35, 18, 17, 52} 和容量 C = 115。如果你对这个集合付出足够长的时间，你会意识到它的子集 {62, 35, 18} 的各元素之和等于 115。如果我们将 C 改成 114 或者改动集合里的这些整数的话，会发生什么呢？

一般而言，面对一个整数集合和一个整数 C，计算机该如何着手解决这个判定问题呢？正如在集合划分问题中一样，我们可以筛选该集合的所有子集，而且对于每个子集，求各元素之和，看是否等于 C。我们已经知道，对于含有 n 个元素的集合，其子集数量为 2^n 个。因此如果输入的数较大，则解决该问题需要的操作数量和集合划分问题同样庞大，也同样需要不切实际的漫长时间。

可满足性问题

这个问题涉及简单的逻辑命题。我们要使用基础逻辑的一些基本知识和运算符 ∧（与）、∨（或）、~（否）以及 →（蕴涵）。思考下列命题：

$$(p \lor \sim q) \to \sim(p \land q)$$

这个陈述可能是真的，也可能是假的，这取决于变量 p 和 q 的赋值。例如，如果我们令 p 为真，q 为假，那么整个命题就是真的。然而，如果我们令 p 为真，q 为真，那么整个命题就是假的。如果一个逻辑命题可以通过变量赋值的方式为真，那么它就是**可满足的**（satisfiable）。可满足性问题问的是，对于某个给定的逻辑命题，是否存在某种为变量赋值的方式，令整个命题为真（即可满足）。我们看到上述逻辑命题是可满足的。思考下列命题：

$$a \wedge (a \rightarrow b) \wedge (b \rightarrow c) \wedge (\sim c)$$

要想让这个命题为真，我们必须令 a 为真且 $(a \rightarrow b)$ 为真。根据肯定前件式，我们必须令 b 为真。继续看 $(b \rightarrow c)$，c 也需要为真。但 c 为假，因为 $\sim c$ 必须为真。总之，没有办法令这个命题在符合逻辑的情况下为真。

可满足性问题该如何着手解决呢？大部分高中生知道，要判断一个逻辑命题的值，需要先构建一张真值表。这个问题的决策版本是，某个逻辑命题的真值表是否存在其值为真的一行。

解决这个问题的一种算法是为既定命题构建一张真值表，并检查每一行的赋值情况，查看是否有任何一行其值为真，并根据结果反馈"是"或"否"的答案。然而构建这样的真值表需要大量工作。如果给定逻辑命题中有两个变量，那么它的真值表就有 4 行。如果有 3 个变量，那真值表就有 8 行。总的来说，对于拥有 n 个不同变量的命题，它的真值表会有 2^n 行。工作量的指数级增长说明这个问题和本节讨论的其他 4 个问题一样难以解决。

既然我们已经见证了一些例子，现在让我们提出一个严格的定义吧。我们将所有需要 2^n、$n!$ 或更少操作次数才能解决的决策问题用集合 NP 表示。[6] NP 中的问题称为"NP 问题"。既然 P 是多项式操作次数内可解决的问题，而多项式的增长速度远低于指数或阶乘函数，所以我们知道 P 是 NP 的子集。也就是说，每个"容易的"问题都是所有"难的和容易的"问题中的一个元素。

你可能会有所疑虑：多项式函数与指数或阶乘函数之间真的存在差别吗？表 5-3 应该能够打消你的任何疑虑。

表 5-3　多项式函数和非多项式函数的若干值

n	$\log_2 n$	$n \log_2 n$	n^2	n^5	2^n	$n!$
1	0	0	1	1	2	1
2	1	2	4	32	4	2
5	2.321 92	11.6096	25	3125	32	120
10	3.321 92	33.2192	100	100 000	1024	3 628 800
20	4.321 92	86.4385	400	3 200 000	1 048 576	2.43×10^{18}
50	5.643 85	282.192	2500	3.1×10^8	1.13×10^{15}	3.04×10^{64}
100	6.643 85	664.385	100 00	1×10^{10}	1.27×10^{30}	9.3×10^{157}
200	7.643 85	1528.77	400 00	3.2×10^{11}	1.61×10^{60}	7.8×10^{374}
500	8.965 78	4482.89	250 000	3.1×10^{13}	3.3×10^{150}	1.22×10^{1134}
1000	9.965 78	9965.78	1 000 000	1×10^{15}	1.1×10^{301}	4.02×10^{2567}
2000	10.965 7	21931.5	4 000 000	3.2×10^{16}	1.14×10^{602}	3.31×10^{5735}

前面几列显示了一些典型的多项式函数和 n 取不同值时它们的值。最后两列显示了指数函数和阶乘函数的值。虽然当 n 的值较小时，某些多项式函数的值大于最右边两列，但是当 $n = 50$ 的时候，多项式函数就再也赶不上其他函数了。似乎正是这种迅猛的增长在多项式函数和非多项式函数之间画出了一道清晰的界线。

自从 NP 问题在 20 世纪 70 年代初得到定义以来，研究者已经发现了成千上万个这样的问题。NP 问题出现在商业、工业、计算机科学、数学、物理学等领域的方方面面。它们和调度、路由选择、图论、组合数学以及其他许多主题有关。最近，和基因测序相关的许多生物学问题也被发现是 NP 问题。随着生物学家能够读取人的 DNA 并使用这些信息定制药物，他们意识到有些任务似乎需要更多的操作步骤和更多的时间。

　　并非所有局限都是不好的。我们在 5.1 节中看到，将两个数相乘是多项式问题。相比之下，将一个数分解成两个因数就相当困难了。思考 4871 乘以7237。任何一个聪明的四年级小学生都能很快得到 35 251 427 的答案。现在思考 38 187 637 这个数。它是两个素数（也就是不能被除了 1 和自身之外的数整除的数）相乘的结果。你能找出这两个素数吗？一个人或一台计算机需要很长时间才能意识到它的两个因数是 7193 和 5309。原因在于，虽然乘法是 n^2 问题，但因数分解是一个 NP 问题。这种不对称性被用来在互联网中发送秘密信息。我们不会探讨与如何做到这一点相关的繁杂细节，但的确有一种算法使用大数秘密传送信息。这种算法在 1978 年被罗纳德·L. 李维斯特（Ronald L. Rivest）、阿迪·萨莫尔（Adi Shamir）和伦纳德·阿德曼（Leonard Adleman）描述，名为 RSA（一种非对称加密算法）。如果有窃听者在偷听一段对话，他们必须对一个非常大的数进行因子分解，否则无法理解对话中的信息（或者获得这段对话中包含的信用卡号码）。由于这是个非常难的问题，因此我们的安全系统才是牢固的。如果 DC 漫画中的大反派莱克斯·卢瑟（Lex Luthor）某天发现了能够轻松分解因数的算法，RSA 就会被破解，互联网的很大一部分安全措施就会毫无用处。

　　我们已经看到，对于本节描述的所有 5 个问题，任何数值较大的输入都基本上无法解决。也就是说，无法用我们今天的计算机在一段合理的时间内解决它们。你也许会试图忽略这些局限，指望着计算机的速度变得越来越快，NP问题也会变得越来越容易解决。可惜，这样的希望注定要落空。正如我们在上文中看到的那样，旅行推销员问题在 $n = 100$ 这样相对较小的输入时，就需要 2.9×10^{142} 个世纪才能解决。即使我们将来的计算机比现在快 10 000 倍，解决我们的问题仍然需要 2.9×10^{138} 个世纪。这仍然是漫长得令人无法接受的一段时间。结论：更快的计算机也无法帮助我们。

类似地，随着我们的多进程技术和能力的进步——或者，随着我们使用多个处理器并行工作的能力有了进步——我们也许会对 NP 问题的整个概念不屑一顾。你可能会认为这些问题对于每次只能执行一个步骤的单处理器而言是困难的，但是有了许多处理器一起并行工作，也许可以在合理的时间内完成任务。这种希望也是徒劳的。即使有 10 000 个处理器同时工作，所需时间也不会少于 2.9×10^{138} 个世纪，这样的时长仍然是不可接受的。让我们再激进一点儿。科学家估计宇宙中约有 10^{80} 个原子。假设宇宙中的每个原子都是一台计算机，它们共同解决这个问题的不同部分。用这种方法分割这个问题，所有这些计算机仍然需要工作 10^{62} 个世纪才能全部解决这个问题。况且这还是输入数值为 100 时的情况，如果是数值更大的输入呢？结论是，使用任何机器也无法在任何合理的时间段内解决这样的问题。

你也许曾经注意到媒体对量子计算机的报道。目前它们是假想中的设备，致力于使用奇怪且违反直觉的量子力学[7]增强我们的计算能力。量子力学最奇特的观念之一是亚原子物体可以同时出现在不止一个位置。虽然常规大小的物体要么在这里，要么在那里，但是亚原子物体有叠加态——它们可以同时位于多个位置。无论你对这种观念有多么怀疑，叠加态是在我们的宇宙中客观存在的事实。量子计算机科学家试图利用叠加态制造更好的计算机。对于大量可能的解决方案，常规计算机每次只能搜索其中的一个。相比之下，量子计算机可以将自身置于搜索状态的叠加态中，一次检查多个可能的解决方案。你可能会觉得量子计算机的方案会让 NP 问题更容易解决，但这样的希望又是泡影。人们发现，当量子计算机在大小为 n 的清单中搜索某一特定元素时，它最少需要 $\sqrt{n}$ 个步骤。所以在搜索 NP 问题的所有 2^n 个可能的解决方案时，量子计算机可以在 $\sqrt{2^n}$ 个步骤内完成任务。然而，

$$\sqrt{2^n} = 2^{\frac{n}{2}}$$

仍然是指数函数。所以量子计算机不是我们期盼中的 NP 问题的解决方案。

　　总而言之，在这些 NP 问题面前，所有可预见的计算机科学的未来进步都是无能为力的。轻松解决这些问题的唯一方式是为它们找到完善的多项式算法。我将在 5.3 节指出，为什么大多数研究者相信解决这些问题没有更好的算法。似乎在将来的一段合理的时间内，它们将继续成为无法解决的问题。这些问题之所以难，不是因为我们缺少解决它们的技术，而是因为它们本身的性质。这种困难是它们固有的，而且很可能将继续停留在我们解决问题的能力所及的边界之外。

5.3　这些问题都是相通的

　　在 5.2 节，我们遇到了一些问题，它们唯一已知的算法是穷举搜索，这种算法需要花费太多时间才能完成。到目前为止，没有人知道能够解决其中任何一个问题的多项式算法。也就是说，还没有人发现能够在更短的时间内解决这些问题的方案。在本节中，我们将了解到，为什么大多数研究者相信不存在这样的多项式算法。

　　如果花一点时间研究集合划分问题和子集和问题，我们会发现它们是非常相似的，而且实际上是相通的。我们可以轻易地将集合划分问题的例子转变成子集和问题的例子。这是因为在集合划分问题中，我们其实是在寻找各元素构成的一个子集，令它们的和等于该集合所有元素之和的一半。例如，思考集合 {12, 63, 13, 82, 42, 54, 24, 76, 22}。判断该集合是否可以划分成两个集合，并令其元素之和相等的一种方法是，查看它是否存在一个子集，令其元素之和等于该集合所有元素之和的一半。既然如此，我们就必须判断是否存在一个子集，令其元素之和等于

$$C = (12 + 63 + 13 + 82 + 42 + 54 + 24 + 76 + 22) \div 2 = 388 \div 2 = 194$$

如果存在这样的子集，那么该集合的元素可以划分成两部分，一部分在该子集中，另一部分不在该子集中。如果不存在任何子集的元素之和等于 194，那么该集合的划分问题的答案就是否定的。

我在这里要说的是，如果能解决子集和问题，那就几乎肯定解决了集合划分问题。用我们的符号体系表示如下：

解决子集和问题 ➡ 解决集合划分问题。

如果你有一个集合划分问题的例子，只需要将这个问题转换成子集和问题，就像我们刚才所做的那样，将 C 设置成该集合所有元素之和的一半。如果能解决一个问题，那就一定能解决第二个问题，这种说法意味着第一个问题的难度相当于或大于第二个问题。所以我们指出了子集和问题和集合划分问题一样难或者比后者更难。换句话说，集合划分问题和子集和问题一样难，或者比后者更容易。我们将这种关系写成如下这样：

集合划分问题 $\leqslant_p$ 子集和问题。

总结一下我们刚刚对任意两个判定问题做了些什么。假设我们有一个问题 B，这个问题是计算机可以解决的。这意味着我们有这样一台机器，向其中输入该问题的一个例子，它就会根据解决方案输出"是"或"否"的答案。可以用图 5-11 表示这一过程。输入从左边进入机器，机器计算之后，从右边输出"是"或"否"的结果。

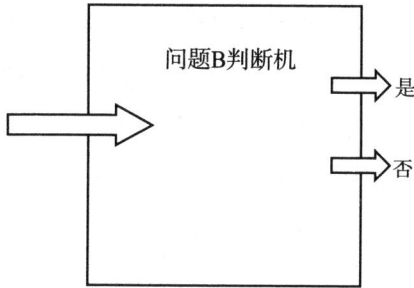

图 5-11　判断问题 B 的机器

　　现在想象我们有一个问题 A。如果有一种方式可以将问题 A 的例子转换成问题 B 的例子，我们就可以制造一种机器，通过将转换器连接到问题 B 的方式来判断问题 A，如图 5-12 所示。

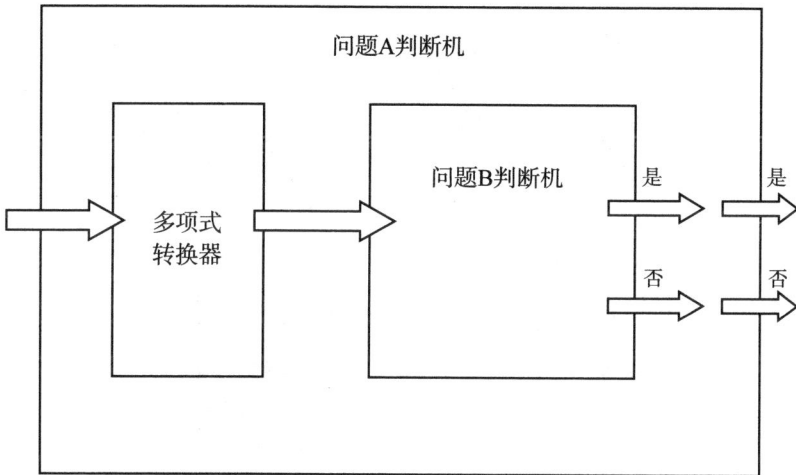

图 5-12　通过使用问题 B 判断机来判断问题 A 的机器

　　问题 A 的一个例子从左边输入。这个例子被转换成问题 B 的一个例子，然后进入问题 B 判断机，对两个问题给出一个答案。

　　我们不想让转换器随意地将问题 A 的例子转换成问题 B 的例子。我们需要这些例子有相同的答案。换句话说，我们必须要求转换器在输入答案为

"是"的问题 A 时，必须输出答案同样为"是"的问题 B。如果问题 A 的输入从问题 A 判断机那里得到的答案是"否"，那么转换器应该输出答案为"否"的例子。我们做出进一步的要求：转换器应该在多项式次数的操作步骤下完成它的任务。你很快就会明白这种规定的必要性。

当问题 A 和问题 B 之间有这样的关系时，我们说"问题 A 到问题 B 的归约"或"问题 A 归约到问题 B"。

让我们看看一个问题归约到另一个问题的又一个例子。哈密顿回路问题可归约到旅行推销员问题。思考图 5-10 中的哈密顿回路问题的例子。我们将它们转换成图 5-13 中旅行推销员问题的例子。别忘了旅行推销员问题需要完整的加权图。我们在原本不相连的点之间连线成边，使图完整。为了区分不同类型的边，我们将新的边画成灰色。

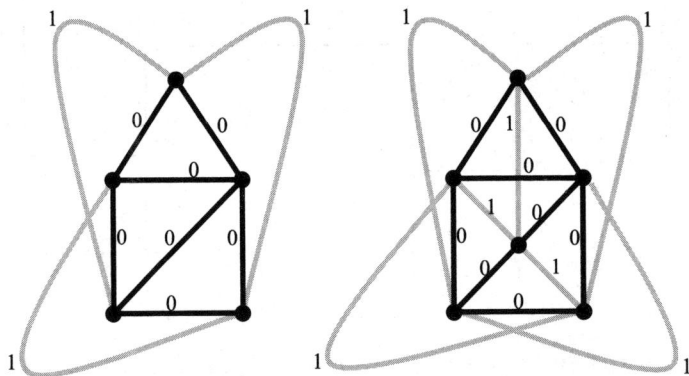

图 5-13　哈密顿回路问题的例子转换成旅行推销员问题的例子

至于权重，我们设所有黑边的权重为 0，所有灰边的权重为 1。接下来的步骤会将它转化成为旅行推销员问题的例子：我们将所需整数 K 设置为 0。如果存在某条旅行推销员回路的权重（小于或）等于 0，也就是说该回路没有使用任何一条新的灰边，那么最初的图就存在哈密顿回路。图 5-13 左边的图含有这样一条旅行推销员回路，而右边的图没有。我们成功地将哈密顿回路问题归约到旅行推销员问题。

知道某个困难的问题能否归约到另一个问题，这为什么能够帮到我们呢？毕竟这两个问题对于任意较大的数 n 而言都是无法解决的。在接下来的几页里，我们将见到许多原因，它们将解释这种归约理念为什么是整个研究领域的重大基础。

让我们稍微思考一下这种情况。假设 NP 问题 A 可以归约到 NP 问题 B，也就是问题 $A \leqslant_p$ 问题 B。现在设想一下，某个超级天才突然横空出世，提出了某种神奇的最新算法，可以在多项式时间内解决问题 B。毫无疑问，这个超级天才会因为最终发现解决问题 B 的简便方法而赢得许多赞誉。用指数算法解决问题 B 需要许多万亿个世纪，而使用新的多项式算法，几分钟之内就能得到答案。

但事情发展并不仅限于此。使用多项式归约的方法，不仅会让这名超级天才因为解决问题 B 而名声大噪，而且问题 A 也将在多项式时间内得到解决。要想在多项式时间内解决问题 A，只需要通过多项式转换器将问题 A 的例子变成问题 B 的例子，然后将这个例子应用到这名超级天才新提出的多项式算法中去。由于转换过程只会花费多项式时间，新算法也会在多项式时间内完成，因此整个过程可以在一个多项式时间加一个多项式时间内完成。两个多项式相加是一个多项式，所以整个过程可以在一个相对短的时间内完成。所以我们的超级天才不但可以解决问题 B，而且还可以解决能够归约到问题 B 的**任何其他问题**。

为了理解两个相互关联的问题之间的关系，让我们用攀登两座山来进行类比。由于珠穆朗玛峰比德纳里山高，所以下列命题为真：

如果你能登上珠穆朗玛峰，那么你一定能登上德纳里山。

这意味着登上珠穆朗玛峰比登上德纳里山更难。这相当于说：

> 如果你不能登上德纳里山，那么你肯定不能登上珠穆朗玛峰。

类似地，当问题 A 到问题 B 存在多项式归约的关系时，下列命题为真：

> 如果问题 B 可以在多项式时间内解决，那么问题 A 也可以在多项式
> 时间内解决。

这意味着问题 B 比问题 A 难或者和问题 A 一样难。这个命题等同于：

> 如果问题 A 不能在多项式时间内解决，那么问题 B 也不能在多项式
> 时间内解决。

到目前为止，我们已经讨论了这样一种 NP 问题：另一个 NP 问题可归约到
这种 NP 问题。现在让我们讨论另外一种 NP 问题：每一个 NP 问题都可归约
到这种 NP 问题。每个 NP 问题都可归约到的这种 NP 问题称为 **NP 完全**（NP-
Complete）问题。在某种意义上，NP 完全问题是最难的 NP 问题。实际上，在
5.2 节中介绍的所有 5 个问题都是 NP 完全问题，而且是可彼此归约的。

因为任何其他 NP 问题都可归约到 NP 完全问题，所以如果有任何一个 NP
完全问题可以在多项式时间内解决，那么所有 NP 问题就都可以在多项式时间
内解决。

建立了 NP 完全问题的观念之后，就可以看出为什么研究者认为解决这些
问题的多项式算法永远不可能存在了。以任意 NP 完全问题为例，比如旅行推

销员问题。许多年来，人们徒劳无功地寻找解决这个问题的多项式算法。本节已经阐述了 NP 完全问题之间的内在联系。如果任何人发现了能够解决任何 NP 完全问题的多项式算法，那么旅行推销员问题就也会有多项式解决方案。从某种意义上说，任何 NP 完全问题的研究者同时也在研究旅行推销员问题。所以我们可以说，有几千人多年以来一直在为我们的问题寻找多项式算法，但全都徒劳无功。似乎不存在这样的算法。

为什么指出某个问题是 NP 完全问题是件重要的事？这通常有两个至关重要的原因。首先，通过指出某个问题是 NP 完全问题，我们就是在论证为这个问题找到有效算法的难度等于为其他 NP 完全问题找到这样的算法。既然没有人能够为任何 NP 完全问题找到有效算法，我们就是在指出这个问题固有的难度。如果你得到一份工作，内容是为解决某个问题写出漂亮的多项式算法，结果你很难完成这项任务的话，你的老板就会找你的麻烦。然而，如果你指出这个问题是 NP 完全问题，你就可以争辩说不只是你不能找到好的算法，事实上没有人能找到。这样的说辞可以保住你的工作。

NP 完全问题之所以重要的另一个原因是，一旦知道某个问题无法轻易解决，我们就可以放开手脚，寻找有助于我们找到该问题近似解决方案的其他算法。5.4 节介绍了能够在合理时间内找到近似解决方案的算法。

当你有一个 NP 完全问题时，找到其他 NP 完全问题并不困难。如果已知 A 是一个 NP 完全问题，想证明 B 也是 NP 完全问题的话，只需要完成下面两个任务：

1. 证明 B 是 NP 问题；

2. 证明 $A \leqslant_p B$——B 的难度等于或大于 A。

已知 A 是 NP 完全问题，因此所有 NP 问题都可归约到 A，而 A 可归约到 B，所以我们知道所有 NP 问题都可归约到 B。该过程可见于图 5-14，我们在有归约关系的问题之间画上箭头表示。

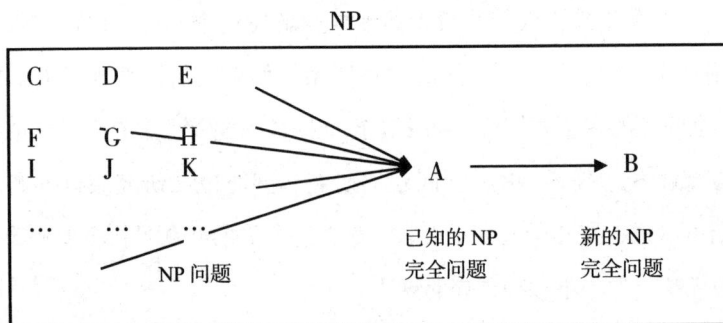

图 5-14 从一个 NP 完全问题到另一个 NP 完全问题

再重复一遍重点：一旦拥有一个 NP 完全问题，我们就能轻易找到其他 NP 完全问题。但是如何找到第一个 NP 完全问题呢？20 世纪 70 年代初，北美研究者斯蒂芬·库克（Stephen Cook）和俄罗斯研究者列昂尼德·莱文（Leonid Levin）各自独立证明了可满足性问题是 NP 完全问题。该定理后来称为**库克-莱文定理**（Cook-Levin Theorem），是计算机科学中最令人赞叹的定理之一。该定理声称**所有** NP 问题都可以归约到可满足性问题。我们已经见到了 5 个不同的 NP 问题。目前人们已知的 NP 完全问题有数千个之多，分别与图形、数字、DNA 测序、调度任务及其他各种领域有关。这些问题有许多不同的表象和形式，但它们全都能归约到可满足性问题。但是不止于此！库克和莱文没有证明如今已知的每个 NP 问题都可归约到可满足性问题；他们指出的是，**所有** NP 问题——甚至包括那些还没有被描述的——都可归约到可满足性问题。

库克和莱文证明可满足性问题是 NP 完全问题的方法非常聪明，值得我们了解。作为第一步，他们首先关注了所有 NP 问题的共同点。根据定义，每个 NP 问题都可以被一台计算机在至多指数或阶乘次数的操作中解决。现在看看这样一台计算机是如何工作的。计算机的内核是什么？答案很简单：计算机和它们的芯片遵循逻辑规则。在每台计算机中都有数十亿个逻辑开关，执行与、或、否、蕴涵这样的逻辑运算。[8] 所以既然每个 NP 问题都可以用遵循逻辑规则的计算机解决，那么每个 NP 问题都可以归约到可满足性问题。我们在本章开头就讨论了计算机是逻辑和理性的机器。现在我们清楚地看到了这一点。每个计算机问题都可以用逻辑语言表达出来。

　　在结束本节之前，让我来告诉你们如何挣到 100 万美元。为了促进数学的发展，克雷数学研究所（Clay Institute）在千禧年之际公布了数学的七大难题，它们都是各自领域最重要且最难的问题。任何人只要能够解决这些"千年难题"中的任何一个，都能获得 100 万美元。其中一个问题是 P =? NP 问题，即"P 等于 NP 吗？"。我们在 5.2 节的结尾看到，P 是 NP 的子集——也就是说，每个容易的问题可以在比大量时间更少的时间内解决。但是我们可以问出相反的问题：NP 是 P 的子集吗？每个困难的 NP 问题是否有可能在多项式时间内解决？如果 NP 是 P 的子集，那么 P = NP。

　　如果 NP 不是 P 的子集，那么 NP 中存在不属于 P 的问题，P ≠ NP。图 5-15 描述了这两种可能性。要想获得大奖，你只需要证明其中一个答案是对的。

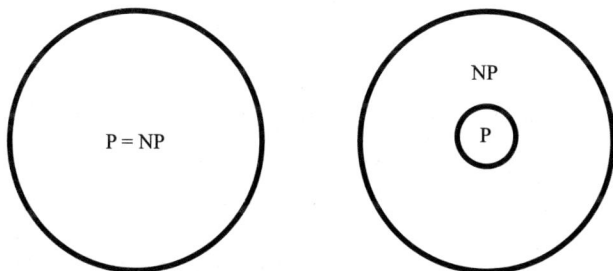

图 5-15　P 与 NP 问题的两种可能

　　要将这笔奖金收入囊中，你该如何开始呢？有两个可能的方向。你可以尝试证明 P = NP，也可以致力于指出 P ≠ NP。[9] 想要指出 P = NP，你需要做的全部事情就是拿出一个你最喜欢的 NP 完全问题，然后找到解决它的多项式算法。正如我们所见，如果你真的发现了这样的算法，那么所有 NP 问题都将可以在多项式次数的操作下解决。一个需要指数或阶乘次数操作才能解决的问题也能在多项式次数操作下解决，这样的想法似乎有些奇怪。然而，我们在欧拉回路问题上见到过类似的情况。我们可以不用查看所有 n! 种可能的回路来判断是否存在欧拉回路，只需要检查与每个点相连的边是否为偶数就可以了。对哈密顿回路问题而言，存在类似的窍门吗？许多年来，那些最聪明的人一直在寻找这样的窍门或算法，但至今无人成功。不过或许你拥有他们缺少的某种更深的见解。快去发现它吧！

另外，你可以试着指出 P ≠ NP。要想实现这一点，有一种方法是拿出一个 NP 问题，证明它不存在多项式算法。这样的假设很难证明：还有很多很多算法没有被人发现。它是数学领域最难的问题之一。[10] 作为最后的线索，我应该提醒一句，大多数研究者相信 P ≠ NP。

5.4 不够圆满的答案

这些 NP 完全问题不是计算机科学家和数学家创造出来的抽象概念。它们来自现实世界的应用场景，是需要解决的真实问题。工业和计算机专业人士一直在寻找这些问题的有效解决方案。为这些问题的答案等待几个世纪是不可接受的选项。

为了解决这些问题，计算机科学家发明了能够消除困难问题某些痛点的算法。这样的算法称为"近似算法"（approximation algorithms）。这些算法只需要多项式次数的操作，但并不总是能给出正确的答案。它们距离正确答案有时差之毫厘，有时谬以千里。

近似算法通常是启发式的（heuristics）。它通过经验学习并给出建议，这种基于经验的法则不会 100% 正确，但"足够接近"解决方案。

旅行推销员问题大概是 5.2 节中提到的所有 NP 完全问题中最容易凭直觉想象的一个。让我们回顾这一节开头介绍的这个关于大城市的问题吧。假设推销员从洛杉矶出发。出发的时候他没有考虑自己要走的整条路线的长度；相反，他只是寻找清单中离自己最近的城市。离洛杉矶最近的城市是旧金山。当他抵达旧金山，他再次寻找自己还没有去的最近的城市：丹佛。当他到达每座城市的时候，他的下一个目的地都是他还没有去的距离最近的城市。这是处理该问题的一种非常符合直觉的方式。旅行者不看"全局"，他只是贪婪地寻找最近的城市。这种方法称为"最近邻点法"（nearest neighbor heuristic）。在每一点时，只需前往相邻的最近点即可。这种算法总是能在多项式时间内完成。然而它并不总能找到正确的解决方案。

虽然最近邻点法似乎总能找到正确的解决方案，但它实际上不能，而且很容易看出为什么。思考图 5-16 中的完整加权图。图中只给出了相邻两点之间的加权边长，不过其他加权边长可以根据它们算出来。

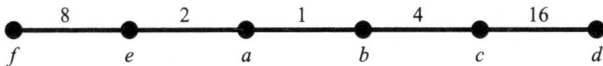

图 5-16 最近邻点法的一个反例

假设我们强迫旅行者从 a 点出发。他的下一个目的地会是仅 1 英里（1 英里 ≈1.61 千米）之遥的 b 点。从 b 点出发，旅行者将面临两个选择：4 英里之外的 c 点或 3 英里之外的 e 点。[11] 根据我们的算法，她必须选择 c。遵循最近邻点法，这位旅行者必须采取以下回路的路线：

$$a \rightarrow b \rightarrow e \rightarrow c \rightarrow f \rightarrow d \rightarrow a$$

我们这位可怜的旅行者必须旅行 1 + 3 + 7 + 15 + 31 + 21 = 78 公里。

随着心智的成熟，我们了解到在生活中处处抄近道并不总是能让你在最短的时间到达自己想去的地方。有时候捷径会让你偏离目标。思考下面这个不遵循最近邻点法的回路：

$$a \rightarrow b \rightarrow c \rightarrow d \rightarrow f \rightarrow e \rightarrow a$$

这个回路将需要 1 + 4 + 16 + 31 + 8 + 2 = 62 英里。

很显然，最近邻点法并不十分适用于这个完整加权图。

集合划分问题又如何呢？这里有一种多项式近似算法，我称之为**两极配对法**（extreme pairs）。假设存在一个由数值元素构成的集合 {24, 68, 61, 41, 35, 51, 58, 39, 49, 54, 29, 23}，将它的元素按下面的方式排序：

23, 24, 29, 35, 39, 41, 49, 51, 54, 58, 61, 68

将位于两极的最小元素和最大元素（23 和 68）选出来放到一边。接着将其余的最小元素和最大元素（24 和 61）放到另一边。按照这种方法继续划分，直到每个元素都被放到两个部分中的一个。我们会得到：

23, 68, 29, 58, 39, 51	24, 61, 35, 54, 41, 49

左边的元素相加等于 268，右边的元素相加等于 264。[12] 这是更好的解决方案吗？

我们值得花几分钟时间看看为什么两级配对能够奏效。将这些数按顺序排列，如图 5-17 所示。

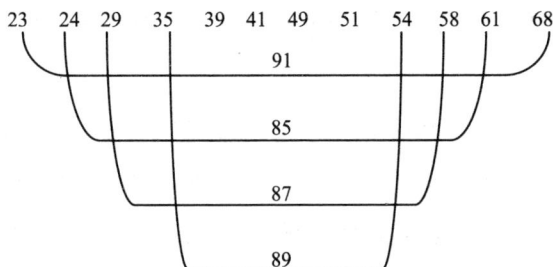

图 5-17 两极配对之和几乎相等

第一个数和最后一个数的和是 91。第二个数和倒数第二个数的和是 85。这两个数不一样，但它们足够接近。按照同样的方式继续下去，我们还会得到更多数值相近的和。这种近似算法所做的就是将这些相近的和分配到不同的两部分。它或许不是最佳解决方案，但它要好过等待 400 万亿个世纪。

每次有新的 NP 完全问题出现的时候，人们就会寻找有助于解决这个问题的优秀近似算法。正如我们所言，NP 问题无处不在，而且非常重要。各行各业必须找到解决此类问题的办法。近似算法不仅仅是被构想和描述出来，它们还会被拿来彼此比较和分析。哪种启发式算法更好？哪种算法能让你更接近不可获得的真正答案？哪种算法的工作速度更快？哪种算法能够在输入数值更大时得到正确的答案？还有许多工作等待完成。

5.5　更难的问题还在后面

NP 并不是故事的终点。有些问题的算法甚至需要比 2^n 和 $n!$ 更多的操作次数。有些问题（不是很容易描述出来）需要 2^{2^n} 次操作，它们叫作**超指数问题**（superexponential problem）。与其花时间讨论这些问题的内容，不如让我们看看这个函数有多大。对于 $n = 10$ 这样很小的输入，指数是 $2^{10} = 1024$。使用 1024 作为指数，我们会得到 2^{1024}，它比任何可想象的数都大。

有一些同样疯狂的函数，如 $(n!)!$ 或 $2^{n!}$。将 n 取一些较小的数值，试着运算一下。

到目前为止，我们关注的是一台计算机需要完成多少次操作才能解决一个问题。操作次数和解决问题所需时间的多少是成比例的。然而还存在衡量问题难度的其他方法。要想解决更难的问题，不但需要很多时间，还需要很多内存空间。当计算机解决某个问题时，它要使用内存来存储部分运算。需要存储运算的空间越大，问题就越难。

和之前一样，每种算法都有一种与之关联的函数，该函数描述了解决该问题所需内存空间的大小。函数越大，需要的内存空间越大，问题也就越难。

存在这样一类有趣的问题，它们需要的内存空间可以用多项式函数表示。这类问题表示为 PSPACE。目前已知 NP 问题——可以在指数或阶乘时间内解决的问题——可以在多项式空间中解决。换句话说，NP 是 PSPACE 的子集。

有很多问题属于 PSPACE，而且其中一些和博弈游戏有关。有些双方博弈游戏存在制胜策略，也就是说，有些方式一定能让某个特定的选手获胜。思考井字棋游戏。已知先落子的一方可采取一种策略，一定能取得平局或胜利。现在考虑井字棋的广义情况，将 3×3 的棋盘换成 $n \times n$ 的棋盘。对于这样的博弈，是否还存在某个选手的制胜策略呢？答案可能取决于 n。判断某个 $n \times n$ 博弈中是否存在制胜策略就是 PSPACE 中的一个问题。其他类型的广义博弈游戏如国际象棋、西洋跳棋、四子连珠、余子棋（nim）、围棋等也已知属于 PSPACE。

综上所述，从容易的问题到非常难的问题，计算机问题有许多种不同的类型。这些问题的种类可以用图 5-18 表示。

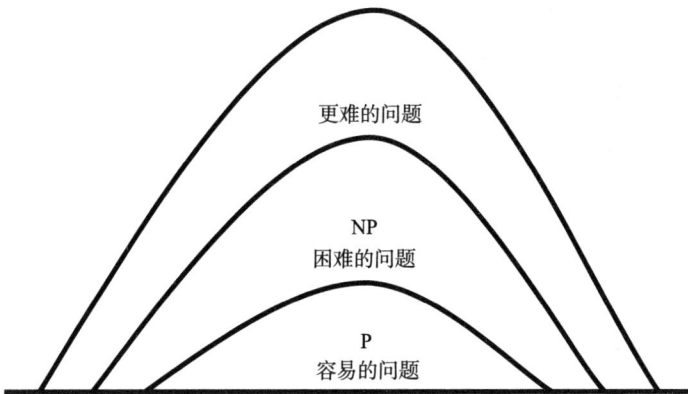

图 5-18　可解决问题的层级

　　这张图属于一张更大的图，它只是其中的一小部分。我们将在第 6 章见识这张大图，届时我们将遇到一些在任何尺度的时间和空间内都无法解决的问题。

第 6 章

计算机的局限性

我喃喃自语：“我还太年轻。”

转念又一想：“我已不算小。”

为此我抛起一枚便士

占卜恋爱是否还嫌早。

“去爱吧，去爱吧，小伙子，

如果那姑娘年轻又俊俏。”

啊，便士，便上，铜便士，

我陷入了她的卷发的圈套。

噢，爱情是狡猾的东西，

没有谁足够聪明

能窥透其中的全部奥秘，

因他会思想着爱情，

直到天上看不见星星，

阴影把月亮吞掉。

啊，便士，便士，铜便士，

开始恋爱从来都不嫌早。

　　　　　——威廉·巴特勒·叶芝（William Butler Yeats，1865—1939），

　　　　　　　　　　　　　　　　　　　　　《铜便士》

发现可能之局限的唯一方式是比可能走得更远，进入不可能

的疆域。

　　　　　——亚瑟·C. 克拉克（Arthur C. Clarke，1917—2008）

到最后，我们自我感知、自我发明、狭隘固执的海市蜃楼不

过是自我指涉的小小奇迹。

　　　　　——道格拉斯·R. 霍夫施塔特（Douglas R. Hofstadter），

　　　　　　　　　《我是一个奇异的环》（*I Am a Strange Loop*）

　　计算机可以做很多奇妙的事。然而有很多任务是它们无法完成的。计算机不能判断一幅画是否美丽；它们不"理解"道德问题；而且它们不会坠入爱河。这些"人性的"过程超出了运算的范畴。一幅画是否美丽取决于你的审美品位，而计算机没有品位可言。它们也没有处理道德问题所需的伦理准则。所有这些问题都是主观的，而计算机不能良好地处理主观问题。在本章，我们将探讨一些虽然有客观答案，却无法被计算机解决的问题。

　　需要注意的是，这些任务并不是需要很长时间才能完成计算（就像在第 5 章中提到的一样），而是**永远**也无法完成。这个问题与我们目前的计算水平无关。将来无论出现多快、多强大的计算机，也永远不能解决这些问题。

　　6.1 节简短地讨论了程序、算法和计算机。6.2 节介绍了任何计算机都无法解决的问题，即**停机问题**（halting problem）。我将解释为什么任何计算机都无法解决它。我们不能不加怀疑地相信这个结论。相反，我将仔细审视任何计算机在这个问题面前都无能为力的证明。知道停机问题不可解决之后，我又在 6.3 节中指出许多其他问题也是不可解决的。6.4 节描述了不可解决问题的层级或分类。我用 6.5 节作为结论，并探讨了更富哲学意味的问题，如大脑、思维和计算机的关系。

6.1　陷入死循环的程序

我们都有计算机突然"卡死"或者陷入"死循环"（infinite loop，又称无限循环）的经历。我们的计算机陷进了它们的程序的循环里。一旦进入死循环，它们就再也出不来了。微软的 Windows 系统此时会提示我们计算机程序"未响应"，好像在嘲弄我们似的。[1] 为什么不买一种能够确保这种情况永远不会发生的软件呢？如果有某种方法能够判断一个程序是以正常方式停机（或终止）还是进入死循环的话，那就太好了。唉，可惜这样的方法并不存在。这是人们发现的第一批计算机无法解决的问题之一。尽管某个程序是否停机这个问题是客观的而非主观的，但计算机没有办法解决它。

在我们开始之前，需要先了解一些术语。**计算机**是一种运行**算法**的实体机器。**程序**是对算法的确切描述。当我们说解决某一特定问题的算法不存在时，意思就是没有任何程序、计算机或机器能够执行该任务。我们描述的是机械化过程的局限性，所以这四个词在使用时是可以互换的。

在我对某个程序是否停机的讨论中，我没有讨论所有程序，而是将讨论范围局限于特定类型的程序，这些程序只处理整数。如果你怀疑我试图通过只查看这个有限的程序集合来骗你的话，那你应该记住两件事。首先，我将要指出的是，即使对于这些有限定条件的程序，计算机也无法判断这些程序是否停机。当然也就没有计算机能够对**所有**程序做出同样的判断。其次，处理实数、图形、机器人技术以及由计算机操作的所有令人赞叹的机器程序，都可以通过操纵整数的方式运行。可以使用整数为不同类型的更复杂的数值和对象编码。所以如果我们指出只处理整数的程序存在局限的话，那么更复杂的其他类型的程序一定也存在局限。

我使用的程序任何人都很容易读懂，只需要从上到下地简单分析。不同变量如 x、y 或 z 代表整数。程序中的语句写得很清楚。例如，可能会有这样一句：

x=y+1。

这意味着变量 x 的赋值等于 y 与 1 之和。我们还可以写：

x=x+1。

这意味着 x 的值应该增加 1。由于某些程序需要一个输入，我们会写：

x=?

此时计算机应该停止，等待用户输入一个数值。变量 x 将得到用户输入的数值。有些行带有 A、B 或 C 这样的标签。这些标签是用来控制程序的运行的。仅仅从上到下执行的程序不是很有趣。我们需要让程序能够重复执行一系列循环动作。标签让我们可以使用**跳转**（goto）指令制造循环。

　　为了更直观地理解程序，让我们来看一些例子：

```
x=?
x=x+1
x=x+1
x=x+1
print x
stop
```

　　这个程序执行的是什么任务呢？如果在这个程序中输入 15，那么 x 在第一行就是 15。接下来的三行每一行都会给 x 加 1，相当于一共给 x 加 3。然后计算机会将 x 的最终值打印出来，即 18。完成这一步之后，计算机就会停机。如果输入的是 56，程序就会打印出 59。总而言之，这个程序计算的函数是 $f(x) = x + 3$。

这很有趣！让我们尝试更多例子吧。

```
            x=?                    x=?
            y=10                   y=?
   A         x=x+1        B         x=x+1
            y=y-1                  y=y-1
            if y>0 goto A          if y>0 goto B
            print x                print x
            stop                   stop
```

先看左边的程序。如果用户输入 23，会发生什么呢？变量 x 的值会是 23，变值 y 的值会是 10。接下来的两行语句是串联工作的：x 增加到 24，y 减小到 9。下一行是条件语句。由于 y 是 9，因此大于 0，计算机会返回有标签 A 的那一行。这一次 x 会增加到 25，y 减小到 8。这个循环重复数次，直到 x 等于 33，y 减小到 0。此时条件语句失效，运行打印指令。数字 33 将被输出，因为这是 x 的值。如果 x 的输入值是 108，那么打印的数将是 118。总而言之，这个程序计算的函数是 $f(x) = x + 10$。

再来看右边的程序。除了一处差别，它几乎和左边的程序一样。它用 y=? 替换了左边的 y=10。左边的程序只需要一个输入，而右边的程序需要两个输入。它不再从 10 往下数 y，而是从 y 的任意初始值向下数。不难看出这个程序计算的是二元函数 $(x, y) = x + y$。不需要太多论证就能看出，用这种编程语言写出的程序可以执行大部分计算机能够执行的任务。事实上，只要有足够的编码，这样的程序可以执行任何计算机可以执行的任何任务。

让我们再来查看一些程序。

```
        x=?                          x=?
A       x=x+1                        y=x+15
        if x>10 goto A       A       x=x+1
        stop                 C       if x>y goto B
                                     y=y-1
                                     if x<y goto A
                             B       x=x-1
                                     if x= y goto C
                                     stop
```

如果在左边的程序中输入 5，条件语句就会失效，于是这个程序会立即终止。相比之下，如果输入 15，程序就会进入死循环。事实上，为 x 输入任何小于等于 9 的数都会让程序停止，而输入 10 或任何更大的数，程序都会进入死循环。

右边的程序呢？你能判断这个程序在什么时候停止，在什么时候陷入死循环吗？我也不能！何不找一台计算机来解决这个问题。

6.2　停机还是不停机？

让我们来清晰地描述停机问题。对于任意程序和它的某一个输入，判断该程序在该输入下运行是会停机还是会陷入死循环。这是一个判定问题，也就是说，它会给出"是"或"否"的答案。计算机能解决停机问题吗？

这个问题是艾伦·M. 图灵（Alan M. Turing，1912—1954）提出的，他在1936 年给出了绝对否定的答案：没有程序能够解决停机问题。一台计算机无法判断对于任意程序的任意输入，该程序是否会因该输入而停机。如果计算机可以解决某个判定问题，我们说该问题是**可判定的**（decidable）。相反，如果计算机不能解决这个问题，我们说该问题是**不可判定的**（undecidable）。停机问题是不可判定的。

我们在这里需要几分钟的深思。我们先要将第 5 章主要关注的不可行的问题与不可判定的问题区分开来。在第 5 章，问题可以解决，但是对于数值较大的输入，解决问题所需的时长极其不合理。我们在本章中遇到了不一样的情况。停机问题无论在多长时间内都无法解决。它不是一个困难的问题；它是一个**不可能解决**的问题。

此外，值得注意的是，某一程序在运行某一输入时是否停机，这个问题是存在客观答案的。它不像艺术品位或道德感那样是一种模棱两可的主观概念。该程序要么最终停机，要么陷入死循环，然而计算机不能判定这个客观问题。即使人类也很难判断这个问题（关于这一点的更多内容见 6.5 节）。然而这个问题存在一个真实、客观的答案。

值得注意的另一点是，图灵说的不是他自己不能写出解决停机问题的程序。他说的也不是其他人不够聪明，发现不了这样的程序。他证明的是，这样的程序不可能存在。困难不在于缺少技术或巧思。图灵指出，任何程度的技术创新或足智多谋都不可能解决这个问题。在更深的层次上，他说的是计算机和其他任何遵循理性的实体设备都无法解决停机问题。

你也许认为有一种简单的方法能够证明停机问题是可判定的：用给定的输入运行程序，看看该程序是停机还是陷入死循环。唉，可惜这个方法并不管用。如果程序运行了 10 分钟后停机了，你可以很肯定地说，该程序运行该输入时会停机。但是如果 10 分钟后程序仍然在运行呢？这并不意味着程序进入了死循环，因为许多程序需要超过 10 分钟才会终止。或许你应该让程序运行 20 分钟。如果它停机了，问题就解决了。然而，如果它没有停机，我们又能知道什么呢？我们还是不能确定它是否陷入了死循环。我们应该将该程序运行多久呢？在任意有限的时间内，总有一些程序需要再多一些的时间才能终止。[2] 我们判断某个程序是否陷入死循环的唯一方法是等待无限长的时间，看它是否还在运行。但谁有那么多时间啊！

图灵的答案最令人惊叹的一点是，它是在 1936 年被提出并证明的，比任何一台计算机问世的时间都早得多。作为一名杰出的理论数学家，图灵在工程师刚刚知道如何制造计算机之前很多年就阐释了计算机能力的局限。给理论家点赞！

经过思考，我们已经充分认识到为什么停机问题的不可判定性如此有趣，而且它值得我们进行更深入的探讨，现在就让我们来证明它吧。要想证明停机问题的不可判定性，我们使用了计算机可以谈论自身这一事实。也就是说，计算机可以自我指涉。既然程序可以讨论程序，计算机就存在自我指涉的元素，局限也就由此产生了。到目前为止，我们已经在这本书里多次见到自我指涉的例子——例如，在说谎者悖论中有一些讨论自身的自我指涉语句：

> 这个句子是假的。

我们指出，当且仅当此句为假的时候，它才是真的。在这里，我们将创造出一个自我指涉的程序，它本质上是这样的：

> 当该程序被问到它会停机还是会陷入死循环时，该程序会给出错误的答案。

我们将看到，这样一个程序的存在会导致矛盾的产生。这样的矛盾在计算机的真实世界里是不被允许的，于是我们有了局限：停机问题无法解决。这种证明是一种反证法。假设停机问题不是不可判定的（即计算机**能够**判定这个问题）。在这样的假设下，我们推导出了矛盾：

> 停机问题可判定➡矛盾。

我们不得不断定，我们的假设一定是不正确的。

值得注意的是，我们在 6.1 节谈论的程序都非常简单。它们很容易被描述，而且我们可以用整数来为这些程序编码。[3] 对于任意一个程序，都有一个独一无二的数值与其对应。对于某个程序，与其对应的数值称为"程序号"（program number）。我们也可以反其道而行之：从一个数值得到与其对应的程序。对于数值 x，我们将与之相应的程序称为"程序 x"。这些程序处理数值，而数值代表这些程序；于是我们将得到处理程序的程序，如图 6-1 所示。这是自我指涉的核心。

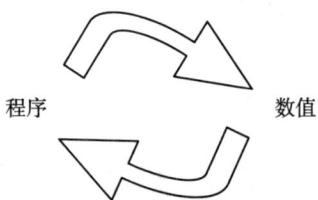

程序　　　　　数值

图 6-1　程序的自我指涉

让我们假设停机问题可判定，而且我们可以创造出一个判定它的程序。这意味着我们可以写出下面这样一个计算机程序：输入程序号 y 和数值 x，然后计算机会根据程序 y 在输入为 x 时是否停机，输出"是"或"否"的答案。我们将这个函数写成

$$停机(y, x)= \begin{cases} 是 & 程序号y在输入为x时停机 \\ 否 & 程序号y在输入为x时陷入死循环 \end{cases}$$

判定停机 (y, x) 函数的程序是一个黑箱，它需要两个输入，然后输出一个"是"或"否"的答案，如图 6-2 所示。

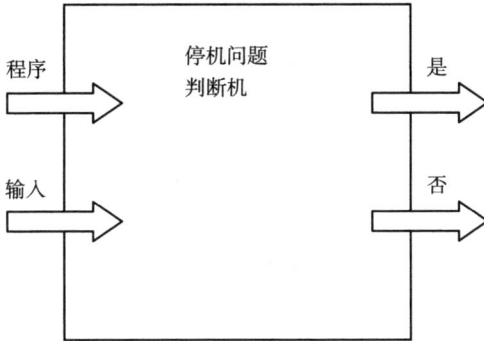

图 6-2　（不存在的）停机问题判断机

我们将运行这个函数的（不存在的）程序表示为 halt(y,x)。既然我们现在有了给程序和数值编号的能力，不妨让我们将这个假定的程序当作下面这个更大的程序的一部分：

```
       x=?
A      if halt(x,x) = "Yes" then goto A
       print "No"
       stop
```

这个程序非常重要，称为程序 D ["diagonal"（对角线）的首字母大写]。让我们用一张图来阐释这个程序。程序 D 的构造见图 6-3，图 6-2 是它内部的一个黑箱。

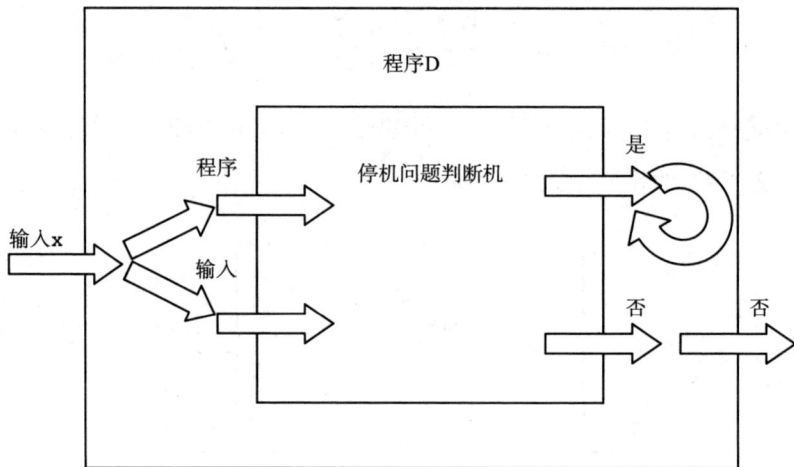

图 6-3 （不存在的）程序 D

　　该程序接受一个输入，该输入既是程序号，也是输入数值（自我指涉）。如果该程序在运行它自己的输入时停机，它就会陷入死循环。相反，如果该程序在运行输入时陷入死循环，它就会停机并打印出"否"（No）的答案。所以该程序在被问到关于输入 x 的问题时，总是会给出错误的答案。

　　正式地说，程序 D 在输入为 x 时的行为如下：

　　　　当且仅当程序 x 在输入为 x 的情况下陷入死循环时，程序 D 才在输入为 x 的情况下停机。

　　等一下！下面就是有趣的部分了：如果停机程序是真正的程序，我们就可以放心地将它用作另一个程序的一部分，创造出程序 D。如果程序 D 是真正的程序，那么它就有一个与之对应的编号。我们不知道这个编号的数值是什么，但这并不妨碍我们将它表示为 d_0。现在让我们将 d_0 输入程序 D。也就是说，让我们看看程序 D 会对自身说些什么。

当且仅当程序 d_0 在输入为 d_0 的情况下陷入死循环时，程序 D 才在输入为 d_0 的情况下停机。

但是程序 d_0 就是程序 D，所以我们可以将这句话重新表述为：

当且仅当程序 D 在输入为 d_0 的情况下陷入死循环时，程序 D 才在输入为 d_0 的情况下停机。

这便产生了矛盾。我们可以说：

当程序 D 被询问自身将停机还是陷入死循环的时候，程序 D 给出了关于自身的错误答案。

我们一下子回到了说谎者悖论。我们来到了这样一个时刻，当且仅当某个程序不停机时，该程序才停机。人类语言和人类思维或许会有矛盾，但计算机不会。一定是在什么地方出了问题。我们只做了一个假设：有可能写出一个判定停机问题的程序。这个假设让我们推导出了矛盾，因此它一定是错误的。使用计算机解决停机问题是不可能的。

　　上述对停机问题不可判定性的证明有一点复杂，我们还可以从另一个视角看待这个问题。用对角化证明的方式将它直观地呈现出来就更容易理解了（如果你已经看过第 4 章，就会更轻松地接受这种证明方式）。假设某一天，我们得到了能够判定停机问题的程序。可以将该程序的输出写成一个无限矩阵（见图 6-4）。

　　图 6-4 中的矩阵最左边一列的数值是程序号。矩阵最上面一行的数值对应的是该程序的输入。矩阵里面的"是"或"否"表示该程序在相应的输入下是

		输入									
	停机	0	1	2	3	4	5	6	7	8	…
	0	否	否	是	否	是	是	否	否	否	…
	1	否	是	否	否	否	是	否	否	否	…
	2	否	否	否	否	否	是	否	否	否	…
	3	否	是	否	是	否	否	否	否	是	…
程序	4	是	否	是	是	否	否	是	否	是	…
	5	否	否	否	否	否	否	否	否	否	…
	6	否	否	否	否	否	是	否	否	否	…
	7	否	是	否	否	否	是	否	是	是	…
	8	否	否	否	否	否	否	否	否	否	…
	⋮	⋮	⋮	⋮	⋮	⋮	⋮	⋮	⋮	⋮	⋱

图 6-4 （不存在的）停机程序及其对角线

否停机。例如，程序 7 在输入 2 下的结果为“否”。这意味着如果你将 2 输入程序 7 中，该程序会陷入死循环。与之相反，程序 4 在输入为 8 时会停机。我们通过对角化的方式利用这个（想象中的）程序创造出一个新程序。程序 D 只有一个输入，它的值取决于图 6-4 的矩阵中对角线的元素。该程序以某个数值为输入。对于输入 **x**，程序 D 先判断程序 **x** 在输入 **x** 下是否停机，然后给出完全相反的答案，如图 6-5 所示。

图 6-5 左侧的数值是程序号，顶端的数值是该程序的输入，里面的“是”和“否”告诉我们该程序在这些输入下是停机还是陷入死循环。

虽然这个新的（想象中的）程序 D 很容易从停机程序中构建出来，但我们能够指出程序 D 不存在。如果它真的存在，就会有一个与其对应的数值。但这个数值会是什么呢？

- 它不可能是程序 0，因为程序 0 在输入为 0 时陷入死循环，而程序 D 在输入为 0 时停机。

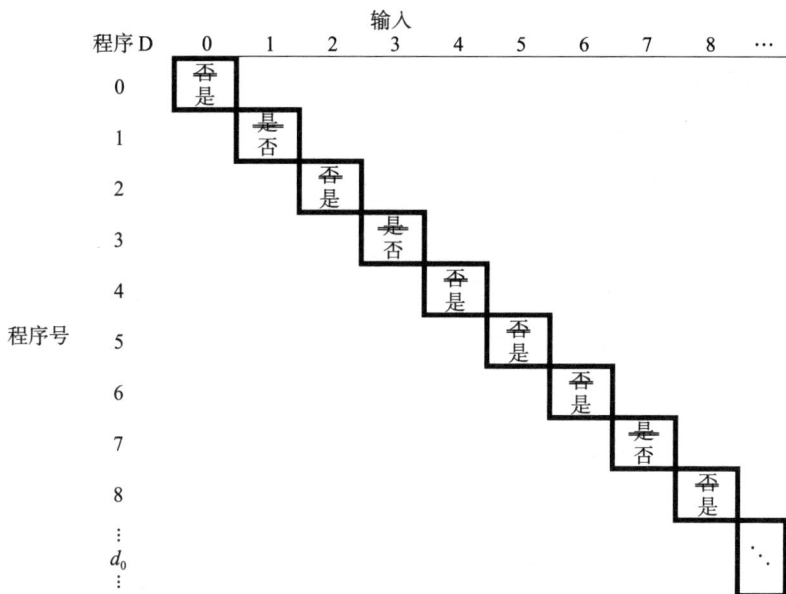

图 6-5　（不存在的）程序 D

- 它不可能是程序 1，因为程序 1 在输入为 1 时停机，而程序 D 在输入为 1 时陷入死循环。

- 它不可能是程序 2，因为程序 2 在输入为 2 时陷入死循环，而程序 D 在输入为 2 时停机。

  ……

- 它不可能是程序 d_0，因为程序 d_0 在输入为 d_0 时是"这样的"，而程序 D 在输入为 d_0 时是"那样的"。

  ……

换句话说，程序 D 不可能存在，因为当我们询问关于它自身的问题时，它总是对自己将要做什么给出错误的答案。我们的结论是不存在这样的程序 D，所以我们最初的假设——存在停机程序——一定有问题。

总而言之，我们指出如果停机问题存在，程序 D 就存在，而既然程序 D 不可能存在，那么停机程序也不可能存在。用我们的逻辑符号来表示这个过程：

停机程序存在 ➡ 程序 D 存在 ➡ 矛盾。

这意味着停机问题是不可判定的。

6.3 更多的不可判定的问题

停机问题不是唯一不可判定的问题。我将指出还有许多其他问题是无法被计算机解决或判定的。

思考**打印 42 问题**（printing 42 problem）。对于某给定程序，判断是否存在任何输入令该程序打印数字 42。[4] 让我们来看看一个样本程序：

```
        x=?
        y=3
A       z=10
B       x=x+1
        z=z-1
        if z>0 goto B
        y=y-1
        if y>0 goto A
        print x
        stop
```

这个程序在一个循环里面还有一个循环。里面的循环将 z 中的数值加到 x 上。在外面的循环里，z 设定为 10，而这个循环会运行 3 次。综上所述，这个程序会将 10 × 3 = 30 加到 x 上。所以要想让该程序输出 42，唯一的方法是输入 12。我们的结论是存在一个输入令输出等于 42。然而判断这个程序的行为是相当简单的。对于某些非常复杂的程序，很难判断该程序是否可能输出 42。

打印 42 问题也是不可判定的。虽然我们不在本书列出证明，但我们可以从直觉上知道这个问题比停机问题更难。我们对停机问题的目标是判断是否存在某个输入令该程序停机。而对于打印 42 问题，我们问的是，是否存在**任何**输入，令该程序停机且输出 42。我们将不得不搜索所有输入。

思考**零程序问题**（zero program problem）。查看下面两个程序：

```
      x=?              x=?
A     x=x-1            y=x-x
      if x>0 goto A    print y
      print x          stop
      stop
```

无论输入什么，这两个程序都总是打印 0。还有其他数百万个程序也总是执行同样的操作：不管输入的是什么，该程序总是输入 0 然后停机。这样的程序称为**零程序**（zero program）。如果能够判断一个程序在什么情况下是零程序就好了。零程序问题问的就是某个既定程序是否为零程序。也就是说，我们希望某台计算机在输入某个程序时，能够根据该程序是否总是输出 0 的结果输出 "是" 或 "否" 的答案。唉，这个问题也是无法解决的。要想证明这个结果，我们要走的路实在是太远了。这个问题的解决要求我们知道该程序在**每一个**输入下都会停机。这可比停机问题难多了。

　　我们有必要在这里强调打印 42 问题和零程序问题之间的不同之处。在打印 42 问题中，我们问的是，是否存在**至少一个输入**令相关程序输出 42 。相比之下，零程序问题问的是，是否**每个输入**都令相关程序输出 0。无论是哪种方式，这两个问题都是不可判定的。

　　一旦我们指出某个问题不可解决，就不难指出另一个问题同样不可解决。这里使用的方法是归约，也就是**将一个问题归约到另一个问题**。[5] 假设有两个判定问题，问题 A 和问题 B；再假设有一种方法可以将问题 A 的一个例子转化成问题 B 的一个例子，令答案为"是"的问题 A 的例子转换为拥有同样答案的问题 B 的例子，对于答案为"否"的例子也是一样。（我们没有像在第 5 章那样要求转换过程必须在多项式次数的操作步骤内完成。在这里，我们并不在意这种转换过程要花多长时间，只关心这种转换能否发生。）可以用图 6-6 直观地表示这一转换过程。

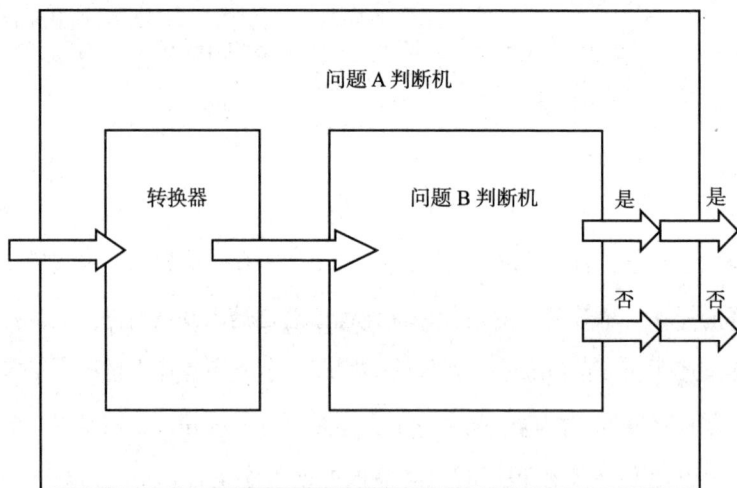

图 6-6　将一个问题转换成另一个问题

　　如果能够建立这样的转换，那么：

如果问题 B 是可判定的，那么问题 A 也是可判定的。

要想判定问题 A，只需要将问题 A 的一个例子进行转换，然后查看相应的问题 B 的例子的结果如何。如果问题 A 是不可判定的呢？那样的话，问题 B 一定也是不可判定的。

如果问题 A 不可判定，那么问题 B 也不可判定。

如果有这样的转换过程，我们可以说问题 B 和问题 A 一样难或者比问题 A 更难，并将其写作：

问题 A $\leqslant$ 问题 B。

在 6.2 节，我指出了停机问题的不可判定性。现在我们有可能描述出这样的转换过程，这种转换过程表明：

停机问题 $\leqslant$ 42 问题

及

停机问题 $\leqslant$ 零程序问题。

我们就能得出结论，这两个过程也是不可判定的。

让我们继续证明，可以将零程序问题转换为另一个问题。思考下面的两个程序：

```
x=?                 x=?
y=3x+2              z=x
print y             z=z+x
stop                z=z+x
                    t=z+2
                    print t
                    stop
```

　　虽然这两个程序看起来不一样，而且有不同的变量，但很容易看出，只要输入相同，它们一定会产生相同的输出。执行相同任务的程序称为**等效程序**（equivalent programs）。如果能够知道两个程序是否等效就好了。解决**等效程序问题**（equivalent program problem）需要这样一台计算机，它以两个程序作为输入，并判断这两个程序是否等效。此时你大概已经猜到，等效程序问题是无法解决的。通过如下归约实际上很容易看出这一点：

　　　　零程序问题≤等效程序问题。

我将指出：

　　　　等效程序问题可判定 ➡ 零程序问题可判定。

我们在之前指出（但没有证明）：

　　　　零程序问题可判定 ➡ 矛盾。

将这两个过程放在一起，我们就可以基于此前的结果，指出等效程序问题是不可判定的。

在我们论述这种归约过程之前，先思考下面这个简短的程序：

```
x=?
print 0
stop
```

该程序总是输出 0，无论输入的值是多少。让我们将该程序称为程序 Z［zero（零）的首字母大写］。

（错误地）假设有一种方法能够判定两个程序是否等效。然后假设你想要判定一个程序是否是零程序。

你只需要将该程序和程序 Z 一起发送到设想中的等效程序判断机中，如图 6-7 所示。如果该程序与程序 Z 等效，那么等效程序判断机就会如实告诉我们。使用这样的程序，我们创造出了一个零程序判断机。但我们知道这样的判断机不可能存在。总而言之，"存在等效程序判断机"这个假设是站不住脚的。

你或许已经注意到，我们目前为止指出的所有不可判定的问题都和判断程序的不同性质有关。换句话说，我们指出没有程序能够判断关于程序的某些性质。这与我们的主题十分相符，即存在自我指涉时就会产生局限。1951 年，亨利·莱斯（Henry Rice）证明了所有这些定理的源头。莱斯的发现后来被称为莱斯定理（Rice's theorem），根据该定理，关于程序的有趣性质不能被任何程序判定。要想证明这个相当复杂的结论，只需指出对于任何一种有趣的性质 P，

停机问题≤性质 P 问题。

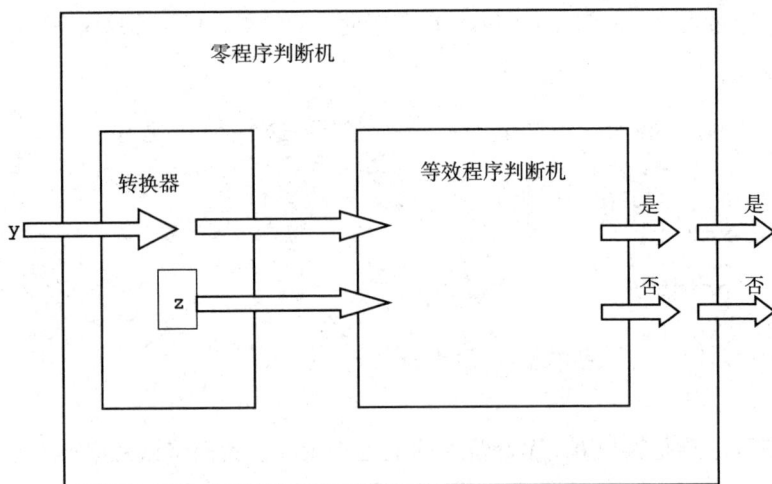

图 6-7　零程序问题到等效程序问题的归约

既然停机问题不可判定，那么性质 P 问题也同样不可判定。

在其他领域（如数学和物理学）工作的计算机呢？还有没有计算机在其中有所局限的其他客观领域？在 9.3 节中，我们将看到在数学领域还有其他很多问题是计算机无法胜任的。

读者可能会对本章淡然视之。毕竟这里指出的是，存在几个很容易描述的问题是计算机无法解决的。你可能会据此认为，计算机不能解决的只是少数奇怪的病态问题，它们能够解决的问题才是多数。让我们更谨慎地思考这一点。

思考一下某个数是否属于某个集合的判定问题。对于下列集合，这个问题很简单：

- 奇数集合；
- 偶数集合；
- 素数集合；
- 可以写成 5 个平方数之和的数组成的集合。

　　我们可以针对上述每一个集合编写出一个程序，该程序接受某个整数为输入，并根据该输入是否在相应的集合中输出"是"或"否"的答案。

　　然而还存在其他类型的集合。本章已经指出，对于某些特定的整数集合，无法编写出判断某些整数是否在相应集合中的计算机程序。例如：

- 在某些输入下会输出 42 的程序的编号的集合；
- 总是输出 0 的程序的编号的集合。

　　所以，某些整数集合是可判定的，其他整数集合则不可判定。

　　现在让我们来做一些计算吧。我们在 4.3 节中见到，存在整数的不可数无限子集。这些集合中多少是可判定的，又有多少是不可判定的呢？我在 6.2 节的开头提到过，每一个程序都有一个独一无二的整数代表它。因此，程序的数量是可数无限的。因为每个可判定的集合都需要一个程序来判定它，所以可判定整数集合的数量也是可数无限的（见图 6-8）。所有其他整数集合都是不可判定的，所以不可判定集合的数量是不可数无限的，可判定集合的数量是可数无限的。第 4 章指出了可数无限和不可数无限之间的巨大差别。

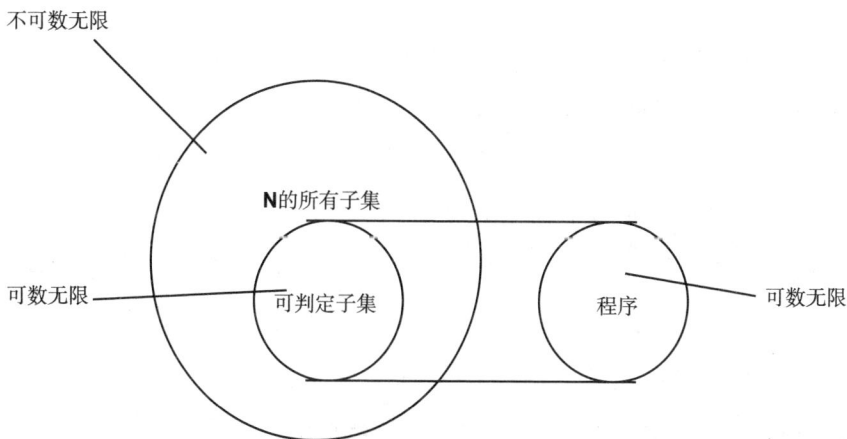

图 6-8　性质以及能够判定其中某些性质的程序

在本章开头，我们提出的问题是什么任务是计算机能够执行的，什么任务超出了计算机的执行能力。我们发现计算机只能解决所有问题中极少的一部分。事实上，绝大部分计算机不能完成的任务超出了理性的边界。

6.4　计算机的"神谕"

到目前为止，本章指出许多问题超出了任何计算机的解决能力。显而易见的疑问是，在可计算性的屏障之外是什么。图灵在他关于停机问题的原始论文中提出了这个问题并给出了天才的答案，这个答案让那些无法解决的问题具有了层级结构。

我们不能解决停机问题。然而不妨想象我们在某个时刻能够解决它。解决停机问题的过程不可能是一台普通计算机完成的，因为我们已经证明没有任何普通计算机能够做到这一点。相反，它一定存在某种非机械之处，某种"诡秘"的气质。在古希腊（以及几乎所有其他类型的社会中），有一些特殊的人据说可以"通神"，传达"神"的信息。这些人被称为"神谕"（oracles，源自拉丁语单词"说话"）。在被询问某个问题时，这些神谕会陷入精神恍惚的催眠状态，然后给出回答，这些答案据说来自神明。

为了给无法解决的问题分类，图灵借用了神谕的概念。假设有某种类型的神谕可以解决停机问题。在某台计算机中使用这个"诡秘"的停机神谕。在一次计算过程中，让这台计算机询问神谕，某些特定程序是否停机。我们可以在图 6-9 中将该过程形象地表示出来。

输入从左边进入，然后计算机执行某种常规计算。在这个过程中，常规计算机可以向停机神谕询问一个"是"或"否"的问题，然后根据答案进行不同的计算。随着计算的继续，计算机可以向神谕询问数个问题。可以将这种额外提问的特征增添到我们的编程语言中，只需要添加像下面这样的命令：

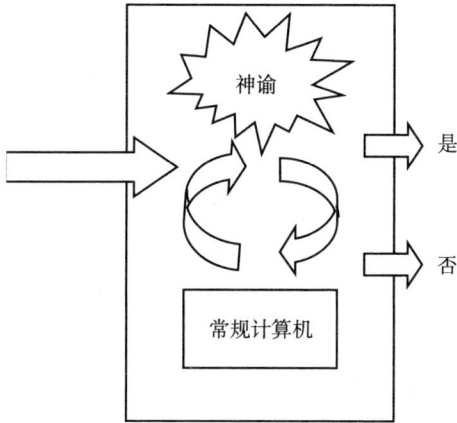

图 6-9　一台可以向神谕提问的计算机

就 z 询问停机神谕
若神谕回答"是"跳转至 A
若神谕回答"否"跳转至 B

　　这样的命令可以在一个程序里出现几次，而且可以令 z 取不同值。拥有这种能力的计算机不仅能够解决停机问题，还能解决我们见到过的常规计算机不能解决的许多其他问题。

　　在停机神谕的帮助下，就连计算机科学领域之外的问题也可以得到解决。关于数的最难的开放式问题之一称为哥德巴赫猜想（Goldbach conjecture）。这个问题可以追溯到 18 世纪中期，目的是证明或证伪一个关于数的猜想：

　　　　每个大于 2 的正偶数都是两个素数之和。

　　对于较小的数，很容易看出这个命题是成立的：

- 4=2+2
- 18=5+13
- 220=23+197
- 8206=59+8147

实际上，数学家已经发现这个猜想对所有小于 10^{17} 的偶数都是成立的。然而这还不够。这个猜想说的是它对每一个偶数都适用。250 多年过去了，这个形式非常简单的问题依然困扰着数学家。

如果我们能够使用停机神谕，判断这个猜想是否为真，这个问题就会变得非常简单。思考下列程序：

```
        x=2
A       x=x+2
        if x is the sum of two primes goto A
        stop
```

这个简单的程序搜索的是哥德巴赫猜想的反例。如果不存在这样的反例，这个程序就会永远运行下去。相反，如果的确存在某个反例，这个程序就会停机。所以你要做的就是询问停机神谕，这个程序是否会停机。注意：声称哥德巴赫猜想目前没有反例，不会给你赢得太多名声。问题在于**证明**该猜想是正确的。

如果能够使用神秘的停机神谕，我们还能解决数学领域的其他许多问题。我们将在 9.3 节中见到一部分这些问题。[6]

除了停机神谕之外，还可能存在其他类型的神谕。对于任意神谕 X，所有可向该神谕提问的程序称为 X **神谕程序**（X oracle program）。向停机神谕提问的程序就称为**停机神谕程序**（halt oracle program）。在停机神谕程序的帮助下，许多原本不可解决的问题都能得到解决。那么问题就出现了：停机神谕程序能解决所有无法解决的问题吗？图灵指出它们不能。我们已经指出每个常规程序都有一个独一无二的数值与其对应，所以每个停机神谕程序也对应一个独一无二的数值。有这些数值在手上，我们就可以问问某个既定数值对应的停机神谕程序是否会停机。这个判定问题称为**停机神谕程序的停机问题**（halting problem for halt oracle programs）。使用和 6.2 节中类似的论证过程，可以看出停机神谕程序的停机问题不能被任何停机神谕程序解决。这个问题也是无法解决的问题，而且即使在停机神谕的帮助下也不能计算。

图灵的论证还没有结束。假设我们有一种神谕可以解决停机神谕程序的停机问题，并将这种神谕称为**停机′神谕**（halt'oracle）。有了这个神谕，我们就能解决多得多的问题了。使用这种神谕的任何程序都称为**停机′神谕程序**（halt'oracle program）。我们可以再次提出类似的问题：是否所有问题都能被停机′神谕程序解决。此时你大概已经猜到了，答案是否定的。我们可以指出没有任何停机′神谕程序能够解决停机′神谕程序的停机问题。要想做到这一点，就需要停机″神谕。这个过程可以无限持续下去……

我们描述出了无法解决的问题的层级。可以说某些无法解决的问题比其他问题更难，而某些无法理解的问题比其他问题更容易。计算机科学家已经能够将某些问题定性为"停机′-可计算问题"而不是"停机″-可计算问题"。他们描述了位于该层级结构不同部分的不同问题。我们一直在关心理性的极限，如今我们在理性的边界之外建立起了清晰的层级结构。

第 5 章的图 5-18 现在可以将不可计算的问题包含进来，修改后的版本如图 6-10 所示。

简单的、困难的和更难的问题的集合可以全部看成是一个集合，称为"可计算的问题"。本节讲述的是，不可计算的问题的集合也拥有层级结构。将这些信息融为一体，我们就得到了图 6-11。

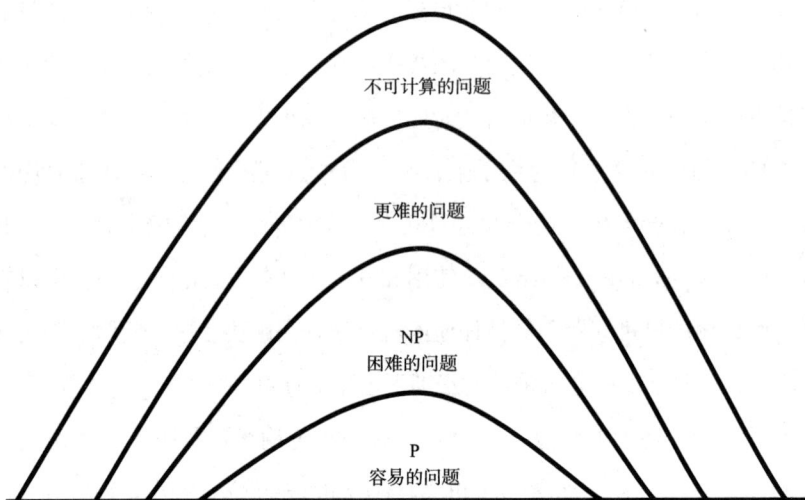

图 6-10　问题的层级

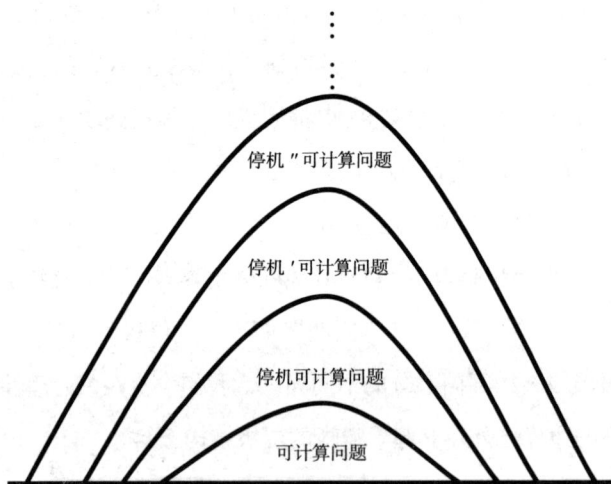

图 6-11　无法解决的问题的层级

在 5.3 节，我们介绍了 P =? NP，并指出它为什么是重要且令人兴奋的问题。如果我们将神谕纳入考虑，这个问题能否解决呢？

首先需要明确一些定义。P 是这样一些问题的集合，这些问题都可以使用一台常规计算机在多项式次数的操作步骤内解决。让我们对此进行推广。思考任意神谕 X。将可以在多项式次数的操作步骤内完成的 X 神谕问题的集合定义为 P^X。NP 是这样一些问题的集合，这些问题都可以使用一台常规计算机在最多指数或阶乘次数的操作步骤内解决。用 NP^X 表示可以在最多为指数或阶乘次数的操作步骤内解决的 X 神谕问题。

1975 年，Theodore P. 贝克（西奥多·P. Baker）、约翰·吉尔（John Gill）和罗伯特·M. 索洛韦（Robert M. Solovay）三位研究者发表了一篇论文，其中包括两个非常有趣的结果。他们描述了两个神谕 A 和 B，令

$$P^A = NP^A$$

且

$$P^B \neq NP^B。$$

第一个结果表明有一个神谕 A，令困难的问题（NP）可以在较少的操作步骤内解决。第二个结果表明有一个神谕 B，令困难的问题需要非常多的操作步骤才能被解决。所以只要假定不同的神谕，就能解决长久以来悬而未决的 P =? NP 这一难题。

沿着这些路径继续发展出了其他结果。1976 年，尤里斯·哈特马尼斯（Juris Hartmanis）和约翰·E. 霍普克罗夫特（John E. Hopcroft）指出有神谕 C 存在，令问题

$$P^C = NP^C \text{ 或 } P^C \neq NP^C$$

无法被常规的数学公理解决。[7] 现在还不十分清楚这些定理和最初的 P =? NP 问题有什么关联，但它仍然是一个有趣的主题。

6.5　让计算机拥有思维

本章讨论的是超出计算机能力范围之外的事物。我们可以问问，人类思维是否能完成计算机不能完成的任务。人类思维不仅仅是一台机器吗？它会像一台计算机那样受限吗？

我们指出计算机不能解决停机问题。那么人类能解决它吗？毕竟人的大脑不就是某种类型的计算机吗？面临较小的程序时，人类通常可以解决停机问题。确切地说，我们可以观察程序，看它是否会停机。但是对于大型程序呢？停机问题涉及的是任意程序。有几千个非常聪明的人在微软公司工作，但他们当中的许多人在检查他们制造的大型程序时，没能发现这些程序有时候会陷入死循环。这是否意味着人类无法发现所有这样的无限循环呢？其他计算问题又如何呢？

这些问题关乎人类大脑和人类思维之间的关系。人类的大脑是一台高度复杂的实体机器。实际上，它很可能是整个宇宙中最复杂的实体机器。人类的思维毫无疑问以某种方式与大脑相关。无论大脑发生了什么，都肯定会影响到思维。如果你怀疑这一点，那就试试喝几杯龙舌兰酒，再来阅读本章的内容！然而两者之间的关系并不明朗。我们的思维和我们的想法似乎不止于此。我们感觉自己不仅仅是一大束活跃的脑神经元突触。在我们的想象中，我们远不只是遵循物理定律的实体机器。人类似乎更像是拥有自由意志和独立思维的有意识的生物。但我们真的自由吗？我们真的能掌控自己吗？安布罗斯·比尔斯对大脑的定义是"一种设备，我们以为我们是用它思考的"。[8] 我们真的在自由思考吗，还是我们的思维受过训练后认为自己是自由的，摆脱了大脑的束缚？

如果人类思维只是遵循物理过程的实体大脑，那么人类思维也无法解决这里提出的任何问题。相比之下，如果思维不仅仅是实体大脑，那么或许思维能做到更多。是哪种情况呢？

库尔特·哥德尔觉得人类思维不仅仅是机器。他感到有些特定的命题无法被任何机械系统证明，但这些结果仍然能被人类知道 / 理解。哥德尔说，这表明人类思维不会仅仅是有限的机器。如果我们的大脑不是有限的机器，那它们是什么？

著名数学教授罗杰·彭罗斯爵士（Sir Roger Penrose）提出了类似的观点，他也认为大脑不仅仅是一台机器。彭罗斯还做了进一步的推测：大脑或许使用了神秘的量子引力的概念，因此人类才能执行那些机器不能执行的任务。他声称使用量子引力的计算机或许能解决停机问题。他还说这也许有助于解释意识的存在。

美国研究人员道格拉斯·R. 霍夫施塔特推测，人类的思维之所以拥有意识，是因为它有自我指涉的能力。由于我们可以思考我们自身，还能思考思考着我们自身的我们自身，……所以我们会产生我们是一个"我"的感受。将这一点和我们在本章学到的内容进行比较。本章试图指出计算机执行自我指涉的能力是它遭遇局限的原因。我们可以说自我指涉给计算机带来了限制，而在人类的大脑中产生了意识吗？或许可以。人类真的有自我指涉吗？我们真的知道我们的思维内部正在发生什么吗？ [9]

许多伟大的头脑都思索过这些问题，但并没有得到任何清晰的共识。

对于上面提出的问题，我们可以从相反的角度思考。与其问人类思维是否不仅仅是机器，不如问我们是否能让机器表现得更像人类。计算机科学中有一整个领域致力于解决这个问题，即人工智能（artificial intelligence）。如果人类思维不仅仅是机器，就没有办法让机器真正拥有思维。另外，如果人类思维只是一种高级机器，只是它看起来超出机器的范畴，那么我们就能指望将来有了足够的时间和才智之后，我们就能制造一台看起来不仅仅是机器的计算机。人工智能可能吗？即使我们有了一台行为方式和人一样的计算机，那就意味着这台计算机有意识吗？

对于制造人工智能的努力而言，问题在于如何意识到是否已经达成了目标。这需要对智能下一个合适的定义。如今的计算机可以做到30年前它们做不到的令人惊叹的事情。在当时，大多数人相信计算机永远无法在对弈中击败国际象棋大师。1997年5月，这个预言被打破了。IBM公司开发的超级电脑"深蓝"（Deep Blue）在一场共6局的比赛中击败了世界冠军加里·卡斯帕罗夫（Garry Kasparov）。计算机可以在国际象棋比赛中击败人类，然而目前没有机器人能够在网球比赛中击败人类。如果我们向未来再看30年呢？如果我们有机会知道那时候计算机能做的事情，毫无疑问，我们将非常震惊。随着技术的进步，计算机将获得更多技能，我们不再那么惊奇于它们的成就，而是说它们"只是运行某个程序"。我们总是希望我们的机器能够做到更多事情。"只要它能做到这件事"，那就说明它们拥有了"真正的智能"。随着时间的推移，"只是运行某个程序"和"真正的智能"之间的分界线似乎也在改变。或许我们已经达成了人工智能。

和深蓝处于同一条发展路径上的是"沃森"（Watson）。2011年，IBM公司让它们的一台名为沃森的语言识别计算机在电视竞赛节目《危险边缘》（Jeopardy!）中与人类选手一决高下。这台计算机以明显的优势击败了人类。与其询问计算机能否达到人类的水平，或许我们应该问的是计算机是否已经超越了人类。毕竟如今一台普通的个人计算机能够在国际象棋比赛中击败99.99%的人类。正如许多公司已经演示的那样，计算机在接电话和处理其他曾经只有人类才能执行的任务时，比人类有效率得多。我们不应将其看作人类地位的下降，而应该将其看作人类才智的胜利。人类为机器编程，让机器超越了人类的局限。

本节包含的问题多于答案。对于这些问题中的大多数，笔者没有仓促地给出任何所谓的答案。问题本身就足够有趣了。

第 7 章

科学的局限性

理性支配世界。

——阿那克萨哥拉（Anaxagoras，公元前 500 年—前 428 年）

有一天皇里，那些活济济的狳子，

在卫边儿尽着，那么跌那么霓。

　　　　　　——路易斯·卡罗尔（Lewis Carroll，1832—1898）

但是你可以旅行一万英里，仍然停留在原处。

　　　　　　——哈里·查宾（Harry Chapin，1942—1981），*W*O*L*D*

科学是一种严格的推理，我们用这种推理来解释所处的这个物质世界。我们用科学来描述、理解，有时候还能预测物理现象。在某种程度上，科学探索的局限是最令人感兴趣的。

7.1 节简要地讨论混沌理论和科学预测未来的能力。7.2 节描述量子力学领域中的几个实验，这些实验展示了我们这个宇宙的奇异之处。7.3 节介绍关于相对论的一些知识，以及它在空间、时间和因果关系方面给我们的启示。

7.1　混沌和秩序

亨利·庞加莱（Henri Poincaré，1854—1912）讲过一个恐怖的故事。有个人本来在街上好端端地走着，结果却死于非命，因为修建屋顶的工人不小心弄掉了一块砖。[1] 如果此人早几秒或者晚几秒走到那儿，他就还能活许多年。如果修建屋顶的工人提前或者推迟几分之一秒把砖弄掉，这个人就能在人生之路上继续走下去。

这个故事的一个显而易见的寓意是，在这个充满意外的世界里，坏事总会发生。但严格地说，这并不是全面而公正的判断。好事也会发生。绝大多数掉下来的砖没有砸到任何人。被砸死的那个人可能是谋杀多人的凶手。那样的话，有些人会认为掉下来一块砖反而是一件大好事。确切地说，应该从这个故事中领会的正确寓意是，某一时刻发生的微小变化会在后来的某个时刻导致重大变化。如果这个人陪伴自己的妻子和孩子在家多逗留几秒，他也许就能活到孙辈绕膝玩耍的那天。如果走得再快一些，他可能有机会成为一名帮助许多人的慈善家。如果修建屋顶的工人没有手滑，下面的潜在杀人犯也许就会成为谋杀多人的凶手。我们可以为这个陈旧的故事想象出许多变体，令它产生完全不同的结果。

微小的变化可能导致难以预测的重大变化，每个人都知道这个显而易见的事实。如果你在那张彩票上用 42 代替 43……如果那张死刑赦免书再早两分钟出现……[2] 如果那根蹦极弹力绳再结实一点…… 这个事实之所以在我们看来如此显而易见，是因为我们都生活在一个庞大而复杂的世界中，而且我们都知道有如此多的事情影响着世界上的每一个动作，因此我们不可能预测未来。但是对于小型系统，如果我们能够完全了解该系统不同部分之间的相互作用，会如何呢？科学家对这样的小型系统进行了描述和研究。你可能会认为我们能够在这样的小型系统中预测未来。在本节中，我们将看到即使在某些可描述的小型系统中，微小变化也会导致重大变化。

自牛顿的时代以来，我们一直将宇宙看成一座庞大、毫无瑕疵的钟。在我们的设想中，宇宙的运转就像完美地互相作用且完全可预测的齿轮和弹簧。科学的任务就是理解这种运转方式，并预测这座大钟将如何随着时间继续运转下去。自牛顿的时代以来，随着各个物理定律的发现，人类对自身认识整个宇宙的能力十分乐观。数学和物理学的先驱之一皮埃尔-西蒙·拉普拉斯（Pierre-Simon Laplace，1749—1827）曾表达过这种乐观情绪，他写道：

> 我们可以将宇宙目前的状态看作它过去的果和它未来的因。如果某种智能能够在某个时刻知道发动自然的所有力以及构成自然的所有部分的所有位置，而且该智能还拥有分析所有这些数据的能力的话，它就能利用一个公式掌握从最大天体到最小原子的运动状态；

对于这样的智能，不存在不确定的事物，未来就像过去一样呈现在它的面前。[3]

拉普拉斯等人相信这种进步会永远持续下去，最终每个科学问题都会得到解决，未来将呈现在每个人眼前。你可以坐下来，用恰当的物理定律计算出任何事。然而到 20 世纪初的时候，这种乐观情绪就站不住脚了。庞加莱等人发现了人类无法预测其未来的系统。这些无法预测的系统被称为**混沌的**（chaotic）。

1961 年，数学家兼气象学家爱德华·洛伦茨（Edward Lorenz）正在研究天气模式的计算机模拟。他发现了一些可以描述特定天气模式的线性方程。洛伦茨将这些方程输入计算机并研究计算结果，发现这些结果和真实世界中常见的天气模式非常相似。有一天，他想回顾自己之前的一次模拟。他没有从头开始整个模拟过程，而是试图从中间的某个地方开始模拟。这台计算机的输入使用的是 6 位小数。然而为了节省空间，它的输出只有 3 位小数。洛伦茨应该输入 0.506 127，但他输入的是 0.506。想着这个差别还不到千分之一，他期望能通过计算得出同样的天气模式。令他震惊的是，最终计算出来的天气模式和他预想中的完全不同。洛伦茨意识到对于这些简单的方程而言，不同部分彼此之间存在相互作用，而且某些方程的结果会成为其他方程的输入，这些情况导致计算出来的天气模式会根据起点位置不同而产生巨大变化。换句话说，这些方程起始条件的微小变化会强烈改变之后的模拟过程。在真实世界中，这意味着天气模式此刻的微小改变可以导致之后的重大改变。

探索了这一点后，洛伦茨就这一现象撰写了一篇论文，论文的标题起得很有趣：《可预测性：一只蝴蝶在巴西扇动翅膀能够引发得克萨斯州的龙卷风吗？》（"Predictability: Does the Flap of a Butterfly's Wings in Brazil Set off a Tornado in Texas?"）。这个标题暗示，蝴蝶扇动翅膀引发的天气的微小变化或许会导致很远的地方出现灾难性的天气模式。并不是这只蝴蝶真的导致了龙卷风，而是它扇动翅膀意味着将出现一个完全不同的天气模式。这次扇动也可能让即将降临的龙卷风偏离原来的路径，远离得克萨斯州。人永远无法追踪所有蝴蝶，因此永远无法预测天气。

这种效应后来被称为"蝴蝶效应"并被大众熟知。更科学的表述方式是，该系统指出了"对初始条件的敏感依赖性"，也就是说，系统初始设定的微小变化会导致结果的重大变化。拥有这种性质的系统被称为"混沌系统"（chaotic system）。 chaos（混沌）这个词来自希腊语单词，原意是"空缺""缺乏秩序"或"混乱"。相比之下，cosmos（秩序、和谐）这个词来自希腊语中代表"秩序"的单词。

混沌系统的反面——也就是对初始条件不敏感的系统——称为**稳定系统**（stable system）或**可积系统**（integrable system）。图 7-1 提供了看待这两类系统之间不同之处的绝妙视角。左侧的图显示的是稳定系统，四个点开始时离得很近，结束时也离得很近。相比之下，右侧图中混沌系统的四个点开始时离得很近，但结束时则毫无规律地相隔甚远。

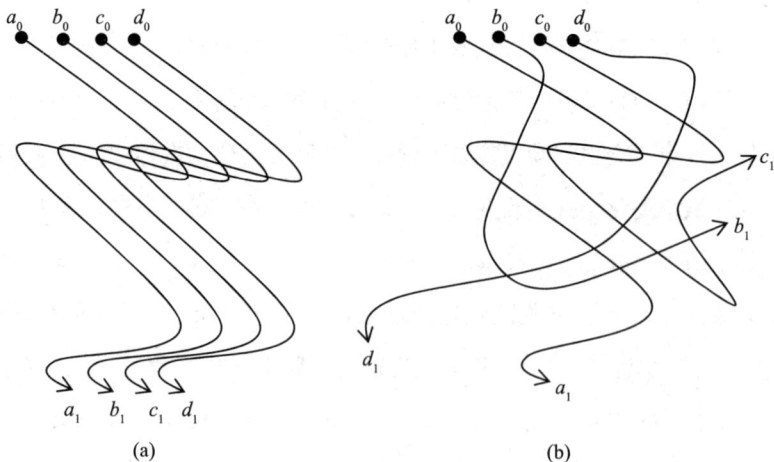

图 7-1　(a) 稳定系统；(b) 混沌系统

　　一旦知道某个系统是混沌的，我们就失去了对它进行任何长期预测的能力。世上的任何人都没有办法追踪巴西的所有扇动翅膀的蝴蝶。如果某个系统要求无限的精确性，我们就无法保存关于它的信息。虽然这个系统是可确定的，我们也能写出描述它运动的方程和公式，但我们不能使用这些方程和公式预测任何长期结果。混沌系统迫使我们在确定性和可预测性之间画出一道界线。确定性体现的是自然法则是否存在，而可预测性体现的是人类预测未来的能力。

　　除天气之外，研究人员已经发现还有很多系统也是混沌的，举例如下。

- 经济学家发现，商品价格和证券市场取决于微小的波动。
- 研究种群动态的生物学家发现，某些物种种群的兴衰对轻微效应非常敏感。
- 流行病学家发现，某些疾病的传播可以被极小的因素影响，例如患病的某单一个体。
- 研究简单流体系统的物理学家发现了混沌的过程。

可以看出，所有这些系统都有可确定但不可预测的物理过程。

　　在你自己的工具室里制造一个最简单的混沌系统并不难。单摆是一根末端有重量的刚性杆。如果让这根杆子来回摆动，你就得到了一个遵循简单物理定律的稳定系统。大一的本科生会花很多时间计算关于这种单摆的所有性质。如果你在一个单摆的下面再连接一个单摆，让两个单摆同时晃动，你就得到了双摆。这个非常简单的系统完全是混沌的。两个摆都将以奇怪且不可预测的方式摆动。这种摆动是完全可确定的，也就是说，物理学家可以写出描述双摆运动的方程。这样的方程会考虑到两根杆子的长度、两个摆末端的重量，以及开始摆动时的角度。然而，这个系统将是混沌且不可预测的。你可以利用这个系统理解蝴蝶效应。从某个位置开始让双摆运动，然后观察它的摆动方式。试着从几乎相同的初始位置复制这种运动方式，你会发现它以另一种极为不同的方式摆动。两次将这样的摆放置在完全一样的位置上需要无限的精确性。如果你不擅长动手或者太懒，不能自己制造出双摆，那么你可以在网上找到很多关于这些精巧装置的有趣视频。

一个确定性的过程如何制造出不可预测或看似随机的事件？毕竟，如果它是可确定的，我们就能写出描述其短期行为的公式，那为什么无法预测长期行为呢？为了理解这一点，我们必须提醒自己，某个过程是否可确定代表着一个关于宇宙的客观事实。问题只在于这个过程是否遵循固定的确定性规律。相比之下，某个过程是否可预测是一个关于思维的主观问题。你是否拥有关于该系统及其初始条件的足够信息来预测它的长期行为，或者它只不过看上去是随机的呢？一个人眼中的随机系统在另一个人看来或许是可预测的。我的桌面或许在你看来一团混乱，但我知道每件东西都在什么地方。

抛硬币是不可预测过程的典型案例。然而，如果你的实验室里有一台非常精确的机器，可以在没有空气干扰的情况下抛一枚绝对公平的硬币，那么你就可以在抛出硬币之前知道结果是什么。[4]导致不确定性的是一些信息的缺失，包括你抛出硬币时精确的速度信息、关于硬币重量的确切信息以及硬币飞行过程中受到的空气干扰的准确信息。在混沌系统中，初始条件非常不精确，于是系统在客观上变得无法预测。全世界没有任何人能够掌握判定系统未来状况所需的全部运算能力。因此，确定性过程可以导致不可预测的事件。

混沌系统表明，在牛顿的时代计算将来的每一个系统的梦想破灭了。拉普拉斯的乐观主义毫无用处：这个世界比他认为的复杂得多。

真相是，科学从来都并不真正关心预测。地质学家并不真的必须预测地震，他们必须要做的是理解地震的过程。气象学家不用真的去预测闪电什么时候劈下来。生物学家不用真的去预测未来的物种。对科学来说，重要的是探索，而令科学拥有重大意义的是理解。

　　我曾经用开玩笑的口吻向我的论文导师亚历克斯·海勒（Alex Heller）指出，自然界中的亚原子粒子在运动时遵循的方程是人类不能解答的。虽然人类不知道这些粒子将要去哪里，但这些粒子似乎十分确定自己要去哪里。海勒教授的回应是，这表明科学和计算或预测没有任何关系。计算可以由计算机完成。预测可以由亚原子粒子进行。科学和**理解**有关——这是只有人类才拥有的能力。

　　也许有人试图推翻蝴蝶效应，说如果两个初始条件足够接近，最终的结果会是一样的。我们在天气的例子中看到，小数点后 3 位全都一样也还不够接近。或许初始条件必须令小数点后 5 位或后 10 位都一样？虽然听上去很合理，但它实际上是错的。证明它错误的最佳方式是观察**芒德布罗集**（Mandelbrot set），它是数学家在 20 世纪 70 年代末构想出来的，是最有趣的数学概念之一。芒德布罗集是一个很容易描述的复数集合。从一个复数 c 开始，算出它的平方，然后再加 c。这会让你得到另一个复数，算出它的平方后再加 c。反复继续这个过程——取复数 z，计算 $z^2 + c$，然后重复。[5] 在这种迭代运算中，数的趋势会是两种情况之一：

- 它们会变得越来越大，直到正无穷；
- 它们会保持较小值。

　　芒德布罗集的元素是那些在这种迭代运算中保持较小值的所有复数。该集合是图 7-2 所示的中央黑色部分。

　　关于芒德布罗集，最有趣的部分是迭代运算结果趋向正无穷和保持较小值的两类数之间的分界线。这条分界线没有任何一段是笔直的。它扭曲转弯，制造出越来越多的形状。这些形状是自我相似的，也就是说在芒德布罗集的分界线内，你能找到和芒德布罗集本身相似的形状。这种扭曲和转弯永远持续，没有尽头。这样的形状称为**分形**（fractal）。由于它是一个数学形状而非物理对象，因此图像可以不断放大，如图 7-3 所示。

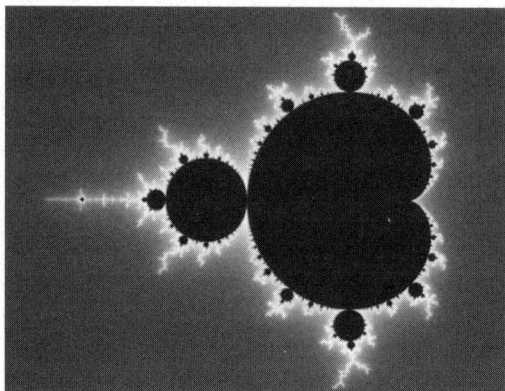

图 7-2　芒德布罗集

图 7-3　放大观察芒德布罗集颈部的上半部分

　　两张二维图像根本无法表现这个形状真正的美妙之处。在现代计算机的帮助下，你可以轻松地即时放大它的边界。芒德布罗集的一些在线视频值得一看。

　　一张二维图像的面积是多少？既然芒德布罗集的形状可以显示在一张图像上，它的面积肯定是固定且有限的。或许不能确切地知道它的面积，但我们可以估算得相当精确。相比之下，由于边界线永远在扭曲和转弯，而且随着你看得越来越深入，它也会变得越来越复杂，因此能够看出边界的长度是无限的。有限的面积被无限的周长围起来，这似乎有些矛盾。

芒德布罗集边界的复杂性表明，某个复数的迭代运算结果是否接近正无穷的问题没有那么简单。答案取决于该复数按十进制展开后小数点后面的许多位数字。事实上，这取决于小数点后无限多位的数字。类似地，当面对任意混沌系统时，我们都需要无限精确地知道初始条件才能做出任何合理的预测。人类不可能做到无限精确。

这种对初始条件的敏感依赖性和研究人员正在调查的其他有趣现象有关。研究复杂混沌系统的科学家使用的特殊指标包括自组织、突现、反馈等。这些性质让世界成了一个非常有趣的地方。

可以通过某些有趣的领域理解其中的一些性质，不妨让我们思考一种复杂的过程，名曰**形态建成**（morphogenesis，来自希腊语中的"形状"和"创造"，即"形状的创造"）。这是发育生物学的一个领域，研究生物如何成形。第一批认真研究这个主题的人之一是计算机专家艾伦·M. 图灵，我们在第 6 章中遇见过他。想象一个单细胞受精卵，它拥有一个生物的全部 DNA。通过有丝分裂的过程，受精卵分裂成两个细胞。每个细胞都有完全相同的 DNA 副本。这个过程继续下去，两个细胞变成 4 个、8 个、16 个，等等。随着这个过程的继续，一些奇妙的事情发生了。一些细胞变成了皮肤细胞，另一些细胞变成了骨骼细胞。一些细胞形成了神经系统，另一些细胞变成了胃部的肌肉。问题出现了：每个细胞如何知道自己要成为什么？为什么一个细胞应该成为指甲的一部分，而另一个细胞应该成为大脑的一部分？毕竟它们都拥有完全一样的 DNA。这就像是在建筑工人进入工地现场时把整栋大楼的全部蓝图给他们，却不告诉任何一个工人去哪里干活，或者他应该针对大楼的哪个部分施工。然而这栋大楼最终却建成了！受精卵变成了拥有许多部位的完整生物体。这些细胞是如何自组织的？如果所有细胞都相同，为什么心脏在左边？通过指出控制各个部位在这个过程中的表现的特定因素，图灵在这些问题上取得了进展。（他是在沃森和克里克发现 DNA 结构之前做到这一点的。他是个真正的天才！）这些细胞的自我分化靠的是它们在多细胞生物体内的相对位置。它们还会根据与该生物体外部的相对位置进行自我分化。随着它们继续自我分化，它们会影响其他细胞。这是一种反馈机制。每个细胞对自身在多细胞生物体内的位置都高度敏感。这种位置决定了它将成为的细胞类型。多细胞生命就这样从单细胞受精卵中诞生了。

某些系统的确定性和不可预测性比较特别。和上面讨论的系统相比，它们的确定性有些不太清晰。三体问题就是这种系统的一个例子。

先回顾一些历史。牛顿告诉过我们两个实体是如何相互作用的。他提供了一个简洁、精妙的公式，这个公式决定了我们在这个世界上见到的大多数运动。这个公式

$$F = G \frac{m_1 m_2}{r^2}$$

既适用于行星围绕太阳的旋转，也适用于苹果落向地面的过程。具体来讲，任意两个物体之间的力（F）取决于一个物体的质量（m_1）、另一个物体的质量（m_2），以及两个物体之间距离的平方。G 只是一个用来让所有计量单位符合实际的常数。

显然，我们很想把这个公式推广到三个物体上。换句话说，我们想得到描述三个物体及它们相互之间的引力的公式，如图 7-4 所示。在人们的想象中，这样的公式会有 m_1、m_2 和 m_3 这些变量分别代表这三个物体的质量，还会有其他变量代表第一个物体和第二个物体之间的距离（r_{12}）以及其他距离（r_{13} 和 r_{23}）。这种确定三个物体之间如何相互作用的问题称为**三体问题**（three-body problem）。

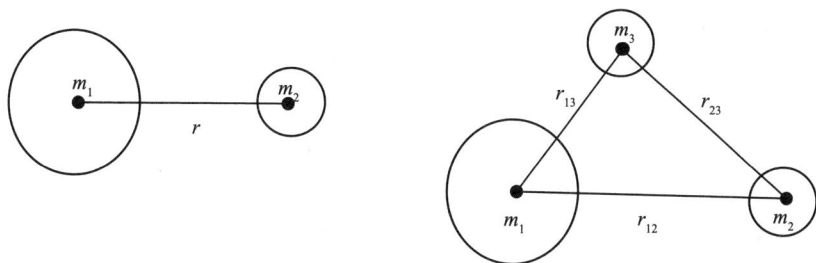

图 7-4　双体问题和三体问题

　　三体问题及其一般化推广下的 n 体问题并不是神情恍惚的物理学家想出来的抽象问题。它是时时刻刻存在的。你之所以能牢牢地站在地面上，是因为你和地球是遵循牛顿美妙公式的两个实体。如果你旁边有一支钢笔，这支钢笔正在被地球拉向地面（松开手就能看到它落向地面），而且你和钢笔之间还有非常微小的引力。是否存在一个简单的公式告诉我们三个物体之间是如何互相作用的呢？

　　19 世纪末 20 世纪初，恩斯特·海因里希·布伦斯（Ernst Heinrich Bruns，1848—1919）和亨利·庞加莱指出，不存在能够解决三体问题的简单公式。"简单"的意思是公式里只有常见的运算，而不是无限求和及积分。简而言之，他们指出三体问题无法解决。这意味着你、钢笔和地球之间的复杂关系超越了科学的极限。

　　我们还可以在这里指出三体问题是混沌的，也就是说，它对初始条件极为敏感。然而和本节刚开始讨论的系统相比，这样的混沌系统有一点不同之处。诚然，三体问题的确定性表现在该系统的组成部分在行为方面遵循既定的规则。但是和洛伦茨的天气模拟不同，对于天气模拟，我们可以写出一些描述这种运动的简短公式，但对于三体问题不存在这样的美妙公式。这个系统的确遵循既定的规则，但我们无法轻易描述出这些规则。距离牛顿的梦想仍然还有一步之遥。这样的系统甚至更加远离可预测性和理性的边界。

让我们用一个例子来表明三体问题的不可解决和我们的世界有什么关系。思考地球和它的两个最大、最有影响力的邻居：太阳和月球。使用观测数据和牛顿的双体万有引力公式，物理学家计算出地球围绕太阳一整圈的时间是365.242 189 7 天。有人可能会争辩说牛顿的双体万有引力公式在这里不适用，因为月球也是这个系统中的一员。实际上，月球的确会对地球产生引力：潮汐就体现了月球的影响。然而，由于太阳比月球大得多，而且和月球相比，太阳对地球的影响是如此巨大，因此我们在计算一年有多长时完全可以忽略月球。

朔望月的计算则是另一番情况。如果针对月球围绕地球一周需要的时间调查一番的话，你会发现这样的说法："朔望月的近似平均长度"。"近似平均长度"是什么意思？就没有人能够告诉我们月球围绕地球旋转一周的确切时间吗？答案是"没有"！有两个天体对月球施加引力：地球和太阳。虽然地球比太阳小，但由于地球离月球比太阳离月球更近，因此不能忽略它的影响。这让月球轨迹的计算成了一个三体问题。这样的问题是无法解决的，我们对此无能为力。事实上，朔望月可以比 29.53 天多或少长达 15 小时。由于无法严格计算，因此这个平均数是根据历史数据计算出来的。人类记录了许多个月的天数，然后计算出一个月的平均天数。印度教的祭司对此记录了 3000 多年，拥有非常精确的平均值。重点在于因为三体问题无法解决，导致朔望月的时间长度这个简单的问题无法解决。

值得注意的是，现代数学家已经部分解决了三体问题，甚至还部分解决了它的一般化情况，即 n 体问题。唐纳德·G. 萨里（Donald G. Saari）、汪秋栋和夏志宏以芬兰数学家卡尔·松德曼（Karl Sundman，1873—1949）的早期工作为基础，得到了描述这些系统的公式。然而这些公式非常复杂，它们不是由有限次数的简单运算构成的。即便只是部分解决方案，它们也仍然需要过于庞大的运算量。所以现在有了方程，但它们根本无法用于长期预测。

统计力学是物理学的一个相关领域，它描述的是可确定但不可预测的系统。

这个物理学分支探讨热量、能量和水流等现象，以及其他成分数量极多的系统。这些系统的每个成分都遵循确定性规律，但这些系统和混沌系统一样不可预测。在统计力学中，不可预测性不仅来自对初始条件的敏感性，还来自系统成分的巨大数量。我们不可能追踪一杯茶中的所有水分子。无论我们研究的是内燃机中的炽热空气分子还是在烧瓶中不断撞击花粉粒的水分子，我们想要得到准确预测结果而必须追踪的成分的数量都超出了我们的能力范围。为了应对如此庞大的总体，物理学家必须用概率语言表述他们为这些系统写下的规则。在这些规则的帮助下，他们可以令人惊讶地预测出总体的大尺度现象。必须强调的是，系统的每个成分都遵循确定性规律。每个原子都以它被期望的方式跃动，就像台球桌上的台球一样。每个水分子都以确定的方式撞击花粉。然而，由于存在如此之多的原子和分子，也由于我们不可能知道每个原子和分子的位置，因此物理学家的规则必须以概率的方式表述。如前文所述，不可预测性或表面上的随机性只不过是缺乏信息导致的主观结果。它是对我们的所知受限的一种表达。

　　在本节中，我将重点集中在令某些系统无法预测未来的实际障碍上：我们不可能（以足够的精确性）知道某些系统的所有成分的初始条件，因此无法对未来进行有效的计算。存在太多不可知的信息。然而一个有趣的小谜题展示了完美预测未来在**逻辑**上固有的不可能性。这个谜题是我们的一个非常熟悉的"老朋友"的变形：它是一个自指悖论。

　　暂且假设我们能够完美地预测未来。这个谜题最简单的构想是我们创造出了两台拥有这种能力的计算机。我们将一台计算机称为模仿机（Mimic），并将另一台称为相反机（Contrary）。两台计算机都只会打印出"真"或"假"这两个字。模仿机能够预测相反机在未来某一具体时刻打印的内容，并打印出同样的字。与之相反，相反机会预测模仿机在特定时间的行为，并打印出相反的内容。[6] 如果模仿机打印"真"，那么相反机就会打印"假"。如果模仿机打印"假"，那么相反机就会打印"真"。这是一个悖论。敏锐的读者会注意到，这不过是我们在第 2 章遇到的说谎者悖论的一种简单表述方式：

L_2：L_3 为假。

L_3：L_2 为真。

以类似的方式，我们可以用一台计算机构想出同样的谜题。只需给一台计算机编程，令它预测自己在未来某个特定时间的行为，然后让它做相反的事。换句话说，这台计算机会否定它自己的预测。这样一台计算机会导致矛盾，因此不可能存在。

这只不过是古希腊哲学中的**鳄鱼困境悖论**罢了。[7] 一只鳄鱼偷走了一个孩子，孩子的母亲求鳄鱼将自己挚爱的宝贝还回来。鳄鱼回答："我会把孩子还给你，只要你猜对我会不会把你的孩子还给你。"这位母亲机智地回应道，鳄鱼会把孩子据为己有。一头诚实的鳄鱼会怎么办呢？

在 3.2 节中，我们看到理性不允许我们改变过去。在这里，我们看到理性还限制我们知道未来。

让我们总结一下已经讨论过的物理系统。在我们看来，一个系统最有趣的方面是我们能够从中获得多少人类知识。图 7-5 对这些系统进行了粗略分级并举出了我们提到的一些例子。

我们从最里面的圆圈（长期可预测系统）开始，其中是我们知道得最多而且可以轻松预测的确定性系统，即稳定系统。我们已经讨论过，可以用牛顿的简单公式解决的普通单摆问题和双体问题就属于这类系统。下一个层次（短期可预测系统）是本节的焦点，即混沌系统。有些混沌系统也是可确定的，我们还能写出描述它们短期行为的简单公式，但由于它们对初始条件极其敏感，因此无法对它们进行长期预测。天气和双摆只是我们讨论过的众多例子中的两个。有些混沌系统的可预测性较弱，它们连描述其短期行为的简单公式都没有。这

系统类型

例子

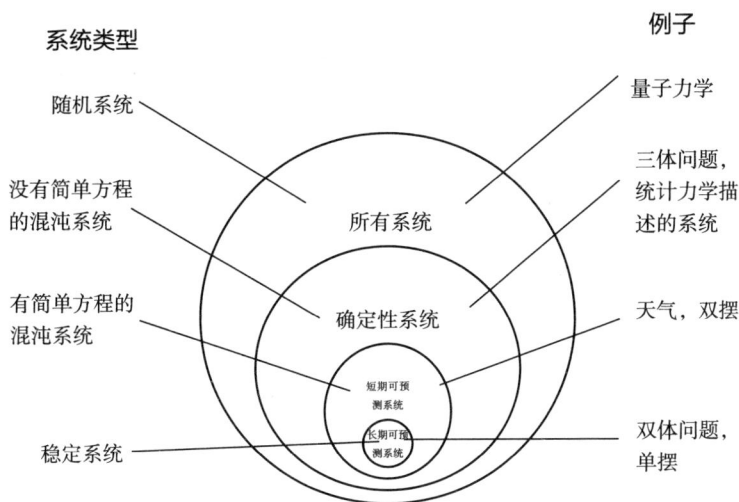

随机系统 —— 量子力学

没有简单方程
的混沌系统 —— 三体问题，
统计力学描
述的系统

所有系统

有简单方程的
混沌系统 —— 确定性系统 —— 天气，双摆

短期可预
测系统

长期可预
测系统

稳定系统 —— 双体问题，
单摆

图 7-5　物理系统

些系统仍然是确定性的，但是因为它们的复杂性和 / 或它们拥有数量极多的成
分，所以无法用简单公式去描述它们。此类系统的典型例子是三体问题和统计
力学描述的系统。最后，在确定性系统的边界之外，我们发现了随机系统。在
这里不存在判断该系统未来行为的公式，也没有公式能预测该系统的短期行为。
此类随机行为唯一[8]已知的例子是量子力学，它是 7.2 节论述的主题。

　　最后，我要对能和不能被科学解释或预测的物理现象的数量思考一番。[9]
在某种意义上，无论是口头语言还是书面语言，无论是自然语言还是严格的公
式，语言都是可数无穷的。没有最长的单词或最长的小说，因为不存在对最长
公式的限制。这让语言成了无限的。然而语言可以按照字母排序或清点，这又
让语言成了可数无限的。和用来描述或预测现象的语言相反，让我们看看"外
面"究竟有什么。我们可以很合理地说，能够发生的物理现象的数量是不可数
无限的。[10]这个命题不需要证明，因为我们无法确定所有物理现象的数量。要
想量化它们，必须先描述它们，但我们不可能在不使用语言的情况下描述它们。

因此，物理现象的数量是不可数无限的，而只有它的一个很小的可数无限子集能够被科学描述。这是科学能力的终极非科学（科学必须受到语言的束缚）局限。我们必须铭记维特根斯坦的格言："对于我们无法言说的，我们必须保持沉默。"[11]

7.2 量子力学

量子力学可谓所有物理学领域中最伟大的进展。除了引力，所有物理学现象都能用这种理论描述。这些现象既包括原子内部的相互作用，也包括遵循量子力学规律的太阳活动。然而量子力学还让我们知道，在理解宇宙中的粒子如何运转方面，我们面临着重大局限。这些粒子非常神秘，我们无法摸清它们的底细。

本节讨论量子力学的一些亮点，并指出我们的宇宙的确是一个非常奇怪的地方。这里有很多违反直觉的概念和观念，绝对会让你啧啧称奇！然而它们全都是正确的。需要意识到的是，量子力学不是一种近似理论，它是我们所知的最精准的科学。我描述的奇异之处无法被轻易抹除。虽然这些结论听上去很奇怪，但量子力学必须被视为科学而不是科幻。

虽然量子力学有很多奇怪且违反直觉的地方，但我将指出它的大多数奇异之处可以理解为下述观念的结果。

完整性假设：一个实验的结果取决于该实验的**完整**设置。

这很有道理，毕竟你一定会期望不同实验产生不同结果。意料之外的是，实验结果依赖的是整个实验，而不只是其中的一部分。我之所以强调**完整**这个词，是因为它可以帮助我们理解量子力学的大部分奇异之处。我将在本节中不断回到这个假设上。

与其事无巨细地探究量子力学背后的细节，我们不如仔细审视几个实验，看看关于我们的世界，这些实验告诉了我们什么。之所以审视这些物理实验，是因为我想强调，量子力学不仅仅是某种奇怪的理论。相反，我们谈论的是真实的世界。

严格定义的终结：叠加态

第一个实验叫作双缝实验。理查德·费曼（Richard Feynman，1918—1988）在谈论这个实验时发表了一番充满感情的评论："我们选择观察一种现象，这种现象不可能——绝对不可能——用任何经典方式解释，其中蕴含着量子力学的核心。实际上，它蕴含着唯一的谜团。我们不可能通过'解释'它如何运作来让这个谜团烟消云散。我们只会告诉你它是如何运作的。"[12] 托马斯·杨（Thomas Young，1773—1829）在 19 世纪初首次做了这个实验。想象某个拥有两条狭缝的障碍物，我们可以从它的上方观察，如图 7-6 和图 7-7 所示。在图 7-6 中，我们关闭其中一条狭缝，然后在障碍物前点亮光源。正如我们预料的那样，光线将穿过另一条缝，射到右侧的屏幕上。刚从缝中射出来时，光线会是强烈的，远离这条缝之后就会没那么强。图 7-6 的右半部分描绘了这种现象。

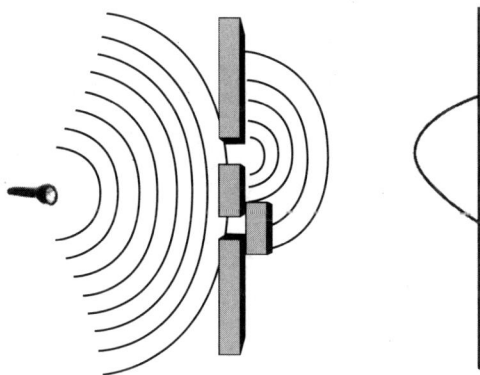

图 7-6　光线穿过单缝，不产生干涉现象

如果将第二条缝打开，就会发生非常有趣的事情。光线穿过了两条狭缝但没有出现预料之中的图案，而是呈现出一种交替图案，有些区域有强烈的光照，有些区域没有光照，如图 7-7 所示。造成这种奇特光照模式的原因是，光的运动方式就像有波峰和波谷的波。当一束光的波峰遇到另一束光的波峰时，它们叠加起来，光照就变得强烈。相反，当波峰遇到波谷时，两束波彼此抵消，也就根本没有光了。当这样的抵消发生时，我们说光出现了"干涉效应"。这类似于往池塘里扔石头，在水面上所产生的波纹。目前为止，一切正常。

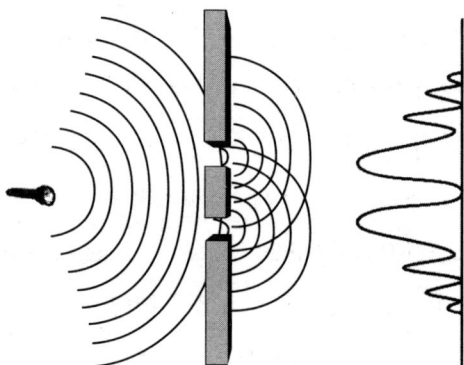

图 7-7　产生干涉现象的双缝实验

接下来就是这个实验最令人惊叹的地方了，很可能也是所有科学领域最令人震惊的结果。物理学家设法每次只释放一份光来做这个实验。一份光即单个光原子称为光子（photon），物理学家已经能够做到每次将一个光子从狭缝中射出去。每释放出一个光子，它就会穿越屏障，射到右侧的壁上，发出微弱的光。物理学家可以做几百万次这个实验，观察光子在右侧形成的图案。令人惊讶的是，仍然能从中发现干涉图案。也就是说，较多的光子会着陆在此前出现高光照强度的地方，较少的光子会着陆在低光照强度的地方，没有光子着陆在产生充分干涉的地方。

这怎么可能呢？当使用许多光子做实验的时候，我们可以说这些光子就像池塘水面上的波纹一样互相干涉。但是当每次只释放一个光子的时候，单个光子要和什么干涉才能创造出这样的图案呢？答案是单个光子和**它本身**干涉。单个光子不是穿过上面或下面的狭缝。相反，它同时穿过两条狭缝，而且当它从两条狭缝中穿出时，它和自身产生干涉。

一个物体如何同时穿过两条狭缝？这是量子力学的一个重大秘密。通常情况下，一个物体只有一个**位置**（position），也就是说该物体在某个时刻只能出现在一个地方。但是在这里，一个物体可以出现在不止一个位置。这种同一时间出现在不止一个地方的现象称为**叠加态**（superposition）。

无论何时睁开双眼，我都只能看到位于一个位置而非许多位置的物体。似乎我们生活在一个只有单一位置而不存在叠加态的世界里。我现在盯着的计算机屏幕只会位于一个地点。然而叠加态的确存在。我们或许看不见它，但我们能看见叠加态造成的结果。毕竟我们看不见风，却能看见被吹弯的树。

关于我们为什么看不到处于叠加态的物体，研究人员并没有达成完全一致的意见。我们只知道，当查看量子实验的结果时［用正确的术语来说就是当**系统被测量**（measured）时］，我们就不再能看到叠加态。我们说该系统从多个位置的叠加态**坍缩**（collapse）到某个特定的位置。**测量问题**（measurement problem）询问的是为什么会发生这种坍缩，这个问题是量子力学的重大问题之一。

我们来看关于叠加态及其坍缩的一个简单例子。上高中的时候，我们学到电子在原子的多个轨道内环绕原子核运动。这里面有一点小小的错误。实际上电子以叠加态在原子的**所有**轨道内环绕原子核运动。这种叠加态称为"概率云"。和真正的云一样，它没有固定结构。只有当我们观测电子位置的时候，它才坍缩到某一特定层次，如图 7-8 所示。

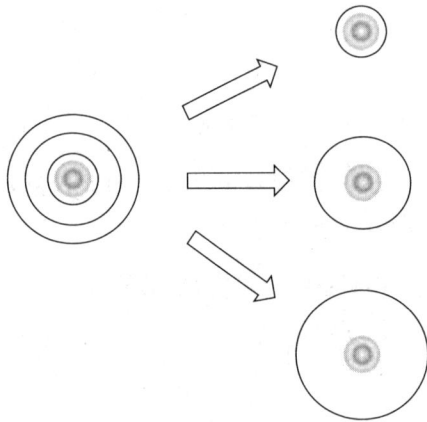

图 7-8　位于叠加态轨道中的电子坍缩到一个轨道上

　　这种叠加态的概念是量子力学的主旨。它将是贯穿本节剩余内容的焦点。粒子的位置并不是受这种疯狂概念影响的唯一性质。量子世界的许多其他性质（如能量、动量和速度）也会同时取多个值，然后在我们测量它们时坍缩到一个值上。对于量子系统的所有这些不同的性质，叠加态是标准状态，直到系统得到测量为止。

　　在结束对双缝实验的讨论之前，让我们用一种稍微不同的方式重新描述这个实验。光子离开光源，然后根据障碍物上有一条还是两条狭缝，光子会拥有一个位置或者进入叠加态。如果只开了一条狭缝，它就还是单个光子。如果两条狭缝都开着，这个光子就会进入叠加态。在离开光源时，这个光子如何"知道"去做什么？它是应该继续作为单个光子，还是应该进入叠加态？可以从完整性假设的视角看待这个问题，即结果（无论是否存在干涉）取决于实验的完整设置。该实验的结果取决于第二条狭缝是否打开。这个视角的确从某种角度绕开了量子力学的谜团。但是当光子离开光源时，它是如何"知道"整个实验的完整设置的呢？毕竟，光源和狭缝之间是有一段距离的。对于这个疑问，尚无正确答案。

确定性的终结：叠加态的坍缩

我们已经见到，某些物体在被观测前处于叠加态，而在被测量时，它们会坍缩到一个确定的位置上。显而易见的问题是，被测量的叠加态到底会坍缩到哪个位置上。物理学家告诉我们，这是随机的。不存在任何确定性规律能够确切地告诉我们每个物体将坍缩到什么位置上。描述粒子如何坍缩的法则是概率法则。也就是说，这些法则表明了它以某种方式坍缩的概率。例如，对于图 7-8 而言，量子力学中的法则可能会说，电子坍缩至外层轨道上的概率是 11.830%，坍缩到中层轨道上的概率是 47.929%，坍缩到内层轨道上的概率是 40.241%。然而这个电子的实际行为是无法确定的。

稍微更详细地说，叠加态可以描述为一个系统的多个可能位置。这些不同的位置可以用不同的复数编号——也就是说，每个位置都有一个与其相关的复数。当某个叠加态坍缩时，它坍缩至某特定位置的概率取决于相应的复数。

虽然这些规律以概率的形式表现出来，但不能据此认为量子力学在某种程度上是对真实理论的近似估计。相反，量子力学是我们拥有的最精确的物理理论。实验证据表明，我们的预测在小数点后面许多许多位仍然是正确的。我们必须意识到，量子力学的预测是关于亚原子粒子的。实验是针对数量极大的亚原子粒子进行的。实验的结果表明众多粒子都遵循给定的概率。所以我们不知道每个粒子会做什么，但我们知道一大群粒子会做什么。

我们必须区分量子力学的规律和 7.1 节介绍的混沌系统的规律。通过混沌理论，我们知道有些过程是确定性的，但不可预测。而这里的过程甚至不是确定性的，当然也不可预测。如果没有物理定律能够准确地描述系统所有部分的行为，那么我们肯定无法预测系统将在何处结束。无法预测系统的长期未来是一回事，但是连短期之内会发生什么都预测不了就是另一回事了，后者要糟糕得多。我们不能确定量子系统中的单个对象会在短期之内做些什么。这让我们进一步迈出了理性的边界。

此时此刻，你或许不那么相信这种确定性的缺失。毕竟，所有其他物理定律都是确定性的。一定是物理学家忽略了什么，以至于无法解释表面上的随机性。你不是唯一持有这种怀疑态度的人。量子力学的先驱之一阿尔伯特·爱因斯坦也不相信这一点。他用一句非常有趣的话表达了自己的怀疑："上帝不掷骰子。"爱因斯坦不相信物理学的基本规则是随机的。据说尼尔斯·玻尔（Niels Bohr，1885—1962）如此回应爱因斯坦："不要告诉上帝该干什么。"宇宙以它自身的方式运转，不必非得满足我们的愿望。虽然我们也许希望爱因斯坦是正确的，但大多数当代物理学家向我们保证爱因斯坦是错的——宇宙的核心是非确定性的，也就是随机的。

有些人接受了爱因斯坦的挑战，正在寻找某种程度上可确定的量子力学规律。他们相信这些规律被**隐变量**（hidden variable）控制着。也就是说，系统中存在看不见的额外变量，但是如果将它们考虑在内，量子力学规律就会变成确定性的。这类似于经典力学世界中的混沌系统。以在大玻璃罐里搅拌号码球的彩票机为例。之所以使用这种机器，是因为我们无法预测最终哪些球会被选中。然而虽然这台机器不可预测，但描述在这台机器内发生的事情的规律完全是确定性的。每个球的跳跃轨迹都遵循确定性规律，但系统内有太多个体，这令预测难以实现。每个球的确切位置和每个空气分子是这个系统里的隐变量。一些物理学家假设量子系统也存在看不见的变量。这是一种可能性，如果隐变量真的存在，那么宇宙中的所有规则都是确定性的。我将在本节末尾讨论存在隐变量的可能性。

让我们重新讨论叠加态坍缩。有一个简单的实验可以展示这种坍缩现象。先要介绍关于光和偏振滤光器的一些背景知识。可以将光认为是一种波，这种波存在多种形式。思考图7-9中的三种典型波。第一种波上下波动，称为**垂直波**（vertical wave）。第二种波左右波动，称为**水平波**（horizontal wave）。最后一种波沿**对角线**波动。我在这里列出了三个方向，但显然存在任意方向的光波。

只有激光中的光波是方向一致的。我们日常所见的普通光是由许多方向各异的不同光波组成的。

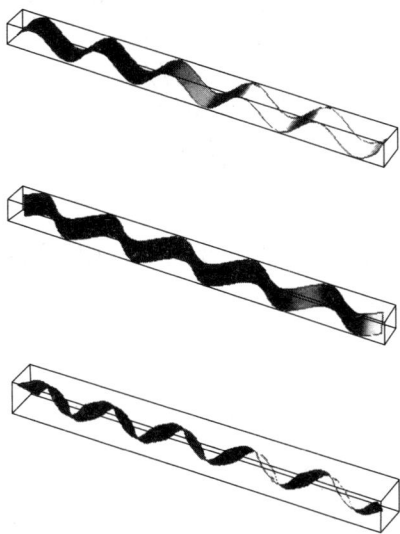

图 7-9　沿垂直方向、水平方向和对角线方向的光波

　　偏振滤光器（polarization filter）是一种柔韧的塑料片，可以阻挡某些方向的光线，高端太阳镜常采用这种技术。它可以按照不同方向调整，阻挡这些方向的光线。可以将滤光器当成一种测量设备，它将拥有不同方向的光波坍缩为一个方向。我们将滤光器画成带狭缝的圆盘，用狭缝指示方向，如图 7-10~ 图 7-12 所示。水平方向的滤光器会让所有水平波穿过，但是会阻挡所有垂直波。中间类型的光波呢？光波越接近水平，就越有可能穿过这个水平滤光器。一半水平一半垂直的对角光波会有大约一半穿过，大约一半被阻挡。

　　让我们将这些滤光器组合起来，看看能得到怎样神奇的效果。取一个水平偏振滤光器，让所有类型的光穿透它，如图 7-10 所示。大约会有一半的光穿过，而且穿过去的光会是水平波。

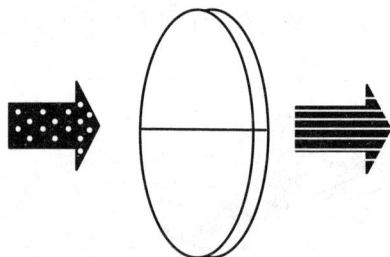

图 7-10　光线穿过单个偏振滤光器

再取一个垂直偏振滤光器，将其放在第一个滤光器的右边，如图 7-11 所示。因为右侧滤光器阻挡了穿过左侧滤光器的所有光线，所以不会有光线从右侧滤光器穿过。也就是说，按照图 7-11 所示的方式排列这两个滤光器，就没有光线能穿过它们。

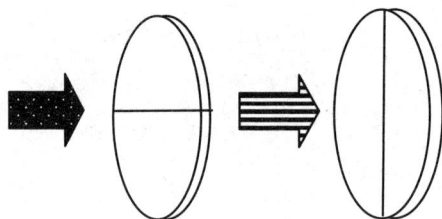

图 7-11　光线无法穿过这两个偏振滤光器

下面就是见证奇迹的时刻。再取一个对角偏振滤光器，但不要将这个滤光器放在另两个滤光器的左边或右边，而是插入它们之间，如图 7-12 所示。

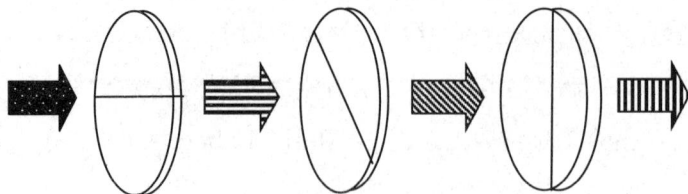

图 7-12　光线穿过三个偏振滤光器

神奇的事情发生了：虽然两个滤光器就能阻挡所有光线穿过，但三个滤光器能允许光线穿过。实际上，这里并没有魔法。无论什么类型的光线，只要从左侧滤光器穿过，都会是水平方向的。当这些水平光线射在对角滤光器上时，大约一半会被阻挡，而另一半将以对角方向穿过滤光器。在某种意义上，水平光波对于对角滤光器而言是一种叠加态。中间的滤光器测量了它并使其坍缩为对角光波。于是，对角光波将遇到右侧的垂直滤波器。平均而言，一半对角光波会被阻挡，而另一半会穿过垂直滤光器，以垂直光波的形式发射出来。由于图 7-12 中的光线必须穿过三个滤光器，而每个滤光器平均阻挡 1/2 的光线，因此最后只有 1/8 的光线从这三个滤光器中穿出。虽然减少了许多，但还是能透过光的。可见，虽然两个滤光器能阻挡所有光线，三个滤光器却能够让部分光线穿过。

必然性的终结：海森堡不确定性原理

看到一辆在高速公路上行驶的汽车，我们很容易确定这辆汽车的颜色和速度。对于一个人的体重和身高，我们也有办法毫不费力地同时知晓。与之类似，我们还可以轻松地确定一个飞行中的棒球的确切位置和动量。这里强调的重点是，确定一个物体的两个性质并不困难。对于我们身处的这个世界，这是显而易见的事实，然而它不适用于量子世界。在亚原子世界中会出现无法同时确定两个性质的情况。

海森堡不确定性原理（Heisenberg uncertainty principle）是量子力学的关键特征之一。它说的是在亚原子系统中存在某些特定的成对性质，而我们无法同时知道这些成对性质的值。例如，不可能同时知道一个运动中的亚原子粒子的位置和动量。陈述人类知识在这方面的局限性的原理称为**互补性**（complementarity）原理。

具体地说，假设存在这样两个性质 X 和 Y，如果我们先测量 X 再测量 Y，会得到一组答案，但如果我们先测量 Y 再测量 X，就会得到另一组答案。例如，对某个亚原子粒子而言，先测量它的动量再测量它的位置会得到和先测量位置再测量动量不一样的答案。这就导致了一个显而易见的问题：该粒子的动量和位置到底是什么？为什么我们会得到不一样的答案？这些性质难道没有独立于我们观察之外的客观值吗？

我们必须强调，不能同时知道两个值不是因为我们今天的技术不够先进。并不是说随着我们的显微镜和测量设备的进步，测不准的问题就会变得容易解决。这里并不存在技术上的局限性。相反，互补性从根本上限制了我们了解宇宙的能力。

需要注意的是，在这里出现了一个全新的要素。Y 的测量结果取决于做实验的人是否决定先测量 X。实验者没有独立于实验。相反，实验者成了实验的一部分并影响了实验的结果。做实验的人影响了他或她正在研究的世界。这是一个革命性的想法。这里不再存在某个封闭系统和某个观察该封闭系统的实验者，现在实验者也是系统的一部分。可以从完整性假设中看出这一点：实验者是**完整**实验的一部分。

自玻尔以来的研究者又向前走了一步。他们声称不能说人在测量时知道了这些性质的值。相反，他们声称正是测量这一动作导致这些性质变得明确。[13] 在测量之前，不是我们不知道这些性质如何，而是不存在任何可以知道的性质。在任何测量行为实施之前，这些性质还处于叠加态。在测量性质 X 时，它坍缩为一个值，而性质 Y 仍然处于叠加态。如果性质 Y 随后得到测量，那么它也会坍缩。重点在于如果测量顺序不同，那么它们就会坍缩为不同的值。

哲学家都知道一种名为**朴素实在论**（naive realism）的哲学立场。这种立场认为实体对象真实存在于我们的思维之外，而且这些对象拥有在被观察时可以确定的明确性质。这是显而易见的，每个孩子都知道这是真的。然而海森堡不确定性原理和互补性的概念摧毁了朴素实在论。观测对象的性质在被测量前不存在，而且即使在被测量的时候，这种性质的值也取决于测量的方式。在有着汽车和棒球的常规世界中感觉非常真实的实在论，到了亚原子世界就不适用了。这样的实在论是朴素而天真的。

你相信上面的所有内容吗？一个神志清醒的人大概会保持合理的怀疑。继续读下去吧！

本体论的终结：科亨 - 施佩克尔定理

此时此刻，你完全有理由感到怀疑，大喊一声："胡说八道！"你或许会说所有这些关于叠加态的言论都是荒谬的，当一个亚原子粒子被测量时，某个性质会被确定而且在我们测量之前就已经确定了。不是测量导致这种性质存在；它一直都存在。哎呀，可惜你认为的是错的，我将证明这一点。

我们需要先明确一些基本概念。量子力学的核心概念之一是**自旋**（spin）。某些亚原子粒子有自旋的性质。这和在指尖上旋转的篮球不是一个概念，要再稍微复杂一些。相对于某个给定的方向，粒子能够以两种相反的方式自旋，或者根本不自旋。图 7-13 用箭头指示了自旋方向，可以看出它有两种自旋方式。我们可以将这两种方式称为**正自旋**（positive spin）和**反自旋**（negative spin），或称为**自旋向上**（spinning up）和**自旋向下**（spinning down）。正如量子力学的大部分性质一样，在粒子被观测前，该粒子同时处于正自旋和反自旋的叠加态。

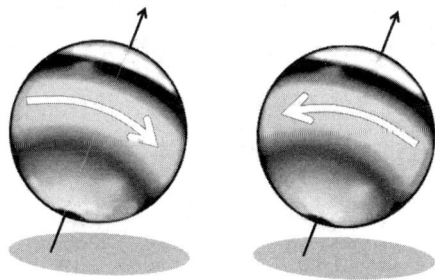

图 7-13　相对某给定方向的两种可能的自旋

如图 7-14 所示，我们可以通过**施特恩-格拉赫实验**（Stern-Gerlach experiment）"看到"粒子的旋转。从源头处射出一束粒子。设置南北极磁铁测试特定方向的自旋。然后这束粒子就会分裂，朝一个方向自旋的粒子会射在屏幕的一部分上，朝另一个方向自旋的粒子会射在屏幕的另一部分上。粒子也可以不自旋，径直朝前冲过去。可以将这些粒子想象成旋转的磁体（或电荷），它们会受到磁铁引力的影响。通过移动射线周围的南北极磁铁，可以实现对不同方向自旋的测量。有必要在这里重申，射线中的粒子处于某种叠加态，在被磁铁测量之前，它们从所有方向同时正自旋和反自旋。

用磁铁观测导致这种叠加态坍缩到某一具体自旋方向上。当一束粒子被分开后，我们可以从其他方向测量自旋，得到不同的自旋，如图 7-15 所示。

自旋在一定程度上遵循海森堡不确定性原理。它说的是存在这样两个方向，如果你沿着一个方向测量自旋，然后再沿着另一个方向测量自旋，得到的结果和你按另一种顺序测量得到的结果不一样。一般而言，如果这两个方向是彼此垂直的，那我们就可以同时测量它们并得到两个值。只要它们是垂直的，海森堡不确定性原理就不会发挥作用。然而如果它们彼此不垂直，那么我们就不能同时测量这两个方向的自旋。

既然对自旋的概念和语言有了初步的了解，我们就可以开始讨论**科亨-施佩克尔实验**（Kochen-Specker experiment）了。1967 年，西蒙·科亨（Simon Kochen）和恩斯特·施佩克尔（Ernst Specker）描述了一个实验，这个实验表明观测对象在被测量之前不拥有性质。他们使用了一个名叫"自旋 –1 粒子"的亚原子粒子，该粒子拥有如下性质：如果选择任意三个彼此垂直的方向用来测量自旋，那么沿着其中两个方向测量时会有自旋，另一个方向则不会有自旋。由于这三个方向彼此垂直，因此海森堡不确定性原理不会发挥作用。然而这三个彼此垂直的方向存在很多不同的可能性（见图 7-16）。无论你选择哪一种情况，粒子都会在两个方向上有自旋，在第三个方向上则没有。

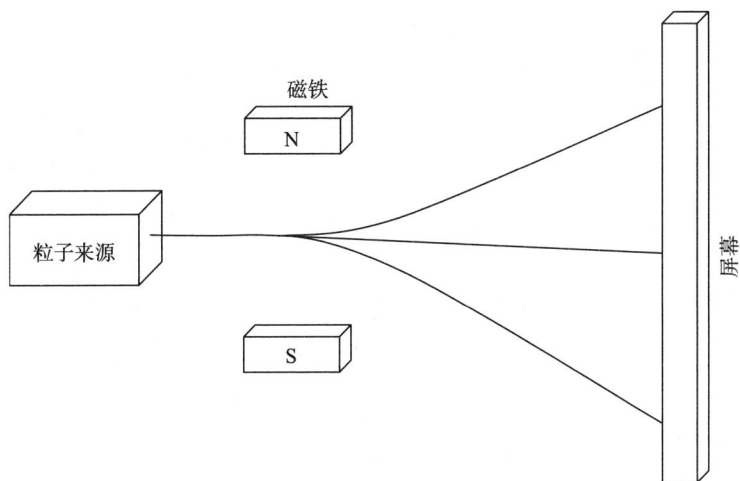

图 7-14 按照自旋方式分开的一束亚原子粒子

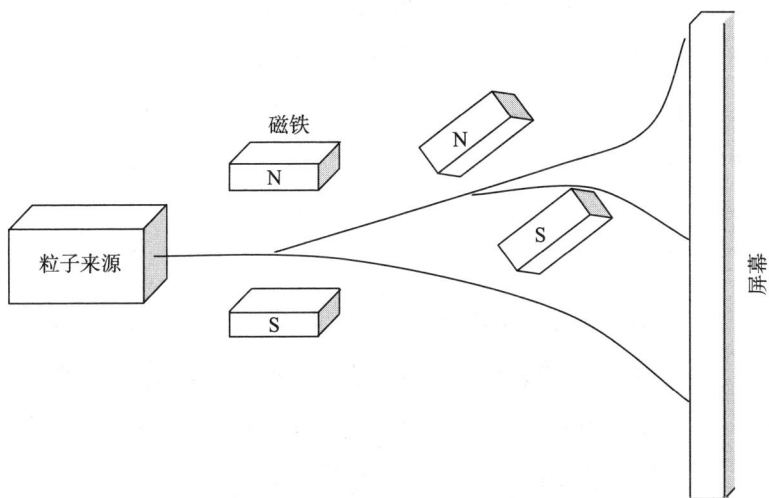

图 7-15 根据自旋方向分开两次的粒子

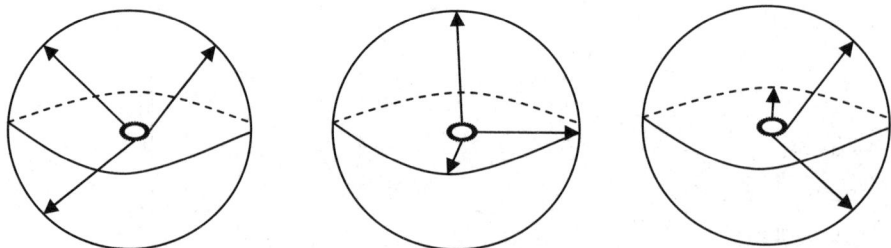

图 7-16　自旋 −1 粒子的三种形式的垂直三方向

　　现在假设你不相信玻尔先生，你认为粒子在被测量之前是有性质的。也就是说，你认为测量导致性质出现的这一整套说辞十分荒谬。那么你肯定相信，该粒子是否**在任何方向上**自旋都是一个有既定答案的事实，即使在测量之前也一样。换句话说，你认为在任何方向上的任何测量开始之前，要么有自旋，要么没有自旋。而当测量的时候，我们确定了此前已经存在的事实。

　　遗憾的是，你错了！在测量之前，我们根本无法将自旋或不自旋的性质加给**所有**可能的方向。如果你将一个亚原子粒子想象成一个球体，那么该球体上的每一点都与球心至该点的方向对应。若该方向有自旋，将球体上的点赋值为1，若没有则赋值为0。我们会得到下列赋值规则。

1. 如果一个粒子在某个方向上是自旋的，那么它必定在相对（对跖）方向上也是自旋的。所以如果球体上某一点赋值为1，那么它对面的点也必须赋值为1，因为它们的方向相同。同理，如果某一点赋值为0，那么它对面的点也必须赋值为0。

2. 另外，对于任意三个彼此垂直的方向，其中两个会有自旋，另外一个不会。也就是说，有两个点赋值为1，还有一个点赋值为0。

　　这个粒子没有足够的空间来满足这些性质。这是数学事实。

对此给出严格证明会让我们离题太远，但是我们足以从直觉上看出为什么它是正确的。假设北极方向没有任何自旋。我们可以将球体的北极点赋值为 0，如图 7-17a 所示。根据规则 1，南极方向也没有自旋。现在看看与南北方向垂直的方向。这些方向沿着球体的赤道分布。根据规则 2，所有这些方向必须有自旋。我们将自旋画成围绕赤道的一条粗线。在图 7-17b 中，我们进一步想象北极点偏东一点的方向也没有自旋。我们用另一个 0 表示。根据规则 1，南极点偏西一点的方向也没有自旋，又根据规则 2，与其垂直、稍稍偏离赤道的方向必须有自旋。这些方向也用一条加粗的黑线表示。北极点附近的第三个方向如图 7-17c 所示。我们可以继续描述哪些方向有自旋，哪些方向没有自旋，如图 7-17d 所示。在图 7-17d 中，一半球体被粗线覆盖，还有两条从极点到赤道的细线标出了不存在任何自旋的方向。这还没结束。如果你相信每个方向上都有或没有自旋，你应该能够继续这一过程，给球体表面的每个点都赋以 0 值或

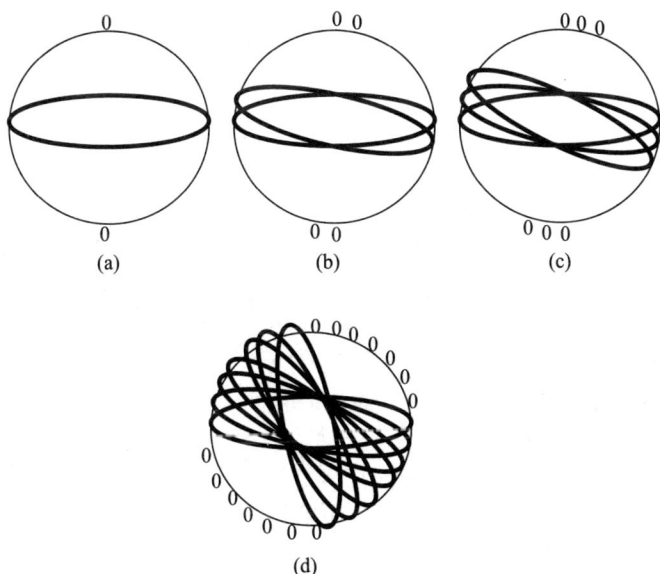

图 7-17 科亨-施佩克尔定理的直观化呈现

者让它变成一个又黑又粗的点。这个任务显然无法完成，根本没有足够的空间！这样的一条粗黑线对于每个 0 点来说都过于庞大。我们无法对该球体上的每一点是否存在自旋给出判断。

这里要指出的是，不能认为每个方向在测量之前有或没有自旋。只有在选择三个彼此垂直的方向并且做了实验之后，我们才能判断是否存在自旋。不存在事先就有的自旋。测量不是告诉我们结果，而是**创造**了结果。

这太疯狂了！我们刚刚证明了粒子在被我们测量之前不可能拥有特定的性质。我们从几何角度指出，没有足够的空间令这些性质存在。一个粒子只有在我们测量它之后才会获得性质。爱因斯坦（他在科亨和施佩克尔描述这个实验之前去世，但他生前已经知道玻尔持有的"观测对象在被测量之前不拥有性质"的观念）对此表示嘲笑，他问道是不是真的该相信"只有我抬头看月亮时，月亮才存在"。[14] 绝大多数当代物理学家会告诉爱因斯坦，只有月亮被观测时它才在那里，虽然这听上去很疯狂。海森堡写道："这样一个客观的真实世界，它最小的部分是客观存在的，就像石头和树木的存在一样，认为这些最小部分的存在方式独立于我们的观察与否，这样的想法……是不可能的。"[15]

微观和宏观区别的终结：薛定谔的猫

有人会试图轻率地对待所有这些问题。毕竟，"真实"世界和所有这些量子之类的玩意儿有什么关系呢？你从来没见过任何一个亚原子粒子，哪怕是位于某个确定位置上的都没见过，就更别提叠加态了。亚原子世界中的这种叠加态概念如何影响更大的世界？量子理论的开创者之一埃尔温·薛定谔（Erwin Schrödinger，1887—1961）描述了一个有趣的实验，这个实验后来被称为**薛定谔的猫**（Schrödinger's cat）。假设一个密封盒子里有一块放射性材料。这种材料遵循量子力学规律，处于"准备衰变"和"不准备衰变"的叠加态。在盒子里放置一个盖革计数器，它能够检测到放射性物质的衰变。将盖革计数器和一把锤子连接在一起，当盖革计数器发出警报时，这把锤子就会敲碎一小瓶有毒气体，如图 7-18 所示。然后把一只活猫放进盒子，将盒子关上。

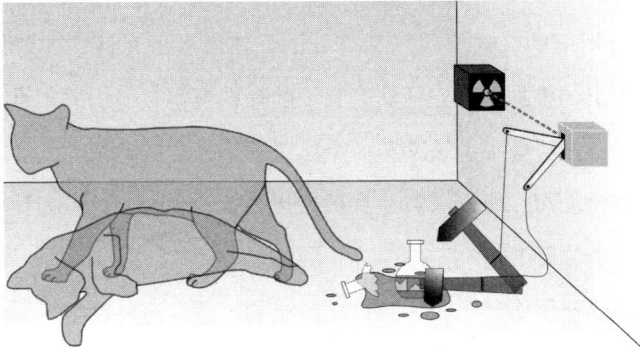

图 7-18　薛定谔的猫

来源：道格·哈特菲尔德（Doug Hatfield）绘

和所有量子过程一样，我们不能确定这种放射性材料是否衰变，因此没有办法确定盖革计数器是否发出警报。一方面，如果放射性物质衰变，盖革计数器就会发出警报，毒气就会释放，猫就会死。[16]另一方面，如果放射性材料不衰变，那么猫就会活。由于在给定的时间里衰变与否的概率各占一半，因此猫死亡与否的概率也各占一半。也就是说，在我们打开盒子之前，猫处于死和活的叠加态。只有在盒子打开，测量完成之后，这些可能性中的一种才真正发生。这个实验成功地将亚原子世界的怪异之处转化到猫和人所处的日常世界之中。

尤金·维格纳（Eugene Wigner，1902—1995）在薛定谔的猫这个实验的基础上更进一步，直达量子力学的核心。这个实验后来被称为**维格纳的朋友**（Wigner's friend）。假设维格纳像薛定谔一样设置好实验装置，将一只活猫放进盒子里。然后他关上盒子，走出房间。在观察实验结果时，维格纳不亲自打开盒子，而是叫一个朋友打开盒子。在盒子被打开之前，我们知道放射材料质处于叠加态，毒气处于叠加态，猫也处于叠加态。问：当朋友打开盒子时，他是不是也处于看见猫活着和看见猫死了的叠加态？我们从未见过有人处于叠加态的报道。叠加态是在维格纳知道结果时才坍缩的，还是在更早的时候（朋友知道结果时）坍缩的呢？显然，这位朋友不处于叠加态。相反，整个系统是在朋友看见它时坍缩的。这位朋友拥有其他物体没有的东西，即意识。维格纳用这个实验指出，叠加态会在任何有意识的存在观察它时坍缩。维格纳以此证明，世界上唯一能让叠加态坍缩至一个位置的是人类的意识。人类只能观察位置，不能观察叠加态，所以一定是意识有什么特殊之处。意识为什么能够让叠加态坍缩到某个位置上呢？

　　意识发挥的作用引起了对一种哲学流派的批评，这种哲学流派叫作**唯物主义**（materialism）。一名唯物主义者基本上认为这个世界由物质实体和物质实体之间的空间组成。而且就是这样，无须多言！大多数物理定律是从这个视角出发的。唯物主义者相信就连人类也只不过是由原子和分子构成并遵循着物理定律的生物。通过强调宇宙中的一种名为意识的新实体，量子力学令朴素唯物主义陷入险地。意识不是由物质实体构成的，然而它影响了宇宙的运转。意识导致叠加态坍缩至某个位置。世界不再只有物质实体和它们之间的空间了。科学家和唯物主义者必须将意识融入他们的世界观中。

定域性的终结：量子纠缠

　　量子力学违反直觉的另一个方面是**量子纠缠**（entanglement）。这个概念表明整个宇宙比我们之前认为的更富有内在联系。

　　我们首先需要了解关于自旋的更多知识。有一些重要的物理定律称为**守恒定律**（conservation laws），这些定律规定一个系统中某些特定的量恒定不变。能量守恒意味着一个系统内能量的总和保持不变。也就是说，能量不能消失或凭空出现。除此之外还有动量守恒和质量 / 能量守恒。量子力学指出存在自旋守恒法则。这意味着在一个实验的全过程中，所有亚原子粒子的自旋总量必须保持恒定。

如果一个没有任何自旋的粒子衰变成两个有自旋的粒子，会发生什么呢？这两个粒子都会以叠加态的形式同时正自旋和反自旋。由于存在自旋守恒法则，如果一个粒子的测量结果是正自旋（或右手自旋），那么为了维持整个系统的零自旋状态，另一个粒子的测量结果必须是反自旋（或左手自旋）。图 7-19 描绘了两种可能性。

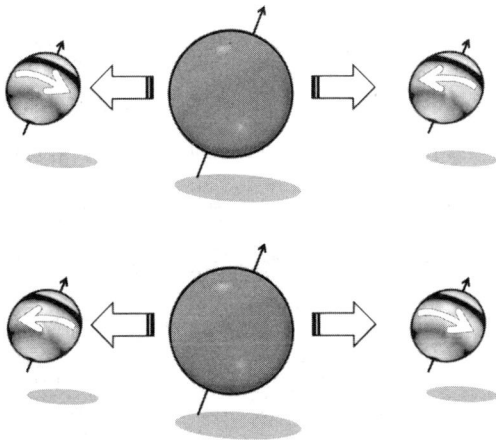

图 7-19　无自旋粒子衰变的两种可能性

在图 7-19 所示的两种可能性中，哪种会真实发生呢？是左侧粒子正自旋，右侧粒子反自旋，还是相反呢？答案是两个粒子中的每一个都处于两个自旋方向的叠加态。只有当其中一个粒子被测量时，它才会随机坍缩为特定的自旋方向。下面就是神奇的地方了：其中一个粒子坍缩为某种方式时，另一个粒子必须立即坍缩为完全相反的方式。即使两个粒子相距数光年之遥，也必定如此。也就是说，为了让宇宙维持自旋守恒，测量一个粒子的自旋会导致位于宇宙另一端的另一个粒子的自旋叠加态发生坍缩。虽然这两个粒子相距遥远，它们却彼此纠缠。怎么会发生这样的事？

在两位年轻同事——鲍里斯·波多尔斯基（Boris Podolsky，1896—1966）和纳森·罗森（Nathan Rosen，1909—1995）——的帮助下，爱因斯坦在 1935 年撰写了关于量子纠缠的第一批论文之一。这篇论文后来被称为 "EPR"，它的标题是《对物理现实的量子力学描述能否被认为是完整的？》（"Can Quantum-Mechanical Description of Physical Reality Be Considered Complete?"）。这篇论文的目的是指出量子物理学的世界中存在某种缺失的东西。在爱因斯坦的想象中，两个粒子从一个无自旋的粒子中分裂并彼此远离。[17] 让我们设想这两个粒子飞越了整个宇宙，分别来到安和鲍勃身边，他们会测量这两个粒子的不同性质。安沿着某个特定方向测量了她的粒子的自旋。如果她发现自己的粒子自旋向上，她就会立即知道鲍勃的粒子在那个方向必定自旋向下。相反，如果安发现自己的粒子自旋向下，她就知道鲍勃的粒子自旋向上。

这里出现了严重的问题。在所有此前已知的物理学中，物体只能影响附近的其他物体，比如一个物体推另一个物体，或者一个物体通过引力或其他形式的力影响另一个物体。总之一个物体必须位于另一个物体附近或者与其定域才能对其施加影响。关于物理学的这个事实叫作定域性（locality）。然而量子纠缠表明，当安测量她的粒子时，相距遥远的鲍勃粒子立即发生了自旋叠加态的坍缩。安测量自己的粒子如何能影响宇宙那头的另一个粒子呢？量子纠缠表明量子力学似乎是非定域的（nonlocal），而不是定域的。对一个粒子的测量立即影响了距离并不近的其他粒子。[18]

研究人员喜欢将量子纠缠比作一个类似的思想实验。假设有人拿起一张纸币，将它撕成两半。实验者将两个半张纸币分别放进两个密封盒子里，不展示哪半张纸币放进了哪个盒子。然后，实验者将一个盒子交给安，将另一个盒子交给鲍勃。鲍勃拿着盒子赶往半人马座阿尔法星，那是离太阳系最近的恒星，与我们相距约 4 光年。当鲍勃抵达半人马座阿尔法星时，安打开她的盒子。如果她看到纸币的左半边，她就立即知道鲍勃拿着的是右半边。相反，如果安拿着的是纸币的右半边，她就知道鲍勃拿着的是左半边。所以安得到了约 4 光年之外某件东西的相关信息，而且是即时得到的。这似乎没有什么神秘之处。我们可以说撕裂纸币的性质伴随它从地球旅行到了半人马座阿尔法星。我们能对粒子做出同样的判断吗？

爱因斯坦、波多尔斯基和罗森认为自旋粒子的问题有两种可能性。(a) 存在某种神秘的非定域互作方式，它不同于任何其他物理学分支，能够解释鲍勃的粒子如何被安测量自己粒子的行为影响。如果这是真的，我们此前认为空间中相距遥远的物体和测量值之间彼此独立的朴素观念就是错的。(b) 与纸币类似的事发生在了粒子上。换句话说，这些粒子并不处于叠加态。当它们从源头分裂出来的时候，它们就已经有了固定的自旋值。也就是说，这些粒子在离开源头时就产生了确定的自旋值。当安测量自己的粒子时，她发现了自己粒子的自旋值，并即时知道了鲍勃粒子的自旋值。

EPR 论文摒弃了可能性 (a)，因为爱因斯坦和他的同事无法想象物理学会以这样奇怪的方式运作。[19] 他们更乐意将可能性 (b) 视为正确的观点。假如是那样的话，我们必须问问量子力学中缺失了什么。为什么量子力学不能在测量之前告诉我们一个粒子的自旋状况？爱因斯坦和他的同事推测，当这些粒子离开源头时，它们一定带有隐变量，一直到它们遇到测量设备为止。这些隐变量就像撕裂的纸币。它们确保这些粒子的性质有固定值。在物理学家对这些隐变量做出更多发现之前，爱因斯坦和他的同事坚称量子力学是不完整且有待完善的。

物理学的世界就在这种状态下停滞了将近 30 年，直到杰出的爱尔兰物理学家约翰·斯图尔特·贝尔（John Stewart Bell, 1928—1990）指出，实际上选项 (b) 是错的，只有选项 (a) 才有可能。1964 年，贝尔发表了一篇论文，标题为《论爱因斯坦-波多尔斯基-罗森悖论》（"On the Einstein-Podolsky-Rosen Paradox"）。贝尔在文中指出不存在任何隐变量可以解释量子纠缠的神秘之处。这个结果——后来称为贝尔定理（Bell's theorem）或贝尔不等式（Bell's inequality）——表明叠加态是宇宙的事实[20]，我们对空间的观念需要调整。

贝尔定理背后的直觉[21]是，如果我们假设存在隐变量，而且这些隐变量描述了粒子的性质，那么它们必须满足某些常规的逻辑真理。具体地说，如果我们允许安和鲍勃各自沿着三个指定方向测量他们的粒子的自旋，那么这些自旋性质必须满足某些逻辑真理。贝尔描述了这些逻辑性质是什么，然后指出它们无法被自旋的量子力学满足。他由此断定粒子在从源头到观察者的途中不拥有这些性质。它们在测量之前处于叠加态。

为了理解贝尔定理[22]，我们需要暂时离开量子世界，谈论一点儿经典逻辑。假设一个物体或人拥有其能拥有的三种性质，称为 A、B 和 C。我们以一个人为例：

- A 表示男性，$\sim A$ 表示女性；
- B 表示民主党，$\sim B$ 表示共和党；
- C 表示年轻，$\sim C$ 表示年老。

思考一个既是男性又年老的人（$A \wedge \sim C$）。他要么是民主党，要么是共和党（$B \vee \sim B$）。如果他是共和党，那他就既是男性又是共和党（$A \wedge \sim B$）。反之，如果他是民主党，那他就既年老又是民主党（$B \wedge \sim C$）。我们刚刚证明了下面这个简单的性质：

如果你是男性又年老，那么你要么是男性共和党，要么是年老民主党。

用逻辑符号表示为

$$(A \land \sim C) \to [(A \land \sim B) \lor (B \land \sim C)]$$

这个逻辑规则适用于任意三种性质。要证明这一点，我们可以查看这个逻辑公式的真值表，看它是否是恒真命题，也可以只简单地思考 A、B 和 C。如果 A 和 $\sim C$ 为真，那么要么 B 为真，要么 $\sim B$ 为真。如果 $\sim B$ 为真，那么我们就得到了 A 和 $\sim B$。反之，若 B 为真，我们就得到 B 和 $\sim C$ 为真。

　　两个性质之间的蕴涵（→）关系和这些性质发生的概率有关。如果 $Q \to R$，那么 Q 为真的概率小于或等于 R 为真的概率，我们用逻辑符号将其写成 $p(Q) \leqslant p(R)$。例如从逻辑上可以推导，如果正在下雨，那么天空中有云。我们可以由此断定，下雨的概率小于等于天空中有云的概率。

　　回到我们关于 A、B 和 C 的逻辑法则上来，我们得到：

$$p(A \land \sim C) \leqslant p(A \land \sim B) + p(B \land \sim C)$$

也就是说，$A \land \sim C$ 为真的概率小于等于 $A \land \sim B$ 为真的概率加上 $B \land \sim C$ 为真的概率。

　　对经典哲学的学习到这里就足够了。现在让我们重新看看粒子。假设有两个处于量子纠缠状态的粒子，它们被分别发送给安和鲍勃。两个实验者都能从三个角度之一测量这些粒子的自旋。这三个方向和粒子的三个性质 A、B、C 对应。具体地说：

- A 对应的是安的粒子从 0° 测量时自旋向上；
- B 对应的是安的粒子从 45° 测量时自旋向上；
- C 对应的是安的粒子从 90° 测量时自旋向上。

结合这些性质，我们可以得到：

- $A \wedge \sim C$ 对应的是安的粒子从 0° 测量时自旋向上，从 90° 测量时自旋向下；
- $A \wedge \sim B$ 对应的是安的粒子从 0° 测量时自旋向上，从 45° 测量时自旋向下；
- $B \wedge \sim C$ 对应的是安的粒子从 45° 测量时自旋向上，从 90° 测量时自旋向下。

根据海森堡不确定性原理，安不可能同时测量上述两种方向的自旋，所以我们要用与之相反的鲍勃粒子的自旋方式来代替第二个角度。于是我们的命题变成了：

- $A \wedge \sim C$ 对应的是安的粒子从 0° 测量时自旋向上，鲍勃的粒子从 90° 测量时自旋向上；
- $A \wedge \sim B$ 对应的是安的粒子从 0° 测量时自旋向上，鲍勃的粒子从 45° 测量时自旋向上；
- $B \wedge \sim C$ 对应的是安的粒子从 45° 测量时自旋向上，鲍勃的粒子从 90° 测量时自旋向上。

量子力学能够对这样的测量进行概率预测。如果两个角度彼此很接近，那么这两个粒子的自旋方向很可能相反。也就是说，如果安和鲍勃都从接近 0° 的角度测量，那么很有可能安的测量结果是自旋向上，鲍勃的测量结果是自旋向下，或者反之。另一种说法是，如果他们都以接近 0° 的角度测量，那么两个粒子全都自旋向上的结果是非常不可能的。相反，当两个测量角度相差 90°

时，安和鲍勃的测量结果更有可能都是自旋向上。量子力学告诉我们两次测量拥有相同结果的概率取决于这两次测量之间相差的角度。如果这个角度是 φ，那么它们同时自旋向上的概率是

$$\frac{1}{2}\left(\sin\frac{\varphi}{2}\right)^2$$

在我们的案例中：

- $p(A \wedge \sim C)$ 是 $\frac{1}{2}\left(\sin\frac{90}{2}\right)^2 \approx 0.25$；

- $p(A \wedge \sim B)$ 是 $\frac{1}{2}\left(\sin\frac{45}{2}\right)^2 \approx 0.0732$；

- $p(B \wedge \sim C)$ 是 $\frac{1}{2}\left(\sin\frac{45}{2}\right)^2 \approx 0.0732$。

如果这满足我们推导出的逻辑法则和概率法则，那么我们就有

$$0.25 \leqslant 0.0732 + 0.0732$$

而这个不等式完全是错误的！

　　这里出了什么错？我们刚刚指出，关于三个性质的经典逻辑和量子力学之间存在根本性的冲突。怎么会发生这种事情？答案在于我们真的不能在粒子飞行时提出关于自旋的命题。此时它们没有固定的值。相反，这些粒子处于自旋向上和自旋向下的叠加态。只有当它们被测量之后才会有固定值。对于常规物体（例如盒子里的纸币）非常适用的经典逻辑在这里失效了。贝尔不仅指出这些粒子处于叠加态，更重要的是，他还指出这些粒子即使在距离遥远的情况下也可以发生叠加态的坍缩。当安测量自己的粒子时，鲍勃的粒子即刻从叠加态坍缩为与安测量到的自旋值相反的自旋值。这意味着我们对空间的平常认知是错误的：测量的确会影响遥远的物体。

当贝尔构想出这个不等式并证明自己的定理时，他没有讨论实验。他只是简单地陈述这是量子力学预测的结果，而且这和经典逻辑不同。一些年后，阿兰·阿斯佩（Alain Aspect）和约翰·克劳泽（John Clauser）等实验者确认了亚原子粒子遵循量子力学规律而非经典逻辑法则的事实。从那之后，许多其他实验指出贝尔的结果不是抽象的数学，而是实实在在地说出了关于我们所处的宇宙的一些非常重要的事实。

在本质上，贝尔定理是完整性假设的终极表达。它说的是实验的结果取决于整个实验，包括安和鲍勃的测量在内。换句话说，我们不能只是看鲍勃将测量什么或者安将测量什么。相反，我们必须考虑每个人将测量什么，以及他们的粒子是从哪里来的。如果这些粒子来自单个无自旋的系统，那么测量结果就会将这个事实考虑在内。

此时仍然有一种方法可以相信隐变量的存在以及粒子在被测量之前就有固定的自旋性质。与其说这些隐变量记录了三个自旋值（安能够进行的三种可能的测量），不如说这些隐变量记录了安和鲍勃有可能进行的九种测量。也就是说，安可以进行三种测量，鲍勃可以进行三种测量，这意味着对两个粒子可以进行九种测量。如果你假设存在这样的隐变量，那么上述逻辑问题就会烟消云散。然而我们就会面临一个非常令人困惑的问题：安的粒子如何知道鲍勃的粒子的行为？毕竟鲍勃可能在宇宙的另一头。这种理论称为**非定域隐变量理论**（nonlocal hidden-variable theory）。由于在这样的理论中，隐变量需要将极为遥远的信息纳入考虑范围，因此大多数物理学家摒弃了这种可能性。

无论是否存在非定域隐变量，有一件事是确定的：测量不能影响遥远物体这种空间观念是错误的。如我们在上文中所见，EPR 论文制造了一个进退两难的窘境。要么我们的宇宙是非定域的，要么量子力学是不完整的，包含非定域隐变量。无论如何，总是存在非定域的影响。

量子纠缠带来的后果之一是它终结了**还原论**（reductionism）这一哲学立场。

这种哲学立场认为，如果你想理解某种封闭系统，就要观察该系统的所有部分。想要理解一台收音机如何工作，你必须把它拆开，查看它的所有组件，因为"整体是其部分之和"。还原论是所有科学的根本假设。量子纠缠指出不存在封闭系统。某个系统的每一部分都能和该系统外部的其他部分纠缠。所有不同的系统都是互相连接的，整个宇宙才是一个系统。如果不观测整个宇宙，就无法理解一个系统。也就是说，"整体大于各部分之和"。

再一次，正常、理性世界观的捍卫者爱因斯坦难以相信我们的宇宙中相距遥远的点之间拥有如此紧密的联系。他将量子纠缠嘲笑为"鬼魅般的超距作用"[23]。但是我们必须再一次指出，许多当代实验表明爱因斯坦是错的。宇宙比他想象的怪异得多。

时间和自由意志的终结：量子擦除实验

我们已有的知识足以描述被称为"量子擦除实验"的前沿研究了。这些实验在著名的双缝实验的基础上向前走了很远。在双缝实验中，光子会出现叠加态，我们会看到干涉图案。只要我们让光子穿过两条狭缝，这样的情况就一定会发生。如果我们通过某种方式测量光子穿过的是哪条狭缝，那么既然我们无法看到处于叠加态的观测对象，光子就只能从一条狭缝中穿过，也就不会产生干涉。这是因为我们不能看见叠加态，而只能看见它的效应。

如果存在某种方式能够"看见"光子穿过哪条狭缝，又会如何呢？或许我们可以在光子穿过狭缝时给它们打上"标签"，随后看看它们拥有什么标签，从而判断它们穿过哪条狭缝。那样的话，就不会有叠加态，光子也就不会产生干涉图案了。实际上，我们可以做到这一点：将偏振滤光器放置在每条狭缝的右侧，给光子打标签，如图 7-20 所示。

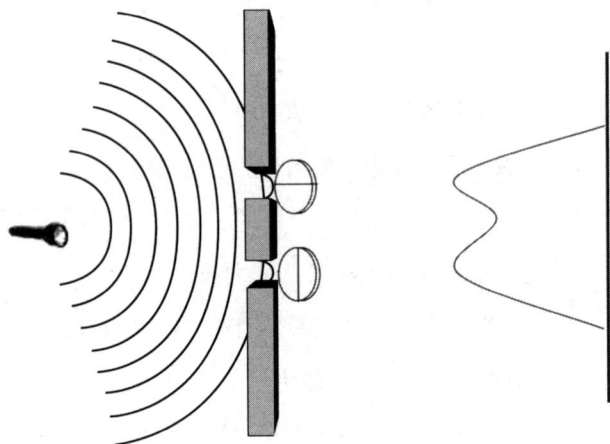

图 7-20　带偏振标记的双缝实验

　　注意，一个滤光器设置为水平方向，另一个设置为垂直方向。这能保证穿过不同狭缝的光子得到不同的标签，以便我们判断它们穿过的是哪条狭缝。毫无疑问，做这样的实验时，由于存在告诉我们光子穿过的是哪条狭缝的信息，因此不会有干涉图案。右侧屏幕上会显示出没有干涉效应的光。

　　这里有一个显而易见的问题：当光子离开源头时，它处于的是叠加态还是某个位置？我们知道如果两条狭缝都是开放的，没有办法给光子打标签的话，那么它们就会处于叠加态。然而如果有办法给光子打标签的话，它们就不会进入叠加态，也就不产生干涉现象。当光子离开源头时，它们如何"知道"狭缝的另一侧是否有打标签的设备呢？毕竟这些滤光器可能距离光子的源头很远。然而光子不知怎的竟然"知道"要做什么。按照完整性假设，这是说得通的：实验的结果取决于实验中是否存在打标签的设备。

　　实验还没有结束。可以在两个偏振滤光器和屏幕之间加入一个大号偏振滤光器，如图 7-21 所示。这个偏振滤光器设置为对角线方向。

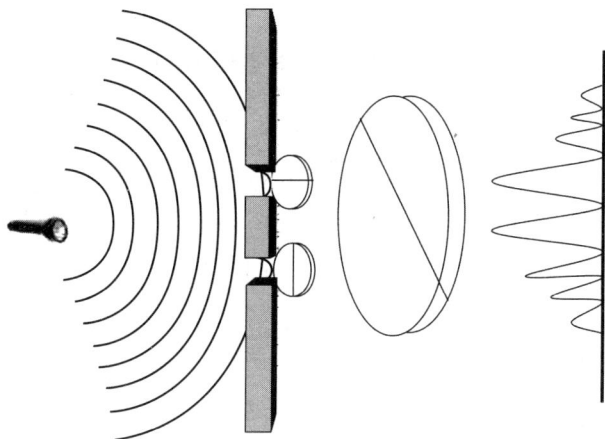

图 7-21 带量子擦除器的双缝实验

让我们看看光子踏上旅程之后会发生什么。如果它穿过上面的狭缝，它就会穿过水平滤光器，出来之后光波变成水平波。然后它会穿过对角滤光器，出来之后变成对角波。同理，如果光子穿过下面的狭缝，它就会穿过垂直滤光器，然后如果它穿过对角滤光器，出来的也是对角波。无论是哪种方式，对角滤光器"擦除"了标签信息，即光子穿过了哪条狭缝的信息。我们缺失了这条信息或得到这条信息的能力，结果光子重新回到了它的叠加态，和自身产生了干涉。足以令人惊奇的是，在真正做这个实验时，发生的正是这种情况：干涉图案出现了。

于是我们就遇到了非常有趣的情景。当光子靠近狭缝时，它必须判断自己应该穿过一条狭缝还是两条狭缝。这取决于这些狭缝的右边会不会有一个对角滤光器。不知为何，光子"知道"它将在狭缝的另一边遇到什么。如果没有对角滤光器，它就会穿过其中一条狭缝；如果有对角滤光器，它就会穿过两条狭缝。光子怎么会知道障碍物的另一边有什么呢？这再次遵循了完整性假设。我们在这里看到，结果取决于实验的**完整**设置，包括障碍物的右边是否有一个量子擦除器。

物理学家使用一种称为**延迟选择量子擦除**（delayed-choice quantum erasure）的方法将这个实验更进一步。假设对角滤光器距离狭缝非常远，而且与滚轴相连，所以能够迅速从屏幕前撤掉。[24] 重述一遍重要事实：如果将这个量子擦除器留在原位，我们会得到干涉图案；如果我们将量子擦除器移走，就不会有干涉现象。然而，实验的设置可以让我们在光子穿越障碍物的狭缝之后选择将量子擦除器留在原地或撤走。对角滤光器可以留在原地，让光子穿过去。因为滤光器的就位，我们知道光子会处于叠加态，同时穿过两条狭缝。当它穿过狭缝后，我们也可以撤走对角滤光器，然后光子将处于确定位置，不会形成干涉图案。反之，如果对角滤光器一开始没有就位，那么光子会处于某个确定的位置，穿过其中一条狭缝。一旦单个光子穿过一条狭缝，我们就可以将滤光器插入原位。这样一来，光子就会以某种方式重新处于叠加态，产生干涉现象。

可以用两种疯狂的方式看待这一现象：(a) 实验者在光子穿过狭缝后移动对角滤光器，这样做是在改变光子抵达狭缝之前的行为；(b) 在光子抵达狭缝之前，不知为何，它们"知道"实验者是否会撤走滤光器。简而言之，要么实验者改变了过去，要么光子"知道"未来。这两个选项都令人难以置信。

很难理解改变过去意味着什么。这样的概念违反了我们对因果关系和所有科学的观念。相比之下，选择 (b)——光子表现得仿佛"知道"未来——和我们的完整性假设十分相符。实验的结果取决于完整设置，包括实验者在实验过程中将要做什么。**完整**强调的是实验的发生需要一段时间，而实验结果取决于从头到尾的实验。实验的结果考虑了实验者是否撤走对角滤光器，就像尤吉·贝拉所说的那样："在没结束之前，一切都还没有结束。"

光子如何能够"知道"实验者会做什么？实验者的自由意志呢？[25, 26] 实验者不是拥有决定是否撤走量子擦除器的自由意志吗？[27] 让我们在使用语言时谨慎一些。光子并没有意识，不能"知道"任何事。

我们的意思是，无论是什么样的物理定律在控制光子的行为，这种定律一定考虑到了实验者的所有行动。这一点之所以令人震惊，是因为控制光子行为的物理定律一定考虑到了实验者**将来的行动**，即使这些行动眼下并不存在。也就是说，控制光子行为的物理定律一定将控制实验者行为的物理定律考虑在内。如果我们要坚持认为实验者拥有自由意志，没有任何事物控制实验者的行为，那就也没有任何事物控制粒子的行为。换句话说，

　　　人类有自由意志 ➡ 粒子有自由意志。

粒子真的有自由意志吗？我们能相信这样的事？粒子似乎并没有表现出任何自由意志。还可以从另一个角度看待这件事：如果粒子没有自由意志，它的行为完全是由物理定律决定的吗？如果是这样，那么人类也没有自由意志。

于是我们得到下列逆否命题：

　　　粒子没有自由意志 ➡ 人类没有自由意志。

从科学角度来看，这一点儿都不奇怪，毕竟人类是由粒子构成的。

根据还原论，科学家会说粒子遵循物理定律意味着人类也必须遵循物理定律。如果他们相信粒子没有自由意志，那么他们将被迫相信由粒子构成的人类也没有自由意志。[28]

量子力学的其他奇异之处

量子力学至少有其他三个值得提到的奇异之处。首先，量子力学使用复数。这些数通常写成 $a + bi$ 的形式，其中 a 和 b 都是实数，i 是假想中的负 1 的平方根。这之所以令人吃惊，是因为大多数其他物理定律只使用简单的实数。毕

竟，我们的测量结果用的都是实数：一根杆子长 0.5 米；一个物体的温度测量结果是 46.168 摄氏度；那个抛射体的飞行速度是每小时 427.35 千米。由于用实数测量性质，因此我们期望物理定律也是用实数陈述的。但量子力学并非如此！相反，复数的使用是绝对有必要的。如果没有复数，我们很难在量子世界中做任何计算。

其次，量子力学具有完全的非确定性。正如第 6 章中提到的，物理学的所有其他部分都是确定性的。有公式可以描述这些系统的行为。这些公式也许不是可计算的，它们甚至可能不为我们所知。然而这些系统遵循严格的物理定律。这和量子力学形成了鲜明的对比，后者从其本质上看是完全随机的。为什么会这样呢？

我将讨论的量子力学的最后一个奇异之处实际上是研究人员发现的第一个奇异之处。20 世纪初，马克斯·普朗克（Max Planck，1858—1947）发现某些类型的能量只有离散值。虽然你可以将自己的恒温器调节到 72.4 和 72.5 之间的任意值，但量子系统的能量只能以特定单位释放，不能有位于这些单位之间的能量。随着时间的推移，量子力学的创建者们意识到不仅仅能量有离散性，量子力学的许多其他性质也同样有这个特点。他们发现粒子有离散的自旋状态，空间是离散的，时间也是离散的。电子从一层轨道跳跃到另一层轨道，但不经过轨道之间的空间。这种跳跃被称为"量子跃迁"。

对我而言，很难看出量子力学的这三个方面如何落入完整性假设的范畴。或许它们并不属于这个范畴。

我们已经完成了短暂的量子力学之旅。多么奇怪的旅程！我们学到了什么？

- 物体的性质同时拥有不止一个值。
- 当这个性质被测量时，我们无法判断会得到哪个值。

- 我们的能力存在固有的局限，无法知道某些成对性质的值。
- 现实取决于它被测量的方式。
- 在我们的宇宙中相距遥远的部分存在奇怪的内在联系。
- 实验者及其自由意志无法从他们的实验中独立出来。

我们该从这个迷幻的世界中得到怎样的见解呢？量子力学已经问世了一个多世纪，研究人员一直在忙着让它更容易被人接受。我们对于物理世界的惯常直觉认识在这个理论面前遭受了重大打击，我们没有办法忽略它。接下来，我将介绍解释量子力学的四个主要学派。

对量子力学的阐释

哥本哈根学派

这个最流行的学派是量子力学的创始人尼尔斯·玻尔和维尔纳·海森堡（Werner Heisenberg，1901—1976）发展出来的。这个学派代表了大部分物理学家的正统观点，并影响了本书的论述。大体而言，该学派认为并不真的存在某个根本的物质宇宙。在某个有意识的观察者测量性质之前，不存在任何值。值并不预先存在，而是测量导致了值的存在。

在哥本哈根学派看来，量子世界并不存在，存在的只是某种抽象的量子力学描述。不能认为物理学的任务是发现自然为何物。相反，物理学关注的问题是，关于自然，我们能够说些什么。哥本哈根学派的阐释不能解释为什么量子力学是非确定性的或者叠加态如何坍缩。事实上，他们走得更远，说这些问题不是科学问题，而是毫无意义的。

需要意识到的一点是，哥本哈根学派的阐释不是一小撮身处科学讨论边缘地位的疯狂之人持有的某种观点。相反，这种阐释被认为是量子力学研究人员中的主流观点。实际上，其他观点才被认为是非正统和牵强附会的。

　　哥本哈根学派的阐释既有积极的一面，也有消极的一面。积极的一面是，如果关于量子力学意义的所有问题都被视为不成立，那么就不存在问题了。我们只管使用方程就好了。虽然这在我看来不是很令人满意，但不想思考基础问题的大多数物理学家喜欢这种自由。他们相信量子力学的所有问题都是伪问题。默里·盖尔曼（Murray Gell-Mann，1929—2019）在接受诺贝尔奖的致辞中说："尼尔斯·玻尔给整整一代物理学家洗了脑，让他们相信这个问题（对量子力学的阐释）在 50 年前就已经解决了。"他们高兴就行。

　　哥本哈根学派之阐释的消极面显而易见。如果有人相信只有当人们抬头看见月亮的时候它才在天上的话，那他肯定神志不清。为什么一个亚原子粒子能够在被观测之前不存在，然而我们似乎每个人都拥有前后一致的存在观念？而且，这种阐释并没有真正解释意识如何或者为何导致叠加态的坍缩。哥本哈根学派的阐释最糟糕的部分是，它给人一种无可置疑的教条之感："这就是事情的样子，不应该问这问那。"当科学家告诉你某种现象没有真正的解释，关于它的问题没有意义的时候，你肯定不会满意。

多重宇宙论学派

　　叠加态之所以对我们而言如此奇怪，是因为我们从来都没见过叠加态。当观测宇宙时，我们只能看到观测对象位于一个地方，而且它的每个性质都只有一个值。为什么仅仅通过测量就能让一个观测对象坍缩？此外，为什么它随机坍缩到某个位置而不是另一个位置？1955 年，才华横溢的年轻物理学家休·艾弗雷特三世（Hugh Everett III，1930—1982）提出了一种激进的解决方案，名为**多重世界假说**（many-worlds hypothesis）或**多重宇宙论**（multiverse）。他说当一次测量发生时，不是某个叠加态坍缩到一个位置，而是整个宇宙分裂成了许多个宇宙，每个宇宙拥有这次测量的一个可能的结果。例如，在薛定谔的猫的实验时，宇宙分裂成了两个，在其中一个宇宙中，你打开盒子，开心地发现猫还活着；而在另一个宇宙中，你打开盒子，为自己在科学实验中使用动物而伤心懊悔。这两个宇宙之间没有联系，是完全独立的。它们各自包含一个版本的你，这些"你"都对任何其他宇宙一无所知。

　　相信多重宇宙的存在有诸多优点。首先，不再有任何测量问题。叠加态不是坍缩到某个特定的位置；相反，叠加态坍缩到了每一个位置。此外，虽然在做实验时你无法确定叠加态在你所处的宇宙中会坍缩到什么结果上，但如果你将目光投向全部多重宇宙，确定性就被重建起来了。物理定律说叠加态会在一些宇宙中坍缩到每一个位置。这是一条确定性规律。[29] 在多重宇宙论的阐释中，定域性也得到了重建。当安对自己的粒子进行测量时，宇宙分裂成了两个宇宙：在其中一个宇宙，她的测量结果是自旋向上；在另一个宇宙，她的测量结果是自旋向下。在这两个宇宙中的每一个，鲍勃的粒子也都有正确的自旋性质。所以一次测量不影响另一个粒子，而是一整个新的宇宙被创造了出来。多重宇宙论的数学简单得多 [30]，因此满足奥卡姆剃刀原则，该原则告诉我们选择更简单的观点。多重宇宙论还拥有其他优点，我们将在 8.3 节中讨论人择原理时遇到它们。这种多重世界的阐释并不为大多数物理学家接受。事实上它被大多数物理学家肆意嘲笑。然而有一些重要的物理学家是这种观点的坚定鼓吹者，如马克斯·泰格马克（Max Tegmark）和戴维·多伊奇（David Deutsch）。

　　多重宇宙论的缺点显而易见。其他那些宇宙在哪里？宇宙分裂的机制是什么？这是终极的非定域性：只是因为一次小小的测量，结果一个宇宙在这里，而另一个宇宙出现在极为遥远的地方。存在如此多宇宙的想法实在令人震惊。在没有物质证据的情况下，如何假设某件事物的存在呢？

隐变量学派

　　隐变量学派可以追溯至路易·德布罗意（Louis de Broglie，1892—1987）和戴维·博姆（David Bohm，1917—1992）。这两位先驱对量子力学的非确定性很不满意。或许存在某些隐藏的变量可以解释叠加态为什么坍缩到某个位置。他们研究了一些非常复杂的数学，而且真的提出了关于量子力学如何运转的确定性规律的公式。然而在贝尔定理之前问世的隐变量理论在很大程度上被大多数物理学家忽视了，因为他们提供的等式考虑了远离动作的因素。也就是说，他们的隐变量是非定域性的。这对于贝尔定理出现之前的物理学家而言根本无法理解。他们觉得所有物理学必须是定域的，只能考虑附近的因素。直到贝尔定理得到陈述之后，人们才意识到无论是否存在隐变量，量子力学都是非定域性的。

即使隐变量说得通，它也不可能挽救朴素实在论。换句话说，一个观测对象在我们测量它之前拥有确定的性质，然后我们测量它并发现了这种性质，这种简单的观念必须抛弃。即使隐变量也不能帮助我们重建朴素实在论。此外，它在非定域性方面也无能为力。量子世界本就是非定域性的。

隐变量理论的重大优点之一是这些规律是确定性的。在过去的 3000 年里，科学的一个重大目标就是给所有现象赋予确定性法则："如果这件事发生，那么那件事就会发生。"我们为什么应该相信，在其他科学领域取得胜利之后，确定性会在物理学的一个分支里失败了呢？为什么亚原子世界应该和宇宙的其他部分不同呢？隐变量的研究人员为我们的物理世界重建了这一重要特征。

然而，隐变量理论的缺点让大部分物理学家望而却步。例如，隐变量（导航波）的方程和机制极为笨拙。它们不是给出简单答案的简单方程。相反，这些方程将许多非定域现象考虑在内。即使拥有这些极为遥远的信息，也不容易计算出结果。它们就像我们在 7.1 节中见到的某些系统一样。就算存在确定性规律，它们对于预测也帮不上多大忙。也就是说，仅仅因为这些粒子知道往哪里去，也不意味着我们能够预测它们往哪里去。

量子逻辑学派

我将审视的最后一个学派是量子逻辑学派。加勒特·伯克霍夫（Garrett Birkhoff，1911—1996）和约翰·冯·诺依曼（John von Neumann，1903—1957）在 1936 年发表的一篇论文最先构想出了这些概念。[31] 他们的目标是对逻辑法则进行修饰，使它们能描述量子世界。我们都知道生活在真实世界中的常规逻辑法则，但量子世界的逻辑法则是什么呢？

让我们看一个例子。思考下面三个命题。

A = 鲍勃是民主党。

B = 鲍勃是年轻的。

C = 鲍勃是富有的。

我们可以将这些命题组合起来，形成

A 和 (B 或 C)。

这意味着鲍勃是民主党，而且要么年轻，要么富有。我们还可以组成下列命题：

(A 和 B) 或 (A 和 C)。

这意味着鲍勃是一名年轻的民主党，或者鲍勃是一名富有的民主党。如果细心的话，你就会发现可以用两种方式说同一件事情。用逻辑符号表示，我们得到：

A 和 (B 或 C) = (A 和 B) 或 (A 和 C)。

这是逻辑学中**分配律**（distributive law）的一个例子。它说的是"和"可以分配到"或"上。这种情况是宇宙的一个基本事实，我们会在日常生活中的每一天毫不怀疑地使用这个法则。

　　现在让我们转向量子世界。思考下面关于双缝实验的三个命题。

　　　　X = 存在干涉。

　　　　Y = 光子穿过顶部狭缝。

　　　　Z = 光子穿过底部狭缝。

将这些命题结合起来，得到

　　　　X 和 (Y 或 Z)。

这意味着有干涉存在，而且光子穿过了顶部或底部的狭缝。实际上，它穿过了
两条狭缝。这是关于双缝实验的真命题。相比之下，

　　　　(X 和 Y) 或 (X 和 Z)

意味着存在干涉且光子穿过顶部狭缝（为假），或存在干涉且光子穿过底部狭
缝（也为假）。这个命题是假的。使用逻辑符号表示，我们的结论是

　　　　X 和 (Y 或 Z) ≠ (X 和 Y) 或 (X 和 Z)。

也就是说，虽然分配律适用于常规世界，但它在量子世界中失效了。

　　研究人员继续审视了量子世界的许多方面，并从量子逻辑的角度来看待这
些方面。量子逻辑的优点是它拥有从形式上搞清楚量子世界的能力。毕竟，逻
辑帮助我们在更大的世界里找到正确的方向；如果逻辑也能在亚原子世界中帮

助我们就好了。缺点是量子逻辑并没有真正消除怪异之处。它只是回避了问题：为什么我们应该接受量子逻辑的奇怪法则？为什么世界应该遵循和我们日常经历的普通法则不一样的法则？如果量子世界遵循量子逻辑，那么为什么常规世界应该遵循经典逻辑？还有更多问题等待回答。

小结

对量子力学的所有四种阐释都不令人满意。每一种阐释都有令我们心生疑虑的方面。很可能这四种阐释（或任何其他现存的阐释）中没有一种是正确的。将来可能会出现另一种阐释，这种阐释可能会为我们提供正确的观点。或者我们永远也得不到正确的阐释。记住，"外面"并不存在任何东西能确保我们身处的宇宙是可理解的。

目前，没有科学实验能确定上述哪个思想学派是正确的。每种阐释都有它自己看待量子力学的现实并预测其结果的方式。对某种阐释的偏好基本上取决于你相信宇宙拥有什么类型的性质。如果你相信宇宙是确定性的，那么你就不会追随哥本哈根学派，而更愿意相信隐变量的阐释。如果你无法想象亿万个不同的宇宙，那么你必须远离多重宇宙的阐释。相反，如果你盲目追求奥卡姆剃刀原则，那么你很可能会接受数学理论更简单的多重宇宙论。从根本上说，所有这些阐释都是为了让你能够坦然接受宇宙的怪异之处。除非有人能够用某种实验指出一种观点是正确的，其他观点都是错误的，否则选择其中任何一种都没有科学依据。就目前而言，对量子力学的正确阐释在科学的能力之外。

除非你是教条主义者，单凭信仰就接受了其中一个思想学派，否则你不得不和我们其他人一样成为犹豫不决的凡人，并意识到宇宙的根本性质处于理性的边界之外。

有些研究人员情愿放弃对量子力学的阐释。他们秉持着实用主义的观点，只关心测量设备上的结果是否正确。这些**工具主义者**（instrumentalist）只在意方程是否奏效，能否做出正确的预测。在他们看来，没有理由关心**为什么这**

些方程奏效或者物质宇宙的根本现实是什么。他们的格言是："闭嘴，计算！"他们相信不应该浪费时间思索"后台"在发生什么，质疑是否存在更深层次的现实。对他们而言，真实世界的潜在本质要么超出了理解范围，要么不值得思考。他们认为对量子力学的阐释研究"只"是形而上学，因此应该和所有坏思想一样扔进垃圾堆里。

戴维·多伊奇猛烈抨击了这些工具主义者。[32] 他假设了这样一种情况：某个超级天才的地外种族给地球留下一个"神谕"或"神奇盒子"，它会告诉人类任何实验的结果是什么。也就是说，我们人类将想做的实验输入神谕，然后它就会奇迹般地告诉我们实验的结果。它能做出我们所想或所需的所有预言。那些让我们闭嘴然后开始计算的工具主义者会感到十分满足。他们甚至不再需要计算，只需要摆弄自己的神谕玩具。然而大多数人类对此并不满意。我们不想预先知道实验的结果。我们想理解为什么宇宙按照它运作的方式运作。我们想得到一个解释，解释为什么粒子会做出它们的行为。大多数人不满足于只知道一个实验的结果。实际上，多伊奇说我们已经有了这样一个神奇的神谕：我们身处的宇宙。它会将我们能做出来的所有实验的结果告诉我们。但是这还不够。我们发明了各种思维模式，解释宇宙如何以及为何以它运作的方式运作。

虽然我能理解工具主义者的观点，即对量子力学的恰当理解目前基本上是无法回答的，而且我愿意为他们忽略这些问题的正当权利辩护，但我仍然不喜欢他们否认人类推测周遭世界这一基本倾向的道德立场。人类应该继续试图理解宇宙。

虽然量子力学是真实的科学，而且我们每次打开收音机或微波炉的时候都会使用它的预测能力，但我们仍然不能真正理解它为什么按照它运作的方式运作。即使量子力学规律描述并控制着大部分物质宇宙，我们还是很难理解它。这迫使我们提出几个问题：我们为什么觉得量子力学如此难以理解？我们在将来会习惯量子现实的怪异之处吗？如果我们无法对这种怪异形成某种思维模式，那么这对我们的思维和世界的关系意味着什么？作为其中某些问题的部分答案，我们必须承认量子力学的怪异之处并没有让它变成谬误。毕竟我们生活在一个看不到叠加态的世界里，我们的思维认为叠加态奇怪，这应该在我们的期望之内。我们也是伴随定域性体验世界的，所以认为量子力学的非定域性毫无道理的看法也站得住脚。与之类似，量子力学的其他奇怪方面也超出了我们的理解能力。我们必须接受的是，我们的思维并不能完全理解宇宙运作应该遵循的方式。在对量子力学的阐释变成一个突出问题的许多年之前，戴维·休谟（David Hume）问道："被我们称为思想的这种大脑的小小骚动究竟有怎样的特权，让我们一定要将它认为是整个宇宙的模式？"[33]宇宙以它运作的方式运作，我们必须适应它，因为它不会适应我们。

我以量子力学开拓者尼尔斯·玻尔的话作为结论。他写道，量子力学的某些观念需要"我们对物理现实的态度得到根本性的修正"。[34]的确如此！

7.3　相对论

阿尔伯特·爱因斯坦的相对论拥有所有科学中最优雅的一些概念，其中大多数可以用容易理解的思想实验描述。虽然它们很容易理解，但我们对周遭世界的理解因为它们迎来了革命。

真正详细地介绍相对论并不是我的目的。我只想讨论相对论以怎样的方式重塑了我们的宇宙观。因此，我们可以忽略那些方程式，在一些示意图的帮助下专注于思想实验。

相对论有两个类别。1905 年，爱因斯坦构想出了**狭义相对论**（special theory of relativity），它探讨的是没有引力或加速度的宇宙。后来在 1915 年，他对这项工作进行了一般化推广，得到**广义相对论**（general theory of relativity），探讨引力和加速度。我将从狭义相对论开始介绍，最后介绍广义相对论。

相对论的核心概念是物质宇宙的性质取决于它们是如何被测量的。没有绝对的测量结果。这和我们对宇宙的朴素观念形成了鲜明的对比。按照我们通常的说法，我们看到的某个人一定拥有确切的身高。如果我们在不同的距离之外，此人在我们眼中的样子会有所不同。我们离得越远，他看起来就越小；我们离得越近，他看起来就越大。在这个简单的例子中，我们可以说存在一个绝对身高，但是也有不同的相对身高。和这种普通观念截然不同的是，相对论告诉我们一个物体的性质真的会根据它被观察的方式而变化。不存在任何绝对稳定的性质。

让我们用一个简单的问题作为开始：挪威海岸线的长度是多少？这个答案不难得出。只要拿出一张地图和一把尺子，量一量就知道了。问题在于海岸线不是笔直的，而是弯弯曲曲的，很难得出确切的数。如果你使用一张更大的地图或者用更小的尺子测量，就能将海岸线上的更多角落和缝隙计算进去，然后你就会发现海岸线变长了。你还可以非常严肃地对待这个问题，真的沿着挪威的海岸线走一趟，一边走遍所有壮丽的峡湾一边测量。用这种方法测量海岸线会进一步增加海岸线的长度。如果有人能命令一只蚂蚁走遍挪威的海岸线，得到的结果还会更长。[35] 挪威海岸线的真正长度是多少呢？答案是这个长度取决于它的测量方式。这种奇怪的现象称为**海岸线悖论**（coastline paradox），但是这个概念当然和挪威或海岸线无关。我们可以对许多物理对象提出这个问题。

需要意识到的是，这个思想实验的目的是反驳绝对长度的概念。有人可能会相信真的存在挪威海岸线的确切长度，通过使用越来越先进的设备，我们就能越来越接近这个确切的长度。这种看法是错误的。相反，这个长度取决于它是如何被测量的。我们将在相对论里发现类似的现象。

伽利略相对性

伟大先贤的工作为爱因斯坦的相对论奠定了基础。伽利略描述了当运动持续发生时，我们对物理定律的认知是如何保持不变的。他讨论了他那个时代的一种重要的交通工具（船）的运动。不同实验分别在一艘静止的船上和一艘运动中的船上进行。他的文章十分优美和清晰，值得在这里大段引用：

　　　　和几个朋友一起来到某一艘大船甲板下面的主舱里，让一些苍蝇、蝴蝶和其他会飞的小动物陪伴在你们身边。在一大碗水里放几条鱼；把一个瓶子挂起来，让里面的水一滴一滴落入下面的宽阔容器。当船静止的时候，仔细观察这些小动物如何以相同的速度飞向船舱的四壁。鱼儿漫不经心地朝所有方向游动；水滴落入下面的容器；而且在把某件东西扔给朋友的时候，只要距离相等，某个方向所需的力量不会比另一个方向所需的更大；两脚并拢立定跳远，你朝每个方向跳出去的距离都是一样的。当你已经仔细地观察到所有这些事情之后（虽然当船静止的时候，毫无疑问所有事情都是这样发生的），让船以你喜欢的任何速度开动起来，只要动作是匀速的即可，不要忽快忽慢。你会发现上述所有现象都没有一点儿改变，你也不能从中看出这艘船是在行进中还是静止不动。你在地板上的跳远长度会和之前一样，朝船头方向跳远的长度也不会大于朝船尾方向跳远的长度，即使船在以极快的速度移动，即使当你腾空的时候身体下面的甲板正朝着你跳跃的反方向移动。在把某件东西扔给同伴的时候，无论他在船头还是船尾，你都不需要费更多力气。水滴仍然像此前一样落入下面的容器，不会落到外面，尽管当水滴在空中这段时间，船已经行驶了一大段距离。水里的鱼向大碗前面游不会比向后面游费更多力气，它们在大碗边缘的任意位置休息时都同样轻松自在。最后蝴蝶和苍蝇也会继续朝着所有方向漫不经心地飞行，它们不会聚集在船尾，仿佛因为追随船的行驶轨迹而累坏了似的，如果是那样的话，它们会因为长时间停留在空中而分开。[36]

　　伽利略描述的是许多实验，它们表明物理定律无法区分静止的船和运动（不加速）的船。[37]

　　爱因斯坦讨论了发生在火车上的许多类似实验，火车是他那一代的重要交通工具。然而我将谈论汽车，因为汽车在当代更为普遍。假设你是某辆汽车上的乘客，汽车的行驶速度为每小时 80 千米，你可以向上扔一个小球。如果汽车没有加速、减速或急转弯的话，这个球会轻轻落回你的手中。这实在有些惊人，因为当小球位于空中的短暂时刻内，你的手向前移动了好几米远。实际上，小球的行为方式和汽车静止不动时一样。这正是伽利略对于船想要说的：你不能通过观察船 / 火车 / 汽车上的物体如何运动来察觉运动。（当然，你可以朝窗外看来判断自己是否运动。）

　　现在思考那些站在路边看着你的汽车和你的小球的人。他们看到了什么？他们不会只看到小球简单地抛起落下。相反，他们看见小球一边抛起一边向前。毕竟这辆汽车在以每小时 80 千米的速度前进，而小球会跟随它前进。小球会在很短的时间里落回你的手中。重点在于，作为车上的一名乘客，你可以做一些计算，务必笔直向上抛出小球，然后计算它什么时候落在你的手上。与此同时，路边的人看到小球同时向上和向前，他们也可以进行计算，判断出小球在何时何地着陆。虽然计算过程不同，但运动规律是相同的。

　　遵循伽利略的概念，爱因斯坦假设下列结果对看到物质宇宙的任意观察者都成立。

　　　　公设 1：某一恒定速度的所有观察者必定观察到相同的运动规律。

　　由于这个概念已经为伽利略所知，因此这条公设称为**伽利略相对性**（Galilean relativity）。然而爱因斯坦在这些概念上走得更远。

狭义相对论

　　想要理解爱因斯坦的狭义相对论，我们必须先讨论光速。光以有限的速度传播而且不是即时性的，这个事实有些违反直觉。只需要将灯打开，房间似乎即刻就亮了起来。然而科学家在 17 世纪就意识到光不是即时性的，而是以某个有限的速度传播。

　　试图计算光速的第一个实验是丹麦天文学家奥勒·罗默（Ole Rømer，1644—1710）在 1676 年完成的。这个想法十分巧妙，值得我们关注。罗默使用最新发明出来的望远镜观察了木星和它的卫星木卫一。这颗卫星以固定速度围绕木星旋转。这意味着木卫一绕到木星后面（月食）和它从木星后面出现（月出）的时间应该是固定的。然而这名天文学家注意到当地球远离木星时，木卫一的出现延迟了（见图 7-22）。

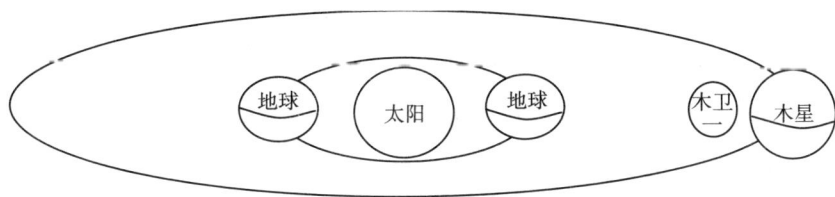

图 7-22　对木星及其卫星木卫一的两种观察角度

　　他推测这种延迟的原因是从木卫一表面反射的光抵达地球需要花更长时间。根据他知道的地球和木星之间的距离以及地球公转轨道的大小，罗默能够计算出光速。虽然他的计算离真实情况相差较远，但这个想法非常聪明，并启发其他科学家做了更多精确的实验。

　　最终人们确定光（在真空中）的速度是大约每秒 30 万千米。然而关于光速还存在一个令人震惊的事实：这个速度是恒定的，无论光源的速度或观察者的速度是多少。这和宇宙中的任何其他现象都不同。如果你乘坐一辆时速 80 千米的汽车，同时另一辆汽车以 50 千米的时速向相同方向行驶，你会感觉另一辆车的时速只有 30 千米。

如果你乘坐一辆时速 80 千米的汽车，同时另一辆时速 50 千米的汽车朝你相对而行，你会感觉它以每小时 130 千米的速度朝你开过来。对于汽车和宇宙中的其他物体是这样，但对光来说不是这样。如果你在运动中，无论光源正在接近你还是在远离你，光的速度在你看来都是大约每秒 30 万千米。

爱因斯坦先查看了描述光的方程式（描述电磁波的麦克斯韦方程组），然后发现观察者的速度和光源的速度"甚至不存在于这个方程（组）"，他由此意识到了光速的恒定性。

还有其他实验结果表明光速总是以相同的值被观察到。最简单的实验是荷兰天文学家威廉·德西特（Willem de Sitter，1872—1934）在 1913 年描述的。他想象了一个双星系统——两颗恒星靠得足够近，它们被互相之间的引力拽住并旋转，如图 7-23 所示。

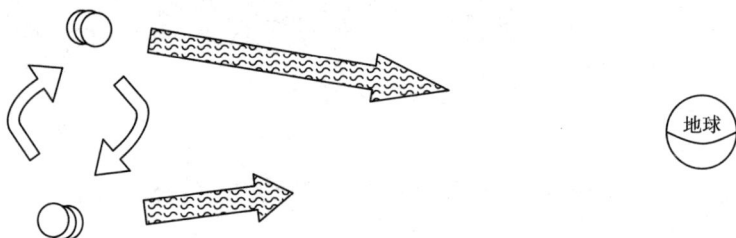

图 7-23　观察来自双星系统的光

如果光不是以恒定速度传播的，那么逐渐靠近地球的恒星发出的光就会传播得更快，逐渐远离地球的恒星发出的光就会传播得更慢。在一个双星系统内，这样的来来回回一直持续。如果光不以恒定的速度传播，那么逐渐靠近地球的恒星发出的光就会在逐渐远离地球的恒星发出的光之前抵达地球。那样的话，这些光就会以扰频形式抵达地球。德西特报告称从未发现这样的扰频光线。他的结论是，无论光源的速度是多少，光速都是恒定不变的。

顺便说一段有趣的题外话。光速的恒定性被用来对某些距离概念和时间概念下定义。我们使用的许多计量单位，如英里、英尺、英寸、米、小时、分钟或秒，源自文化和历史因素。研究人员想用更科学的方式描述这些计量单位。由于光速是恒定的，因此它被用来提供某些长度的正式科学定义。考虑到光在真空中的传播速度是每秒 299 792 458 米，我们可以将 1 米定义为光在 1/299 792 458 秒中传播的距离。什么是一秒呢？要回答这个问题，研究人员考虑了一个铯-133 原子的振动次数。一秒被定义为这个原子振动 9 192 631 770 次所需的时间。选择这个数是因为它和我们传统上认为的一秒相符。这两个计量单位给了我们长度和时间的严格定义。但我们将看到，这些定义稍微有些误导性。

爱因斯坦将光速的恒定性作为关于宇宙的一条公设，如下所述。

公设 2：所有观察者总会看到相同的光速。

我们只需要这两条简单的公设，就能推导出狭义相对论的结论。

长度收缩和时间膨胀

我们如何结合这两条公设？以不同速度运动的两个观察者如何能对光速达成一致意见？首先让我们思考一下对速度的测量。想计算一辆汽车跑得有多快，我们先设定一段距离，然后测量汽车行驶完这段距离所耗费的时间。速度就是这段距离除以这段时间。所以，时速 80 千米意味着这辆车可以在一小时内行驶 80 千米。假设我们知道一辆汽车以时速 80 千米行驶，但出于某种奇怪的原因，我们对它的测量结果只有每小时 50 千米。怎么会这样呢？我们一定是在测量中出了错。由于速度等于距离除以时间，因此我们肯定是在距离或时间上出了错。错误的原因可能是我们用来计算距离的量尺是错的，或者我们用来计算时间的钟表有问题，也可能两者都有问题。这是我们能够解释结果出错的唯一方式。

现在让我们回到光速上来。它的测量方式是光在特定间隔内（时间）传播的距离（空间）。如果观察光的方式存在"错误"，那么时间和空间的测量方式肯定也有问题。假设柯克船长[①]用激光枪发射激光，两艘太空船在一旁观察这一过程。一艘太空船静止不动，另一艘沿着和光线相同的方向移动，如图7-24 所示。

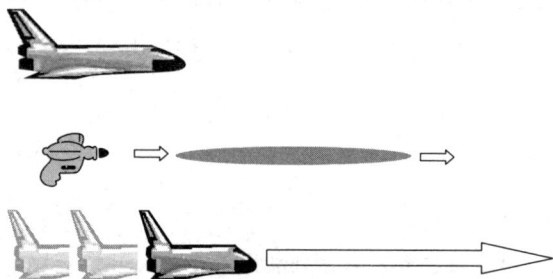

图 7-24　测量光速的两艘太空船，一艘静止，另一艘移动

公设 2 告诉我们这两艘太空船都会看到光以大约每秒 30 万千米的速度传播。假定静止的太空船在计算光速时测量到了"正确"的距离和时间。那移动中的太空船呢？由于它是移动的，有人可能会认为在它上面的乘客看来，光速会慢一些。但实际上这些乘客也会看到光以大约每秒 30 万千米的速度传播。这个"错误"能够发生的唯一方式就是他们"不正确"地测量了距离和时间。也就是说，他们的测量杆一定缩短了，让他们测量出来的距离"不正确"；他们的钟表一定变慢了，让他们测量的时间"不正确"。实际上，这正是真实发生的情况。他们的测量杆在一种叫作"长度收缩"（length contraction）的现象

---

① Captain Kirk，电影《星际迷航》中的人物。——译者注

中变短了，他们的钟表在一种叫作"时间膨胀"（time dilation）的现象中变慢了。由于这是自然过程，因此不能说一种视角是正确的，另一种视角是不正确的。两种视角都是正确的。

我们必须意识到的第一件事是，缩短的不仅是测量杆：移动太空船上的所有东西都缩小了。实际上，太空船本身缩小了。在移动太空船上站立的宇航员会变瘦。当他们顺着飞船移动的方向躺下来时，他们的身高会变矮。由于身边的一切都在经历这种长度收缩，因此移动太空船上的人不会注意到这一点。相反，静止太空船上的人会注意到这一点。

同理，不仅是用来测量速度的秒表变慢了，而是所有钟表和所有过程都变慢了。这些过程包括宇航员的心率和他们体内的化学反应。他们衰老的过程同样变慢了。移动太空船上的任何观察者都不会注意到这一点，但这些情况会被静止太空船上的人察觉。

必须强调的是，移动太空船并不是看上去缩小了或者似乎在缩小。相反，它的确缩小了。时间膨胀也是如此。不存在任何假象。这是宇宙的基本事实：运动中的物体会经历长度收缩和时间膨胀。

只有当飞船以接近光速的速度运动时，这些效应才能被静止的观察者察觉出来。我们无法看见物体以哪怕稍微接近光速的速度运动。要记住，就算是光速的百分之一也有每秒 3000 千米。没有任何交通工具能接近这个速度。在大多数情况下，我们观测不到长度收缩或时间膨胀。然而这些变化可以在某种实验环境下测量出来。

物理学家已经构想出了一些方程，它们能精确地告诉我们，相对于静止观察者，运动对象将经历多大程度的长度收缩及时间膨胀。这些方程将观察者的速度考虑在内。运动速度越快，空间收缩和时间膨胀的程度就越大。这个过程的极限是什么呢？如果人可以移动得非常非常快，比如达到光速，他们就会缩小到没有大小，时间对他们而言完全停止。也就是说，他们无法存在。这是狭义相对论的另一个推论：宇宙存在速度的极限。没有任何物体的速度能够等于或大于光速。这是一种由科学描述出来的局限。

总是存在这么一种强烈的欲望：它拒绝接受所有这些关于相对性的说法，坚持空间和时间的绝对性。有人想宣布，从地球上的某个静止点得到的测量值是绝对测量值，所有其他测量值都是相对的。这是错误的看法。虽然地球似乎没有动，但它实际上一直按照一种疯狂的模式运动着。别忘了地球绕着自己的轴以大约每小时 1600 千米的速度自转。它还以大约每小时 10.7 万千米的速度环绕太阳公转。此外，我们的太阳系还以大约每小时 80 万千米的速度围绕银河系中心旋转。伸出你的手指，等一秒钟。你需要意识到刚刚你的手指移动的距离即使没有数千千米，也有数百千米之遥。地球上的静止观察者绝不是静止的。没有绝对的观察者，没有绝对的测量，也没有绝对的空间和时间。一切都是相对的。

时间如何慢下来？钟表怎么可能慢下来呢？所有钟表的运转都涉及某种化学过程或物理过程。无论是电池还是上发条，钟表都伴随相应的过程运转。想要看看快速运动影响时间的例子，可以构想出一台用光来运转的钟表。假设某台钟的工作原理是两面镜子和它们之间的一束光脉冲，如图 7-25 的上半部分所示。

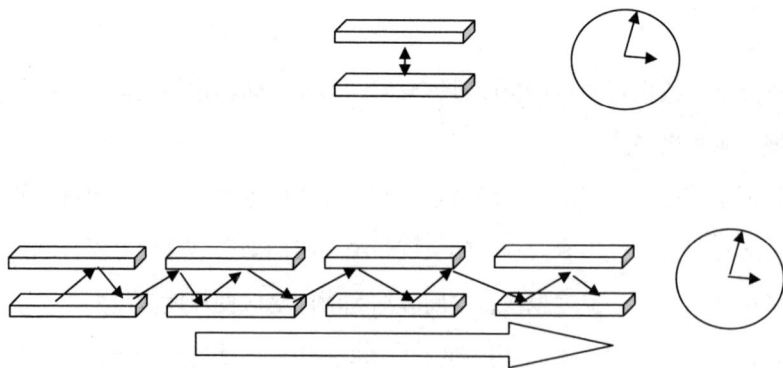

图 7-25 静止和移动的光钟

该钟的工作原理是，光在两块镜片之间每来回跳跃 10 000 次，钟就向前走一秒。因为光的速度在宇宙中是恒定的，所以它会是一台非常准确的钟。现在假设这台钟从宇宙中快速穿过。光仍然来回跳跃，但这一次光会沿着对角线跳跃。沿着对角线的路径总是更长，所以这台钟依然能运转，但是光要完成来回 10 000 次跳跃就必须传播更长的距离。因此对于静止的人，这台移动的钟看上去就会以更慢的速度嘀嗒。

实际上真的有证明时间膨胀的实验证据。1971 年，人们在环绕地球飞行的飞机上放置了四台原子钟。当这些飞机返回地面后，人们比较了这些原子钟上的时间和静止在地面上的原子钟的时间。人们发现在天上飞的这些原子钟的时间都是滞后的。科幻小说家将这个概念发挥到极致，提出了所谓**双胞胎悖论**（twins paradox）。假设一名宇航员告别自己在地球上的双胞胎兄弟，然后以非常接近光速的速度进行太空旅行。如果这名宇航员的速度足够快，当返回地球时，他可能青春依旧，然而留在地球上的双胞胎兄弟已是垂垂老矣。从某种意义上说，狭义相对论允许你前往未来。遗憾的是，似乎只有单程票，去了就无法返回。

思考当速度加快时时间膨胀可能导致的结果。查看图 7-26 左侧图中的路径。

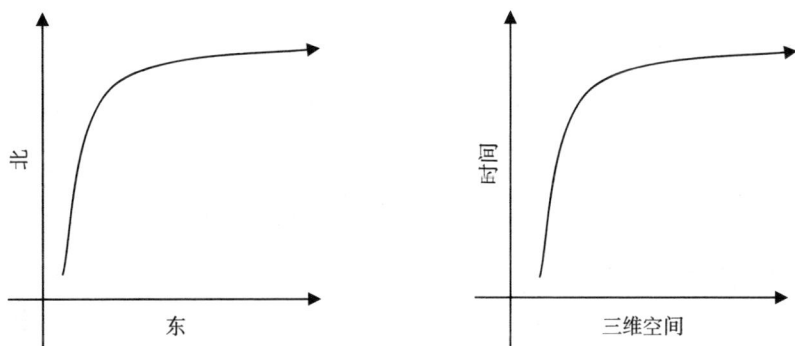

图 7-26　与时空的类比

一个人在向北移动并稍向东偏离。在某一时刻他开始向东移动。他向东移动的程度越大，向北移动的程度就越小。这就是这两个维度结合起来的方式。现在思考图 7-26 右侧的示意图。如果某个人只是动了一点儿，他并没有真正改变自己在三维空间中的位置。在某一时刻他开始迅速移动，于是他在改变自己在空间中的位置，但在时间维度上移动得更少了。时间膨胀表明他的速度越快，时间流逝得越慢（根据某静止不动者的测量结果）。可以看出空间的三个维度和时间的一个维度存在紧密的联系。就像左侧图中北和东之间的联系一样，右侧图中时间和空间也存在类似的联系。爱因斯坦指出空间和时间不是可以独立看待的不同实体。相反，它们是一个四维体的组成部分，这个四维体叫作**时空**（spacetime）。我们通常认为，动作是随着时间的流逝在空间内发生的一段运动。我们现在知道应该将动作理解为时空中的一段路径。当我们在下文研究广义相对论时，这种时空概念会非常重要。

同时性

狭义相对论造成的另一个后果是，同时性 —— 两件事发生在同一时间 —— 的概念出现了问题。毕竟如果两个以不同速度旅行的人会对多少时间已经流逝的问题产生不同意见的话，那么他们肯定会争论两件事是否同时发生的问题。假设两名宇航员观察到一个事件，然后各自登上一艘速度不同的飞船。由于以不同的速度运动，他们对时间流逝多少的感受是不同的。最终他们在另一个星球上着陆，并得知在他们着陆之前发生了第二个事件。一名宇航员看了看自己的表，断定这两个事件发生在同一时间。另一名宇航员也看了看自己的表，断定这两个事件发生在不同时间。谁是正确的呢？没有正确的答案。**时间**、**时长**和**同时性**都是相对概念。

爱因斯坦用一个巧妙的思想小实验强调了这一点。想象自己站在一个火车站，观察一列火车快速从面前通过。当火车位于你的正前方时，两道闪电在同一瞬间出现在你眼前，它们分别击中了列车的车头和车尾，如图 7-27 所示。
火车两端与你的距离相等，所以这两道光传播同样的距离就能被你看到。你据
此判断这两道闪电是同时击中火车两端的。但是现在思考位于火车中央的一名
旅客。他正在接近前方的闪电，同时远离后方的闪电。前方闪电的光先照射到
他身上，然后后方的光才追上他。因此他判断是前方的闪电先击中列车的。[38]
你和这名旅客都相信同样的物理定律，但对这两道闪电的同时性得出了不同的
结论。谁是正确的？我们只能说两者都是正确的，两个事件是否在同一时间发
生取决于谁在观察它们。

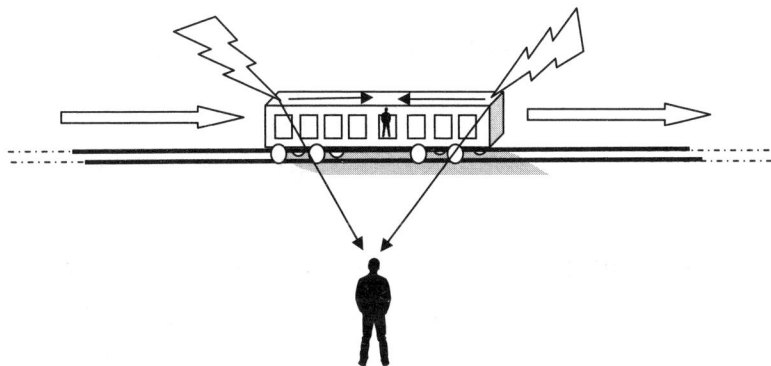

图 7-27　爱因斯坦关于同时性的思想实验

随着同时性的概念被摧毁，随之出现问题的就是因果律。如果不能确定什
么是先发生的，那就不能确定是什么导致了什么。如果连因果律的概念都出了
问题，我们还怎么理解宇宙的规律呢？

质能等价性

如果我们就这样结束对狭义相对论的介绍，闭口不提世界上最著名的方程，
那就太不应该了。这个方程是

$$E = mc^2$$

也就是说，能量（E）等于质量（m）乘以光速的平方（c^2）。这个方程是狭义相对论的直接推论，它描述了能量和物质可以如何互相转化。

在开始理解这一点之前，我们需要回顾一下质量是什么。通常而言，一个物体的质量告诉我们这个物体拥有多少物质。假设我们面前有两个同样大小的球，一个是钢做的，另一个是软木做成的。钢球的质量显然更大。物理学家有两种测量质量的方法：引力质量和惯性质量。

引力质量基本上就是指这个物体有多重——也就是说，引力对这个球施加了多大的力。很显然，钢球比木球更重。这个测量值取决于你在哪里测量它。同一个球在死海附近的重量稍稍大于在珠穆朗玛峰上的重量。（我将在稍后解释这一点。）所以引力质量会根据测量方式变化，它是相对的，而不是绝对的。

惯性质量是物体对压力的抵抗程度。换句话说，如果球被一个力推了，它运动的幅度是多大？如果你用同样大小的力去推钢球和木球，木球会以更快的速度运动。狭义相对论向我们指出，测量物体有多快是一个相对的过程。更确切地说，它取决于观察者的速度。因此我们的结论是惯性质量也不是绝对的。

这两种测量质量的方法给出了相同的答案。（实际上，对我们即将开始的对广义相对论的讨论而言，这个概念至关重要。）质量的两种定义方式都是相对的，这个事实表明物质的本质也是相对的。不只有空间和时间是相对概念，质量也是。

现在可以解释质能等价性了。这里没有足够的篇幅真正详细解释爱因斯坦的这个著名的方程，但我们至少可以从直觉上理解为什么质量和能量能够彼此转化。假设对某个位于外太空的物体施加一个巨大的力。根据牛顿定律（力等于质量乘以加速度，即 $F = ma$），物体会根据受到的外力产生加速，而且这个力越大，加速度就越大。注意，我们谈论的是加速度，而不是速度。这意味着物体的运动速度将越来越快，似乎没有什么能够阻止它。但是别忘了狭义相对论告诉我们没有任何物体的运动速度能快过光速。为了确保该物体的运动速度永远不快过光速，物体的质量会逐渐增加。不断增加的质量会保证物体慢下来。我们成功地将力——也就是能量——转换成了质量。与之相反，核反应堆内发生的过程就是质量转换为能量的例子。

因此，每个运动中的物体都比它静止时拥有更大的质量。当它的速度与光速相比微不足道时，这点多出来的质量细微得无法察觉。不过运动中的物体的确拥有更大的质量。与之类似，拥有更多能量的物体也拥有更大的质量。所以，打开的电熨斗比关上的电熨斗更重。

这种等价性是核能和核弹的基础。光速（c）是如此之大的一个数——因此光速的平方（c^2）也是——以至于极小的质量就能转换成巨大的能量。原子弹与核反应堆的巨大能量就是这么来的。质能等价性实际上是更多过程的基础：在太阳内部，持续不断的核反应将质量转换为能量。这些能量来到地球，赋予我们以生命。

广义相对论

在对狭义相对论的讨论中，我们一直将自身的角色限制为某个匀速运动而且不转弯的观察者。让我们抛弃这种限制。和匀速行驶的汽车里的乘客不同，加速汽车里的乘客会感觉自己向后陷入座椅，而当汽车向右急转弯的时候，乘客又会感觉自己被推向左边。这和上文讨论的伽利略的那艘平稳行驶的船形成了极大的反差。

为了理解加速度，爱因斯坦进行了如下思想实验。想象一名儿童位于一个密闭的箱子里，如图 7-28 所示。如果她将手中拿着的一个球松开，这个球会落在地板上。

图 7-28　加速度和引力的等价性

来源：哈达萨·亚诺夫斯基（Hadassah Yanofsky）绘

　　有两种方式可以解释这个球为什么会落下来。一种可能性是，这个箱子位于地球上，地心引力将球拽了下来。另外一种可能性是，这个箱子位于外太空，箱子在一艘正在加速的飞船上。如果是那样，那么球落在地板上的原因就和宇航员在火箭起飞时感觉自己被拽进座椅中的原因是一样的。这种情况类似于汽车加速时你感受到的力。正如困在伽利略的船上的科学家不能判断船是否在移动一样，箱子里的儿童也不能判断影响球的是引力还是加速度。爱因斯坦的结论是，事实上无法区分引力和加速度，因此他提出了广义相对论的原则。

　　公设 3：所有观察者都会观察到相同的运动规律。

　　这意味着无论当事人感受到的是引力还是加速度，运动规律肯定都是相同的。

　　狭义相对论所述的长度收缩和时间膨胀也会发生在广义相对论中。加速或减速中的人仍然觉得光速是恒定的，所以他们的测量杆和钟表一定也发生了改变。然而，这一次长度收缩和时间膨胀的程度不再是恒定的。当旅行者加速时，静止的观察者会观察到运动中的测量杆在逐渐缩短，钟表在逐渐变慢。相反，当旅行者减速时，静止的观察者会观察到测量杆在逐渐变长，钟表在逐渐变快。然而广义相对论还有另一面：由于加速度和引力是等同的，测量杆和钟表在任何较大的质量附近也会被察觉出变化。靠近太阳或黑洞的宇宙飞船会缩小，它的钟表也会变慢。这个过程的极限是，如果一位旅行者真的进入了黑洞，而他随身携带的钟表还能奇迹般地正常工作，钟表就会不再运转。当然，旅行者本人不会注意到这一点。

正如我们在图 7-26 中看到的那样，空间和时间并不是彼此独立的实体。相反，时空是它们结合而成的四维竞技场，所有运动和物理定律都在这里发生。广义相对论让这种时空概念变得有趣得多，它不再只是一个四四方方的四维竞技场，现在它有了曲线和拐角。质量（或它的等价物能量）弯曲了这个竞技场。我们很难想象一个四维空间，更难想象这样一个空间弯曲的样子。一种有助于理解这个概念的方法是，想象一块平整的橡胶垫子。当垫子上放置重物时，重物周围的垫子会产生弯曲，如图 7-29 所示。就像这样，质量弯曲了构成时空的纤维结构，质量附近的物体会倾向于靠近它。所以质量弯曲了时空，而时空的弯曲影响质量。两个球弯曲了时空并彼此吸引。我们将这种现象称为引力。

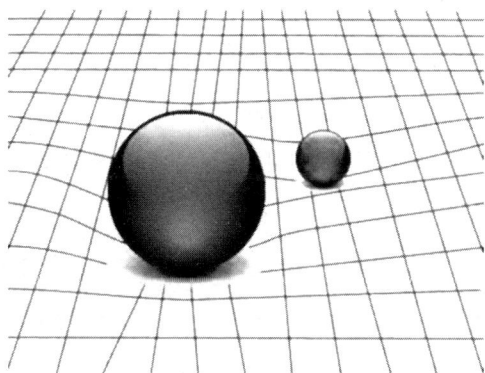

图 7-29　被两个物体弯曲的时空

来源：哈达萨·亚诺夫斯基绘

　　这是广义相对论对引力的解释。也可以从这个角度理解加速度。以恒定速度运动时，物体的运动路径等同于时空中的一条直线。当物体加速时，它的路径会弯曲，偏离原来的直线。

　　爱因斯坦提出广义相对论几年后，这个理论在一个关于日食的著名实验中得到了证实。1919年，一位名叫亚瑟·斯坦利·爱丁顿（Arthur Stanley Eddington，1882—1944）的天文学家前往非洲西海岸附近的普林西比岛（Principe），赶在5月29日之前抵达。南半球将在这天发生一场日全食，他想见证这一事件。发生日食的时候，月球位于地球和太阳之间，挡住照射在地球上的阳光。爱丁顿计算了日食发生时太阳的位置，并测量了两颗此时近似位于太阳两侧的遥远恒星之间的距离，如图7-30的上半部分所示。然后他等待太阳来到这两颗恒星之间。在这一刻，由于太阳非常明亮，因此看不到这两颗恒星。然后月亮进入地球和太阳之间，这个过程持续了410秒。在这段时间里，由于阳光被挡住，因此这两颗恒星又能被看到。爱丁顿此时又可以测量这两颗恒星之间的距离。正如爱因斯坦的预测一样，这两颗恒星之间的距离似乎变大了。太阳的引力实际上弯曲了这两颗恒星的光线。随着这些光线在太阳周围被拉近，这两颗星星看起来比太阳进入它们中间之前离得更远了。光也受引力的影响，因为引力是空间的弯曲。爱丁顿的实验结果传遍了全世界：广义相对论得到了证实。

　　问题是：这两颗恒星之间到底相隔多远？这取决于你在什么时候看到它们。光线被弯曲是因为时空本身被弯曲。这是光线被拉近的原因。你或许会对此表示抗议，声称无论太阳从这两颗恒星之间经过时它们看起来是什么样子，这两颗恒星的位置都是固定的。一种类似的现象是，杯子里的吸管在有水倒进杯子里时变弯了。吸管看上去是弯的，但这实际上只是一种视错觉。这种反对意见有一定的误导性。这两颗星星不只是**看上去**离得更远了，而是**的确**离得更远了。如果想用手指触碰弯曲的吸管，你不会把手指放在你看见吸管所处的位置。你

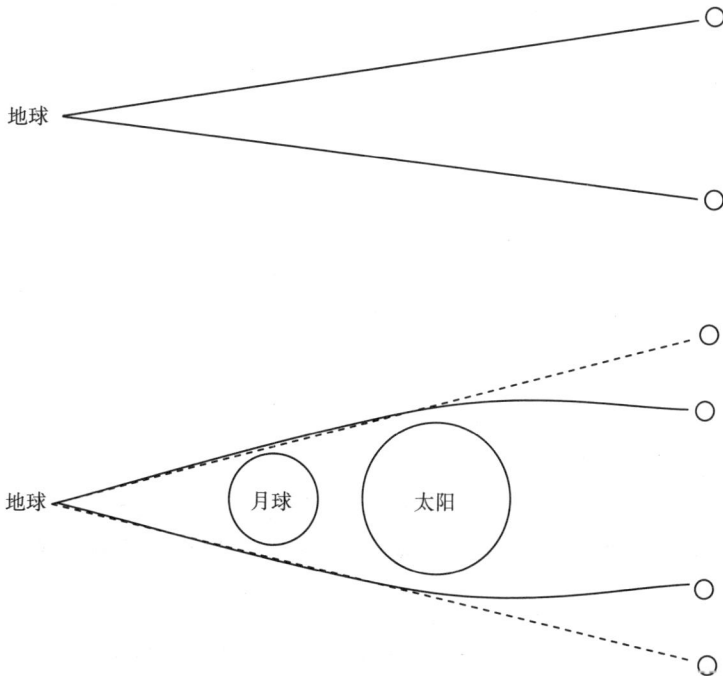

图 7-30　1919 年日食之前和日食过程中

会将视错觉考虑在内，将手指放在吸管应该在的位置。相反，如果想前往这两颗恒星中的一颗，你必须将时空的曲率考虑在内。如果你的飞船将从距离太阳很近的地方飞过，你必须将它的引力计算在内。时空的曲率不是一种错觉。

有一种有趣的方式可以真正测量空间的曲率。你的体重在珠穆朗玛峰峰顶上测量和在海平面上测量是不一样的。在所有其他条件都相同的情况下，从海平面到珠穆朗玛峰的海拔高度增加（约为 8848.86 米）会导致重量减少大约 0.28%。在海平面重 90 千克的人在珠穆朗玛峰峰顶上会轻 90 × 0.0028 = 0.252 千克。虽然这样的变化幅度很难引起注意，但这仍然是真的。[39] 可以从牛顿的视角解释这个现象：由于你和地心的距离在珠穆朗玛峰峰顶上更大一些，因此牛顿的公式表明施加在你身上的引力会更小一些。不过我们也可以从相对论的角度看待这个现象。如果你将地球想象成一个在时空的纤维结构中造成凹陷的物体，那么珠穆朗玛峰峰顶距离凹痕更远，距离时空的扁平部位更近。因此，你在珠穆朗玛峰上的重量——也就是你被拽向地心的力——小于你在海平面上的重量。

　　自爱因斯坦提出广义相对论以来，它已经通过许多其他方式得到了实验证实。空间、时间、长度、时长、质量、能量和重量等全都是相对概念，对于我们认知世界的能力而言，这实在是令人吃惊的事实。

统一量子力学和相对论

　　在上面两节中，我们讨论了我们对宇宙的理解中最重大的两场革命：量子力学和相对论。这两个理论都非常成功，但它们在几个方面是相互矛盾的。

- 在大多数情况下，这两个理论涉及的是不同领域。量子力学涉及的是微观世界，而相对论涉及的是宏观世界。然而，它们的领域也有重叠之处：那些称为奇点或黑洞的地方。在这些重叠区域，这两个理论给出了互相冲突的预测。
- 这两个理论还反映了对空间和时间的根本性质的不同观念。例如，量子力学中的纠缠现象似乎表明空间与自身的纠缠程度大于相对论空间概念下的程度。此外，广义相对论认为空间是连续的，而量子力学理论认为空间和时间是离散的。
- 经典物理学和广义相对论的规律是确定性的，而量子力学的规律是非确定性的。

　　简而言之，可以看出

量子力学和相对论 ➡ 矛盾。

和许多悖论一样，这个矛盾表明我们需要一种新的范式。找到一种新的理论迫在眉睫。这种新理论应该能够统一量子力学和相对论。它应该能够和自己要取代的这两个理论中的每一个都做出相同的预测。此外，在它们重叠的领域，这种理论应该能做出一种符合观察结果的预测。这种理论将提供对空间、时间、物质和因果律的新观念。

虽然目前还不存在所有人一致同意的此种理论，但它已经有了一个名字：**量子引力**（quantum gravity）。因为这种理论将同时描述引力和量子力学所描述的基本作用力，所以它将成为一种**万物理论**（Theory of Everything）或**大统一理论**（Grand Unified Theory）。许多理论正在争夺这一崇高的地位。这些理论都有深奥难懂的名字，例如**弦理论**（string theory）、**圈量子引力论**（loop quantum gravity）和**非交换几何**（noncommutative geometry）。这些理论中的每一种都有其违反直觉之处。目前来看，弦理论似乎处于领先地位。然而现在要做出判断还为时尚早。它们之中的任何一个都可能是真正的万物理论。当然，也可能真正的万物理论还没有被开发出来。或许永远都不会有万物理论。关于量子引力，有一点似乎是确定的：它将向我们指出，我们对宇宙的朴素观念是错误的，宇宙比我们认为的还要有趣得多。

第 8 章

元科学的困惑

所有逻辑论证都能被对逻辑推理的简单拒绝击败。

——史蒂夫·温伯格（Steven Weinberg）[1]

宇宙不只比我们想象的还要奇怪，它比我们能够想象的还要奇怪。

——亚瑟·斯坦利·爱丁顿

是不同部分的和谐，它们的对称性，它们愉快的平衡；简而言之，正是这些带来了秩序，是这些实现了统一，让我们立刻清晰地同时看到并理解整体和局部。

——亨利·庞加莱

科学家不是探讨物质世界的唯一一批人。哲学家和其他研究者也想知道宇宙是如何运作的及我们如何理解它。他们不但关心结构是什么，也关心为什么会存在结构及它是如何被描述的。

8.1 节涉及关于科学、宇宙和我们的思维之间关系的哲学问题。8.2 节讨论科学和数学之间的关系。8.3 节提出的问题是，为什么宇宙看上去如此适合生命和理性的出现。

8.1 科学的哲学局限性

在本节中，我将探索科学哲学的不同方面。这个庞大且引人入胜的哲学分支探讨的是自然科学及其取得进展的方式。我没有对科学哲学进行一次详尽的调查，而是精选了该领域的几个核心主题，看看它们如何归属于科学的局限。

归纳问题

科学哲学的重大问题之一是**归纳问题**（problem of induction）。简单地说，如果某人所见的每只天鹅都是白色的，为什么他应该相信所有天鹅都是白色的？归纳问题问的是，我们有什么权利将少数观察结果总结为普遍规律。如果我们一次次看到同一种现象，为什么这意味着事情总是如此？并不存在任何合乎逻辑的原因让我们得到这样的结论。很有可能还存在粉色天鹅，只是我们没有见过它们罢了。没有合乎逻辑的原因解释为什么天鹅是白色的而不是粉色的。[2]

在日常生活中，我们无时无刻不在使用归纳法。我们打开灯的开关，期望灯会变亮。我们打开淋浴喷头，期望喷头喷出热水而不是泥巴。我们做日程安排时总是假设太阳会在第二天升起，只是因为到目前为止它每天都会如此。

在所有这些事件中，我们都在根据有限次数的观察做出结论。我们在一生之中只能见到某些天鹅。我们没有见过所有天鹅。到目前为止，太阳每天早晨都会升起，但我们不知道未来如何，然而我们对未来进行了预测。为什么我们的经验给了我们相信未来依旧如此的理由呢？

这不是一个新问题。早在 200 多年前，戴维·休谟就指出不存在任何合乎逻辑的原因令归纳法有效。有人可能会反驳说，打开灯的开关，灯就亮的原因是，开关导致电流形成完整的回路，而灯泡在电流通过时必定会亮起来。休谟也会对此反驳，称这一长串推理过程只不过是一系列因果关系，而这些因果关系之所以能够建立，是因为我们通过归纳法认为它们有效。每个行为在过去都导致了某种特定的效应，而我们假设这种效应会在将来继续出现。休谟说使用归纳法的人使用的假设是，宇宙不知为何能够随时间变化保持一致。没有理由相信这种假设。

归纳的过程是通过观察许多单一事件来获得一条普遍规律。方向相反的过程——从一条普遍规律得到某特定事件的结论——称为**演绎**（deduction）。如果存在一条普遍规律声称所有天鹅都是白色的，那么我们就能很有把握地判断某一只天鹅是白色的。与归纳相反，演绎是一个合乎逻辑的过程。从"所有人终有一死"和"苏格拉底是一个人"这两个命题中，可以合乎逻辑地推断出"苏格拉底终有一死"。这种论证是无法推翻的。演绎的主要问题在于普遍规律通常来自归纳。

归纳问题深深根植于科学的内核。科学规律的构思过程就是观看现象并将它们总结为普遍规律，我们将这些普遍规律称为自然法则。然而，并不存在真正的原因让我们有权做出这些总结。牛顿用来描述宇宙中成对物体运动状态的法则不是牛顿检查了宇宙中所有成对物体之后得出的。相反，他是通过理解和归纳自己的所见构思出这个法则的。事实上，这个法则在应用到**所有成对物体**时果真是错的。量子力学已经向我们指出，亚原子粒子不遵循牛顿的简单法则。广义相对论也指出，牛顿的法则并不是故事的全部。我们的结论是，牛顿的法则是用归纳法构思出来的，而它们最后被发现是错的。20 世纪的物理学革命发现，它们不适用于非常小或非常大的物体。

这些抽象的认识论话题在关于全球变暖的当代争论中处于核心地位。虽然大多数科学家查看了目前已有的数据并判断是人类导致地球变得更热，但有些科学家并未被说服。他们说没有足够的数据得出这个结论。他们看到历史上出现过几次冰河时代和冰河消融。他们不认为目前的全球变暖和其他这些时代有什么区别。这些科学家感觉，在我们得出这样的结论之前必须检查多得多的数据，而我们或许永远无法得到如此之多的数据。

不仅是科学，我们的整个世界观都是从归纳法的角度建立的。我们观察现象，然后构思出关于世界真正本质的理论。每次关上冰箱门的时候，我们都确定冰箱里的灯会随之关闭，尽管我们并没有看见它关闭。正如约翰·阿奇博尔德·惠勒（John Archibald Wheeler，1911—2008）所写："我们称为'真实'的东西……是想象和理论混合而成的成分复杂的黏稠纸浆，构建在一些观察结果的铁柱子上。"[3]

哲学家对归纳问题给出了不同的观点。最流行的观点是同意归纳并不总是得出绝对真实，而是给出概率性的真实。如果目前为止看到过的所有天鹅都是白色的，那么很有可能现存的所有天鹅也都是白色的。此外，你看过的白天鹅越多，就越能肯定所有天鹅都是白色的。至于太阳在明天升起，并没有可以证明这一点的逻辑论证。然而，因为太阳在此刻之前的每个早上都升起了，所以它在明天升起的概率非常大。

对归纳问题的另一种可能的答案是，虽然归纳推理或许不符合逻辑，但这是一种确切无疑的人类活动。换句话说，人类在时间的长河中学会了如何从具体现象得出普遍规律。并不是人类的所有归纳结果都完全正确，但其中许多是正确的。虽然它可能不是严格的理性过程，但它仍然是合理的人类活动。

20 世纪杰出的科学哲学家之一卡尔·波普尔（Karl Popper，1902—1994）相信，归纳问题没有真正的解决方案。他声称科学的运转方式并不是科学家试图通过归纳法证实规律。我们发现科学规律的过程不是看看此前发生了什么，然后将其总结为普遍规律。相反，科学家先提出假说，这些假说可以被表明是错的（它们是可证伪的），然后他们试图指出这些假说是错的。我们将在稍后了解波普尔的更多思想。

你可能试图忽略归纳的问题，只管大喊一声："它管用！"毕竟过去每次人类使用归纳法的时候，它都是有效的，所以归纳肯定管用。这种实用主义的解决方案并不恰当。我们在寻找相信归纳法的理由，而你说**因为它在过去管用，所以按照归纳法，它将一直管用**。但这是在使用循环论证：你在使用归纳法说明归纳法的正当性。休谟总结了为什么这种论证是不合理的："任何源自经验的论据都不能证明过去与未来的相似性，因为所有这些论据都是以这种相似性为前提的。"[4]换句话说，我们假设宇宙保持不变来证明宇宙保持不变。这不合理。

还有一个例子指出了理性和归纳法之间的分离，这个例子叫作**乌鸦悖论**（ravens paradox）或**亨普尔悖论**（Hempel's paradox）。思考下面这个命题：

所有乌鸦都是黑色的。[5]

你每看见一只黑色的乌鸦，都是在验证这个命题。假设这个命题为真，并思考某个不是黑色的物体。因为这个命题为真，所以这个不是黑色的物体肯定不是一只乌鸦。我们得到了一个在逻辑上等价的命题：

> 所有不是黑色的物体都不是乌鸦。[6]

这两个命题用不同的方式讲述了同一件事。如果一次观察验证了其中的一个命题，那么它也自动验证了另一个命题。如果找到了一只不是黑色的乌鸦，那么我们就同时证伪了这两个命题。现在思考一件绿色毛衣。这件物体既不是黑色的，也不是一只乌鸦，所以它是对第二个命题的一次验证。每次我们看见一件绿色毛衣，由于绿色不是黑色而且毛衣也不是乌鸦，因此我们都是在验证第二个命题，而后者与关于黑色乌鸦的原始命题等价。这就有些令人困扰了，当我们看见一件绿色毛衣或一个蓝色的球时，我们就是在验证"所有乌鸦都是黑色的"这个命题，这怎么可能呢？

我们甚至还能走得更远。当看见一件绿色毛衣时，我们也是在验证下面这个命题：

> 所有不是蓝色的物体都不是乌鸦。

这件绿色（不是蓝色）的物体是一件毛衣（不是乌鸦）。这个命题等价于：

> 所有乌鸦都是蓝色的。

所以只要看着这件毛衣，我们就是在验证乌鸦是黑色的，也是蓝色的。这只是对一件绿色毛衣的观察能够验证的无限多个命题中的两个。更糟糕的是，就我们所知，乌鸦不是蓝色的，而这两个命题实际上都是假的。绿色毛衣怎么能如此有助于我们的鸟类学观察呢？

人们为乌鸦悖论提供了各种可能有效的解决方案。一种解决方案是只管去同意这个悖论的结论，说当看到一件绿色毛衣时，你就是在验证所有乌鸦都是黑色的这个命题。然而，必须将这种验证当作一种概率性的验证。暂且假设全世界有 100 万只乌鸦。你每次看见一只乌鸦而且它是黑色的，你就距离完全验证这个命题接近了 100 万分之一。相比之下，全世界不是黑色的物体就多得多了。当你看见这些物体中的任何一个时，你都距离指出乌鸦的集合是黑色物体的集合更近了一步，如图 8-1 所示。然而，由于世界上不是黑色的物体如此之多，因此对这个命题的单次验证效果是微乎其微的。

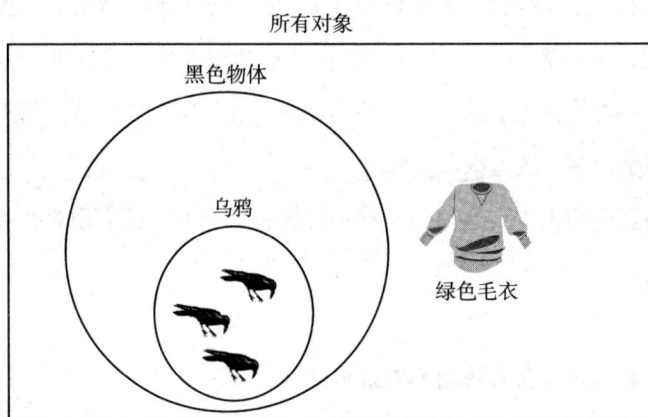

图 8-1　乌鸦悖论

无论在归纳问题上接受哪种解决方案，你都必须承认，作为科学活动之核心的归纳推理过程超出了理性的边界。这并不是说归纳法是错的。归纳法显然有用。但我们必须意识到这样一个事实，即它不是一种严格合理的过程。

简洁性、美和数学

归纳法并不是科学家用来发现自然规律和解释宇宙内在运转机制的唯一方

法。他们还使用其他方法论来选择科学理论。用理性研究这些方法论和它们的关系有重要的意义。

在科学家的工具箱中，最古老、最强大的工具之一名为**奥卡姆剃刀**（Occam's razor）或**简约原则**（principle of parsimony）。奥卡姆的威廉（William of Ockham，1285—1349）是一位英格兰哲学家，他告诉我们不要做多于我们所需的假设。也就是说，如果能用较少的假设解释某件事，我们就不应该做更多的假设。[7]用比喻的修辞手法来说，我们应该用剃刀削去任何不需要的假设。对某种现象的解释可能存在许多方式，而我们总是应该使用更简单的解释。

哥白尼提出日心说，并不是因为存在经验性证据表明地球在运动。哥白尼当然感觉不到地球在运动。他之所以强调日心说的世界观，也不是因为日心说对宇宙做出了更好的预测。实际上，哥白尼认为行星以圆形轨道而非椭圆形轨道围绕太阳运转。相反，他的论据（后来被发现是正确的）是日心说的宇宙比地心说的宇宙更简单。与地心说的宇宙相比，日心说的宇宙中不存在复杂的本轮（epicycle）。

使用奥卡姆剃刀存在一个重大问题：它可能并不正确。例如，哥白尼认为行星以圆形轨道围绕太阳运转，而开普勒指出这种轨道实际上是椭圆形的。奥卡姆本人偏爱更简单的圆形轨道。然而，自然法则抛弃了奥卡姆的选择，找到了更复杂的轨道。奥卡姆剃刀失效的另一个例子是在牛顿和爱因斯坦对引力的构想中，前者的公式少于后者。更少的公式意味着更简单，所以奥卡姆剃刀会预测牛顿是正确的。然而，物理学家告诉我们，爱因斯坦的理论才是应该选择的正确理论。奥卡姆或许会就此反驳说公式的数量并不是简洁性的恰当衡量方式。他或许是对的，也或许不对。

简洁性存在不同的类型。一方面，存在**假设的简洁性**（simplicity of hypothesis）：面对两个理论，选择使用较少预设的理论。另一方面，存在**本体论的简洁性**（simplicity of ontology）：面对两个理论，选择假设较少物体存在的理论。例如，面对两个理论，其中一个假设以太存在，另一个则没有，应该选择那个不需要以太的理论。更少的物体是更好的。

这些不同类型的简洁性有时彼此矛盾。某种理论很可能需要更少的假设，但从本体论角度需要更多物体，反之亦然。多重宇宙论就是这样的例子。[8] 这种理论相信我们看到的宇宙只是众多宇宙中的一个。描述多重宇宙的数学比描述单一宇宙的数学更简单，然而多重宇宙中的物体数量显然比单一宇宙中的多。艾弗雷特的多重宇宙论增加了物体的数量，但用来描述这些宇宙的数学则简单得多。

为什么奥卡姆剃刀大体而言是有效的？为什么我们总是应该选择更简单的理论？许多人认为奥卡姆剃刀如此有效的原因是宇宙本身是简单的而非复杂的。因此，我们应该选择那些简单的解释。然而并不真正存在任何合乎逻辑或理性的理由让我们相信宇宙是简单的。实际上，它可能是复杂的，至少它看上去就很复杂。

科学家用来发现和选择不同理论的另一个标准是美。科学家坚称一个理论在某种程度上必须是美的。世界闻名的数学家和物理学家赫尔曼·外尔（Hermann Weyl，1885—1955）据说曾经这样说过："我的工作总是力图实现真与美的统一，但是当我只能在二者中取其一时，我通常选择美。"保罗·狄拉克（Paul Dirac，1902—1984）也表达过类似的观点："在一个方程中，拥有美感比符合实验结果更重要……似乎只要一个人在工作中着眼于让自己的方程拥有美感，而且如果这个人拥有深刻洞察力的话，他就能获得真正的进展。"[9]

美究竟是什么？在科学中定义这个字和在日常生活中定义它一样难。有些物理学家将美等同于优雅 [10]，而后者同样是一个难以定义的概念。有人说美与简洁性有关，这基本上就是奥卡姆剃刀原则。还有人说，如果一种理论强烈呈现出对称与和谐之感，那它就是美的。关于美的不同意见非常多，因为没有人能确切地解释要寻找的是什么，或者为什么这种性质在挑选好理论方面是奏效的。

　　美的一个问题是，它并不总是奏效。[11] 宇宙并不像科学家想象的那样美丽。[12] 伯特兰·罗素以他亲切的幽默感这样说道："自巴门尼德的时代以来，学术领域的哲学家就相信世界是一个整体……我最根本的信仰是，这些都是胡扯。我认为宇宙全都是点和跳跃，没有统一性，没有连续性，没有连贯性或秩序性，也没有支配人类之爱的任何其他性质。"[13] 和简洁性一样，并不存在任何理由让我们相信宇宙总是美和对称的。

　　然而科学家用来选择物理理论的另一个过滤网或工具是数学。他们想让自己的理论尽可能地表现为数学的形式。在看到成形的方程之前，物理学家是不会真正接受一种理论的。在较早的时代，数学只不过被认为是辅助物理学的一种语言或工具，然而现在数学已经是一种理论的最终仲裁者。[14] 物理学家已经将自己的信仰置于数学的符号和方程中。如果数学说得通，那么物理学一定是正确的。这种选择物理理论时对数学的信仰在当今的一个热门物理理论上发挥到了极致，它就是**弦理论**。这种理论假定存在非常微小的弦，这些弦会扭动、摇晃、结合及分开。通过查看这些弦的数学，就能看出物质宇宙中所有已知的力都能用弦来解释。它是能够同时描述量子力学中的力及在广义相对论中发挥重要作用的引力的理论之一。不过弦理论的另一个优点是它解决了无限性的问题。在其他试图结合量子力学和相对论的物理理论中，方程不知为何都会出现令人不安的无限性。弦理论没有无限性的困扰。因为所有这些原因，许多物理学家对弦理论的发展非常兴奋。它似乎就是人们追寻已久的万物理论。然而弦理论只有一个问题：不存在任何实验证据证明它是正确的。虽然它的数学非常棒，但我们（目前）不能观察到任何现象表明世界实际上是由微小的弦构成的。这并不意味着这个理论是错误的。缺少证据不意味着证据不存在。世界很有可能的确是由非常小的弦构成的，弦理论很有可能是正确的。当然，弦理论也可能只是一个复杂的幻想。就目前而言，我们不知道它是否正确。我们能只遵循

数学法则而不用任何实验证据吗？ [15]

我们以什么方式将简洁性、美和数学当作启发才是正当的呢？一种可能的实用主义正当化方式是，这些启发法在过去是管用的，我们应该在将来继续使用它们。毕竟在大多数情况下，使用这些方法让科学取得了相当好的进展，而且我们应该期望，如果我们继续使用它们的话，科学将一如既往地良好发展。唉，可惜这种正当化方式并不站得住脚。这种论证方式使用了归纳法，而正如我们之前所见，归纳法是称不上严格合理的。另一种可能的正当化方式是，宣称这些启发法之所以奏效，是因为我们身处的宇宙实际上是简洁、美且符合数学的。虽然看上去确实如此，但我们远不能肯定这一点。我们都知道，宇宙或许是复杂、丑陋且不符合数学的。

和对待归纳法一样，我们必须意识到，服务于科学进步的这些方法论本质上超出了理性的边界。它们有效，而且我们将继续使用它们，但这样做不存在合乎逻辑的理由。

卡尔·波普尔和可证伪性

注意到归纳问题和科学过程中其他有问题的方面之后，卡尔·波普尔描述了科学真正的运作方式。他与休谟还有其他人意见一致，认为归纳法存在的问题让它无法证实一种科学理论。然而相比之下，指出某种科学理论**不正确**则相对容易。你要做的只是找到一个指出该理论错误的例子。如果某种理论预测存在某些现象，而观察结果表明这些现象并不存在，那么我们就只能判断这个理论是错误的。用本书所用的符号表示：

理论 ➡ 错误的现象。

这意味着该理论是错误的。波普尔认为科学家应该做的不是努力证实某种理论，而是努力指出某种理论是错误的。

波普尔受到了爱丁顿著名的日食实验的影响，我们在 7.3 节中讨论过这个实验。爱丁顿在 1919 年做的这个实验表明，牛顿的观念——现象在空间中发生，空间则是扁平的——是不正确的。这一年，波普尔 17 岁。爱丁顿指出，像太阳这样大的天体会令光线弯曲，牛顿的观念需要被抛弃。爱因斯坦的广义相对论似乎"更正确"。令波普尔惊叹的事实是，在追随了牛顿数百年之后，科学家愿意抛弃牛顿的观点，因为他们看出这些观点这一次失效了。他将这个现象和政治、道德以及宗教方面的理论进行了尖锐的对比。在这些领域，某种教条被奉为真理，尽管存在很多证据指出它是错误的。

在波普尔看来，可证伪性是科学的根本属性。这是科学和其他门类的分界。科学做出的预测可以被观察结果指出是错误的。他描述了一些不能做出可证伪预测的门类，如**伪科学**（pseudoscience），并认为它们没有获得科学的崇高地位。波普尔举出的伪科学的例子是精神分析学。精神分析学对人性做出了许多预测。然而，无论它的预测在什么时候被指出是错误的，精神分析学家总能表明他们的理论其实解释了一些异常现象。在某种意义上，伪科学过于强大，因为它可以解释每种现象及任何实验的每一种结果。只有在真正的科学中才会有某些预测可能是错误的，并表明整个理论都是错误的，必须被抛弃。

对波普尔而言，科学获得进展的方式是做出可证伪的猜想和预测。然后科学家就通过做实验的方式检查这些猜想和预测。如果实验表明这些猜想是错误的，那么科学家会转而研究其他猜想。然而，如果实验没有表明这些猜想是错误的，也不意味着这种理论就是正确的。相反，这只意味着该理论（暂时）未被证伪。

并非所有人都将波普尔的想法放在心上。人们曾争论这是否真的是科学取得进展的方式。大多数科学家对归纳问题的概率解决方案很满意，而且在选择不同科学理论时毫不介意使用其他方法论。当一种理论被选择后，如果有足够证据证明它是正确的，通常都会认为它被证实了。在现实生活中，科学家不会一直等到他们的理论被证伪。

对波普尔的另一种批评是，可证伪性并不是他所宣称的终极因素。虽然它被许多科学家采用，但它也有不那么管用的时候。我们将在 8.2 节中看到，当于尔班·勒威耶（Urbain Le Verrier，1811—1877）查看新发现的行星天王星的运行方式时，他看到了不太符合牛顿定律的某些异常情况。一名正统的波普尔主义者会建议勒威耶抛弃牛顿定律，寻找其他法则。幸运的是，勒威耶忽视了这种意见并坚持使用牛顿定律。他没有抛弃牛顿的行星运动定律，而是用它们找到了另一颗导致天王星偏离轨道的行星。可见，科学是一个复杂的过程。

波普尔的思想揭示了科学哲学中的另一个问题：研究人员如何判断一种新的激进观点是正确的还是荒谬的？它是眼光深远的新观念，还是欺世盗名的骗局？很显然，应该用实验来检验这个观点。然而，如果这个想法无法被检验或者如果实验的结果不确定，该怎么呢？一种理论应该被检验到什么程度才不再被认为是激进的？一种理论什么时候应该被视作平庸之论？曾经有一段时间，大多数科学家相信世界上存在名为以太和燃素的物质。行星本轮在过去是常识。然而这些思想都被发现是错误的。相比之下，哥白尼、巴斯德和莱特兄弟推动的那些观念都曾被认为完全是荒谬的，而现在它们都成了被充分接受的科学事实。虽然大部分伪劣学说现在依然还是伪劣学说，但科学史告诉我们，我们区分好科学和坏科学的能力并不完美。

假设我们有解释某种现象的两个理论。我们如何判断哪个理论是正确的呢？这就像两个形状不同的销子都能插进同一个孔里。哪个销子才真正属于这个孔呢？很显然，如果有任何实验或观察的结果能够证伪一个理论，那它就应该被抛弃。这是否意味着另外一个理论是正确的？或许还存在这两个理论之外的理论。在任何理论被证伪之前，我们要做什么？这是我们了解自然法则的能力存在的局限。这是理性的局限。

波普尔对科学的定义让通过科学方法得到绝对真理变成了一个无法达到的目标。对我们的目标来说更重要的是，它指出了这样一个现实：我们认为的我们对宇宙的了解并不一定是正解的，它只是还没有被证伪。虽然我们目前拥有的科学理论很可能就是终极真理，但也可能我们目前的理论有一天会被证伪。我们不知道未来会怎样，但事情就是如此。我们的理论既可能是真理，也可能只是科学发展中的又一个试验性阶段。

即使的确拥有正确答案，我们也永远不会知道。爱丁顿的实验没有指出爱因斯坦的广义相对论是正确的理论。它只是指出牛顿的理论不适用于像太阳这样大的天体。爱因斯坦的理论是否正确，我们现在不知道。如果它不正确，那么它有一天会被证伪。相反，如果它是正确的，波普尔并没有为我们提供知道这一点的方法。我们永远处于等待证伪的状态中。对波普尔来说，所有科学知识都是临时的，而非绝对的。

托马斯·库恩和范式

1962 年，托马斯·库恩（Thomas Kuhn，1922—1996）出版了科学哲学史上影响力最大的图书之一。《科学革命的结构》（*The Structure of Scientific Revolutions*）改变了人们对科学及其进步的思维方式。在库恩看来，科学发生在一定的范式之内。所谓范式，就是该领域的所有研究人员使用的一大类概念和语言。在这样的范式下完成的科学称为**常规科学**（normal science）。在这个范式下开展工作的科学家会接受这种科学并同意它的观点。这就是科学在绝大多数情况下的运作方式。

然而，常规科学并不是全部。随着时间的推移，正在使用的范式会出现某些异常情况。虽然这些异常并不会被忽略，但科学家仍然将坚持这种范式，只对范式中存在的某些观念进行细微的改动。他们会试图修补范式，而不是对它进行彻底的改造。随着时间的进一步推移，这些异常情况会恶化成巨大的危机。范式会出现问题，必须进行革命性的改变。这就是库恩所说的**革命科学**（revolutionary science）。范式会产生变化，这种变化被称为**范式转移**（paradigm shift）。一开始，采取革命行动的科学家会被他们的同行有意回避。他们会说不同的语言，拥有不同的世界观。新的范式看上去有些奇怪，甚至可能让人感觉不合理。然而与旧的范式相比，它的解释范围更广，而且异常情况更少。最终，新范式会逐渐被该领域的科学家所接受。

经过一段时间之后，革命性的新范式会变成常态范式，该领域的所有新入行的人员都会在这种范式下开展工作。他们的科学会成为新的正统。最终这种范式又会出现异常情况，于是这个过程周而复始地继续下去。在某个科学领域的发展历程中，总是会有长时间的常规科学阶段，其间点缀着[16] 革命性的范式转移。

这种范式转移的例子有很多。最典型的一个例子是从托勒密的地心说体系转移到哥白尼的日心说体系。这场革命持续了数百年，直到后者成了新的范式。另一场革命是从牛顿的世界观转变为 20 世纪初爱因斯坦的广义相对论。从经典力学到量子力学的转变也是一次重大的范式转移。来自生物学的一个例子是路易·巴斯德（Louis Pasteur，1822—1895）的微生物理论。在所有这些情况下，都存在从旧观点到新观点的重大转变。

库恩著作中的另一个重要概念是，他认为两个范式之间存在**不可通约性**（incommensurability）。库恩认为，既然存在不同的语言和不同的世界观，那么接受不同范式的人基本上无法交流。一些哲学家更进一步地说，不应该比较不同范式。为什么我们可以说一种范式比另一种更科学或更理性？每一种范式都适用于它自己的时代。

库恩的部分思想是通过研究亚里士多德的著作产生的。他意识到如果从牛顿时代的某个学者的视角来看，亚里士多德完全是错的，而且他是一个糟糕的物理学家。但是如果从亚里士多德时代的某个学者的视角来看，他的物理学研究非常出色，足以让他在此后的 2000 年里备受敬仰。库恩写道："也许犯错的是我而不是亚里士多德。或许他的话对于他自己和他同时代之人的意义并不总是等同于这些话对于我和我同时代之人的意义。"库恩意识到自己必须看到亚里士多德的研究工作的背景："核心变化不可能是零零碎碎地发生的。"必须从更宏观的角度思考，才能理解亚里士多德。[17]

库恩的书[18]被认为是革命性的（我们敢这么说吗？）。它最富争议性的主题是，科学不是对某些牢固真理的追寻。相反，科学家的工作是在某种社会结构中开展的。在常规科学阶段，他们基于当前的范式提出和回答问题。他们的观点是在教育过程中形成的，并且毫不怀疑地接受某种特定范式的正确性。从这个观点来看，我们可以提出这样一个问题：当我们研究常规科学时，是在追求真理吗，抑或我们只是在一个由文化构建的范式中开展工作？一些哲学家进一步发展了这个观念，提出科学领域和某些非科学领域其实拥有同样的基础。

哲学家提出的另一个问题是范式变化的合理性。在常规科学中，人们自然知道下一步做什么。但是当整个范式都必须被抛弃，转而换成全新的范式时，并不存在一种既定的理性方法去寻找新的范式。有些哲学家相信，范式转移本质上是非理性过程。如果要相信这一点，那么科学就不再是一种致力于帮助我们理解宇宙的理性追求了。相反，它的重大变化并不受理性支配。

如果严肃对待不可通约性的观念，那么科学随着时间取得进步的观念也就值得怀疑了。实际上有些人就接受了这个观念，他们不相信基于目前范式的科学在任何意义上好于基于以往范式的科学。在这里，我必须提出反对意见并批评这些观点。科学进步是肯定存在的。牛顿体系比亚里士多德体系好，而爱因斯坦体系比牛顿体系好。后来的体系总是能够比之前的体系解释更多现象，也能更好地解释现象。无论某些哲学家说了什么，我们都永远不会重新接受地心说的观点。

对库恩及其追随者和部分批评者而言，真理是另一个十分重要的主题。大多数人会说，随着时间的推移，我们的科学理论也许并不完全准确，但我们越来越接近某种我们称为**真理**（truth）的东西。这个真理不位于某个范式之中，也不依赖科学家为了理解它而使用的范式。然而，有一些哲学家不同意这种看法。他们说根本性的真理并不存在，人只能透过某种类型的范式观察物质世界。这些哲学家辩称，到目前为止的每一种范式都是错误的，没有理由相信目前的范式不知为何就是对世界的正确看法。他们会说科学没有朝着任何方向进步。相反，当它改变范式时，它只不过是在远离它的过去。世界上存在一些独立于某种范式的既定观念，这种看法在库恩看来是非常可疑的。他认为客观真理并不真正存在。（虽然我不能证明这些关于真相终极本质的观点是不正确的，但我认为这些观点是错误的。大多数科学家很可能和我想的一样。）

科学的终结

　　某些研究人员认为，在过去的几个世纪里，科学家已经揭示了宇宙的所有秘密，科学的任务将很快完成。今天的科学家已经理解并描述了令宇宙运转的所有已知的力。他们已经统一了大多数力并指出它们其实是同样的力。他们解释了不同化学物质的奇迹和它们的相互作用。科学研究已经揭示了宇宙间的不同物质是如何由相同类型的亚原子粒子组成的，以及当它们结合的时候会发生什么。人类和动物生理学的一大部分在我们眼中已经非常清晰。简而言之，我们似乎知道了宇宙运转的许多奥秘。这些思想家认为用不了多久，所有科学家要做的只不过就是些"修修补补的零碎工作"。将来不会再有任何悬而未决的重要科学问题。

　　许多人对这些想法嗤之以鼻。他们说物理学的终结"迫在眉睫"此前已经不是一两回了。从前的所有这些预测后来都是错的，这一次也不例外。在牛顿的工作完成之后的大约200年内，物理学家也相信只剩下一些细节需要完善。20世纪到来之后，量子力学和相对论指出他们是错的，有很多新现象需要解释。

或许在将来的这些年里也会出现很多新现象。

这种论证并不像看上去那么简单直白。仅仅因为人们在过去预测科学会很快终结而这些预测后来被发现是错的，并不能推断现在的预测也会失败。几千年来，人类一直在寻找尼罗河的源头并不断失败。然后某一天我们真的发现了尼罗河的源头。[19] 放羊的男孩在没有狼的时候一次次地喊着"狼来了"，然而狼最后真的来了。与之类似，思想家也可以多次预测科学的终结即将到来，但这一次可能就是真的。过去那些预测失败的原因是解决方案还没有被找到。总是存在必须发现的新现象和必须揭示的新解释。或许如今所有现象都已经被人类所知，所有解释都已经被人类理解。也可能事实并非如此。

我们有很多理由相信科学的终结即将到来。在对众多力的描述上，我们的确比过去更接近真相。我们对亚原子世界的认识远远多于更早前的认识。随着时间的推移，我们将越来越多的力统一起来并指出它们其实是一样的。这说明我们的理论非常简约，奥卡姆一定会欣赏这一点的。弦理论和其他类似理论看起来似乎就是将所有理论融为一体的大统一理论。而且我们的理论看上去也比以往更具数学性了。

然而，我们也有很多理由相信科学还有很长的路要走，而且永远不会终结。如果科学很快就要终结，那么科学的某些部分应该已经终结了。然而我们还没有看到科学的任何一个重要领域关张大吉。每个领域都仍然在提出很好的问题，有时还会回答这些问题，所以为什么要相信所有科学最后都将终结呢？伊曼努尔·康德用科学终结即将到来这个概念描述了另一个问题："基于经验法则的每个答案都会产生一个崭新的问题，而这个问题又需要它的答案，这清晰地表明解释的所有物理模型都无法令理性满意。"[20] 换句话说，即使我们得到了现有的所有问题的答案，将来我们也会拥有比今天多得多的问题。科学在某种意义上永远是自我延续的。

科学是否会终结？答案部分取决于你如何看待本节提出的问题。你是否观察到了足够多的证据，可以按照归纳法提出某个终极理论？如果我们接受波普尔的可证伪性设定，那么科学也许会终结，而我们永远都无法知道这一点，因为我们无法绝对证实这种理论。我们不得不一直等待，直到知道我们的理论永远都没有被证伪。相反，如果波普尔是错的，那么我们就可能抵达科学的终点并知道自己来到了那里。如果库恩的范式观点是正确的且范式一定会不断变化，那么我们就永远不会得到终极理论。

但是科学是否终结的答案也取决于宇宙本身的结构。是否存在某种类型的终极解释，科学家正在努力寻找它？抑或相反，是否并不存在最深层次的解释？

上述任何问题似乎都没有任何板上钉钉的答案。这种争论的任何一面都不比另一面更具吸引力。

科学终结问题存在许多可能性，如下所述。

- 科学实际上很快就会终结，我们将知道并理解宇宙的所有秘密。[21]
- 科学会终结而且不会有新的答案，但我们就是无法理解所有秘密。也就是说，科学中没有本质上的新结果，但我们仍然不能得到所有问题的答案。正如我在本书中多次强调的那样，物质宇宙的终极本质可能超出了人类理性的边界。
- 科学永远不会终结，而我们将仍然无法得到最终的答案。存在一条无限长的解释链，一个解释之后紧跟着另一个解释。每个解释都比之前的解释更深入。
- 科学可以继续，而我们不会知道我们已经有了所有重要问题的答案。也就是说，科学可以关注不重要的问题，而我们意识不到这一点。每个科学家都认为自己在研究世界上最重要的问题，无论这个问题在其他大多数人看来有多琐碎或无足轻重。这门职业的本质就是如此。或许我们全都身处某种幻想之中，高估了当代科学的地位。

- 科学永远不会终结，但它的进步速度会越来越慢。
- 科学可能已经终结了，我们现在只是在处理小问题，而我们并不知道这一点。

毫无疑问，这张关于科学可能性的清单可以无限地列下去。我敢肯定，存在我们无法想象的许多情况。我们甚至无法对科学结局的可能性列出一张完整的清单，更别提判断哪种情况可能会发生了。未来难以预测。就在 100 多年前，我们还没有任何像计算机、万维网、微波炉、电视机、核潜艇这样的东西。我们在过去无法预测科学和技术能做什么。类似地，我们也无法预测下一个世纪会发生什么。我们无法判断科学是否或如何终结。[22]

这个话题显然和理性的边界这一主题有关。如果科学永远不会终结，或者科学会终结，但我们仍然不会知道所有重大问题的答案，那么这些答案必然超出了理性的边界。相反，如果有一天宇宙真的将它的所有秘密透露给了它的人类求索者，那说明理性边界的问题并没有那么严峻。

我们在科学哲学中讨论的所有话题都拥有一个共同的主题：它们表明科学是一种人类活动。它是被有限、有瑕疵的人类创造出来，用来追求终极真理的。

我们检查的数据集是有限的，我们提出的理论是实验性的，我们发现的方程是不完整的。说这些话的意思不是要宣扬某种不明智的后现代观点，认为科学不是真的。我们在这里说的是，人类发现并描述自然法则的方式是人类的。我们没有神奇的神谕或者能让我们看到未来的时间机器。相反，我们用双眼审视我们拥有的证据，并试图理解这个世界。[23]

8.2　科学和数学

　　科学事业的核心之处存在一个相当艰深的难题。任何一个曾经研究过科学的人都知道，理解物质世界需要进行大量数学运算。科学使用数学作为表达自身的语言，如果没有这种语言，科学就不可能存在。只要看看大学相关专业的先修课程就会明白这一点。物理和工程专业的学生需要上几学期的高等微积分课程。计算机科学家必须研究离散数学、线性代数、概率论和统计学。现代化学家必须了解相当程度的拓扑学、图论和群论。早在约 400 年前，史上最伟大的科学家之一伽利略就精确地描述了研究数学的必要性：

> 　　自然哲理就写在那本永远摊开在我们面前的大书中（我说的是宇宙）。但是一个人要是没有学会撰写这本书所用的语言和字母，就不能理解这本书。它是用数学的语言撰写的，字母是三角形、圆形和其他几何图形。没有这些意味着人类无法理解哪怕一个单词；没有这些意味着人类只能在黑暗的迷宫中徒劳地跌跌撞撞。[24]

　　这引出了一些显而易见的问题：为什么数学对于理解物质世界如此重要？为什么数学如此有效？物质世界为什么要遵循数学法则？每一代最伟大的科学家和思想家都问过这些简单的问题。保罗·狄拉克写道：

> 　　自然的一大特征是，基础物理定律都是以极美和极有力的数学理论描述的，数学造诣很高的人才能理解。你或许会问：为什么自然是按照这些准则构建起来的？这个问题的答案只能是，我们目前的知识似乎表明它就是这样构建起来的。我们只好接受这一点。在描述这个情况时，我们或许可以说上帝是级别很高的数学家，他在创造宇宙时

使用了非常先进的数学。我们在数学上的些许尝试让我们可以理解一点儿宇宙。如果继续发展出越来越高等的数学，我们就有望更好地理解宇宙。[25]

1960 年，物理学家尤金·维格纳发表了《数学在自然科学中不合理的有效性》（"The Unreasonable Effectiveness of Mathematics in the Natural Sciences"）。这篇论文对数学和自然科学之间的关系提出了有趣的问题。这些问题现在被称为"维格纳的不合理有效性"（Wigner's unreasonable effectiveness）。维格纳没有对自己提出的问题给出任何确定的答案。他写道："数学在自然科学中的巨大效用近乎神秘……这种情况缺少合理的解释。"他用下面这段话结束了这篇论文：

> 数学语言对构思物理定律的有效性是一个奇迹。对于这个奇妙的礼物，我们既不能理解也不应奢求。我们应该感恩它并希望它在未来的研究中继续有效，而且还能扩展到更多学术领域，无论这是好是坏，无论是令我们欣喜还是令我们困惑。

爱因斯坦也完美地陈述了这个谜团，他写道：

> 此刻出现了一个谜团，它令所有时代的求知者焦虑不安。数学毕竟是人类思想独立于经验之外的产物，它怎么就如此适合用来描述真实对象呢？那么人类可以在没有经验的情况下只通过思考就理解真实事物的性质吗？[26]

在科学史上的一些小插曲中，数学对物质世界做出了惊人的预测，从中可以看出数学的强大。

海王星的发现

1781 年 3 月 13 日，英格兰天文学家威廉·赫歇尔（William Herschel，1738—1822）通过望远镜观察天穹，发现了一颗新的行星，后来它被称为天王星。这颗行星的运动方式存在一些无法解释的异常之处。法国数学家于尔班·勒威耶意识到一定是另一颗行星在影响天王星的运行轨道。他用牛顿定律计算出了这颗当时从未被看到的行星的精确位置。勒威耶给德国天文学家约翰·伽勒（Johann Galle，1812—1910）写了一封信，跟他说了这颗行星的事及在哪里能看见它。这封信在 1846 年 9 月 23 日送到，就在那天夜里，伽勒用自己的望远镜观察勒威耶所说的地方，果然发现了一颗行星。伽勒立刻给勒威耶回信：“你计算出位置的那颗行星**真的存在**。”这颗行星被命名为海王星。用来发现它的只是纯粹的数学。

正电子的发现

1928 年，保罗·狄拉克提出了一个用来描述电子某些性质的方程。这项工作十分杰出，因为它同时将量子力学和狭义相对论考虑在内。用正常的思维方式思考狄拉克方程，就能得出电子的性质。这种亚原子粒子的性质之一是它有负电荷。狄拉克想知道如果使用这个方程的其他解会发生什么。这有些类似于思考简单方程 $x^2 = 4$ 的解。显而易见的解是 $x = 2$。然而还有另一个并非微不足道的解，即 $x = -2$。根据对这个方程及其可能的解的简单思考，狄拉克提出可能存在另外一种粒子，它的性质与电子相似，但带有正电荷。1932 年，卡尔·安德森（Carl Anderson，1905—1991）做了一些实验，结果表明这种粒子真的存在。这种粒子后来被称为正电子。安德森在 1936 年因为这项工作获得了诺贝尔物理学奖。

单纯依靠数学，一个人就发现了关于物质世界的新知识。狄拉克写道：

我的物理学研究有很大一部分不在于解决某个特定的问题，而只是检查物理学家使用的某种类型的数学方程，并试图令它们以一种有趣的方式融合起来，不管这种工作可能应用在什么上面。这完全是一种对数学之美的追寻。这些成果后来总有派得上用场的时候。[27]

狄拉克补充道："随着时间的推移，我们能够越来越明显地看出，那些在数学上有趣的规律和那些自然选择的规律是一样的。"[28]

弦理论

弦理论是一种假设的万物理论，它能够将量子力学和相对论结合起来。这种理论认为宇宙的基本构造单元是四处扭动且极为微小的弦。这些弦的结合与分离产生摇晃、振动和滚动，并制造出所有夸克、电子、质子和常见的其他粒子。只是通过研究这些弦的不同性质和它们互相作用的方式，理论物理学家就已经成功预测了物质世界的大多数性质。这种理论可以用来描述量子力学中的所有力及广义相对论中的引力。只存在一个小问题：没有实验证据表明弦理论是正确的。它是一种纯数学理论，是根据对互相作用的弦的几何观察推导出来的。没有人曾经"看到"过弦或证明它们存在。弦理论的贬低者声称它"只是数学"，和物质世界毫无关系。它的捍卫者指出数学的其他分支曾经对物质世界做出过正确的预测。在他们看来，这种理论也会在将来得到证明。他们还说弦理论是少数成功地统一了量子力学和广义相对论的理论之一。无论世界是否是由微小的弦构成的，纯数学都能够描述物质宇宙的所有性质，这仍然令人惊叹。

观察科学和数学之间神秘关系的另一种方式是查看某一类特定的例子。在这些例子中，某些数学领域在整体发展出来很久之后，科学家才发现这些领域在物理上的应用。

圆锥曲线和开普勒

古希腊人热爱几何学。古埃及人也研究几何学，但他们是出于农业或法律的目的才使用几何学去测量（metron）大地（ge）的某些部分（几何学的英语单词"geometry"就来源于此），而古希腊人研究几何学则是一种纯粹的智力活动。古希腊几何学最耀眼的明星之一是阿波罗尼奥斯（Apollonius，约公元前262年—前190年），他出生在小亚细亚南部的佩尔吉（Perga）。他曾经研究过用平面贯穿一个圆锥的话会发生什么，如图8-2所示。[29]

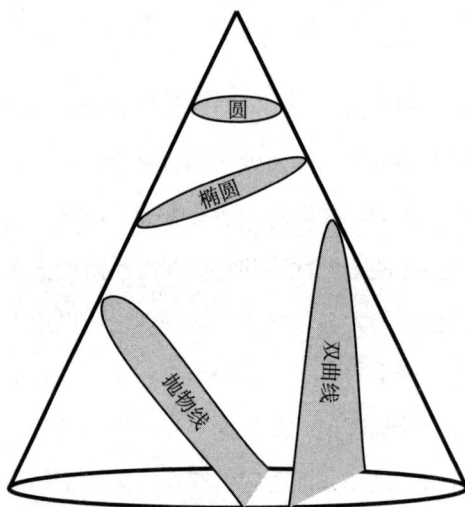

图 8-2　贯穿圆锥的平面和它们制造出来的形状

这些截面形成的曲线叫作**圆锥曲线**（conic section）。如果截面与圆锥的底面平行，形成的形状就会是一个圆。如果截面稍微倾斜，就会形成一个椭圆。通过进一步调整截面，还可以制造出抛物线和双曲线。阿波罗尼奥斯撰写了一本关于圆锥曲线的书，并在书中陈述了关于这些曲线不同性质的大约400个定理。

在阿波罗尼奥斯的时代过去1800年后，约翰尼斯·开普勒（Johannes

Kepler，1571—1630）正在想办法让哥白尼激进的新观点更加合理。这种新观点认为太阳位于宇宙的中心，行星以巨大的圆为轨道围绕太阳运行。哥白尼的新体系存在一个糟糕的问题：他的预测结果是错的。古老的托勒密地心说体系做出了比新颖的哥白尼日心说体系更好的预测。开普勒意识到哥白尼的错误在于认为行星的运行轨道是圆形。然而，行星的运行轨道应该是椭圆形。椭圆形的很多性质早在几乎 2000 年前就已经被发现了，所以开普勒研究了阿波罗尼奥斯撰写的古籍，以便确定行星运动的性质。一旦意识到行星以已经得到充分理解的椭圆轨道运行，行星的位置就很容易预测了。一位科学史学家写道："如果古希腊人没有研究出圆锥曲线，开普勒就无法超越托勒密。"[30]

一位早已去世的古希腊数学家的抽象著作竟然帮助解释了行星的运动，这怎么可能？

非欧几何学与广义相对论

在古典时代的希腊几何学中，历史最悠久的成果是欧几里得的著作。他的《几何原本》（*Elements*）是所有时代最成功的教科书之一。在这本书的开头，欧几里得陈述了十条显而易见的公设和公理。前四条公设如下：

1. 可在任意两点之间画出一条线段。

2. 任何一条直线段都可以延伸为一条直线。

3. 对于任何一条直线段，都能够以它的一端为圆心，以该线段为半径作圆。

4. 所有直角都是全等的（相同的角）。

这些公设的图示见图 8-3。

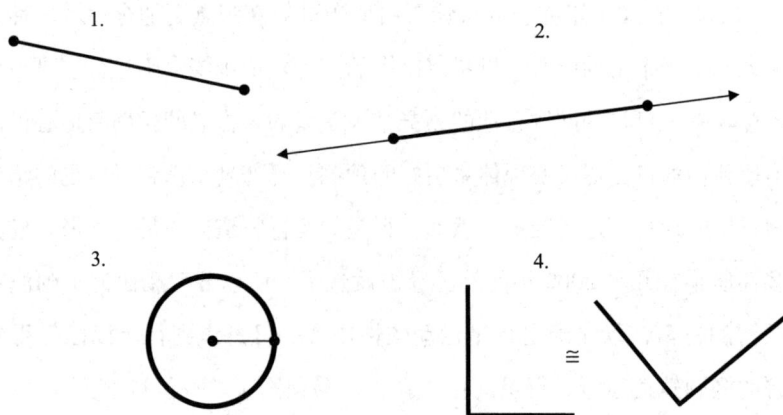

图 8-3 欧几里得在《几何原本》中陈述的前四条公设

后来被称为**平行公设**（parallel postulate）的欧几里得第五公设值得进行小心谨慎的分析：

5. 若两条直线都与第三条直线相交，并且在同一边的内角之和小于两个直角之和，则这两条直线在这一边必定相交。

这条公设的图示见图 8-4。这条公设可以重新表述为：如果两条直线不平行，那么它们最终必定相交。

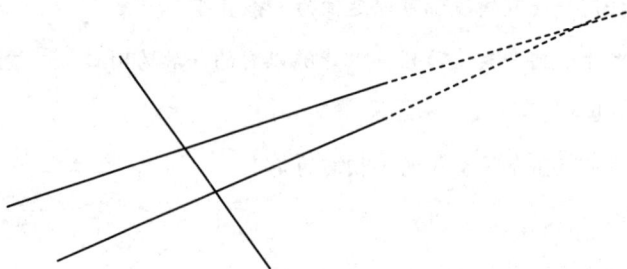

图 8-4 欧几里得第五公设

　　和其他公设相比，第五公设给人一种不同的感觉。前四条公设的陈述非常简单。相比之下，尽管第五公设显然是正确的，但它更复杂。第五公设是唯一关注与它所讨论的角相距遥远的事情（两条直线相交）的公设。欧几里得本人也对这条公设有所疑虑，总是尽可能避免使用它。虽然数学家认为这条公设是正确的，但他们也认为它更像是其他公设的推论，本身并不是公设。在欧几里得的著作被使用的许多个世纪里，很多人试图从其他 9 条公设和公理中推导出第五公设。也就是说，他们试图指出下列推导过程：

　　公设 1~4 和公理 1~5 ➡ 第五公设。

　　他们都没有成功。1767 年，法国数学家让-巴普蒂斯特·达朗贝尔（Jean-Baptiste d'Alembert，1717—1783）对 2000 年来数学家不能从其他 9 条公设和公理中证明第五公设的事实痛心疾首。他将这件事称为几何学的"丑闻"。

　　在 17 世纪，吉罗拉莫·萨凯里（Girolamo Saccheri，1667—1733）、约翰·海因里希·兰贝特（Johann Heinrich Lambert，1728—1777）和阿德里安-马里·勒让德尔（Adrien-Marie Legendre，1752—1833）试图使用一种不同的方法证明第五公设是其他公设和公理的一个推论。他们的证明方法是本书读者已经相当熟悉了的：反证法。他们试图通过假设其他公设和公理为真且第五公设为假的方式指出第五公设是其他公设和公理的推论。他们的目标是指出这种假设会导致矛盾。简而言之：

　　公设 1~4 和公理 1~5 为真，且第五公设为假 ➡ 矛盾。

　　一旦得到这个推导结果，我们就不得不说矛盾产生的原因是第五公设其实是其他公设和公理的推论，我们对第五公设为假的假设是错误的。但是在证明这个结果的过程中发生了一件有趣的事：数学家找不到任何矛盾！无论这些数学家不断推导出何种奇怪的定理，都找不到明显的矛盾。他们对于矛盾的存在如此有信心，以至于他们"模糊处理了自己的结果"，并发现了可疑的人为矛盾。

约翰·卡尔·弗里德里希·高斯（Johann Carl Friedrich Gauss，1777—1855）是史上最伟大的数学家之一。他和其他人意识到，没有人能够发现明显的矛盾是有原因的：第五公设既可以是正确的，但也可以是错误的。也就是说，这条复杂的公设不依赖其他公设，或者说它"独立于"其他 9 条公设和公理。当这条平行公设被采纳为真时，相应体系是经典的欧几里得几何学；而当它被认为是错误的时候，相应体系称为非欧几何学。高斯从未发表过关于该主题的任何内容，所以创立该数学分支的荣誉通常被认为属于匈牙利人亚诺什·博尧伊（Janos Bolyai，1802—1860）和俄国人尼古拉·伊万诺维奇·罗巴契夫斯基（Nicolai Ivanovitch Lobachevsky，1793—1856）。德国数学家伯恩哈德·黎曼（Bernhard Riemann，1826—1866）进一步发展了这个主题。

许多年后，爱因斯坦正在想办法表达广义相对论的概念。他被难住了，因为他无法用合适的语言描述空间制造出来的影响物质运动的曲线（引力）。爱因斯坦的朋友和老师马塞尔·格罗斯曼（Marcel Grossmann，1878—1936）建议他研究一下非欧几何学的抽象世界。令爱因斯坦大为震惊的是，他发现了自己正在寻找的东西。非欧几何学的思想和定理恰恰正是广义相对论所需要的。正如爱因斯坦所写的那样，"我认为对这种几何学的理解非常重要，因为如果没有去熟悉它的话，我就永远不可能发展出相对论"。[31] 对此我们应该怎么想？在这个例子中，一群数学家使用几何中常见的公设玩起了思维游戏。他们将一条"显然"真实的公设假设为假，由此创建了一个公理体系。几十年后，这个体系奇迹般地帮助爱因斯坦描述了物质宇宙的规律。为什么会这样呢？

抽象代数和量子理论 I：复数

很多中学生在数学课上花了大把时间学习多项式方程的求解方法。最终他们会了解到，某些方程根本是无解的。最简单的此类方程是

$$x^2 + 1 = 0$$

对于任意 x，我们都知道 x^2 必然大于等于 0，而 1 绝对是正数。所以不可能存在任何 x 可以满足这个简单的方程式。16 世纪，杰罗拉莫·卡尔达诺（Gerolamo Cardano，1501—1576）提出了下列问题：如果假设这个方程存在某个解，会如何呢？也就是说，让我们使用一个数 i（英文单词"imaginary"的首字母，意为"虚构的"）并指定该数为上面这个简单方程的解。换句话说，如果

$$i = \sqrt{-1}$$

那么将它代入方程，我们会得到：

$$(\sqrt{-1})^2 + 1 = 0$$

很显然，这个数不可能存在。但是假设它存在，我们就能用这个 i 与实数相乘，创造出像 2i、3i、-5.7i 这样的数。这些数称为**虚数**（imaginary number）。我们还可以将实数与虚数相加或相减，得到 7 + 3i 和 6.248 - 8.7i 这样的数。对于任意实数 a 和 b，我们都可以得到 $a + bi$。这些数是实数和虚数的结合，称为**复数**（complex number）。数学家在漫长而孤独的年月里弄懂了这些人造数的许多性质。在这个过程中，物理学家和其他人都忽视了这些古怪的数学家和他们捣鼓的这种邪门玩意儿。

数百年后，当物理学家试图描述奇怪的量子世界时，他们发现自己十分需

要这些非常奇怪的复数，事实上这些复数是必不可少的。作为量子理论的核心概念之一，叠加态就是用这些复数描述的。更确切地说，某种量子状态的多个位置是用复数编号的。我们需要使用这些邪门玩意儿描述我们的世界。

抽象代数和量子理论 II：非交换运算

爱尔兰数学家威廉·罗恩·哈密顿（William Rowan Hamilton，1805—1865）在观察复数时发现了它们将实数延伸到二维的方式。哈密顿想知道有没有将实数延伸到三维的方式。1843 年，他提出了**四元数**（quaternion），或称**哈密顿数**（Hamiltonian number）。与只有 i 的复数不同，哈密顿提出了 i、j、k 三种特殊的数。于是四元数就是

$$a + b\mathrm{i} + c\mathrm{j} + d\mathrm{k}$$

其中 a、b、c 和 d 是实数。哈密顿规定我们不光有 $\mathrm{i}^2 = -1$（和在复数中一样），还有 $\mathrm{j}^2 = -1$，$\mathrm{k}^2 = -1$，$\mathrm{ijk} = -1$。当哈密顿在计算四元数的性质时，他注意到这些数不符合数的一个常规性质：它们不可交换。也就是说，对于所有实数或复数 x 和 y，都存在下面的事实：

$$xy = yx$$

我们说这些数是可交换的。然而，哈密顿注意到存在四元数 x 和 y 令：

$$xy \neq yx$$

这些数的乘法运算是**非交换的**（noncommutative）。这非常奇怪，毕竟几乎每个

孩子都知道，当用普通数相乘时，它们的先后顺序根本不重要。这种非交换运算在许多年里一直是数学趣闻而已。这些运算的例子和性质得到了哈密顿、赫尔曼·金特·格拉斯曼（Hermann Günther Grassmann，1809—1877）和阿瑟·凯莱（Arthur Cayley，1821—1895）等数学家的研究，但是被物理学家和普通人忽视了。

20 世纪初，当物理学家试图用公式表示著名的海森堡不确定性原理时（见7.2 节），他们发现这种非交换运算的思想非常有用。具体地说，假设你想测量某量子系统的两个性质 X 和 Y。先测量 X 再测量 Y 和先测量 Y 再测量 X 得到的答案是不一样的。这基本上就是在说 XY 的结果不等于 YX。用符号表示就是 $XY \neq YX$。

抽象代数和量子理论 III：群论

抽象代数在量子力学中的应用的最后一个简短例子是群。[32] 19 世纪中期，研究多项式方程是否有解的数学家构思出了群的概念。它是一种数学对象，描述了特定的对称性。许多年后，当物理学家致力于理解量子理论时，他们发现群论十分宝贵，因为它能描述所有亚原子粒子的活动。

在所有这三个例子中（复数、非交换运算和群论），数学家都是在定义那些看上去和物质世界毫无关系的结构。他们用这些结构处理自己的数学问题。而在所有三个例子中，这些结构如今都被物理学家用来理解量子宇宙。

在所有这些科学史小插曲中，数学家都在用奇特的数学概念玩小小的思维游戏，后来才发现这些概念对于研究物质世界的物理学家十分有用。这就是维格纳所说的"不合理的有效性"问题的核心。为什么应该是这样的呢？为什么科学以这样的方式遵循数学法则呢？史蒂夫·温伯格在他精彩的著作《终极理论之梦》（*Dreams of a Final Theory*）中写道：

非常奇怪的是，数学家凭着他们对数学之美的感觉开发出来的形式结构后来会被物理学家发现是有用的，即使是当初的数学家也没有想到它们后来会有用武之地……物理学家普遍认为数学家预先得出物理学理论所需数学的能力十分离奇。这就像是尼尔·阿姆斯特朗在1969年首先登上月球表面，却在月球的尘埃中发现了儒勒·凡尔纳的脚印。[33]

为了解释数学和科学两大领域之间的这种神秘联系，数学家和哲学家给出了许多答案，让我们看看其中的一些。

神明

这个问题最古老的答案之一是，存在某个神明并且该神明以这种方式构建了宇宙。宇宙是用完美法则创造的，而这些法则是用一种完美的数学语言写成的。这种数学语言可以被人类理解。约翰尼斯·开普勒清晰、简洁地陈述了这个观点："对外部世界的所有研究的主要目标应该是发现上帝赋予外部世界并以数学语言向我们揭示的理性秩序与和谐。"

教皇本笃十六世（Pope Benedict XVI）赞同这些观念：

难道不是比萨的那位科学家（伽利略）坚称是上帝用数学的语言撰写了自然这本书吗？虽然是人类利用思维发明了数学以便理解造物，但如果自然真的是用数学语言构建的，而人类发明的数学能够用于理解它的话，那么这就说明了某件非凡之事。宇宙的可观结构和人类的知识结构是一致的；自然中的主观原因和客观原因是相同的。最后是"一个"原因连接了两者，并邀请我们将目光投向一种独特的创造性智慧。[34]

换句话说，这一解释认为，科学遵从数学法则，是因为它们都来自同一个神明的思想。海王星遵守神明设立的固定运动规律。勒威耶能够计算出海王星的确切位置，是因为建立这颗行星运动法则的神明也建立了牛顿发现（而不是发明）的数学微积分。群论非常适用于量子力学，是因为这个神明用群论建立了量子力学。这些数学法则和物理法则都是永恒的，因此任何一个出现在另一个之前都没有什么神秘之处。它们都是同一种神圣思维的一部分。

对于那些已经接受有神论的人而言，这种说法是令人满意的；但是对于不接受有神论的人而言，它不能令人满意。这种说法并没有消除谜团。实际上，某个神明或神圣智慧比维格纳的不合理有效性更神秘。为数学和科学之间的联系寻找科学解释的科学家会发现，神明的存在完全超出了他们理性思索的范围。他们更喜欢没那么超自然而且更具可测试性的解决方案。

柏拉图式的世界

对于维格纳提出的不合理有效性问题，一种稍微不那么超自然的解释来自数千年之前。毕达哥拉斯学派是古希腊的一个学派，这一学派的人认为数和数之间的关系以某种神秘的方式控制着物质世界。在他们看来，宇宙的本质就是数学。柏拉图部分采纳了这种意识形态，这部分后来被称为柏拉图主义。对柏拉图和千百年来追随他的人而言，数学对象和物理规律等抽象实体存在于某种柏拉图式的世界中。物质世界只是这个真实世界的一个微弱的影子，后者也可以叫作"柏拉图的阁楼"。行星运动、广义相对论和量子力学的所有规律都整齐地存放在柏拉图的阁楼里，等待好奇的人类去发现它们。在某位柏拉图主义者看来，数学不是人类的发明。正相反，数学独立存在于人类之外，就在这个完美的柏拉图王国中。在这座阁楼里，阿波罗尼奥斯关于椭圆的所有定理、非欧几何学的所有性质以及复数的所有特性都整整齐齐地陈列着。在这个世界里，物理定律都是用数学语言完美地陈述出来的。

电磁理论的创建者之一海因里希·赫兹（Heinrich Hertz，1857—1894）这样说道："一个人总是不能摆脱这种感觉，这些数学公式是独立的存在，而且拥有它们自己的智慧，它们比我们更聪明，甚至比它们的发现者还聪明，我们从中得到的比最初放进去的还要多。"[35] 作家马丁·加德纳（Martin Gardner，1914—2010）坚定地为柏拉图主义进行辩护，他说："……如果两头恐龙在一片空地上遇到了另外两头恐龙，即使没有人类在一旁观察，空地上也有四头恐龙。2 + 2 = 4 这个等式是一个永恒的真理。"[36] 通常而言，柏拉图主义者认为非柏拉图主义者令人沮丧。如果数学不遵循任何"规则"，那它就只是人们在纸上胡写乱画的结果。为什么相隔数千里、身处不同时代的人在不同的纸上胡写乱画时会达成一致的意见？为什么他们胡写乱画的内容奇迹般地没有彼此矛盾呢？柏拉图主义者回答道：等式 6 × 7 = 42 拥有内在的正确性。它不是某件被一批人一致同意的事情。柏拉图的阁楼里真的存在一个完美的圆，而且在这个（且只在这个）完美的圆中，周长与直径的比是π。

在柏拉图主义者看来，维格纳的问题很容易回答。宇宙遵循数学法则的原因是，自然法则被置于柏拉图式的世界中，而数学家是通过窥视这个世界学习数学的。上述数学法则比物理定律更早被发现的例子，只是因为在这些例子中，数学家比物理学家提前一些时间窥视了而已。

虽然很多人将柏拉图主义视为正确的信条，但这个所谓解决方案存在一些问题。我们怎么知道存在这样一个世界？和对待所有形而上学的假设一样，我们必须怀疑所有似是而非的论断。如果我们能够在没有这种柏拉图式世界的情况下解释我们的世界，为什么要假设有它呢？奥卡姆剃刀让柏拉图阁楼的存在相当可疑。然而就算我们相信柏拉图主义者，接受这个神秘阁楼的存在，仍然有许多其他谜团需要解决。谁建立了这个奇妙的世界？数学家是如何窥视这个世界的？物理学家从这个世界中学习，这个过程的机制是什么？这个柏拉图式世界如何控制我们的物质世界？简而言之，可以在图 8-5 中看到这些问题。

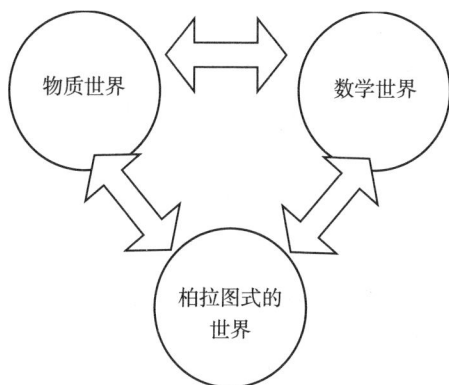

图 8-5　柏拉图主义者的三个世界

　　维格纳试图理解物质世界和数学之间的联系。柏拉图主义者创造出了柏拉图式的世界来解决这个问题。现在我们必须找到这三个世界之前的联系，而之前只有两个世界。谜团变得更多了，而不是更少了。

　　虽然科学不能证明或证伪柏拉图式世界的存在或某个神明建立了宇宙，但它的确试图寻找其他更科学的解释。

数学的缺失

　　科学和数学之间的神秘联系还存在一种更有趣的解释，这种解释声称二者的联系实际上是相当可疑的。大多数物质现象无法用我们的数学描述。正如我们在 7.1 节中见到的那样，绝大多数物质系统无法用数学公式表达。明天的云会是什么样子？为什么这周的彩票号码是那样的？谁会赢得下一次总统选举？所有这些都是关于物质世界的合理问题，但是世界上没有任何数学家能给出确定的答案。

　　有许多科学分支研究并致力于预测物质现象，却发现数学起不了什么大的作用。伊斯雷尔·M. 盖尔芬德（Israel M. Gelfand，1913—2009）是世界闻名的数学家，研究生物数学和分子生物学领域。他曾经这样说过：

尤金·维格纳就数学在自然科学中不合理的有效性撰写了一篇著名的文章。当然，他说的是物理学。只有一件事情比数学在物理学中不合理的有效性更不合理，那就是数学在生物学中不合理的无效性。

社会学、心理学和人类学等其他科学分支也研究物质现象，但并没有广泛地使用数学。物理学家会对此抗议说这些学科并不是"真正"的科学（"毕竟这些学科都不使用数学"）。然而那些研究"软科学"的人的确研究物质现象。他们会合理地反驳说，对于他们想研究的复杂现象，已有的数学不能提供帮助。数学只能帮助预测从斜坡上滚下的小球和从两条狭缝之一中穿过的亚原子粒子的行为。相反，一群人会对某一特定事件做出怎样的反应，或者一个人会对一段关系做出怎样的反应，这些问题对我们的数学而言都太复杂了。数学不预测所有现象。它只对那些可预测的现象有用。或者按照稍微幽默的说法，"上帝把容易解决的问题给了物理学家"。[37]

事实上，周遭世界的很大一部分并不能完美地适用于数学的世界。任何几何学教科书里的图形都无法描述我窗外那棵美丽的布鲁克林大树。虽然 $1 + 1 = 2$，但是如果将一堆麦粒与另一堆麦粒混在一起，你并不会得到两堆麦粒。相反，你只会得到一堆麦粒。一些年前，我必须买一包 4 号尿布。到了商店里，我发现这种尺寸的卖光了，所以我买了两包 2 号尿布。不用说，这个方案并不怎么管用。从这件事上，我们可以判断出 $2 \times 2 = 4$ 并不适用于尿布这样一个重要领域。

数学领域与科学领域之间缺少联系的另一个表现是，有许多数学成果从未应用到物质世界中。数论和集合论的某些部分仍然是"纯数学"，从未得到应用。实际上，绝大多数纯数学论文从未应用到真实世界中。与其说早期数学成果被后来的物理学家神秘地利用了起来，不如说后来的物理学家可能会选择某一部分的早期数学成果，用来描述他们试图描述的某种现象。例如，开普勒使用了阿波罗尼奥斯的早期成果。但开普勒忽略了阿波罗尼奥斯的许多其他著作，而选择了他需要的部分。并不是数学家创造的正好就是将来会被物理学家使用的成果。相反，数学家创造了规模庞大的数学领域，只有其中的部分内容会被物理学家选择。这样的解释能够让谜团的很大一部分烟消云散。

这种对数学不合理的有效性的解释（数学和科学之间的联系是贫乏的）存在一定程度的问题。科学的许多分支的确不直接依赖数学，却建立在的确依赖数学的其他分支上。在大部分情况下，社会学并不以数学为基础[38]，但社会学依赖心理学，而心理学又依赖神经学和认知科学。这些学科与神经化学和计算机科学有紧密的联系，而后两者都非常依赖数学。虽然社会学家或许不需要学习大量数学知识即可开展本领域的工作，但如果想理解社会学的基础，他们就必须大量研究数学。就目前而言，我们的数学还不够复杂，不能应对社会学中的所有复杂现象。或许在遥远的将来，有可能出现足够复杂的数学[39]，但也或许不会出现。虽然科学的许多部分不使用数学，但使用数学的部分在某种程度上生成了所有科学的基础。对于这些生成部分，维格纳的谜团依然存在。

数学来自物理学

为了解释维格纳不合理有效性的谜团，研究人员给出的最流行的答案大概是数学来自对物质世界的观察。我们可以用数学描述物质世界，这并不神秘，因为我们正是从这个物质世界中学习数学的。

例如，一名儿童通过观察苹果的集合知道 2 个苹果加 3 个苹果等于 5 个苹果。她还观察到，当 2 根棍子和 3 根棍子放在一起时，它们会组成 5 根棍子。通过不断观察到同样的现象，人类抽象出了 2 加 3 等于 5 的概念，用符号表示就是 $2 + 3 = 5$。这让人类开始了加法运算。这种运算会在物质世界的许多场合发挥作用。与之类似，许多数学对象和运算都来自对物质世界中不同现象的观察。怪不得同样的数学对象和运算被用来描述物质世界。

让我们看一个稍微更有深度的例子。如果我们看到 7 个盒子，每个盒子里有 8 颗红色弹珠和 3 颗蓝色弹珠，那么我们可以用 7 乘以 11，得到弹珠的总数。与此同时，我们还可以用 7 乘以 8 的结果加上 7 乘以 3 的结果，得到弹珠的总数。在见过许多次类似的计算论证后，我们可以将这个过程用符号表示为

$$7 \times (8 + 3) = 7 \times 8 + 7 \times 3$$

这个等式更加抽象，因为它不再与红色弹珠和蓝色弹珠有关。它可以是关于狗和猫的，或者是关于男孩和女孩的。我们对陈述的原始内容进行了抽象化处理。一旦看到适用于许多数的类似规律，数学家就进一步将这个命题抽象为

$$a \times (b + c) = a \times b + a \times c$$

这条规则与 7、8、3 或任何其他数字都没有关系。它只是这样一个事实，即乘法运算可以"分配"在加法运算上，并适用于任何数。现在有了这条规则，我们可能会将它当作纯数学的命题，或者我们会将这条规则用在任何地方。这条规则可以被人类应用，这个事实并不神秘，因为它本来就是通过观察物质世界总结出来的。注意，下面这条规则

$$a + (b \times c) = (a + b) \times (a + c)$$

不会被应用于物质世界，原因很简单，因为这条规则——加法运算分配在乘法运算上——在物质世界中没有被观察到是正确的。得到普遍体验的规则和数学运算会在宇宙中被发现，而没有被观察或体验到的规则不会被发现。这一定是正确的。

让我们分析一下分配律的例子。物质世界中的某种特定现象发生在弹珠上并且得到了观察。某个人类观察了这个现象之后，提出了这个关于数的模型。此人还进一步将它推广到所有数上。这个事实或许可以和其他人类分享。许多年后，另一个现象被观察到。第二个现象也满足某种类型的分配律，于是同一个模型被用来总结第二个现象。抽象数学本身成为真实，与它最初被发现的方式脱离关系。一旦被发现，它就可以应用在任何地方。这很有道理：数学源于

物质世界，并应用于物质世界。维格纳的谜团还在吗？

这种机制有助于解释本节开头列出的部分科技史小插曲。

- 在自己的物质世界中，人类到处都能看到圆和椭圆。阿波罗尼奥斯发现自己可以用圆锥曲线来描述许多此类形状并提出模型。无怪乎开普勒能够使用同样的圆锥曲线描述另一种物质现象，即行星的运行。

- 人可以很容易地想象微小的弦和它们互相作用的方式。如果你对微小的弦思索得足够久，就能描述它们的几何学。如果宇宙是由微小的弦构成的，那么我们显然可以用我们从微小的弦中学到的数学描述宇宙。

- 让我们来看看欧几里得几何学和非欧几何学。当我们只关心平面时，欧几里得几何学就会有完美的适用性。但是如果我们关心曲面，会发生什么呢？考虑地球仪上的经线。地球仪上的许多经线看似彼此平行，但它们最终相交于北极点和南极点。这违背了欧几里得第五公设。原来非欧几何学非常适用于曲面。因此爱因斯坦使用非欧几何学描述空间的曲率和形状就没那么令人震惊了。

物质现象被数学完美描述并不奇怪，因为数学是对物质宇宙中被观察到的现象的一系列抽象和一般化总结。一旦我们将这些概念表达为数学，它与促成发现它的原始物质刺激之间的联系就丢失了。数学变成了抽象之物，与任何具体的事物都无关。因为这些概念与任何事物都无关，所以它们与一切事物都有关。我们不关心椭圆是如何创造出来的，它们是否是核桃的形状，它们是否来自一个平面与一个圆锥的相交，又或者它们是否是一颗行星围绕一颗中等大小的恒星的运动轨迹。理解了椭圆之后，我们就知道了它的性质，知道它可以应用在所有地方。

　　对于数学和物理学的这种共生关系，数学物理学家罗伯特·迪吉克格拉夫（Robbert Dijkgraaf）在一幅非常机智的漫画作品中（见图 8-6）总结了和它有关的一些思想。

图 8-6　物理学和数学的共生关系

　　我们值得花一些时间分析这幅精彩的漫画。在上面两格中，日历显示的年份是 1968 年，而下面两格发生在 30 年后，还是同样的研究人员，但他们已经变老了。左半边是一位物理教授的办公室，而右半边是一位数学家的办公室。现在看看黑板上的内容。[40]1968 年物理学家黑板上的内容被后来的数学家思索。数学家在 20 世纪 60 年代的研究内容到了 1998 年又被物理学家研究。从右上角到左下角的路径就是我们在本节开头所描述的：数学概念不知为何出现在物理学中。相反，从左上角到右下角的路径是这种神秘联系可能的解释：数学来自对物质世界的观察。

数学来自物质世界的解释虽然讲得通，但它绝非完美。数学来自我们所处的世界，然而我们在这种日常背景下形成的数学却能应用到和这些经验相距甚远的地方，如图 8-7 所示。例如，狭义相对论告诉我们当物体接近光速时会发生什么。我们从未以接近光速的速度旅行过。为什么我们从日常经验中获得的数学能够帮助我们理解狭义相对论所说的奇怪现象呢？另一个例子是量子理论。正如我们在 7.2 节中所看到的那样，量子世界和我们的日常经验世界极为不同。在街上走路时，我们从未见过处于叠加态的物体，也从没见过"鬼魅般的超距作用"。然而，来自我们日常经验的数学非常有助于预测量子事件。我们又回到了维格纳的谜团中。

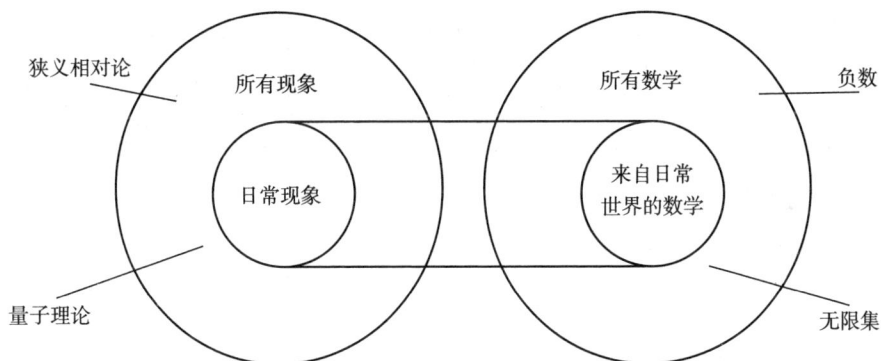

图 8-7　现象和数学之间的关系

这种对维格纳不合理有效性的驳斥还存在另一个问题：并非所有数学都是日常经验的一般化总结。某些数学是脱离日常经验的创造性飞跃（同样见图 8-7）。最简单的例子是负数。如果你有 5 个橙子，然后你拿走了 8 个橙子，现在你有几个橙子？并不存在 −3 个橙子。你不可能从 5 个橙子中拿走 8 个橙子。虽然负数在今天的我们看来稀松平常，但令人惊讶的是，它们一直到中世纪才被发明出来。在中世纪之前，人们计数和贸易，却没有像负数这样的概念。然而，负数如今却用于物理学的所有分支。如上文所述，正电子的发现只是因为试着寻找狄拉克方程的负数解。数学不从日常经验中产生的另一个例子涉及我们在第 4 章中见到的无限集合的不同观念。无限集合似乎并不存在任何物质性的例子。然而，无限的概念仍然被每一本物理学和工程学教科书使用。每一座建筑（仍然屹立未倒的）和每一支火箭在建造过程中都使用了无限的概念。所以在物质性的自然科学中，数学不来自日常经验的判断仍然是非常有效的。

不合理的有效性问题还存在其他一些解释，但上述这些是主要解释。可以将最后两个答案结合起来，也就是说，在广义的科学中，数学常常是缺失的，而当数学出现在物质世界中时，它来自人类在物质世界中的直觉。对我来说，这两个解释的组合对维格纳的谜团给出了令人满意的答案。

针对维格纳的不合理有效性问题的答案导致了更深层次的问题出现。与其问为什么物理定律遵循数学，不如问为什么会存在任何规律。为什么是这些规律而不是其他规律？为什么我们从对不同弹珠的观察中学到的知识对于许多其他物理现象也如此真实？为什么行星都以椭圆轨道运行？为什么不是方形或圆形？这些深层次（而且或许无法回答）的问题是 8.3 节的核心主题。

8.3　理性的起源

想象你正在某个深夜沿着高速公路驾车行驶，途中决定找家酒店睡一觉。你在路边的许多无甚特色、难以区分的大型酒店里找了一家，要了一个房间。酒店没什么客人，经理给了你一个随机挑选的房间。你打着瞌睡走进了自己的房间，却惊讶地发现衣柜和所有抽屉里都装满了衣服。房间里有不止一双鞋，还有一件浴袍。最令人震惊的是，所有衣服都符合你的身材和品位。拖鞋的磨损程度正好是你最中意的，不会新得硌脚，也不会旧得破烂。其他鞋子正好适合你，款式和大小都刚刚好。浴袍的材质和外观正是你喜欢的样子。这怎么可能呢？路边有那么多家酒店，酒店里有那么多个房间，为什么偏偏这个房间就有为你量身定制的一切呢？这听上去像是一部惊悚悬疑电影的开头。

让我们想象一下能够解释这些奇怪巧合的某些情景。这可能只是巧合。在你之前住进这个房间的人和你的身材恰好完全相同，而清洁女工没有很好地打扫房间。你只是发现了此人遗留在房间里的东西。如果你选择的是其他任何一个房间，或者如果这个房间此前住的是其他任何一个人，又或者如果打扫房间的是稍微更有能力的某个清洁女工，你就会发现不一样的衣服或者一个更干净的房间。这概率有多大？这样的事情从来没在你身上发生过。这是相当不可能的巧合。

可能是一群疯狂的市场营销人员决定让所有人的酒店入住体验更“有家的感觉”。经过大量毫无意义的研究之后，他们决定在每个房间里留下“典型”衣服和用品。只不过你恰好拥有“典型”的身材和风格。这种古怪的理论倒是很容易检验，只需要检查其他房间，看看那里是不是也有同样的服装就行了。只可惜你不能去其他房间检查。不过另一种可能性是酒店经理决定用不同风格和尺寸的服装让每个房间都有家的感觉。要么是因为幸运，要么是经理有意为之，总之你的房间和你很搭配。瞅一眼其他房间，你就会知道这个猜测对不对。

在科学中存在一个与这种奇怪场景类似的问题，而这个问题非常真实。出于并不十分清楚的原因，宇宙令人惊奇地适合拥有理性的人类。物理定律似乎是有意设计的，以便让拥有理性思维能力的复杂生物可以存在。为什么会这样呢？

如果物理定律稍有不同，会发生什么？

- 如果引力再强一些，那么恒星就会以比现在更快的速度坍缩成黑洞。恒星主要由氢和氦组成。较重的元素（如碳和氧）都是在一种叫作**恒星核合成**（stellar nucleosynthesis）的过程中形成的。如果引力让恒星更快地坍缩成黑洞，就没有时间形成这些重要元素。宇宙就无法形成生命必需的复杂构造单元。

- 如果引力再弱一些，那么恒星和行星就不会聚集起来，核合成过程也不会发生。同样没有生命必需的复杂构造单元。

- 如果地球再靠近太阳一些，生命所需的所有水分都会汽化。

- 相反，如果地球再远离太阳一些，地球上的水就会冻成冰，生命仍然不可能存在。

- 物理学家经常谈论一种与引力抗衡的力，而它的强度是用宇宙常数（cosmological constant）测量的。这个常数必须有一个特定的值，否则我们所知的宇宙就不可能存在。天体物理学家计算了必须保证复杂生命体存在的情况下宇宙常数应该取什么值。他们发现如果这个值稍有不同，我们就不会在这儿担心它了。这个值被计算到了小数点后 120 位。似乎我们的宇宙完美地适合我们的存在。

- 如果人类的平均智商再低 10 个点，人类会在哪里？我们能够将某个人送上月球吗？我们能够制造并使用如今已是我们生活中一部分的计算机和其他机器吗？如果人类的平均智商再低 30 个点，我们还能问出宇宙为何如此的这些问题吗？

这张清单可以永远列下去。如果这些自然常数或物理定律稍有不同，宇宙的面貌就会完全不一样。如果宇宙发生微小的变化，生命（特别是人类生命）很可能无法出现。科学家将物理定律为何如此完美的谜团称为**金发之谜**（Goldilocks enigma）或**精准调整的宇宙**（fine-tuned universe）。物理定律既没有"太这样"也没有"太那样"，而是"刚刚好"。它们就像精准调整的乐器，完美地设定为可以发出一个不和谐的音符，即拥有智力的人类存在的可能性。为什么这些物理定律如此刚刚好呢?

这里有许多问题,它们常常集中在一起出现。除非我们将这些问题分解开,否则我们甚至无法开始应对这些难题。这些问题可以分为三个层次,一层套着一层,就像俄罗斯套娃一样。

> 问题 1:为什么宇宙中会存在任何结构?
>
> 问题 2:为什么存在的这种结构可以维持生命?
>
> 问题 3:为什么可维持生命的结构产生了一种拥有理解这种结构所需的足够智慧的生物?

让我们更详细地思考这些问题。

问题 1:为什么宇宙中会存在任何结构?

为什么自然会存在规律?为什么物质对象相互作用的方式会有规律性?物质宇宙的运转有特定的模式,而这些模式无论何时何地都会不断重复自己。自然规律都有特定的一致性和规则性。它们以一致的方式应用于整个宇宙。我们可以在地球上和火星上做同一个实验,并得到一样的结果。我们可以在周日和周二做同一个实验,并得到同样的结果。为什么自然规律会有这种一致性和可重复性?为什么宇宙在我们眼中如此正常,而不像是萨尔瓦多·达利(Salvador Dali)所描绘的那种令人迷幻的艺术世界?我们甚至很难想象宇宙缺少这种结构的话会是什么样子。

我们还能提出更深层的问题。与其好奇为什么存在作用于物质对象的规律,不如问问为什么要存在任何实体对象。如果整个宇宙只是巨大的真空空间,不存在物质对象,会如何呢?然而我们的宇宙中就是有物质对象。为什么应该如此呢?我们当然还可以更极端,问问为什么会存在宇宙。任何事物的存在实际上都没有原因。哲学家会用朗朗上口的一句话陈述这类问题："为什么那里有东西而不是没东西？"[41]

问题 2：为什么存在的这种结构可以维持生命？

已知存在一个宇宙，而且这个宇宙里存在遵循物理定律的物质对象，那么为什么这个宇宙中应该存在生命呢？物理定律的设定让一种过程的存在成为可能，我们将这种过程称为生命。要想让生命存在，宇宙必须拥有足够复杂的材料，才能让生命生长和发育。我们已知的所有生命形式都是由碳构成的。事实上，有机化学（本质上是对生命体的研究）就是碳的化学。宇宙中绝大多数的材料是氢和氦，它们过于简单，不能创造出复杂的结构。宇宙必须能够将这些简单材料转化为复杂材料。要想让生命产生，宇宙必须拥有的另一样东西是时间。复杂的生命过程要想发生，需要有足够的时间。宇宙的规律需要进行精确的调整，才能产生复杂的材料，拥有这种过程所需的足够长的时间。我们恰好生活在拥有这些规律的宇宙中。为什么物理定律如此适合生命的发展？

科学家已经确定，如果某些物理定律稍有不同，任何生命类型所需的复杂材料和过程都无法存在。我们可以令人信服地争论生命的定义（见下文）及这些物理定律能够如何不同，但似乎的确是某些不可思议的精确定律令人惊叹地交汇起来，令这个宇宙中的生命成为可能。为什么应该如此呢？我们可以提出一个更深层的问题：只是因为宇宙常数和物理定律正好适合生命的产生，所以生命就真的产生了吗？一对骰子可以同时落在一点上，并不意味着它们就一定会落在一点上。为什么在一个生命**可以**存在的宇宙中，生命**的确**存在呢？

在第一组问题中，很难想象宇宙处于一种混沌状态（或者根本就没有宇宙）；与之相反的是，很容易想象没有任何生命的世界。就我们所知，在我们这颗小小的蓝色星球之外似乎不存在任何生命。这意味着就目前而言，浩瀚宇宙的其余部分都毫无生命的迹象。我们可以很容易想象，某一位疯狂的政客发动全球核战争，导致地球上的所有生命（不只是人类的生命）被摧毁。到时候就会出现一个无生命的宇宙。

问题 3：为什么可维持生命的结构产生了一种拥有理解这种结构所需的足够智慧的生物？[42]

已知存在一个运转良好的宇宙，而且这个宇宙中有生命，为什么这些生命中的某一些拥有智慧吗？[43] 人脑大概是宇宙中最复杂之物，而且能够完成宇宙中某些最令人惊叹的壮举。在已知宇宙中，只有人类对其怀有好奇心。利用思维，人类不但试图控制自身周围的自然之力，还试图理解这些力。我们不止拥有智力，能下国际象棋，听得懂《辛普森一家》（The Simpsons）里的笑话，还会试图弄明白为什么宇宙是以它现在的方式构建起来的。宇宙孕育出一种能够部分理解它的生物，这是否只是一种巧合呢？目前我们还不能全面理解我们身边的宇宙。或许我们永远也无法全面理解宇宙，但我们仍然可以理解它的一部分。智人（Homo sapiens）是宇宙中唯一已知意识到自身存在的生物。为什么会是这样？

当服用了某种药物或者喝了太多龙舌兰酒时，我们的智力就会下降，我们理解或遵从理性的能力也会下降。这表明推理在很大程度上是一种物质过程，而作为一种物质过程，它会受到自然法则的支配。为什么我们的思维如此适合了解自然？（或者真是如此吗？我们当中的绝大多数更乐意看《辛普森一家》而不是研究自然。）环境中的微小变化就能让我们变成不那么理性的生物。（那些能让我们变成更理性、更好的科学家的变化呢？有了那些变化，我们就能对宇宙了解得更多吗？）

只是因为宇宙非常适合智慧生命的出现，并不意味着宇宙必定拥有智慧生命。毕竟在人类出现之前，地球上存在没有智慧的生物。如果我们继续糟糕地对待彼此和我们的星球，智慧生命就会被摧毁，只有蟑螂会活下来。宇宙和它构造完美的规律将继续存在，即使已经不存在任何智慧生命去研究这些规律或者意识到它们的存在。没有任何事物可以确保人类这个脆弱物种的持久存在。

物理定律不仅非常适合理性的产生，而且在某种意义上我们就是从物理定律中学习理性的。正如我们在 8.2 节中看到的那样，人类从物质宇宙中学习数学。5 个苹果加 3 个苹果，我们有了 8 个苹果，这让我们知道 5 + 3 = 8。我们还在 8.2 节中看到了椭圆这个普通观念与行星运动之间的紧密关系。为什么宇宙会呈现如此的规律性，让我们在一张纸上画出来的形状可以出现在天宇之上？通过抽象代数理解量子世界，这或许说得通。但是为什么量子世界会按照我们在别处学习而来的抽象代数运转？物质宇宙还遵循逻辑规则。如果你知道 A 或 B 为真，然后你又了解到 B 实际上为假，那么你就知道 A 为真。[44] 我们可以在自然法则中观察到这种规律性，正是这个事实让理性成为可能。为什么科学规律拥有这种完美的形式？在本质上，我们问的是为什么会存在理性本身。

我有必要做出更清楚的说明。在 8.2 节中，我强调了人类从物质宇宙的规律性中学习数学。这表明数学能够描述物质宇宙的现象其实并不神秘。在本节中，我提出的是更深入的问题：为什么物质宇宙拥有规律性？为什么我们能够从物质宇宙中学习数学和逻辑？

为了回答这些问题，研究人员构思出了一套概念，它们统称为**人择原理**（anthropic principle）。这个原理声称，有情众生的存在这个事实表明，宇宙必须包含足够的结构才能让智慧生物存在。如果这种结构缺失，我们就没有机会在这里问出这些问题。

弱人择原理（weak anthropic principle）声称，被观察的宇宙所具有的形态一定会允许有智力的人类观察者存在。换句话说，并非所有宇宙都有可能出现人类。我们能进行观察而且我们多少有一些智力，这个基本的事实在某种意义上说明，我们的宇宙必须拥有诞生人类必要的复杂性和时间。我们的智力是某种过滤器，它会告诉我们将找到的是什么类型的宇宙。在大学里测量平均智商的心理学家会发现大学生的智商比其他所有群体的平均智商更高，这是因为大学生通常拥有较高的智商。与之类似，当研究宇宙时，我们应该期望发现一个拥有能提出这些问题的生物的宇宙，因为我们就在提出这些问题。大多数研究人员赞同弱人择原理，因为它说了一件显然正确的事。

一些物理学家沿着这条思路继续推理下去，构思出了一个更有力的争议性概念：**强人择原理**（strong anthropic principle）。他们不只认为宇宙因人类所见而呈现出现在的样子，而且他们说宇宙**必须是这样**，因为宇宙必须包含智慧生命。通过某种神秘的力量，宇宙必须创造智慧生命。在这里应该提到的是，绝大多数物理学家不接受强人择原理。他们没有看到相信宇宙必须诞生智慧生命的任何理由。虽然很难与相信弱人择原理的人争论，但物理学家通常认为强人择原理超出了科学的范围。

人择原理对我们在宇宙中的位置做出了非常有趣的判断。自启蒙时代以来，科学剥夺了人类在这个宇宙中的特别地位。哥白尼指出，我们不再位于宇宙的物质性中心。相反，地球只是一颗普通的行星，它围绕着一颗普通的恒星运转。达尔文将人类从动物界最重要生物的地位上赶走了。在他看来，人类只不过是从随机突变中诞生的众多物种之一。弗洛伊德[45]夺走了理性作为一种独特的人类能力的地位。将所有这些发现结合起来，科学已经接受了某种称为**平庸原理**（principle of mediocrity）或**哥白尼原理**（Copernican principle）的理论，这种理论说我们在宇宙中观察到的现象在任何意义上都不算特别。我们是一颗普通行星上的典型物种，这颗行星围绕着一颗普通的恒星运转，这颗恒星则位于一个普通的星系中。我们没有什么特殊之处。

现在情况又不一样了。人择原理让人类重新回到了宇宙的中心。哥白尼原理已经被证明是错的。智慧人类的存在这一事实对宇宙的类型做出了限制。宇宙之所以是它现在的样子，是因为我们有某些突出的特征：我们活着，我们思考。因为宇宙中存在人类的理性，所以宇宙拥有它所拥有的形态。可以通过观察智慧生命来研究宇宙，然后看看这个宇宙必须遵守什么样的规律才能让这种智慧生命出现。人类可以观察并理解宇宙，正是这个事实表明拥有理性的人类位于宇宙的中心。我们或许不位于宇宙的物质性中心，但理性让我们自身成为中心。[46]（如果我们不是宇宙中唯一的智慧生命，那么地外文明也位于宇宙的中心。）

弱人择原理有些不太令人满意。虽然它解释了为什么我们必须以某种特定的方式看待宇宙，但它没有解释**为什么**宇宙是它现在的样子。它可能会是另一种形态，那样的话，我们就不能看到或者研究它了。哲学家约翰·莱斯利（John Leslie）将这种情况比作从行刑队枪口下幸存的一名男子。一共有 10 名士兵向这名男子开枪，而他报告称自己幸存了下来。如果用人择原理来类比，这名男子会回答道，如果没有从行刑队的枪口下幸存，他就不可能报告自己幸存下来这件事。因为他幸存了下来，所以他才能告诉我们这件事。虽然他所说的当然正确无疑，但这并不是我们想听的。我们想知道**为什么**他幸存了下来。士兵们的枪法很差吗？有人把子弹换成了空包弹？或者这只是一起奇怪的意外事件吗？同理，对于宇宙也是一样，我们想知道**为什么**宇宙的构建方式令智慧生命能够报告关于它的事实。

许多年来，研究人员为人择原理提出了几种可能的解释。

神明

自然神论者能够很轻松地解释为什么宇宙是它现在的样子：某个神明在虚无中创造了宇宙，并将它设定为拥有生命——更重要的是，它拥有智慧生命。宇宙及其规律之所以被创造成现在这个样子，是因为某个全知全能的神想观看人类上演的这出大戏。神知道人类这个物种出现所需的确切条件，然后建立了一个相应的世界。正如《圣经·旧约》中的《诗篇》（19:2）所云："诸天述说神的荣耀；穹苍传扬他的手段。"事实上，这种解释千百年间一直被当成神明存在的证据。它被称为**设计论证**（argument from design）或**目的论的论证**（teleological argument）。[47]关于宇宙结构的所有三个问题都能被神明的存在轻松解答。

　　虽然这种解释足以令自然神论者满意，但那些不相信神明存在的人不会满足于这种解释。这种神明的存在会让我们对该神明的性质提出各种各样更难以回答的问题。对于这些不信神的人，他们需要一个更具物质性和科学性而且能够检验的解释。

宇宙是一场侥幸

　　我们发现宇宙是它现在的样子，纯粹只是因为幸运。宇宙及其规律的形成方式并不出于任何特定的原因。它不是为了人类或其他任何智慧生物形成的。正如戴维·休谟所写的那样："对宇宙而言，人的生命并不比牡蛎的生命更重要。"如果存在智慧生物，那也没什么重要的。在接受这个概念的人看来，我们生活在一个荒诞的宇宙中并且需要接受这个事实。如果被迫思考这件事，那么这些人将不得不同意弱人择原理，即如果宇宙是任何另外的形态，我们都无法存在于其中。但他们不会深究这一点的含义。这种立场是极端反哲学的：宇宙就是它现在的样子，而这没有原因。这种解释对我们关于宇宙结构的三个问题都没有给出任何答案。虽然这足以让那些不思考宇宙或理性起源的人感到满意，[48]但我们其余的人被理解宇宙为何如此的奇怪欲望驱使着，将继续寻找答案。对我们来说，忽视或否认谜团并不会让谜团烟消云散。我们只好看得更远。

缺乏调整的宇宙

　　我们在前文中了解了宇宙被精准调整以便生命（特别是智慧生命）出现的观点，某些研究人员对此嗤之以鼻。当看向宇宙时，我们并没有看到一个适合生命的地方，我们的天文望远镜所观察到的每个星系似乎都是毫无生机的。宇宙中拥有无数个毁灭生命的超新星、黑洞、小行星和彗星，它们彼此撞击，而且还会撞到别的行星和恒星上，我们怎么能说这样的宇宙在等待生命出现呢？尽管已经寻找了很多年，但我们从未发现另一颗真正维持生命的行星。宇宙没有被精准调整得适合智慧生命的另一个迹象是，从未有任何地外文明的使者造访过地球。即便在我们的太阳系内，也没有其他行星能够维持任何类型的智慧生命。如果一名没有任何防护的宇航员从太空飞船里走出去，他要么立即被冻死，要么在几秒内被太阳烤焦。

完美地适合生命出现的地球又是怎样的呢？让我们更仔细地审视我们这颗美丽的星球。这颗小小蓝色行星的 2/3 被水覆盖着，而海洋似乎并不利于智慧生命生存（除海豚的所谓智力之外）。我们通常被限制在地球的干燥表面。然而即使在这些地方，也存在大片对于人类生命的长期维持来说过高、过热、过于干燥或过于寒冷的土地。在能够维持人类生存的环境中，经常出现海啸、火山喷发、地震、飓风、泥石流、毒蘑菇，所有这些都让人类的生命痛苦而脆弱。各种各样的疾病、病毒、瘟疫和致命的细菌层出不穷，它们曾经令人类社会的很大一部分销声匿迹。在不利于人类生命的所有力量中，破坏力最强的或许是人性本身，它总是怀着倔强的欲望，去谋害和摧毁自己这个物种和周围的环境。地球并非完美地适合人类生存，能够做出这个判断的理由还有很多很多。

这些人不认为宇宙进行了精准的调整以适合智慧生命；相反，他们认为宇宙不适合有情众生的存在。[49] 他们会说无法解释这个世界为什么如此有秩序——因为实际上它并不那么有秩序。这带来了一个更大的谜团：如果宇宙如此不适合智慧生命的发展，为什么这种生命还是发展出来了呢？[50]

注意，这只是对问题 2 和问题 3 的回答。它没有回答任何深层次的问题。

生命的限制性定义

还有一些人也不同意宇宙为了智慧生命而被精准调整的观点。他们指出，我们对智慧生命的要求是为我们的生命量身定制的，而这种定义的限制性过强。他们认为自然常数和物理定律并不像我们所想的那样拥有如此强的限制性。如果这些物理定律有所不同，也有可能出现其他形态的生命。或许生命可以用除了碳之外的其他材料创造出来。有人推测硅基生命是一种可能性。科学家最近发现某些生命形式存在于砒霜里。[51] 海洋生物学家曾经震惊地在活跃的海底火山附近发现某些生命形式。或许存在某种完全由中子构成的生物，它们生活在恒星的表面。科学家构思了在太阳中制造更多复杂元素的其他方式，甚至还用到了不一样的物理常数。[52] 有人想知道，如果某种计算机病毒拥有复制、保持内稳态以及攻克所有形式的安全系统的神奇能力，它是不是一种生命形式。实际上，计算机病毒甚至显示出了智力的迹象。能够存在的生命形式一定是我们熟悉的生命形式，这种假设在某种程度上是缺乏想象力的表现。可以用纳入更多奇异生命形式的方法来回答人择原理提出的问题：如果我们纳入所有这些可能性，那么即使宇宙的构建方式有所不同，也可能出现经过再定义的其他生命形式。如果宇宙是以另一种方式运行的话，那么其他生命形式就会惊叹于宇宙是以他们的方式而不是以任何其他方式运行了。

对人择原理的这种解释回答了问题 2 和问题 3。宇宙是它现在的样子，这不存在任何神秘之处，因为它也可以是许多不同的样子，而（智慧）生命同样可能会出现。这个解释同样没有回答问题 1。某种奇怪类型的生命是否存在并不影响宇宙拥有许多结构。为什么宇宙会拥有这么多结构呢？

多重宇宙

对于宇宙得到的精准调整，一个非常流行的解释是，我们的宇宙只是众多宇宙当中的一个，它们共同构成了**多重宇宙**（multiverse）。这些宇宙中的每一个都拥有自己的规律和常数。在绝大多数的这些宇宙中，物理定律和常数不适合生命，更不适合智慧生命。我们的宇宙是智慧生命有可能出现的幸运宇宙之一。

　　在你立刻抛弃存在多重宇宙这个概念之前，让我们看看科学不断延伸的地平线。贯穿整个古典时代和中世纪，人们相信太阳是宇宙中唯一的太阳。直到现代，我们才意识到太阳只是银河系中的数千亿颗恒星之一。就在不久之前，我们才了解到我们的星系是宇宙中的亿万个星系之一，每个星系都有亿万颗恒星。相信多重宇宙论的人将这个概念又向前发展了一步。或许在我们的宇宙之外还有亿万个其他宇宙，而我们就是看不见它们，也不能找到证明它们存在的任何事实依据。

　　多重宇宙论如何有助于解释为什么我们的宇宙拥有维持生命的结构？想象一下，你走进一个宾果游戏厅，发现自己是那里唯一的玩家。如果你的纸牌赢得了游戏，你肯定会相信这是奇迹。在所有随机的号码中，恰好是你的号码被叫到。这一定是"神明显灵"。同理，如果你随机走进酒店的一个房间，而这个房间里有合身的衣服，并且这样的房间只有一个，那绝对是奇迹了。如果我们的宇宙是唯一存在的宇宙，它的构造竟然如此完美地适合我们生存，那么这个事实在某种程度上的确是奇迹。现在考虑另一种情况：你走进一家拥挤的宾果游戏厅，里面有许多其他玩家。他们其中的一个将赢得游戏，并跳起来尖叫："我赢了！这是个奇迹！"对赢家而言，这的确是个奇迹。为什么偏偏是他赢了而其他所有人都输了？但是对于正在观察所有玩家而且知道**某个人**肯定会赢的你而言，**某个人**赢了并不是奇迹。酒店房间的例子也与之类似。如果每个房间里面都有衣服，就没有那么神奇了。总会有人发现非常适合自己的衣服。我们的宇宙也是类似的情况。如果存在很多宇宙，而其中的某些宇宙拥有令智慧生命成为可能的物理定律，那就没那么奇怪了。我们只是恰好身处这些宇宙中的一个。在多重宇宙中，绝大多数的其他宇宙大概是没有生命的。所有这些宇宙会拥有不同的物理定律和不同的自然常数，只有其中的一些会"刚刚好"。在能够支持智慧生命的这些宇宙中，拥有智慧的居民跳起来尖叫"这是个奇迹"，这种情况并不奇怪。他们的反应是在情理之中的。

多重宇宙论有很多派别。多年以来，科学家提出了各种理论，解释为什么存在多重宇宙而不是一个宇宙。前些年，布赖恩·格林（Brian Greene）出版了一本精彩的书，名叫《隐藏的现实：平行宇宙是什么》（*The Hidden Reality: Parallel Universes and the Deep Laws of the Cosmos*），他在书中描述了多重宇宙这个主题的 9 个变体，我将在接下来的段落中简要描述其中的一些。有必要提醒的是，这些概念中的一些十分疯狂（这已经是有意温和的措辞了）。它们将科幻小说带领到新的水平，得到了非常奇怪的结论。

我们是在 7.2 节首先遇到多重宇宙这个概念的，当时我们在讨论休·艾弗雷特三世的理论。他说每当被测量时，当时的宇宙就会分裂成多个宇宙。对于每次测量，都存在不同的可能结果，宇宙就会分裂成相应数量的副本，每个姊妹宇宙拥有其中一个结果。由于每秒可能就有数百万次测量，因此产生的宇宙数不胜数。现在不清楚这些宇宙的物理定律如何相异。我们也不知道如果只有观察者才能进行测量的话，那么这些宇宙如何能够拥有非智慧生命。无论如何，这是关于多重宇宙的第一个理论。

我们在本书里已经碰见过弦理论好几次了。正如我们所见，非常小的弦构成宇宙，这个概念解决了物理学中的许多问题。其实弦理论还预测了多重宇宙的存在。在不同的多维空间里扭动的弦称为膜（brane，"membrane"的缩写）或 D- 膜（D-brane）。弦理论学家相信存在很多不同的膜，它们可以彼此碰撞，导致拥有许多不同性质的新宇宙出现。宇宙的类型如此众多，以至于多重宇宙被称为**弦理论景观**（string theory landscape）。存在如此之多的宇宙，怪不得这种景观的某些部分拥有生命。

上面两种对多重宇宙的解释都假定存在许多宇宙，但所有这些宇宙都和我们的宇宙同样奇异。虽然多重宇宙假说回答了我们提出的问题，但事情似乎有些过于偶然了。李·斯莫林（Lee Smolin）在《宇宙的生命》（*The Life of the*

Cosmos）一书中提出了一种有趣的多重宇宙模型，与没有生命的宇宙相比，拥有智慧生命的宇宙在这种模型中更容易出现。他提出的观念是一个宇宙可以从另一个宇宙坍缩之后的黑洞里出现。这个新宇宙自身可以拥有许多黑洞，因此也就有很多小宇宙。他进一步推测，这些新的姊妹宇宙的物理定律只会和母体宇宙的物理定律稍有不同。这套机制赋予了宇宙一抹自然选择的色彩。拥有更多黑洞的宇宙会拥有更多姊妹宇宙，也更容易生存下来。由于黑洞来自能够发生恒星核合成的大型恒星，因此拥有这些大型恒星的宇宙数量更多。在斯莫林的多重宇宙中，宇宙是进化的，它们会变得越来越能够允许生命存在。

　　麻省理工学院的马克斯·泰格马克拥有一种非常有趣的多重宇宙观念。他将柏拉图和毕达哥拉斯的信念发展到了极致，相信唯一真正存在的是数。每种可以存在的数学结构，都的确存在。如果这种结构前后一致且符合理性，那它就是存在的。这些系统中的某一些描述了维持生命的宇宙。某些数学结构甚至描述了一些奇特的生命形式，它们拥有被我们称为"智力"的心理过程。甚至还有数学结构描述了可以思考自身存在的生物。我们恰好生活在泰格马克式多重宇宙的一个宇宙中，这里的数学对孕育人类而言足够复杂和精致。泰格马克解释了为什么我们看不到数，却只能看到树木、花朵和人。一方面，这个理论显然违背了奥卡姆剃刀原则，因为**所有事物**都存在。另一方面，正因为没有选择什么存在、什么不存在，所以这样的多重宇宙实际上规则更少。换句话说，泰格马克的多重宇宙的确满足简洁性假设的评判标准。这个有趣的观念值得更多思考，但它已经超出了本书的范围。

　　在我看来，多重宇宙论最有趣的版本是我们在 7.2 节中短暂探索量子力学时遇到的一些概念的推论。一个主要概念是，物体的性质处于多个值的叠加态，直到它被有意识的存在物观察，才会坍缩为一个值。约翰·阿奇博尔德·惠勒将这个概念应用到了整个宇宙。当宇宙刚刚形成时，不存在人类观察者，所以一切存在之物都处于朦胧的叠加态。但是与其将它想象成朦胧的叠加态，不如将它想象成宇宙内部的一种多重宇宙形式。在我们这个单一的宇宙中，万物都有许多可能的值。[53] 这些叠加态中的每一个都遵循物理定律（这样的物理定律或许有很多）并沿着这条道路继续运转。这个理论认为，众多可能的叠加态之一发展出了一种复杂的生命或意识，后者拥有观察周遭宇宙的能力，如图 8-8 所示。[54] 这种观察（用图中的眼睛表示）将整个叠加态坍缩为我们所知所爱的这个宇宙。制造出意识的叠加态导致该叠加态坍缩。这种理论叫作**参与式人择原理**（participatory anthropic principle）。观察者参与了宇宙的创造并允许存在观察者。没有孕育出有情众生的所有其他叠加态（它们在图中没有眼睛）都无法坍缩。很重要的一点是，如果参与式人择原理是正确的，那么它不但将成为弱人择原理的合理解释，而且实际上还能解释强人择原理。宇宙将停留在朦胧的叠加态，直到出现拥有智力的观察者。惠勒用这个理论又向前走了一步。我们在 7.2 节中的延迟选择量子擦除实验中看到，实验的结果可以改变过去。更确切地说，实验的结果取决于整个实验。或许我们可以说，宇宙的过去取决于人类观察者的存在和观察。[55]

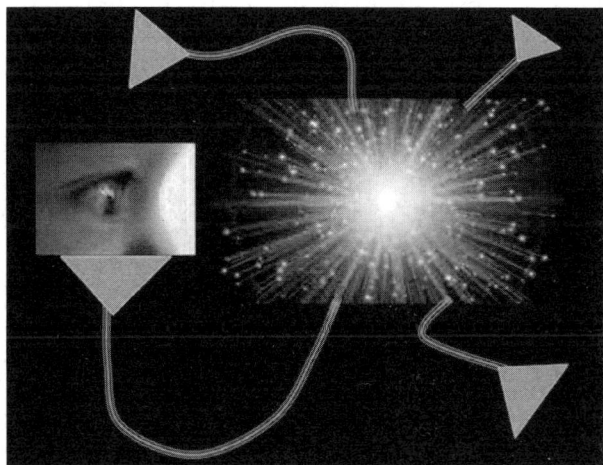

图 8-8　制造出观察者的宇宙得到了观察

来源：哈达萨·亚诺夫斯基绘

我们见到了多重宇宙论如何帮助我们回答为什么智慧生命存在于宇宙中的相关问题。我们还大致了解了几种不同的多重宇宙论及其各自的运作方式。对于多重宇宙这个概念，并不是没有批评的声音，最显而易见的反对理由是任何多重宇宙理论都不存在经验性证据。我们生活在一个宇宙之中，而且我们只能看见一个宇宙。本书只在这个宇宙中出版（至少我还没收到来自任何其他宇宙的版税），任何其他宇宙的存在都没有事实性证据。如果它们的确存在，那么它们在哪儿？它们看起来是什么样子？只是因为它们有助于解释智慧生命的存在，我们才假设它们存在。它们帮我们解决了确定性问题（艾弗雷特的多重世界解释），或者它们的数学表明就是如此（弦理论），但这并不意味着事实一定如此。没错，它们为人择原理提供了支持，但这并没有让它们的存在成为真正的事实。如果中了彩票，你的财务问题就会解决，但这并不意味着你真的一定会中彩票。

多重宇宙论还有其他反驳意见。在多重宇宙的所有观念中，都存在解释这些宇宙如何彼此分支并形成的法则。这些法则不单适用于某个宇宙，而是整个多重宇宙的法则，称为**超法则**（superlaw）或**元法则**（metalaw）。现在我们可以提出一个更深层的问题：为什么这些超法则设定得如此完美，令某些宇宙产生智慧生命？超法则的创造令不同的宇宙产生了不同的特性，而其中某些宇宙非常适合智慧生命，为什么？我们首先问的是为什么宇宙存在令智慧生命成为可能的结构。对这个问题的回答是假设多重宇宙的概念，然后说我们的宇宙中存在智慧生命，是因为我们的宇宙只是庞大的多重宇宙的一部分。现在我们又在问为什么多重宇宙中存在能够产生智慧生命的结构。[56]

针对多重宇宙论的另一项批评是，它常常被认为是替换智慧设计者观念的权宜之计。换句话说，一位无神论科学家更愿意假设多重宇宙而不是某种神明的存在。哲学家尼尔·曼森（Neil Manson）将多重宇宙观念称为"绝望的无神论者的最终手段"。[57] 实际上，多重宇宙的观念和神明观念一样不科学。这并不意味着它们同样可能或者同样不可能，而只是意味着它们都是不可观察、不可证明、不可证伪和不可检验的。许多批评家说假设多重宇宙的存在和大多数宗教一样需要同样深刻的信仰。

　　某些科学家甚至否认多重宇宙论是科学。多重宇宙论既非实证又不可检验。如果多重宇宙中的不同宇宙之间没有相互作用，我们怎么才能检验其他宇宙的存在呢？换句话说，在所有科学甚或所有存在中最艰深的问题之一，在许多科学家那里得到的答案按照定义超出了科学的边界。但是无论多重宇宙的概念是否如此，科学都不应该阻止我们思考多重宇宙。我们思考许多并非严格属于科学的主题。它们是有趣的概念，而且它们也许恰好解释了我们的宇宙。

对称性

　　另一类充满吸引力的概念也有助于解释宇宙的结构。这些概念的要点是，我们在宇宙中观察到的任何结构都来自一个事实，即我们在通过某种特定的方式观察宇宙。

　　在某种意义上，这些概念中的某一些——和哲学中的许多其他概念一样——是对戴维·休谟提出的问题的回应。在 8.1 节中，我们看到休谟的归纳问题令人极为苦恼。他令因果观念陷入质疑，而因果观念是所有科学的核心。伊曼努尔·康德将这些问题当作一次提醒。他试图解决这些问题，方法是声称人类并不是透过无色眼镜看到现象的。根据康德的说法，我们是透过有色眼镜看到这个世界的。我们预先形成一些观念，这些观念内置于我们自身，帮助我们理解和归类我们看到的所有现象。空间、时间和因果律等观念都是我们的一部分，我们使用这些观念理解宇宙。这些观念预先存在于我们之中，并非来自经验。有了这些根深蒂固的观念，宇宙看起来才是它看起来的样子。没有这些观念，我们就不能看到我们所看到的结构。在康德看来，我们的宇宙观受到我们自身思维的影响，如果没有这些内置观念，我们就不能观察到"本质上"到底有什么。这在对人类与宇宙关系的传统看法上又前进了一步。传统看法是，宇宙就是它现在的样子，而我们以某种方式看到它。康德提倡的观念是，我们的宇宙观取决于我们看待它的视角。

爱因斯坦也对我们如何观察不同现象很感兴趣。正如我们在 7.2 节中看到的那样，他坚称无论如何观察，物理定律都应该是相同的，并由此提出了相对论。在爱因斯坦之前，伽利略坚称只要观察者以恒定的速度运动，物理定律就应该保持不变。爱因斯坦用狭义相对论推广了这个概念，他坚称物理定律必须保持不变，无论观察者是以恒定速度运动还是以接近光速的速度运动。他的广义相对论进一步推广了这一点。他坚称，即使速度在变化（加速或减速），物理定律也应该是一样的。无论观察者如何观察，物理定律都必须保持不变，这个事实反映了某种类型的**对称性**（symmetry）。用通俗的例子解释，如果一个房间的左半边和右半边交换之后仍然看起来一样，我们说这个房间是对称的。科学家将这种对称的概念扩展到了描述自然规律的方式上。这些规律从多种视角看都是一样的。随着科学的进步，对称的概念正在发挥越来越重要的作用。

爱因斯坦实际上做了一件更激进的事。在爱因斯坦之前，大多数物理学家会发现并描述一个物理定律，然后就继续描述它的性质，如它的对称性。而在相对论中，**爱因斯坦使用对称性发现物理定律**。他推测物理定律必须具有对称性，接下来就描述了具有对称性的物理定律。任何不满足对称性要求的都不可能是物理定律。他是使用对称性作为重要仲裁或过滤机制，判断什么是物理定律而什么不是物理定律的第一人。

埃米·诺特（Emmy Noether，1882—1935）用这些概念走得更远。她关注的是名为**守恒律**（conservation law）的物理定律。这些定律规定在一个过程或实验中，某种性质的总量不发生变化。重要的例子如下所述。

1. **动量守恒**（conservation of momentum）：这说的是一个系统内所有物体的总动量保持不变。例如，在台球桌上"开球"时，你就能看到这种物理定律。

一开始，只有白球在朝着其他球快速移动。当其他球被击中之后，它们以不同速度四散而去。动量守恒定律规定，所有球的速度和方向之和等于最初的白球的速度和方向。

2. **角动量守恒**（conservation of angular momentum）：该定律规定物体旋转的方式和速度必须保持不变。角动量守恒的经典例子是花样滑冰运动员一边旋转一边将伸出的手臂收回身边。为了保持角动量不变，当他的手臂收起来时，他的旋转速度会加快。

3. **能量守恒**（conservation of energy）：简而言之，它说的是在一个系统内能量的类型可以改变，但能量的总量必须保持恒定。例如，当你踩刹车时，汽车的动能转换为刹车板的热能。在水坝上，从高处流下的水驱动涡轮机旋转，产生电能。

诺特指出这些守恒律中的每一条都对应系统的某种对称性。上述三条守恒律分别对应下列三种对称性。

1. **地点对称性**（symmetry of place）：这意味着一个实验可以在不同地点进行，而结果仍然是一样的。

2. **方向对称性**（symmetry of orientation）：无论实验相对于哪个方向进行，实验的结果都会是相同的。

3. **时间对称性**（symmetry of time）：无论实验在什么时间进行，结果都没有区别。

我们不在本书中介绍守恒律如何对应这些对称性。实际上，诺特证明了一个更为普遍的事实：她指出**任何守恒律**（某特定类型的）都有与之对应的对称性（某特定类型的），而任何对称性（某特定类型的）都有与之对应的守恒律（某特定类型的）。

沿着诺特的方向，后来的研究人员走得更远。他们没有寻找守恒律，而是寻找对称性。这让对称性成了他们实验和计算的重心。约翰·冯·诺依曼和尤金·维格纳等物理学家使用群论提出了量子力学的很大一部分内容，而群论就是对称的数学语言。群论在物理学的许多其他分支中也发挥着重大作用。

所有这些科学家都提议，并不是人类看到了宇宙中的真正结构，而是人类起到了过滤器的作用。科学家没有看到物理定律；相反，他们只是将自己选择出来的东西称为科学。

维克托·J. 斯滕格（Victor J. Stenger，1935—2014）是这些概念的现代拥护者。他写了一本引人入胜的书，名为《可理解的宇宙：物理定律从何而来？》（*The Comprehensible Cosmos: Where Do the Laws of Physics Come From?*）。斯滕格在书中以对称性的观点解释了现代物理学的许多内容。他使用比我们在上文中讨论的更复杂的对称性解释了现代量子力学、宇宙学、量子场理论，以及当代物理学的所有其他领域。这本书讨论了局部对称性、全局对称性、规范对称性，等等。所有这些对称性都可以纳入被他称为**视角不变性**（point of view invariance）的范畴进行研究。这个概念声称无论某种现象如何或何时被观察，也无论它如何被描述，物理定律肯定都是一样的。使用这些概念作为确定物理定律的过滤器，斯滕格指出物理定律只不过是我们观察宇宙的方式。他在这本书的序言里总结道："物理定律只是一些限制，限制的是物理学家抽取模型的方法，他们用这些模型代表物质的行为。"这意味着物理定律是描述我们观察到的对称性的方法。

第一个推广这些概念的人大概是亚瑟·斯坦利·爱丁顿。他不仅是世界级的科学家，也是思想深邃的哲学家。他的一些理念对本书的几个主题也有影响。

爱丁顿的目光不只局限于宇宙，他还看向科学家，问道："谁来观察观察者呢？"[58] 为了看看科学家如何了解宇宙，他变成了一个认识论主义者。爱丁顿对科学的观念被他自己称为**选择性主观主义**（selective subjectivism）。他认为，宇宙规律不是客观存在的。相反，它们是被主观选择的。科学家根据对称性选择特定现象，然后将描述这些现象的规律称为**自然法则**。这些规律可以用数学语言表达，因为这就是我们看待外部世界的方式。或者如他所说："数学本不在那里，直到我们将它放在那里。"它不是我们看到的结构，而是我们在宇宙中观察这种结构时采用的方法。爱丁顿在他的重要著作《空间、时间和引力》（*Space, Time and Gravitation*）中用下面的话作为精彩的结尾："我们在海边发现了一种未知生物的奇怪脚印。为了解释它的来源，我们提出了一个又一个重大理论。最终，我们成功地找到了制造这个脚印的生物。噢！那是我们自己的脚印。"

在告别爱丁顿之前，让我们思考与本书主题相关的一种非常深刻的思想。当谈论科学推理的极限时，我们必须时刻谨记自己是如何观察宇宙的。爱丁顿描述了一个精彩的类比，这个例子的主人公是一名鱼类学家。

让我们假设某位鱼类学家正在探索海洋中的生命。他将一张渔网投入海水中，将打捞上来的东西分门别类。在分析自己的收获时，他使用的是科学家最常用的手段，系统化地分析这些收获能够揭示什么。他得到了两个概括性结论：

(1) 没有任何海洋生物的长度小于 5 厘米；

(2) 所有海洋生物都有鳃。

对于他捕获的鱼类，这两个结论都是正确的，而他尝试性地假设，无论他如何重复撒网收获，它们都将依然是正确的。

在这个类比中，渔获代表构成自然科学的所有知识，而渔网代表我们在得到这些知识时使用的感官和智能设备。抛洒渔网对应的是观察行为，因为尚未或不能被观察得到的知识不被允许进入自然科学。

某位旁观者也许会提出反对意见，声称第一个概括性结论是错误的。"长度小于 5 厘米的海洋生物多得很，只是你的渔网不适合捕捞它们。"鱼类学家轻蔑地忽视了这个反对意见："我的渔网抓不住的任何东西事实上都不在鱼类学知识的范围之内。简而言之，我的渔网抓不住的东西都不是鱼。"将这个类比翻译一下："如果你不是单纯地猜测，那么你就是在宣扬某种用自然科学的方法之外的其他方法得到的关于物质宇宙的知识，而且这些知识还不能用自然科学的方法证实。你是个形而上学者。呸！"[59]

爱丁顿强调的是，我们应该看看用来进行观察的渔网孔径的尺寸。换句话说，我们看待宇宙的方式是它呈现给我们的方式。他继续指出，通过观察渔网，我们会看到结论 (1) 确定的信息比结论 (2) 确定的信息更根本。毕竟，如果我们使用的渔网的孔径是 5 厘米，我们就不会抓到 2.5 厘米长的鱼。相比之下，"所有海洋生物都有鳃"这个判断是基于我们见过的鱼而做的一个没有保证的概括性结论。海里很可能存在没有鳃的生物。爱丁顿的结论是，我们从观察宇宙的方式中了解到的信息比从实际观察宇宙中了解到的信息更多。

我们的科学方法可以如何调整，让我们能看到宇宙的更多内容呢？对这个问题，我们只能推测。继续使用鱼类学家的类比，如果使用孔径为 2.5 厘米的渔网，我们会发现什么类型的鱼呢？按照现在的方式看待宇宙，我们错失了什么？[60]

这个解决方案针对的是人择原理造成的一些问题，然而它本身也存在一些问题。我们总是有这样一种感觉："外面"存在着的庞大的根本性结构并不关心它是否被人类或其他有意识的生物观察。大片大片的空间和时间似乎都没有人类或任何其他观察者。我们真的要相信当宇宙的某个部分进入我们的视野时，它就开始存在了？至于时间，在形成观察者之前有过极为漫长的时代。我们真的要相信在那时不存在结构吗？感觉告诉我们，物理定律就在我们眼前。

另一个相关的难点是，这些概念违背了物理学的所有核心观念。世界上总是存在物理定律和物理状况。定律决定状况，我们研究状况以了解更多定律。而我们在这里提出的是，物理状况——观察者的观察方式——影响物理定律。这是激进的想法。（由定律解释的）状况如何改变定律？实际上，上面几段表述了更深入的内容：根本就不存在定律！

我将提到的最后一个问题是，并非我们看到的全部现象都具有我们期望在宇宙规律中存在的对称性。这个物质宇宙中存在许多统称为**对称性破缺**（symmetry breaking）的现象。这是一种看上去很随机的过程，它将某些拥有良好对称性的物理定律变成了对称性较差的其他定律。为什么是某些而不是另外一些对称性得到保留，这（暂时）超出了我们的理解能力，而且这个过程完全是随机的。虽然对称的性质或许揭示了宇宙结构的一部分，但这些性质不能揭示它的全部。

几年前，我萌生了一些想法。当时我在上课，讲的是量子力学的基础及复数在其中发挥的核心作用。一名学生问了下面这个根本性的问题："为什么宇宙会遵从复数的规律？"这个问题提得非常好，它的好体现在它的简洁性。为什么是奇怪的复数而不是我们习以为常的实数？我花了一些时间才想出真正触及问题关键的回答。答案是宇宙并不遵从复数的规律。相反，宇宙只遵从它自己。人类使用复数帮助自己理解宇宙中这个称为量子力学的部分。如果数学家没有发明复数，那么物理学家在理解世界时就会更加艰难。地球和太阳并不是先查阅牛顿描述万有引力的著名公式之后，再决定它们之间的引力的。相反，这个公式是人类用来理解物理现象的。我们必须再次强调，宇宙并不使用复数、牛顿公式或任何其他自然法则来运转。相反，宇宙以它自己的方式运转。必须使用工具才能理解这个世界的是人类。

我们（暂时）不知道答案

对于我们这个被精准调整的宇宙，还存在另一种解释：我们就是（暂时）

不知道答案。在过去的几个世纪里，科学令人惊叹地高速发展，而我们对科学给予了极大的期望。然而没有人说科学将提供**所有问题的答案**。目前来看，上述所有答案都给人一种科幻小说的感觉，没有一个是在科学上真正令人满意的。也许会出现新的证据表明上述对人择现象的解释之一是正确的。在将来，科学家也许会发现更好的答案。另一种可能性是存在逐层加深的无限解释链。一种解释或许可以支撑一阵子，然后人们会发现解释前一个解释的更深层次的解释，这个过程将永无休止地持续下去。然而，我们必须接受这样一种可能性，即这些彼此重叠的问题永远不会存在令人满意的解释。那样的话，我们就永远都不会知道答案。承认这一点需要谦卑的精神，或许这样的谦卑是恰当的。

让我们猜测一下为什么如此难找到人择原理的合理解释。这个原理所有可能的解释都有其内在的奇怪之处。对于大多数针对某个系统的问题，我们能在该系统内部找到答案。例如，"为什么今天在下雨？"答案："云的含水量饱和而且温度适宜。"这是一个关于环境的问题，它的答案也来自环境。然而，当一个问题如此根本的时候，我们必须走到系统之外，进入更深的层次。例如，根本性的化学问题可以在化学内部或更深层次的物理层面得到回答。"为什么水会沸腾？"答案："因为水壶下面的火提供了能量。"这是一个物理学上的答案。根本性的社会学问题（如"人们为什么会反叛？"）或许可以从更深层次的心理学层面解答。被精准调整的宇宙的相关问题，答案只能在**宇宙之外**寻找。为什么整个宇宙应该是某种特定的形态？我们在宇宙之外寻找答案。宇宙之外是什么？神明？许多其他的宇宙？我们不习惯位于宇宙之外的答案。科学家想要这个宇宙之内的答案，不喜欢前往更远的区域。即使是这些关乎整个宇宙的根本性问题，我们也喜欢在宇宙之内寻找答案，而对于在别的地方寻找答案总是感觉无所适从。我认为，这种无所适从的感觉会伴随我们一段时间。

现有的证据不支持关于宇宙结构的问题的任何一个已有答案。我们可以推测生命所有可能的定义及所有可能的多重宇宙，但我们没有经验性证据表明这些生命形式或宇宙确实存在。于是我们得出结论，我们对宇宙之所以如此的终极原因一无所知。创造我们并赋予我们理性，以便质疑所见的一切的宇宙，在面对这些合理的探索时很不愿意揭示它最深的秘密。

　　无论你接受人择原理的哪种解释，都很难避免一种怪异之感，感到这里正在发生某种奇怪而精彩的事情。物理学家弗里曼·戴森（Freeman Dyson，1923—2020）用最清晰的方式描述过这种感觉："我在这个宇宙里没有陌生之感。我越多地观察宇宙和研究它的构造细节，就越明显地感到，宇宙一定在某种程度上知道我们要来。"[61]

第9章

数学面临的障碍

一旦理解了这些原则，我就永远放弃了对数学的追求；我也不会对自己的半途而废感到后悔，因为我不能让自己的心智在严格论证的习惯之下变得僵硬，这对于道德证据的更细微的感受极具破坏力，而后者决定了我们的行为和意见。[1]

——爱德华·吉本（Edward Gibbon，1737—1794）

我曾经对数学产生过一种感觉，我感觉自己见到了它的一切，比深处更深之处展示在我的面前，那里是无尽的深渊。我看到，正如某个人看到金星凌日，甚或伦敦市长就职游行那样，某个量穿过无限，将它的符号从加变成减。我看到了这是如何发生的，以及为何背叛不可避免，还有一个步骤如何牵扯到所有其他步骤。这就像是政治。但这发生在晚餐之后，我就随它去了！ [2]

——温斯顿·丘吉尔（Winston Churchill，1874—1965）

新数学：标准数学最近被认为是陈旧过时的，因为人们发现多年以来自己一直将数字 5 倒着写。这导致计数作为从 1 到 10 的方法被重新评价。学生们被教授了布尔代数的先进理念，对从前不可解的方程使用威胁报复的手段处理。[3]

——伍迪·艾伦

数学是纯粹理性的象征。科学的很大一部分是以数学和逻辑为基础的。在某种意义上，数学就是理性的语言。它是所有人类发明中最成功的。然而正如我们即将看到的那样，就连它也有自己的局限。

9.1 节介绍古希腊时代出现的一些局限。9.2 节概述伽罗瓦理论，它是现代数学中的一整个领域，目的是指出某些问题不可能用通常的方法解决。在 9.3 节中，我们回到使用计算机解决问题的讨论中，并指出数学中的几个问题是无法通过计算解决的——无论是机械计算还是人工计算。9.4 节讨论逻辑自我指涉的某些方面，包括著名的哥德尔不完全性定理。本章最后对逻辑和公理体系的某些技术方面和哲学方面进行讨论。

9.1　古典时代的局限

在毕达哥拉斯的追随者们看来，他们的前成员希帕索斯（Hippasus）必须被扔进海里，以免他继续亵渎并揭露他们所有的秘密。希帕索斯完全是不理性的！

在古希腊时代的世界，萨摩斯的毕达哥拉斯（Pythagoras of Samos）是一个有趣的人物。他生活在公元前 6 世纪，对古典时代和中世纪的世界都有重大影响。毕达哥拉斯——哲学家、神秘主义者、音乐鉴赏家和宗教领袖——是为了研究数学本身而不是为了它的应用而研究数学的第一人。这让他成了世界上第一位纯数学家。他还发现了音律和谐与数学之间的关系。毕达哥拉斯对哲学和数学的进步产生了巨大的影响。

毕达哥拉斯和他的大批追随者信奉一条核心教义：整个世界都被整数或整数的比例支配和描述。这些比例被认为是唯一理智或"有理性"的数。换句话说，他们不相信我们如今称为**无理数**的数。在他们看来，有理数是唯一存在的数。

在这种世界观下本来一切正常，直到毕达哥拉斯的一个学生出现，他的名字叫梅塔蓬图姆的希帕索斯（Hippasus of Metapontum）。希帕索斯思考了一个普通的正方形，它的边长为1，如图9-1所示。

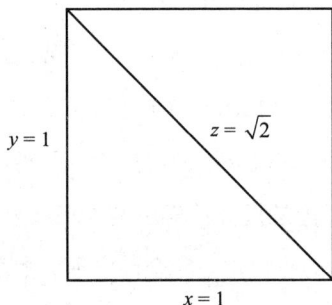

图 9-1 拥有无理数长度斜边的正方形

根据毕达哥拉斯著名的直角三角形定理，我们得到：

$$x^2 + y^2 = z^2$$

或

$$\sqrt{x^2 + y^2} = z$$

在图9-1的正方形中，x 和 y 的长度都是1。这意味着对角线 z 的长度是 $\sqrt{2}$。这本来没什么，但希帕索斯接着证明了这个常见的数，即2的平方根，不是一个有理数。这个很容易描述且无处不在的数是无理数的第一个已知的例子。这对毕达哥拉斯那个时代的人而言是一个令人震惊的结果。在某种程度上，这第一次违背了那个时代的数学局限性。[4]

传说毕达哥拉斯和他的追随者对希帕索斯的发现很不安。他们害怕他会将自己的发现透露给其他人，从而暴露他们的信仰存在缺陷。于是，他们带上希帕索斯乘船出海，然后在海上把他扔下了船，希望他带着自己的秘密长眠海底。

目前还不知道希帕索斯用了什么证明方法指出 2 的平方根是一个无理数。然而有一个非常优雅的证明方法值得我们思考。它利用几何学，没有很多让人头疼的复杂方程。它就是我们已经熟悉的反证法。如果（错误地）假设 2 的平方根是一个有理数，那么我们就会发现矛盾：

2 的平方根是有理数 ➡ 矛盾。

如果 $\sqrt{2}$ 是一个有理数，那么就会存在两个正整数之比等于 2 的平方根。让我们假设最小的两个这样的整数是 a 和 b。即，

$$\sqrt{2} = \frac{a}{b}$$

等式两边同时求平方，得到：

$$2 = \frac{a^2}{b^2}$$

两边同时乘以 b^2，得到

$$2b^2 = a^2$$

让我们从几何学的角度看看这个方程。它意味着存在一个边长为 a 的大正方形（面积为 a^2）和两个边长为 b 的小正方形（每个的面积为 b^2），且两个小正方形的面积之和正好等于大正方形的面积，如图 9-2 所示。

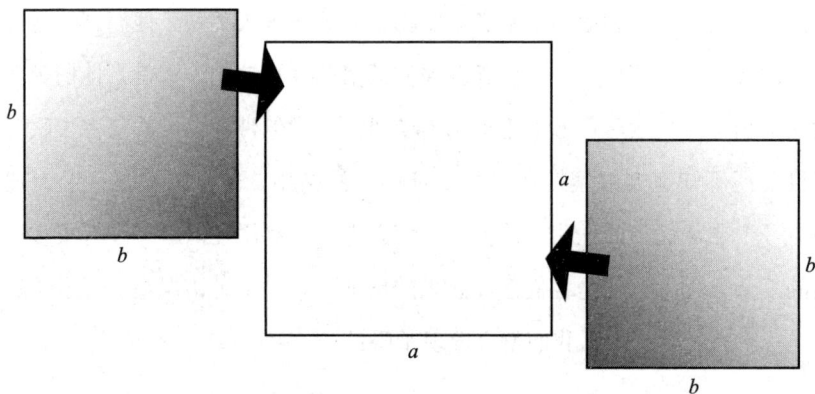

图 9-2　两个小正方形的面积之和恰好等于一个大正方形的面积

此外，如果我们假设 a 和 b 是最小的这种数，那就不存在更小的数令这个命题为真。

当这两个小正方形被放进大正方形时，一定会有一块重叠区域和两块缺失区域，如图 9-3 所示。

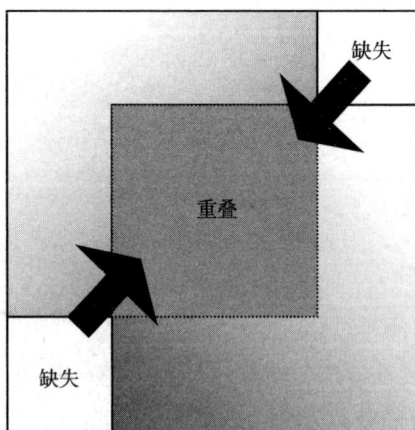

图 9-3　将两个小正方形放进大正方形

图 9-3 有两个问题：存在重叠区域表明我们将同一块区域的面积计算了两次，此外还有两个较小的缺失区域。要想让大正方形的面积等于两个小正方形的面积之和，两个缺失区域的总面积就必须和重叠区域的面积相等——也就是说，两个较小（缺失）的正方形的面积必须等于较大（重叠）的正方形的面积。这些正方形肯定比最初的正方形小。但是等一下！我们已经假设我们使用的是令两个小正方形面积之和等于大正方形面积的最小的数，但是现在我们找到了更小的数。这是一个矛盾。我们对这些数字所做的假设肯定存在问题。结论是，2 的平方根不是一个有理数，而是一个无理数。

自古典时代以来，许多其他数学问题也挑战了人类的理性。这些问题在中世纪继续被人探索，最终在现代被证明是无法解决的。

古希腊人对数学的研究主要偏向几何学方面。他们的方法直到今天还在高中几何课堂上使用。对于古希腊人，数学的全部内容就是使用直尺和圆规构造几何对象。如果某种形状能够以这种方式构造出来，古希腊人就能处理它；如果不能，这种形状就会被视为不合理。形状的构造很简单：给定两点，可以用直尺画一条连接两点的线。给定一点为圆心，以与另一点之间的距离表示半径，就能用圆规作圆。[5] 重复这两种操作就能得到许多形状。我们关心的当然是什么几何对象**不能**以这种方式构造。

图 9-4 描绘了自古典时代以来最著名的三个作图难题。

第一个难题称为**使圆成方**（squaring the circle）。给定某个面积一定的圆，要求用一把直尺和一个圆规构造出一个面积与该圆相等的正方形。想要完成这种作图，就必须能构造出与 π 成比例的线段。第二个难题是将一个给定的角分成三等份。这个问题称为**三等分角**（trisecting an angle）。第三个难题称为**加倍立方体**（doubling the cube）。给定某个体积一定的立方体，要求构造出一个体积是它两倍的立方体。要构造出这样的立方体，需要先构造出与 2 的立方根成比例的线段。我们很快就能看到，所有这三种作图都是只使用直尺和圆规无法

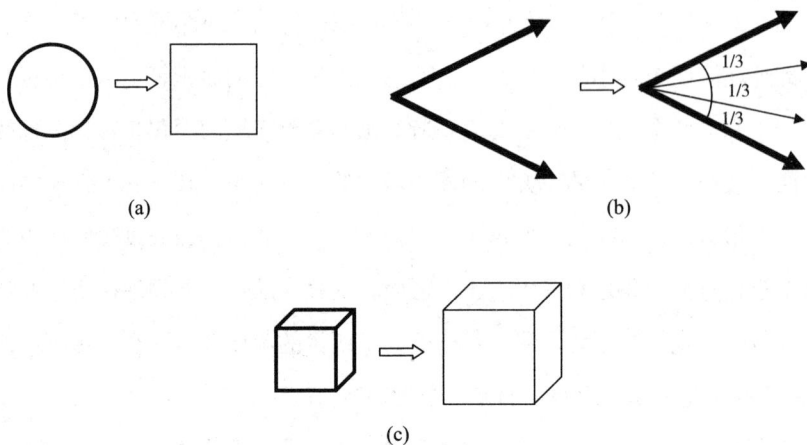

图 9-4　(a) 使圆成方；(b) 三等分角；(c) 加倍立方体

完成的。

　　古希腊人称，能够用直尺和圆规构造出来的线段长度对应的数称为**可造数**（constructible number，又称欧几里得数）。所有正整数都可以这样构造出来。我们可以用这两种工具进行乘法运算和除法运算，因此全部有理数都是可构造的。不过有些无理数也是可构造的。如果你画一个边长为 1 的正方形，那么它的对角线长度就是 2 的平方根，这个数可以构造。

　　现代数学家定义了一类范围更大的数，称为**代数数**（algebraic number）。这些数是下面这种多项式方程的解：

$$a_n x^n + a_{n-1} x^{n-1} + \cdots + a_2 x^2 + a_1 x + a_0 = 0$$

其中所有的系数都是整数。因为每个有理数 a/b 都是方程 $bx - a = 0$ 的解，所以每个有理数都是代数数。已知每个可造数都是代数数。然而代数数比可造数多。例如，2 的立方根就不是可造数，但它是代数数，因为它是 $x^3 - 2 = 0$ 的解。

　　然而，并非每个实数都是代数数。不是代数数的实数称为**超越数**（transcendental number）。超越数不是代数方程的解。在某种意义上，这些数是无法用通常的代数运算描述的。如果一个数是超越数，那它就不是代数数，更不可能是可造数。很难证明一个数是超越数。直到 1844 年，数学家才证明超越数是存在的。然后在 1882 年，费迪南德·冯·林德曼（Ferdinand von Lindemann，1852—1939）证明了 π 是超越数。这表明 π 不可造，因此无法用直尺和圆规使圆成方。三等分角和加倍立方体也已经被证明是不可能的。

已知的超越数很少。也许有人会说，既然已知的例子这么少，那么真实存在的超越数也应该很少。但是只要进行简单的计数论证，就能指出这个假设完全是错误的。思考图 9-5 中的实数层级。

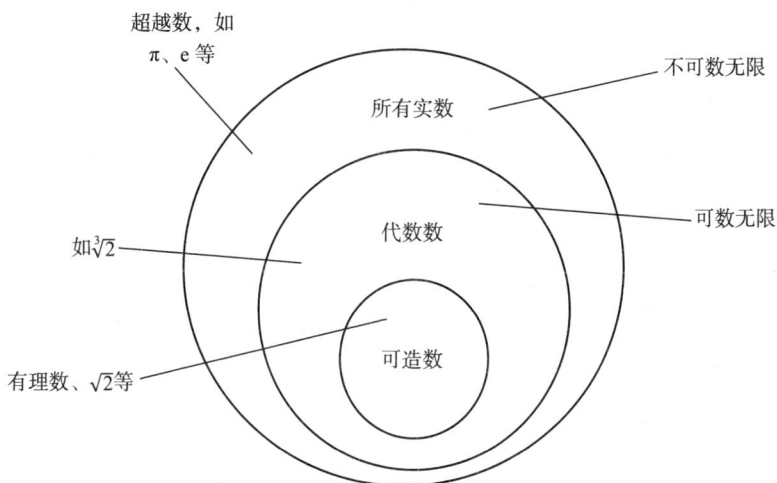

图 9-5 实数的不同类型

每个代数数都有某个整数多项式方程与之对应（它是这个方程的解）。使用某种聪明的计数方法（例如我们在 4.2 节中见到的之字形证明或项链证明的方法），就能证明整数多项式方程的集合是可数无限的。这表明代数数的数量只不过是可数无限的。我们知道实数是不可数无限的，因此实数中的超越数也是不可数无限的。看待这一点的另一种方式是，我们能用普通运算描述的数——代数数——是可数无限的，但是不能用普通运算描述的数就要多得多。从这里我们就能判断，不可造的形状和数的数量比可造的形状和数的数量多得多。

9.2　伽罗瓦理论

巴黎，1832年5月29日。一名年轻的男子正在奋笔疾书。他必须快速写下这封长信，因为需要写的内容很多，而他知道自己第二天就会死于非命。这封信是对他的数学研究的总结，他想在为时太晚之前将这些内容全部写在纸上。他在信的最后恳求他的朋友："向（闻名世界的数学家）雅可比或高斯征求他们的公开意见，不是让他们判断这些定理的真实性，而是评价它们的重要性。我希望将来有人能够解开这团乱麻。"[6]第二天，他为了捍卫对一名女子的爱情而参加了一场决斗，结果正如他所料，他受了致命的重伤。被带到当地医院之后，他只活了一天。据说他最后的遗言是说给他哥哥的："别哭，阿尔弗雷德！我需要我所有的勇气才能在20岁死去。"[7]这个年轻人的名字是埃瓦里斯特·伽罗瓦（Évariste Galois，1811—1832），而他的工作将永远是现代数学的重要组成部分。

这封信里有什么？20世纪最伟大的数学家和物理学家之一赫尔曼·外尔写道："如果按照它所含信息的新颖性和深刻性来看，这封信或许是人类所有文献中最重要的著作。"[8]或许外尔在做这个评价时有些浮夸了，不过伽罗瓦的研究成果的确包含对现代数学和物理学至关重要的思想。一个20岁的年轻人能够说出什么重要的理论呢？

伽罗瓦出生于1811年，当时法国大革命之后的狂热气氛还没有散去，这让伽罗瓦度过了短暂而悲剧的一生。他的父亲曾经是巴黎郊外一个小城市的市长，后来因为一场激烈的政治争端而自杀。伽罗瓦是一个满怀激情且心思复杂的年轻人，他的成长过程很不容易。他很年轻的时候就痴迷于数学，以至于荒废了其他方面的学习。他没有考上法国最负盛名的巴黎综合理工学院（École Polytechnique），最终进入了一所第二梯队的大学，但老师并没有真正地发现他的聪明才智。伽罗瓦提交了两篇用来发表的论文，结果都被编辑弄丢了。后来他参与了激进的政治团体，导致自己被学校开除。目前还不清楚这次致命决斗的另一方是谁，引起决斗的女子的身份也未知。如果这位年轻的天才没有以这么悲惨的方式英年早逝，他还能完成什么样的工作呢？这个问题的答案只能靠猜测了。

伽罗瓦的工作和多项式方程的求解有关。在理解他的贡献之前，我们必须先研究一些历史。思考下面这个简单的方程：

$$ax + b = 0$$

此类方程称为"线性"方程，大多数中学生知道如何求 x：

$$x = -b/a$$

更复杂的"二次"方程是下面的形式：

$$ax^2 + bx + c = 0$$

古典时代的人们就已经知道了这种方程的求解方法，而且一直到现在，高中学生还在学习使用"二次公式"求二次方程的解。二次方程实际上有两个解：

$$x_1 = \frac{-b + \sqrt{b^2 - 4ac}}{2a}$$

及

$$x_2 = \frac{-b - \sqrt{b^2 - 4ac}}{2a}$$

注意这些公式使用了加法、减法、乘法、除法、求平方和平方根等运算。

那么"三次"方程呢？如下所示：

$$ax^3 + bx^2 + cx + d = 0$$

这种方程的求解存在标准公式吗？ 16 世纪，杰罗拉莫·卡尔达诺[9]指出这个方程有三个解，而且给出了相当复杂的公式。[10]这些公式使用了普通的运算方式，包括求平方根和立方根。

继续下去，我们可以试着求解"四次"方程：

$$ax^4 + bx^3 + cx^2 + dx + e = 0$$

洛多维科·费拉里（Lodovico Ferrari，1522—1565）和尼科洛·丰塔纳·塔尔塔利亚（Niccolò Fontana Tartaglia，1499—1557）发现了四次方程的解。你一定很想知道我们是否会写下这四个可能的解对应的四个公式。与其将它们写下来，不如说这些"四次公式"使用了普通的运算，包括求平方根、立方根和四次方根。

那么"五次"方程呢？如下如示：

$$ax^5 + bx^4 + cx^3 + dx^2 + ex + f = 0$$

事情在这里变得更有趣了。也许有人会觉得存在由加减乘除和从平方根到五次方根组成的"五次公式"。这是不对的！不存在这样的公式。19世纪初，保罗·鲁菲尼（Paolo Ruffini，1765—1822）和尼尔斯·亨利克·阿贝尔（Niels Henrik Abel，1802—1829）[11] 证明了不存在这种使用普通运算和求方根的普适公式。这意味着对于每个由 a、b、c、d、e、f 组成的五次方程，永远都不会存在简单的求解公式。

这是数学局限性的又一个清晰的例子。

一般而言，这个问题是不可解的。然而某些五次方程存在很容易找到的解。例如，$x^5 - 1 = 0$ 有一个解为 $x = 1$。

这就是伽罗瓦的工作重心。他能够使用某个给定五次方程的系数确定该方程能否用普通运算求解。为此，伽罗瓦引入了**群**（group）的概念。群是一种以对称概念为模型的数学结构。伽罗瓦指出了如何将一个群与每个方程关联起来。在这些对称性的帮助下，他能够判断某给定五次方程能否用普通运算求解。当他对五次方程求解的工作得到理解之后，就立即被用在数学和科学的许多其他领域。

这种描述对称性的概念涉及现代数学、化学和物理学的一次重大革命。现代数学和科学的很大一部分研究的是不同形式的对称性，因此也就是不同类型的群。从这个角度，我们终于可以理解外尔对伽罗瓦书信内容重要性的判断：

现代数学和科学广泛地使用了伽罗瓦引入的观念。

如果要一五一十地介绍**伽罗瓦理论**（Galois theory）究竟是如何发挥作用的，我们一定会晕头转向。简要地介绍一下就足够了，这个理论首先描述了数学或物理系统的对称性。建立了这种对称性之后，研究人员就要确保这种对称性在不同运算或物理法则下得到保持。一个系统不能违反自身的对称性，这个事实可以看作对该系统的限制。

我们在 9.1 节见到的不可解决的古典尺规作图问题都可以使用伽罗瓦理论证明其不可解决。我们还没有讨论的另外一个问题是某些**正多边形**（regular polygon）是否可以用尺规作图构造。等边三角形和正方形是可构造的。正五边形呢？任意的正 n 边形呢？伽罗瓦理论告诉我们哪些正 n 边形可以使用尺规作图构造出来。所以如果

$n = 3, 4, 5, 6, 8, 10, 12, 15, 16, 17, 20, 24, \cdots, 257, \cdots, 65\,537, \cdots$

那么与之相应的正 n 边形就是可构造的。相比之下，如果

$n = 7, 9, 11, 13, 14, 18, 19, 21, 22, 23, 25, \cdots$

那么这样的正 n 边形就是不可构造的。

伽罗瓦理论描述的这种限制性体现在一个很有趣的例子上，那就是经典的儿童游戏十五子棋。这个著名的益智游戏有 15 个小方块安装在一个 4×4 的网格里。每次可以移动一个方块，目标是让这些方块按顺序排列，如图 9-6 的右半部分所示。然而某些开局排列方式无法得到按顺序的排列方式。只要简单地交换一下编号为 14 和 15 的方块的位置，就无法得到按顺序的排列方式，也无法从按顺序的排列方式恢复到最初的排列方式。

实际上这些方块可能的排列方式一共有 15 的阶乘（15!）种。这些方式中正好有一半称为"偶排列"（even permutation），而另一半称为"奇排列"（odd permutation）。方块普通形式的移动有一种对称性，只能从偶排列变成偶排列，或从奇排列变成奇排列。这些现象体现了该系统的对称性。在图 9-6 中，一种

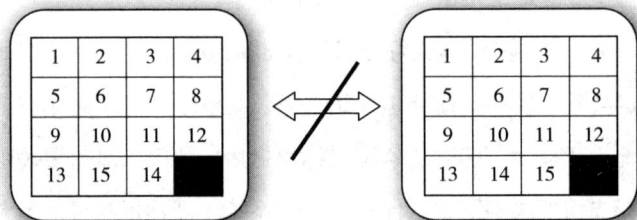

图 9-6　无法完成的操作

排列方式是偶排列，而另一种是奇排列。正是因为这个事实，所以无论我们进行多少次规则范围内的移动，都无法将一种排列方式变成另一种。

还可以在魔方上看出与伽罗瓦理论有关的不可能性。拿出一个完全拼好的魔方，然后只扭动它的一个角（尽管这违反规则）。将它打乱，然后让一个观察力不佳的朋友（没看过本书的朋友）试着拼回原状。这是不可能完成的。一次扭动就让它无法恢复原状，无论用多少步骤也不行。

总之，伽罗瓦的方程理论指出了乘法、除法、乘方和求方根等普通运算在方程求解中固有的局限性。多年以来，数学家开发出了使用微积分和无穷方法的其他技术，解决了这些问题的一部分。所以伽罗瓦理论证明了某些问题**无法用特定方式解决**。与之类似，如果允许使用直尺测量确切的长度，那么所有正 n 边形都可以构造出来。对于十五子棋游戏，只要将所有棋子都拿出来，再按照正确的顺序摆回去就很容易解决问题。通过作弊的方式总能解决魔方问题，也就是将它一块块拆开，再按顺序拼装起来。这些都是绕过伽罗瓦描述的数学局限的简单招式。

9.3 比停机问题还难

假设你找到了一份工作，是在某个建筑承包商手下打工，帮助客户设计他们梦想中的厨房。本来一切顺利，直到某个百万富翁的妻子走进来，想更换厨房的地板。她不想要样式普通的方砖，而想别出心裁地使用圆形的砖。你向她指出圆形的砖没法用，因为会留下无法填充的缝隙，如图 9-7 所示。

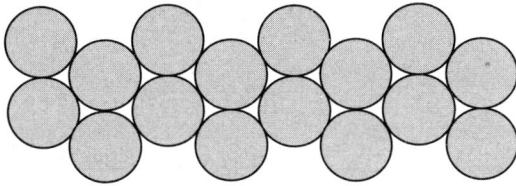

图 9-7　圆形不适合用来拼砖

正五边形适合吗（见图 9-8）?

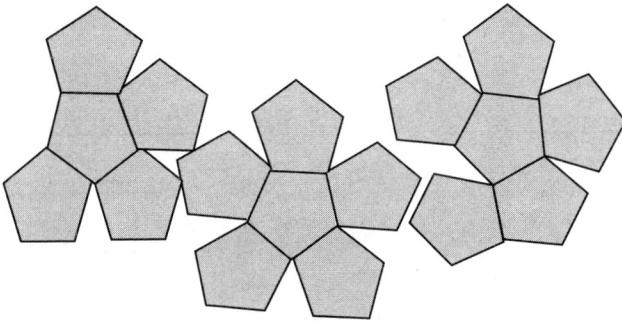

图 9-8　正五边形不适合用来拼砖

正五边形也不适合，但你没有放弃，又向她提议使用正六边形，如图 9-9 所示。

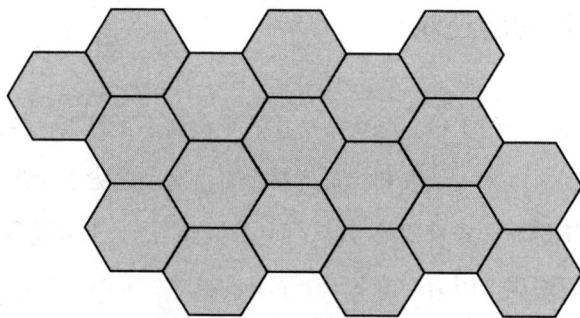

图 9-9 正六边形很适合用来拼砖

这次没有空隙了。正六边形可以用来给地板拼砖。可以看出，有些形状适合无缝拼接，有些形状不适合。图 9-10 展示了其他两种只使用一种形状的拼接方法。[12]

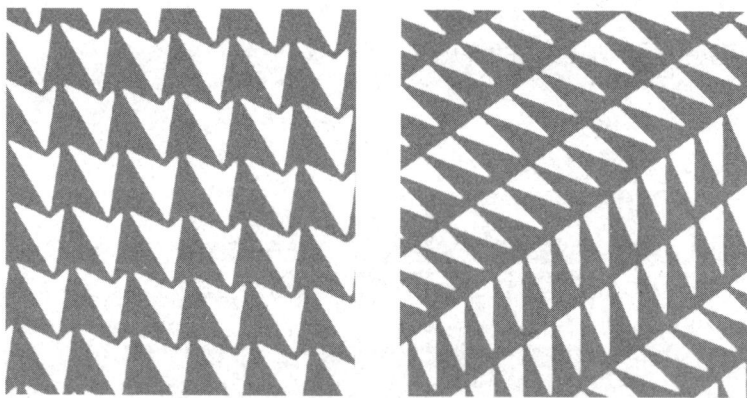

图 9-10 其他两种只使用一种形状的拼接方法

很显然还有许多其他形状可以严丝合缝地拼接起来。闻名世界的荷兰画家 M. C. 埃舍尔（M. C. Escher，1898—1972）制作了一些精彩的蚀刻版画，他将这些奇怪的形状彼此拼接在一起，不留一丁点儿缝隙。

思考图 9-11 中称为迈尔斯图形（Myers shape）的怪异形状。

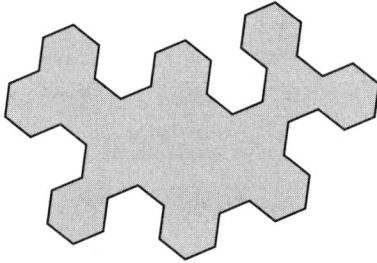

图 9-11　迈尔斯图形

有人也许会觉得形状如此奇怪的拼块不可能不留缝隙地覆盖地板。但是它完全可以做到这一点。如图 9-12 所示，一点儿问题也没有。

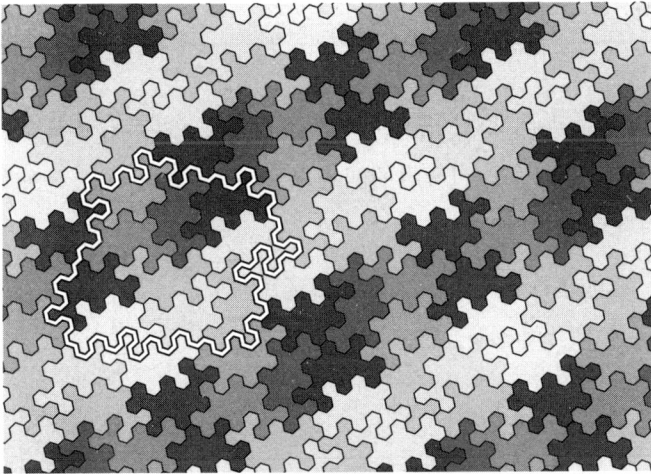

图 9-12　一种使用迈尔斯图形的拼接方式

我们见到的大多数形状在拼接时使用的方法会让拼接出来的图案自我重复。这种拼接方式被称为具有**周期性**。在周期性拼接中，同样的图案一次又一次地出现。然而某些形状拥有不存在重复图案的拼接方式。这种拼接方式被称为具有**非周期性**。思考长宽比为 2×1 的矩形。这个形状很容易创造周期性拼接。

然而我们也可以用这种矩形创造非周期性拼接。将两个这样的矩形拼在一起就得到了一个正方形，这种正方形可以垂直或水平放置，如图 9-13 所示。由于任何图案都可以像这样创造出来，因此创造非周期性拼接很容易。[13]

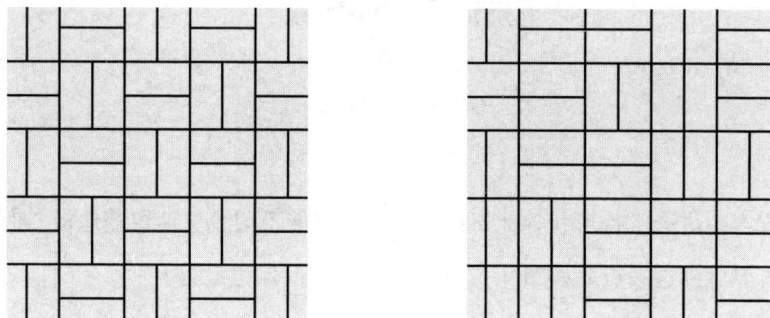

图 9-13　非周期性拼接的两个例子

我们还可以在非周期性图案的问题上向前再走一步。存在某些形状的组合，当你用它们来拼接时，它们形成的图案**永远**不会是周期性的。换句话说，这些形状只能拼接出非周期性图案。因此，这些形状被称为**非周期性拼块**。罗杰·彭罗斯（Roger Penrose）发现了两组这样的形状，其中一组是"风筝"和"飞镖"，另一组叫作菱形（见图 9-14）。

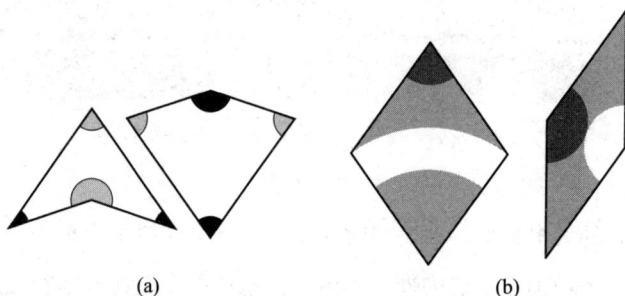

(a)　　　　　　　　　　　(b)

图 9-14　彭罗斯拼块：(a) 风筝和飞镖；(b) 菱形

　　这些形状有不同的颜色。当这些形状的拼接方式令相同的颜色对接在一起时，形成的图案就不会是周期性的。图 9-15 和图 9-16 就是这种非周期性拼接的例子。

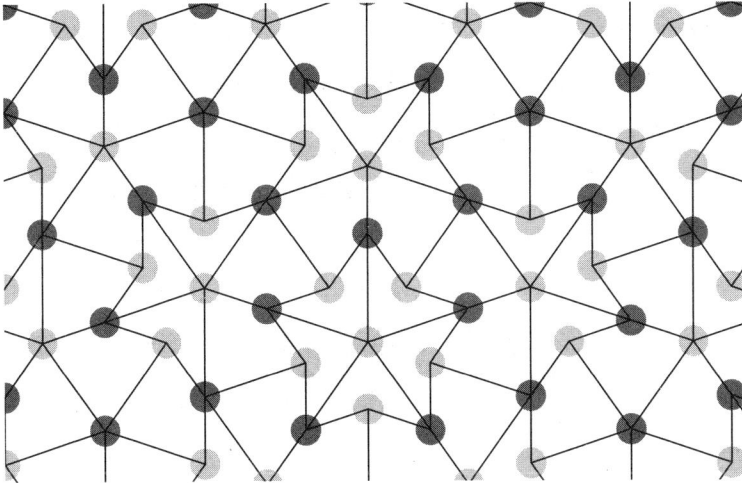

图 9-15　使用"风筝"和"飞镖"的非周期性拼接

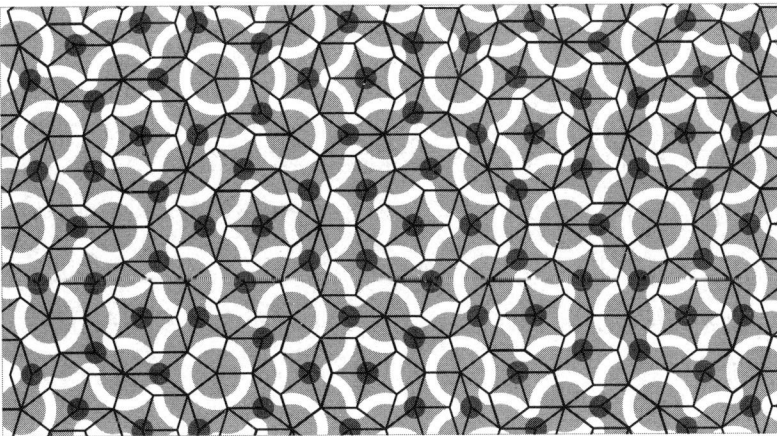

图 9-16　使用菱形的非周期性拼接

让我们回到帮别人拼厨房地板砖的工作上。如果存在某种方式能将不同形状的组合输入一台计算机，让它告诉我们这些形状能否拼接成一块没有缝隙的大地板（不用考虑边缘问题），那就太妙了。我们将这个接受形状并判断它们是否适合拼接的任务称为**拼接问题**（tiling problem）。能够解决拼接问题的计算机会对圆形和正五边形回答"否"，对正方形、等边三角形、正六边形、迈尔斯图形、彭罗斯的"风筝"和"飞镖"以及彭罗斯的菱形回答"是"。这样的计算机程序对你的工作会有巨大的帮助。

可惜的是，这样的计算机程序不可能存在。20世纪60年代中期，罗伯特·伯杰（Robert Berger）证明了不存在能够解决拼接问题的计算机程度。

他证明这一点的方法是指出这个问题比我们在第6章见到的停机问题还难。停机问题问的是某个计算机程序是最终停机还是陷入死循环。如我们所见，任何计算机都不可能解决停机问题。既然拼接问题更难，那么它也不能被任何计算机解决。

具体地说，可以将任何计算过程转换为一组形状，并使得当且仅当这些计算过程永不停机的时候，这些形状才能拼接出一个平面。也就是说这些形状能够拼接地板被等同于计算过程进入死循环。（我们在6.3节中见过这种转换过程。）可以用图9-17形象化地表示这种一个问题转换（或归约）为另一个问题的过程。

在这幅示意图中，一个程序从左侧进入，然后转换成一组形状。假设（错误地）存在一台计算机可以判断一组形状能否形成无缝拼接。那么我们就拥有一种方法可以判断某个程序是陷入死循环还是停机。由于我们已经知道没有任何方法能解决停机问题，因此我们就知道没有任何方法能解决拼接问题。

像拼接问题这样计算机永远无法解决的判定问题叫作**不可判定问题**（undecidable problem）。虽然这些问题有清晰的定义和客观存在的答案，但任何计算机永远都无法解决它们。

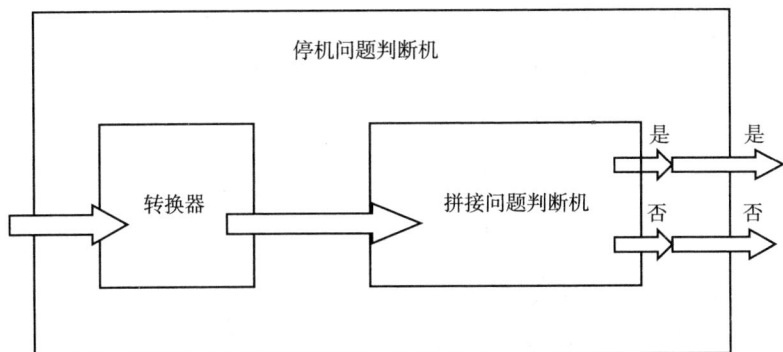

图 9-17　将停机问题归约到另一个问题

　　值得强调的是，我们证明拼接问题不可判定的方法是基于停机问题不可判定这个事实的。我们在 6.2 节中指出：

　　　　停机问题可判定 ➡ 矛盾。

图 9-17 指出：

　　　　拼接问题可判定 ➡ 停机问题可判定。

将这两个蕴涵推导结合起来，我们得到

　　　　拼接问题可判定 ➡ 矛盾。

因此拼接问题不可判定。

　　判断一组特定的形状能否用来拼接地板，这只是比停机问题难因而不可判定的众多问题之一。这样的问题还有很多很多，我将给出其中的两个例子。

　　我们在 9.2 节中看到，鲁菲尼和阿贝尔证明了变量的幂大于或等于 5 的多项式一元方程不存在求解的一般方法。这里有一个与之相关的问题：对于系数为整数且拥有任意多个变量的多项式方程，判断该方程是否存在整数解。我们将只允许求整数解的方程叫作**丢番图方程**（Diophantine equation）。另外我们不是在寻找该方程的解。相反，我们感兴趣的是某种能够判断是否存在整数解的方法。寻找这种方法的挑战是戴维·希尔伯特在 20 世纪初向数学界提出的难题之一，后来被称为**希尔伯特第十问题**（Hilbert's Tenth Problem）。

　　以下面这个方程为例：

$$x^2 + y^3 = 134$$

它的解为 $x = 3$ 和 $y = 5$。相比之下，很容易看出方程

$$x^2 - 2 = 0$$

不存在整数解。怎么知道复杂的方程是否存在整数解呢？举例如下：

$$x^4 y^3 z^7 - 23x^5 y^2 + 45x^2 = 231$$

存在整数解吗？我不知道。如果某个计算机程序能够解决希尔伯特第十问题就好了。这种程序会将一个丢番图方程当作输入，然后揭示它是否存在任何整数解。

　　1970 年，年仅 23 岁的苏联数学家尤里·马季亚谢维奇（Yuri Matiyasevich）——在马丁·戴维斯（Martin Davis）、希拉里·普特南（Hilary Putnam）、朱丽娅·罗宾逊（Julia Robinson）等前人工作的基础上——最终证明不存在能够解决这个问题的计算机程序。也就是说，任意一个给定的丢番图方程是否有解是不可判定的。

　　在不触及这个证明方法的真正细节的情况下，让我们试着从直觉上感受它。大致说来，这些数学家指出对于任何一种既定的计算，都可以设计一个丢番图方程，使得当且仅当这个方程有整数解时，这种计算过程才会停机。使用图 9-17 表示的话，内部判断机就会是一个丢番图方程判断机。如果存在某种判断

该丢番图方程是否有解的方法，那么就存在某种判定停机问题的方法。换句话说，希尔伯特第十问题比停机问题更难。可惜的是，没有方法能解决停机问题，因此也就没有方法能解决希尔伯特第十问题。

被指出不可判定的另一个重要问题叫作**群的字问题**（word problem for groups）。群是我们在 9.2 节遇到的数学家伽罗瓦首先提出的数学结构。这些结构表达了对称性而且无处不在……包括你的卧室。为了对群论形成一种直观的感受，让我们在卧室里停留几分钟，考虑一张床垫。对床垫的恰当护理方式是每隔几个月将它重新调整一下方向。实际上一张床垫的重定向有三种基本方式，如图 9-18 所示。一张床垫可以沿着它的长边翻转（L），沿着短边翻转（S），或者只是简单地旋转一下（R）。

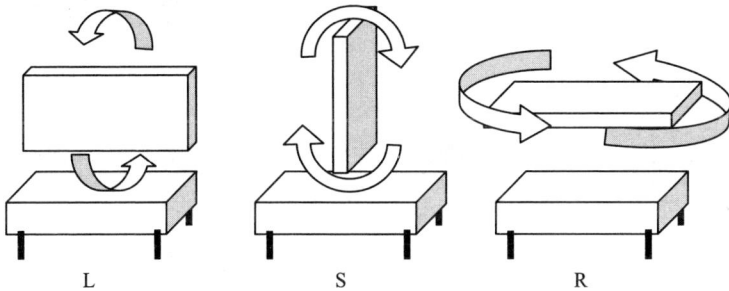

图 9-18　床垫重定向的三种基本方式

这些不同动作的结合会让床垫回归原位，这表达了床垫的一种对称性。床垫还存在更多重定向的方式。如果 S 表示沿着短边顺时针翻转，那么 S′ 就可以表示沿着短边逆时针翻转。可以用类似的方法定义 L′ 和 R′。建立了这些重定向方式之后，我们可以将它们结合起来，先做一个动作，再接着做另一个动作。例如，先沿着长边翻转床垫（L），然后再旋转一次（R′）。我们将这个动作组合表示为 LR′。

思考某些重定向方式。很显然 LL 的意思是沿着长边翻转两次。这会让床垫回到原来的位置。同理，R′R 会让床垫先顺时针旋转再逆时针旋转，最终令它回到原来的位置。稍微不那么明显的是，LRS 也会让床垫回归原位。（不要为了验证数学结果而去搬动沉重的床垫，别把自己的肌肉拉伤了。用一本很轻的书就能证明这个结果。）LRL 不能让床垫回归原位。经过几分钟的思考，你能看出

SR′R′RRRLLL′SRLLL

也能让床垫回归原位。那么

R′SLR′R′L′SL′RLS′S′L′S′L′SRLS′L′R′LSR 呢？

只要有足够的时间和耐心，你实际上可以判断出床垫是否回到原来的位置。像这样面对一系列操作或者群中的某个字，提问这些操作是否能回到原位的问题，称为该群的**字问题**。人们发现床垫重定向这个群的字问题是可判定的。也就是说，我们可以坐下来写出一种算法，判断某个给定的字是否令床垫回归原位。其他群也是如此吗？

20 世纪 50 年代中期，苏联数学家彼得·诺维科夫（Pyotr Novikov，1901—1975）和美国数学家威廉·W. 布恩（William W. Boone，1920—1983）证明了对于某些特定的群，不存在能解决字问题的算法或计算机程度。对于这些群而言，字问题是不可判定的。

一旦某些问题被证明不可判定，许多其他问题也就可以被证明不可判定。想要指出一个新问题不可判定，只需要指出某个不可判定的问题可以转换为这个问题。如果一个问题比某个已知比停机问题更难的问题还要难，那么就可以说这个问题比停机问题更难。具体地说，由于群论是现代数学和物理学很大一部分内容的核心，因此这些领域里有很多问题是不可判定的。

由于现代物理学的许多方面以根本性的方式使用群论，而群论中存在许多无法判定的问题，因此现代物理学会有很多无法判定的方面。物理世界中存在任何计算机都无法回答的判定问题。科学的一个方面就是预测或揭示关于物质

宇宙的某些特定事实的能力。这种不可判定性意味着可预测性无法实现。然而我们在这里必须谨慎。许多物理理论的确能使用群论（以及与不可判定问题有关联的其他数学结构）的语言表达，如果这些数学结构是表达这些理论的唯一方式，我们就能正确地声称这些物理理论是不可判定的。然而，某些物理理论可能还存在其他表达方式，而这些表达方式没有不可判定问题的困扰。

几何学就是这样的一个例子。小学生都知道需要做很多基础算术才能在几何学中得到结果。我们将在 9.4 节中看到，基础算术存在特定的局限。有人可能会猜测，既然基础算术中存在局限，而几何学是使用基础算术表达的，那么几何学中一定也存在特定的局限。然而并非如此。有一些方法不使用基础算术也能表达几何学的基本事实，所以几何学没有这些局限。[14]

当然，有人或许会表示反对，说只是因为某个问题不可判定，并不意味着它超出了人类的能力或超出了理性的范围。就算计算机不能解决这个问题，也可能存在解决它的其他方法。或许人类可以解决某些计算机不能解决的问题。这就让我们回到了人类思维本质的问题。它是否比一台计算机更强大？人类能完成计算机不能完成的任务吗？我们在思考停机问题时已经在 6.5 节中讨论过这个问题了。虽然我们没有在那一节中得到任何确切的结论，但是无论停机问题得到的是什么答案，本节讨论的不可判定问题都将得到同样的答案。

9.4　逻辑学

逻辑是理性的语言。它的起源可追溯至古希腊，当时的哲学家意识到某些推理形式使用了共同的结构。为了理解这种理性的结构，他们研究了这些不断重现的模式。在 19 世纪，数学家和逻辑学家将目光投向数学证明的结构并研究了它们的模式。他们建立起公理体系，以便将数学放置在牢固的基础上。

一位名叫朱塞佩·佩亚诺（Giuseppe Peano，1858—1932）的意大利逻辑学家创造了一个用来描述自然数基础算术的简单公理体系。这个体系后来被称为**佩亚诺算术**（Peano Arithmetic）。该体系的公理如下。

    1. 存在一个自然数 0。

    2. 每个自然数 a 都有一个后继自然数，表示为 $a+1$。

    3. 不存在任何自然数的后继自然数是 0。

    4. 不同自然数有不同的后继自然数：如果 $a \neq b$，那么 $a+1 \neq b+1$。

    5. 如果自然数 0 有某种性质，而且任意自然数 a 拥有这种性质就意味着 $a+1$ 也拥有这种性质，那么每个自然数都拥有这种性质。[15]

希尔伯特等人指出，这些公理描述了自然数的大部分性质。

逻辑学家更进一步，用符号总结了这些逻辑体系。例如公理 2 可以用符号写成：

$$\forall a \exists b\, b = a + 1$$

公理 4 可以用符号写成：

$$\forall a \forall b\, (a \neq b) \rightarrow (a+1 \neq b+1)$$

使用这些符号可以将基础算术中的每个命题和证明转化成符号的序列。我们将这种从数学到符号命题的转化称为**符号化**（symbolization）。

对自我指涉的力量印象深刻的库尔特·哥德尔指出，数学也可以拥有自我指涉。通过将符号语言转化为数学语言，他得以完成相应的逻辑回路，让数学命题谈论自身（见图 9-19）。哥德尔的方法为每个逻辑符号、命题和证明都赋予了一个与之对应的数。既然关于数的逻辑命题也有数，我们就有了处理数学的数学，或者讨论数的数。逻辑学家埃米尔·波斯特（Emil Post，1897—1954）精妙地总结道："符号逻辑可以说是拥有了自我意识的数学。"[16]

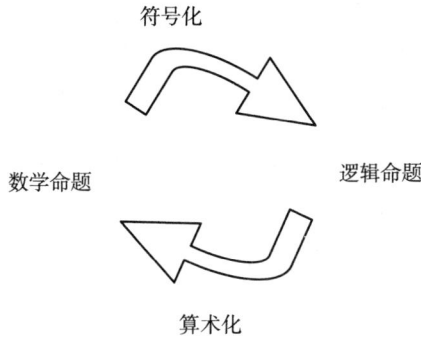

符号化

数学命题　　　　　　　　逻辑命题

算术化

图 9-19　令数学自我指涉

　　这种将逻辑符号、命题和证明转化为数的过程叫作**算术化**（arithmetization）。虽然哥德尔为逻辑结构赋予数的具体方式对我们来说并不重要，但我们可以大概了解一下他的一些思想。由于符号的数量是有限的，我们可以为每个符号分配一个数：对于每个符号 x，我们可以分配一个数 "x"，例如 "→" = 1，"∃" = 2，"∨" = 3，等等。一旦每个符号都被分配了一个数，那么作为符号序列的命题就可以分配到一个独一无二的数，只需要将每个符号作为一个素数的指数，然后将它们相乘即可。例如，

$$\forall a \exists b\, b = a + 1$$

会得到下面这个数：

$$2^{\text{"}\forall\text{"}}\ 3^{\text{"}a\text{"}}\ 5^{\text{"}\exists\text{"}}\ 7^{\text{"}b\text{"}}\ 11^{\text{"}b\text{"}}\ 13^{\text{"}=\text{"}}\ 17^{\text{"}a\text{"}}\ 19^{\text{"}+\text{"}}\ 21^{\text{"}1\text{"}}$$

这个数中的底数是按顺序排列的素数。它的独特性体现在每个不同的公式都会得到不同的数。我们可以将这种算术化或者对符号的编号推广到证明层面。既然逻辑证明是由若干命题的序列组成的，我们就能为每个证明分配一个独一无二的数。此外，这些编号是"机械"的，因为对于某个符号、命题或证明，我们很容易找到与其对应的数。同理，对于一个数，我们可以机械地找到与其对应的逻辑符号、命题或证明。[17]

即使是最小的证明，分配给它的数也会是巨大无比的。对于较大的命题或证明，这些数很快就会比宇宙中所有粒子的数量还大。这一点不会对我们造成困扰，因为自然数永远也用不完。何况我们的目的并不是真的去计算这些数。概念很简单，就是每个证明都可以赋予一个数，令自我指涉成为可能。我们并不关心赋予的到底是哪一个数。

我们在处理基础算术，而且我们可以用符号描述某些数的集合。这需要用到谓词。谓词就像是函数，以数作为输入，然后根据该数是否满足特定的性质输出"真"或"假"的结果。例如，判断一个数是否是偶数的谓词可以写成：

$$偶数\ (x) \equiv (\exists y)(2y = x)$$

如果存在自然数 y 令 2 乘以 y 等于 x，那么这个谓词对 x 为真。有些谓词有两个变量。判断 x 是否能整除 y 的谓词是

$$除\ (x, y) \equiv (\exists z)(xz = y)$$

也就是说，如果存在 z 令 x 乘以 z 等于 y，那么 x 就能整除 y。还可以使用谓词构成其他谓词。例如，判断某个数是否为素数的谓词是

$$\text{素数 } (x) \equiv x > 1 \wedge (\forall y)(\text{除 } (y, x) \rightarrow (y = 1 \vee y = x))$$

翻译成日常语言就是，如果 x 大于 1 且 x 只能被 1 或 x 本身整除，那么 x 就是素数。

　　为了拥有自我指涉，我们需要的最终要素是**不动点机器**（fixed-point machine）。这是一种将任意谓词转换成自我指涉的命题的方法。对于只有一个变量的任何谓词 $F(x)$，都有逻辑命题 C 令 C 等价于 $F(\text{“}C\text{”})$。用符号表示为 $C \equiv F(\text{“}C\text{”})$。用正常语言描述，$C$ 是这样一个命题，它说

　　　　"这个逻辑语句拥有性质 $F(x)$"

或

　　　　"我拥有性质 $F(x)$"

C 被称为"不动点"，是因为 $F(x)$ 被当作一个函数，而一个函数的输出通常和输入是不同的。在这里，输入是"C"，而输出等同于输入。它是"不动的"。这意味着这个语句将谈论自身。如果要详细阐述这种不动点机器是如何奏效以及 C 实际上是如何构建的话，那我们就离题太远了。只要说这种不动点机器的原理与第 4 章和第 6 章中的对角化证明非常相似就足够了。所有这些都是描述自我指涉的方法。

　　现在让我们使用不动点机器制造一些有趣的逻辑命题。

塔尔斯基定理

　　如果我们的目标是使用数学和逻辑得到一个类似说谎者悖论的公式，那么

我们可以假设谓词真值 (x) 存在，并表示为

$$真值 (x) \equiv x \text{ 是佩亚诺算术中一个真命题的哥德尔数}$$

使用这个谓词构成：

$$F(x) \equiv \sim 真值 (x)$$

换句话说，当 x 是一个不为真的命题的数时，$F(x)$ 为真。将这个 $F(x)$ 代入我们的不动点机器，得到一个逻辑语句 T：

$$T \equiv F(``T") = \sim 真值 (``T")。$$

T 说 T 不为真。或者换句话说，我们构造了这样一个逻辑语句，它说"这个逻辑不为真"或者"我是假的"。

这种语句叫作**塔尔斯基语句**（Tarski sentence）。让我们分析一下这个逻辑语句。如果这个语句是真的，那么既然它声称自己为假，那么它就是假的。如果这个语句为假，那么既然它声称自己为假，它实际上是真的。我们有了货真价实的矛盾。这些矛盾是数学和逻辑的严格世界里不允许出现的。出了什么问题？唯一有问题的部分是假设逻辑谓词真值 (x) 存在。

$$存在真值 (x) \Rightarrow 矛盾。$$

既然我们不允许存在矛盾，结论就只能是真值 (x) 不可能存在。也就是说，我们刚刚证明了基础算术的一个局限：它不能判断自己的命题是否为真。对于

没有算术的纯逻辑语句，我们用真值表判断一个命题的真伪。但我们在这里处理的不是纯逻辑，而是数学和逻辑，无法使用真值表。自我指涉给我们带来了限制。

塔尔斯基语句类似于著名的说谎者悖论。说谎者悖论使用的是日常语言，而这里使用的是严格的逻辑语句。我们可以对日常语言的意义产生怀疑，声称说谎者悖论就像许多其他日常语言中的句子一样是无意义且 / 或自相矛盾的。但我们对逻辑就必须更加小心了。

哥德尔第一不完全性定理

现在呈现在我们面前的是 20 世纪数学最著名的定理之一。它表达了数学和逻辑的一种令人震惊的局限性。

塔尔斯基定理检验的是真值，而这次我们检验的是可证明性。假设存在谓词证明 (y, x)，只要 "y 是哥德尔数为 x 的命题的证明的哥德尔数"，该谓词即为真。

由于我们的语言极为精确，而我们的编号方式又如此机械，这个谓词实际上是存在的。和不存在的真值谓词不同，我们实际上可以描述证明谓词。大致来说，该谓词必须查看数 y 并判断它是某个证明对应的数。然后它必须核实这个证明实际上证明了数为 x 的命题。仔细检查所有步骤会让人极为痛苦，不过许多逻辑学教科书列出了这个过程。我们只要知道证明谓词不像真值谓词，它真的存在就足够了。

拥有证明谓词之后，我们可以构造出谓词

$$F(x) \equiv (\forall y) \sim 证明\,(y, x)$$

也就是说，$F(x)$ 意味着每个数 y 都不是命题 x 的证明。换句话说，当且仅当哥

德尔数为 x 的逻辑命题不存在证明时，$F(x)$ 才为真。这个 $F(x)$ 的一个不动点是语句 G，令

$$G \equiv F(\text{``}G\text{''}) = (\forall y) \sim \text{证明} \ (y, \text{``}G\text{''})$$

G 说每个数 y 都不是 G 的证明。翻译成日常语言，即 G 说

"这个逻辑命题不可证明"

或

"我是不可证明的"

这种语句叫作**哥德尔语句**（Gödel sentence）。让我们来分析一下这个命题。如果 G 可证明，那么既然该命题说它不可证明，我们就证明了一个假命题。像佩亚诺算术这样的良好逻辑体系不可以证明假命题。让我们假设哥德尔命题**不可证明**。这正是该语句所说的内容，因此它为真。于是这个命题为真，却不可证明。[18]

我们刚刚指出：

哥德尔语句可证明 ➡ 矛盾。

我们可以判断出哥德尔语句不可证明，因此为真。但我们在这里必须小心一些。可能（虽然我向你保证并没有这种可能）佩亚诺算术不是前后一致的，而且可以证明任何事，包括哥德尔语句。虽然我坚信佩亚诺算术的确是前后一

致的，但我们仍然必须非常小心地陈述这个假设：

"如果佩亚诺算术前后一致，那么哥德尔语句（不可证明且）为真。"

我们将在 9.5 节中再次回到这个命题。

哥德尔得出的令人惊诧的结果值得思考。在哥德尔之前"显而易见"的观念是，对于算术这样的简单体系，只要为真的命题也都是可以证明的。也就是说，如果某个命题为真，一定存在它的某种证明。图 9-20 的左半部分展示的就是这种观念。

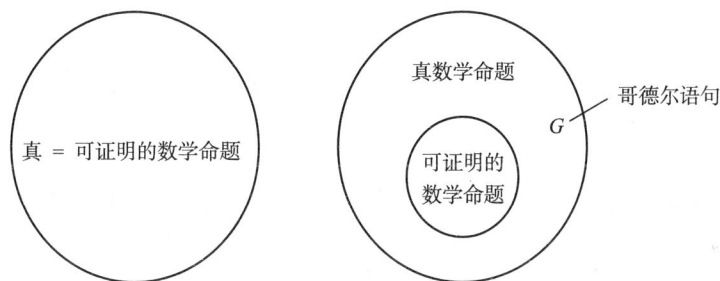

图 9-20　"显而易见"的观念和正确的观念

哥德尔指出这种观念是错误的。存在一些像 G 这样虽然为真却不可证明的语句。（我们将在本节末尾看到，G 并不是该类型的命题中唯一的例子。）

帕里克定理

罗希特·帕里克（Rohit Parikh）将哥德尔的思想又向前发展了一步，指出证明的性质存在某些奇怪的方面。思考下列谓词：

证明长度 $(m, x) \equiv m$ 是哥德尔数为 x 的命题的证明的长度（以符号计）

对于给定的 m 和 x，不难判断这个谓词的真假：只要检索所有长度为 m 的证明
（这样的证明有很多，但它们的数量是有限的），看看这些证明中的任何一个
是否以某个哥德尔数为 x 的命题结尾。如果存在这样的证明，那么该谓词为真，
否则该谓词为假。

现在设 n 为一个大数，然后思考以下谓词：

$$F(x) \equiv \sim(\exists\, m < n \text{ 证明长度 } (m, x))$$

如果 x 不存在长度小于 n 的证明，则该谓词为真。将不动点机器代入 $F(x)$，我
们会得到不动点 P：

$$P \equiv F(\text{“}P\text{”}) \equiv \sim(\exists\, m < n \text{ 证明长度 } (m, \text{“}P\text{”}))$$

即，P 等价于这样一个语句：该语句称不存在 $m < n$，且 m 是 P 的某个证明的
长度。换句话说，P 说的是

　　　　"这个逻辑语句没有比 n 短的证明"

或

　　　　"我没有短的证明。"

我们将这样的逻辑语句称为**帕里克语句**（Parikh sentence）。

让我们判断一下这个语句是真的还是假的。如果 P 为假，那么 P 的（短）
证明**的确存在**。但是在一个前后一致的体系内，怎么可能存在某个假命题的证

明呢？所以这个句子不是假的，必须为真。正如我们在哥德尔不完全性定理中看到的那样，一个命题为真并不意味着它是可证明的。现在让我们思考帕里克语句存在（长）证明的下列相对较短的证明：

> 如果帕里克语句没有证明，那么它肯定也没有短证明。我们可以很容易地检查所有比 n 小的证明，并看出它们之中没有一个能证明 P。
>
> 总结：如果该语句不能被证明，那么我们可以证明它。

这个证明可以在佩亚诺算术中构思，而且相当短。帕里克语句是这样一种语句：它有一个非常长的证明，但也有一个短证明能够证明存在这个长证明。这很奇怪，但千真万确！

Löb 悖论

在对不动点机器的最后一次使用中，我们将走上极端，证明每个逻辑语句——无论它有多荒谬——都是可证明的。正如我们怀疑已久的那样，我们将指出月亮是用脱脂干酪做成的。

我们已经见到，如果 A 是一个逻辑命题，那么 "A" 就是与之对应的哥德尔数。算术化过程的一个要求是，我们也可以反方向进行这个过程：对于和某个逻辑命题对应的数 x，我们将它对应的逻辑命题称为 $|x|$。如果我们从某个逻辑语句 A 开始，先得到它的数 "A"，然后再得到这个数的逻辑语句 $|$"A"$|$，我们就得到了同一个逻辑语句 A。用符号表示为 $|$"A"$|=A$。

设 M［代表月亮（moon）］为任意逻辑语句。我们将证明 M 总是为真。

思考谓词：

$$F(x) \equiv |x| \to M$$

当且仅当与 x 对应的逻辑语句蕴涵 M 时，$F(x)$ 为真。对这个谓词使用不动点机器，得到不动点：

$$L \equiv F(\text{``}L\text{''}) = (|\text{``}L\text{''}| \to M) = (L \to M)$$

换句话说，L 称

　　"这个逻辑语句蕴涵 M"

这被称为 Löb 语句（Löb sentence）。暂时假设 L 为真。既然 L 等同于 $L \to M$，那么我们的假设蕴涵 $L \to M$ 也为真。既然 L 和 $L \to M$ 都为真，那么根据假言推理，M 为真。所以通过假设 L 为真，我们证明了 M 为真。换句话说，我们证明了 L 蕴涵 M，因此 $L \to M$ 为真。但 $L \to M$ 等同于 L，所以 L 为真。我们的结论是，M——代表月亮是脱脂干酪做成的——为真。

　　我们刚刚证明了月亮是脱脂干酪做成的。这太荒谬了！哪里出错了？问题之所以出现，是因为我们没有对公式 $F(x)$ 进行限制，可以对它使用不动点机器。我们在 4.4 节中看到，为了避免罗素的集合悖论，我们必须对概括公理进行限制。我们还在 2.1 节中看到，某些研究人员坚持认为，为了避免语言悖论，我们必须坚持句子的层次性。我们必须远离某些样式的句子才能清除悖论。同理，在这里我们必须限制不动点机器的使用以免证明假命题。这样的限制或许看起来很奇怪，因为不动点机器的证明方法似乎适用于所有 $F(x)$。但我们必须做出这样的限制，以免超出理性的边界。

　　虽然我们是使用佩亚诺算术的语言陈述所有这些局限性的，但这些现象也可以在更具普遍性的意义上描述。佩亚诺算术使用所有普通算术运算将逻辑命题编码和解码为数。然而还有许多其他体系也可以让我们将命题当作数，将数当作命题。一旦任何这种编码方式成为可能，我们就会遇到自我指涉和类似的局限。不妨将哥德尔不完全性定理陈述为下面这个广义的形式：

> 在任何拥有充分的结构、可以编码和解码其中命题的"良好"逻辑体系中，都存在自我指涉，从而产生局限。具体地说，会存在为真但不可证明的命题。

有些逻辑体系非常"弱"，这表现在它们不能编码自己的命题。这些系统不会产生自我指涉方面的局限，因此哥德尔不完全性定理不适用于它们。这些系统被称为是完备的，因为每个为真的命题都有证明。这种完备系统的一个例子是**普雷斯布格尔算术**（Presburger Arithmetic），这种逻辑体系只处理加法，没有足够的能力处理乘法和其他运算。另一个例子是某种只处理基本几何体的逻辑体系，它也没有足够的能力编码自身命题。这里有一个小小的悖论。这些系统弱到不能为自身命题编码，却有能力让所有为真的命题拥有证明。相比之下，有能力编码自身命题的系统也有弱点，那就是它存在为真却不能证明的命题。

在本节中，我们描述了一些为真但无法证明的数学命题。有人或许会认为，只有这些少数"病态"的数学命题是有问题的，而大多数"正常"的真数学命题是可以证明的。计数方面的简短论证会让我们看出，情况并非如此。[19]

考虑自然数的所有子集。正如我们在 4.3 节中看到的那样，这些子集一共有不可数无限个。如果 S 是自然数的一个子集，x 是一个自然数，那么下面这两个数学事实必然有一个为真：

x 是 S 的元素

或

x 不是 S 的元素

由于自然数拥有不可数无限个子集，因此关于数的这些事实也有不可数无限个。这些都是数学事实，而不是内容可陈述的问题。数学命题是可以用符号表示的数学事实。我们在上文中见到，算术化是数学命题和自然数之间的对应过程。这意味着数学命题的数量是可数无限个。因此，数学事实的数量比数学命题多得多。

哥德尔的定理在这个问题上又向前走了一步。哥德尔不完全性定理的全部意义就是指出可证明数学命题的集合是所有数学命题的真子集，如图 9-21 所示。

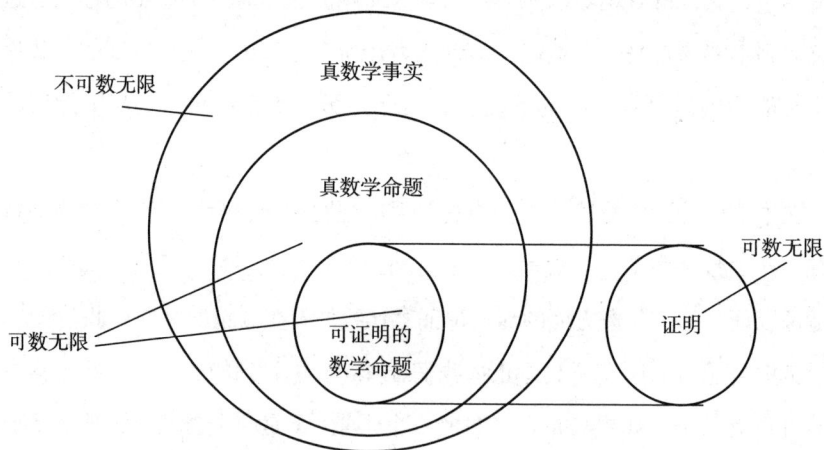

图 9-21　真事实、真命题和可证明的命题

由于每个证明都有一个与其对应的自然数，因此可证明数学命题的集合也是可数无限的。克里斯蒂安·S. 卡鲁德（Cristian S. Calude）和其他几名合作者

最近证明，即使在所有为真的数学命题中，可证明命题也属于极少数。我们的结论是，虽然数学证明可以证明可数无限多个真命题，但还有多得多的真数学命题和真数学事实是不可证明的，因此超出了理性思维的范畴。[20]

哥德尔令人震惊的定理说的是，佩亚诺算术中存在为真但不可证明的语句。虽然哥德尔语句是此类语句的第一个例子，但它总是给人"做作"或"不自然"的感觉，仿佛不是"真正的数学"。我们刚刚已经指出，佩亚诺算术中存在可数无限个为真但不可证明的命题。而且还有更多这样的命题是"自然"的，看起来像"真正的数学"。**古德斯坦定理**（Goodstein's theorem）就是一个这样的命题。

先介绍一些背景。任何数都可以写成 2 的幂之和举例如下：

- $19 = 2^4 + 2^1 + 1$
- $83 = 2^6 + 2^4 + 2^1 + 1$
- $266 = 2^8 + 2^3 + 2^1$

让我们更仔细地看看 266。等式右边的指数也可以写成 2 的幂之和。

$$266 = 2^{2^2+1} + 2^{2+1} + 2^1$$

现在这个数完全是用 2 或更小的数表示的。这种书写数的方式叫作"世代性底数 2 记数法"（hereditary base-2 notation）。我们现在要对 266 的这种表示方法执行一种过程，该过程一共有两个步骤。

- 步骤 (a)：将表达式中的底数从 2 增至 3。
- 步骤 (b)：从整个数中减去 1。

这会让我们得到

$$(3^{3^{3+1}} + 3^{3+1} + 3^1) - 1 = 3^{3^{3+1}} + 3^{3+1} + 2$$

这个数大约是 10^{38}。这个过程可以无限迭代下去，将 3 换成 4：

$$(4^{4^{4+1}} + 4^{4+1} + 2) - 1 = 4^{4^{4+1}} + 4^{4+1} + 1 \approx 10^{616}$$

再次迭代：

$$(5^{5^{5+1}} + 5^{5+1} + 1) - 1 = 5^{5^{5+1}} + 5^{5+1} \approx 10^{10\,000}$$

我们每次都将底数加 1，然后从整个数中减去 1。正如你所见，这些数会快速增大。可以想象，如果你继续这个过程，数会变得越来越大。真的如此吗？1944 年，英格兰数学家鲁本·古德斯坦（Reuben Goodstein，1912—1985）证明了下面这个不同寻常的定理：

> 取任何数，以世代性底数 2 记数法表示它，然后按照下面两个步骤迭代运算：(a) 将所有世代性底数 n 记数法中的 n 替换为 $n+1$；(b) 减去 1。最终结果会接近于……零！

也就是说，这个数不会变得越来越大，而会最终——很久很久之后——趋于零。这太令人吃惊了。在我们进行运算的两个步骤中，一个步骤极大地增加了原来的数，另一个步骤只不过将其减去了 1。直觉告诉我们，这一系列数会变得越来越大。然而，我们的直觉是错的！这些数"最终"会开始减小。这需要极为庞大的迭代次数，但减小的趋势不可避免。古德斯坦使用无穷方法和集合论的强大能力证明了这个令人惊诧的定理。1982 年，劳丽·柯比（Laurie Kirby）和杰夫·帕里斯（Jeff Paris）证明了这个定理只能用这些无穷方法证明，而且尽管这个定理可以用佩亚诺算术的语言陈述，但它无法在该系统内证明。对这个系统而言，这些数太大了。所以古德斯坦定理和哥德尔语句一样，它为真，但在佩亚诺算术中不可证明。

9.5　公理和独立性

让我们继续使用哥德尔第一不完全性定理得到更多结果。我们发现哥德尔语句

> "这个逻辑语句不可证明"

是不可证明的，因此为真。我们实际上证明了

> "如果佩亚诺算术前后一致，那么哥德尔语句为真"。

这个事实可以形式化并在佩亚诺算术体系内得到证明。这意味着我们可以用佩亚诺算术的语言写出我们在 9.4 节介绍的内容的证明。这个得到证明的命题可以写成下面的蕴涵关系：

> "佩亚诺算术前后一致"→"哥德尔语句为真"

假设我们可以在佩亚诺算术体系内证明"佩亚诺算术前后一致"，那么我们就

会在佩亚诺算术体系内有如下推论：

> "佩亚诺算术前后一致"
>
> "佩亚诺算术前后一致"→"哥德尔语句为真"
>
> "哥德尔语句为真"

这将是佩亚诺算术体系内哥德尔语句为真的证明。但哥德尔语句说这样的证明不可能存在。我们的假设一定出了什么问题。我们做出的唯一陈述是佩亚诺算术可以证明自身前后一致。这让我们得到了哥德尔第二不完全性定理：佩亚诺算术不能证明自身前后一致。也就是说，不能使用基础算术证明基础算术是前后一致的。

　　需要注意的是，哥德尔第二不完全性定理是在哥德尔第一不完全性定理的基础上得到证明的。哥德尔第一不完全性定理说的是这种蕴涵关系：

> 哥德尔语句在佩亚诺算术中可证明 ➡ 矛盾。

在本节中，我们指出了下列蕴涵关系：

> "佩亚诺算术前后一致"在佩亚诺算术中可证明 ➡ 哥德尔语句在佩亚诺算术中可证明。

将这两种蕴涵推导结合起来，我们得到：

> "佩亚诺算术前后一致"在佩亚诺算术中可证明 ➡ 矛盾。

我们刚刚指出"佩亚诺算术前后一致"这个命题不能在佩亚诺算术中证明。但这个命题为真吗？它是否可能为假呢？我们真的要相信这种算术前后不一致吗？会不会有人在将来的某一天证明 2 + 2 不等于 4？不要怕，亲爱的读者。1935 年，格哈德·根岑（Gerhard Gentzen，1909—1945）证明，更强大的公理体系——带有选择公理的策梅洛-弗伦克尔集合论——的确证明了算术前后一致。详细地说，由于我们可以在 ZFC 内理解算术，而且这个体系拥有处理更强大的无限概念的能力，因此它可以证明佩亚诺算术的一致性。换句话说，算术一致性的简单"有限"证明不存在，但是存在它的"无限"证明。根岑证明了如果 ZFC 前后一致，那么佩亚诺算术也前后一致。[21] 这里有个小问题：谁规定 ZFC 前后一致？

哥德尔第二不完全性定理实际上说了更多内容。佩亚诺算术在我们的讨论中并没有特别之处。我们说过，哥德尔第一不完全性定理对于能够编码自身命题的任何公理体系都适用。通过使用我们在本节开头使用的推理过程，我们也可以将哥德尔第二不完全性定理推广到能够编码自身命题的任意公理体系。ZFC 就是这样一个体系。因此，根据哥德尔第二不完全性定理，ZFC 不能证明自身前后一致。

这实在太令人烦恼了！现代数学的大多数内容可以在 ZFC 内构思出来。如果能知道 ZFC 公理体系前后一致，不会发现任何矛盾就好了。哎，可惜 ZFC 内不存在这样的证明。研究人员构建了能够证明 ZFC 一致性的其他更强大的公理体系。这些体系同时包括 ZFC 公理和强有力的"无穷性公理"（axiom of infinity）。这些新公理不在典型的数学中使用，它们对后者有一种不自然的临时应付之感。和 ZFC 的普通公理不同，很难判断其他这些公理是否正确。它们不是不证自明的。但是，即使添加了这些强大的新公理，我们也没有得到一个能够证明自身一致性的体系。我们总是必须求助于一个更强大的体系。

我们在 9.3 节中见到，古德斯坦定理是一个"自然""不做作"的数学结果，它超出了佩亚诺算术的证明能力，但它是正确的，而且可以在 ZFC 内证明。与这个结果类似，哈维·弗里德曼（Harvey Friedman）也提出了几个"自然""不做作"的数学命题。它们超出了 ZFC 的证明能力范围，但在更强大的体系内则是正确的。

图 9-22 总结了我们的一些发现。

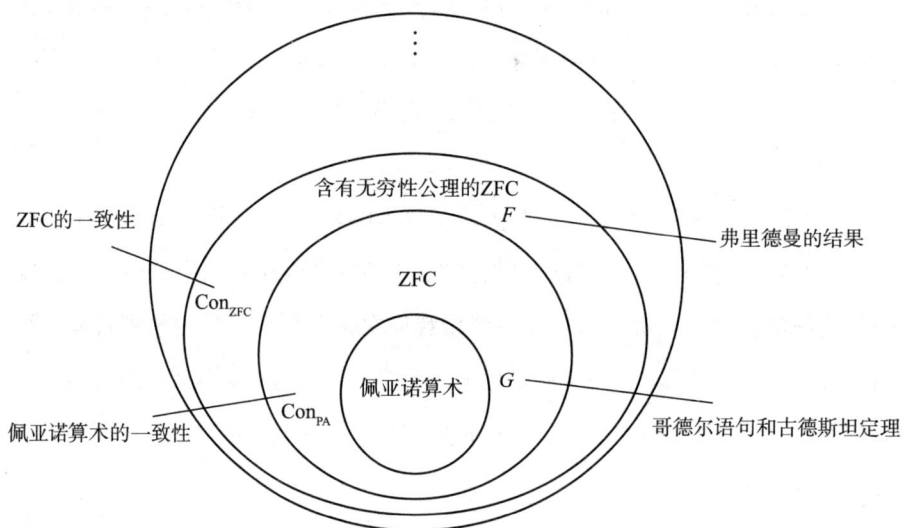

图 9-22　公理体系的层级

佩亚诺算术不能证明自身的一致性（记为 Con_{PA}）。ZFC 可以证明佩亚诺算术的一致性，但无法证明自身的一致性（记为 Con_{ZFC}）。我们总能构建出可以证明 ZFC 一致性的更强大的体系，但这些更强大的体系也不能证明自身的一致性。这个过程可以永远继续下去。这符合本书的主题之一：任何自我指涉的系统，无论多么强大，总会在某种程度上受到限制。

不要担心现代数学甚或基础算术前后不一致。我向你保证，它们是前后一致的。算术已经出现了几千年，没有人发现过不一致的地方。有数百万人在现代数学的领域内工作，从未发现任何不一致之处。然而，作为数学和科学的基础，逻辑体系的一致性超出了理性的边界，证明这一事实仍然令人感到不安。

在某种意义上，可以将哥德尔定理及其推论看作对公理化方法的一种批评。数学家总是在寻找公理，以便找到蕴涵所有其他命题的最少、最简单的命题。但哥德尔向我们指出，无论增加多少公理，总会存在缺失。具体地说，总会存在为真却无法用这些公理证明的命题。很多数学内容可以不使用公理完成。绝大多数数学家不使用公理体系，他们只遵守自己学到的规则。只有逻辑学家和集合论学家关注使用的是什么假设。即便是现代集合论的创始人康托尔也没有使用公理证明自己的定理。相反，策梅洛-弗伦克尔集合论的公理是康托尔完成自己的工作之后构思出来的。康托尔只使用了自己的直觉。

对公理体系的另一种批评是，集合论学家似乎在不停地添加公理，制造出越来越强大且超越 ZFC 的体系。佩亚诺算术和 ZFC 的普通公理看上去显而易见（如托马斯·杰斐逊和他的同仁们所写："我们认为这些真理是不言而喻的"）。佩亚诺算术的公理规定不同的数拥有不同的后继数，这在任何 5 岁儿童看来都是显而易见的。ZFC 的公理说对于某个存在的集合，它的幂集也存在，这条公理同样显而易见。相比之下，集合论学家使用的某些无穷性公理则并非不言而喻，或者并不显而易见。它们被添加进来是因为它们看上去和其他公理不矛盾，而且能够用来证明特定的定理。有些人可能认为这像是作弊：我们只是在添加我们觉得有用的公理。

要是没有公理，我们会在何处？我们可能会一头栽进矛盾之中。虽然不存在足够强大的完备公理体系，但是拥有公理，我们至少可以看到不同体系的层级。我们可以说 ZFC 比佩亚诺算术更强大，因为我们可以比较它们的公理。数学的力量在于它有公理作为坚实的基础，而不是仅仅基于人类的直觉。

关于本章讨论的数学局限，有一点稍微不够真诚的地方：它们并不是真正的局限，而只是绊脚石。存在绕过它们的方法。对于**某个数学系统**的每种局限，都存在范围更广、更强大的系统能克服这些局限。

- 我们知道无法**用一把直尺和一只圆规**三等分一个角；然而只要使用一个简单的量角器，这个任务就变得非常容易了。量出这个角的大小，然后除以3。同理，我们还可以同样轻松地实现使圆成方和加倍立方体。

- 伽罗瓦理论判断的是方程在什么情况下无**法使用加法、乘法、除法和方根的运算方法求解**。然而，以微积分为基础的方法总是可以对这些方程求解。

- 哥德尔第一不完全性定理说某些命题为真，但在某些**有限算术系统内**不可证明。但我们看到同样的命题在更强大的系统内可以证明。

- 哥德尔第二不完全性定理规定，有限算术系统的一致性在**该系统内**不可证明。根岑指出它们的一致性在更强大的 ZFC 体系内可证明。

- ZFC 的一致性（正如我们在 4.4 节中见到的连续统假设和选择公理）在 ZFC 体系内不可证明。然而还存在令它可证明的更大的系统。

- 对于比 ZFC 大的任意系统，都存在**该系统内**不可证明的命题，但总是存在更大的系统。

我们将这些局限称为**相对局限**（relative limitation），与之相对的是在任何数学系统内都无法突破的**绝对局限**（absolute limitation）。目前存在已知的绝对局限吗？也就是说是否存在这样的数学命题：它们是真的，但无论人类如何巧妙地思考也不可能证明它们是真的？需要注意的是，即使的确存在这样的命题，我们也永远不能证明或知道它就是这样一个命题，因为要证明一个不可证明但为真的命题就意味着我们证明了它为真。所以绝对不可证明的命题是我们永远无法证明的命题，而且我们永远不可能知道自己永远不可能证明。这让它们存在与否的问题有些形而上学，因为它们存在与否是我们永远不可能知道的事。

与数学局限不同，第 6 章和 9.3 节讨论的计算局限在某种意义上则是绝对的。我们指出，不存在可以解决某些问题的计算机或机械论方法。已知世上不存在能解决这些问题的机器。即使是量子计算机，当它变成现实之后能做的也不比常规计算机多。（它的优势是在常规计算机能做的事情上比后者更快，而不是能解决无法解决的问题。）计算局限的绝对性来自这样一个事实：我们完全知道计算机是什么。[22] 相比之下，我们对人类意识和理性的知识仍然是有限的。

哥德尔如是总结了上面两段文字的内容，他假设 (a) 存在绝对不可解决的问题，或 (b) 拥有似乎无限巧思能力的人类思维“无限地超越任何有限机器的能力”。换句话说，如果人类思维只是一台机器，那么它就会拥有与机器和有限系统一样的局限。那样的话，就算 (a) 为真，人类思维也会拥有绝对无法解决的问题。相反，如果人类思维总是能解决任何问题，那么 (b) 就为真，人类思维必定比任何有局限的计算机或有限公理体系更强大。

让我们（有些犹豫地）将这两种选择接受为唯二可能的选项。我们应该相信哪一种选项呢？在我看来，随着我们越来越了解人类的大脑，认知科学在思维工作原理方面不断取得进展，我们将别无选择地接受 (a)，即大脑 / 思维按照机械的方式工作。人脑大概是整个宇宙中最复杂的机器，而我们距离真正理解人类的工作方式可能还有几百年。然而，从我们已经从大脑工作机制中看出的内容判断，似乎并不存在任何神秘的过程能够赋予人类思维"无限地超越"有限实体过程的能力。人脑的能力存在绝对局限，这个观点似乎是合理的，因为任何计算设备和任何实体机器都有绝对局限。即使在纯数学的世界中，也存在理性的局限。

第 10 章

理性之外

这些无限空间永恒的寂静令我充满恐惧。[1]

——布莱兹·帕斯卡

此时此刻，我似乎又在按照科学家特有的理性方式思考。然
而这不像是从肢体残疾变得健全那样的全然令人快乐之事。
这个过程的一个方面是，思维的理性会限制一个人对自身与
宇宙之关系的看法。[2]

——约翰·纳什（John Nash）

世界的意义是愿望与事实的分离。愿望是一种施加在思维存
在之物上的力量，目的是实现某件事物。被满足的愿望是愿
望与事实的结合。整个世界的意义是事实和愿望的分离与
结合。[3]

——库尔特·哥德尔

我们即将抵达旅程的终点。现在是时候总结我们的一些发现并试图理解我们的探索了。10.1 节将我们思索过的不同类型的限制进行分类。10.2 节讨论理性的定义。10.3 节看理性之外有什么。

10.1 总结

本书的每一章都讨论了一个不同的主题及其限制。然而对于我们发现的众多限制，还有其他总结归类的方法。我在这里给出了理性之局限的另一种分类方式，一共可分为四种类型。

物理限制

最简单的一类限制表明，理性不允许存在特定的物质对象或物质过程。我们遇到的第一个限制（见第 1 章）与棋盘和多米诺骨牌有关。它是一个不能存在的物质过程的例子。去掉角落的两个黑色格子，多米诺骨牌就没办法将棋盘摆满。2.2 节的理发师悖论也表明，拥有某条特殊法则且与世隔绝的村庄不可能存在。这一节还讨论了一本不可能存在的图书的目录。在 3.2 节的末尾，时间旅行悖论指出，要么时间旅行是不可能的，要么即使时间旅行可能，时间旅行者的某些行为也不会被允许。宇宙不会允许产生矛盾的过程。第 6 章和 9.3 节指出，某些特定的物理计算机或算法过程不可能存在。有些任务就是不可能在这个世界上完成。最终在 7.2 节，我们讨论了量子力学拥有内在非确定性的可能性。如果是那样的话，就不存在任何物理过程能够预测量子力学的结果。在所有这些例子中，我们看到物质宇宙受到理性的束缚和限制。

思维构造的限制

第二种更微妙的限制声称某种特定的概念或思维构造不可能存在。我将语言看作一种思维构造，它被用来描述思维状态或宇宙的一部分。在 2.1 节讨论说谎者悖论时，我指出某些句子既不是真的也不是假的。如果一个句子是真的，那么它就是假的，而如果它是假的，那么它就是真的。思维无法赋予这些句子任何意义。和其他语言悖论类似（例如 2.2 节中的非自状悖论和 2.3 节中的有趣数悖论、贝里悖论和理查德悖论），3.2 节中的芝诺悖论值得一些思考。它们不是物理限制，因为懒虫先生会走到门口，阿喀琉斯会赢得比赛。相反，它们通过对某些行为的描述指出了问题。这些描述是有错误的，因为它们要求无限的过程。相比之下，这些行为则完全是合理可行的。芝诺悖论指出基本运动的某些思维和语言描述存在问题。与之类似，我们在 3.3 节针对模糊性的讨论也指出了这种限制。判断某个特定的物体合集是否是一堆，以及某人是否被认为是光头，这些都是思维和 / 或语言问题。我们指出这些模糊的论断存在特定的问题。连续统假设和选择公理的无法证明或证伪（4.4 节）表明我们的逻辑能力存在局限性。与之类似，第 9 章讨论的大多数数学局限是思维构造的局限。人类希望自己的数学没有矛盾。有矛盾的系统没资格称为数学，会被研究人员忽略。数学家会避开产生矛盾的公理和定义。

在整本书中，为了不跨越理性的边界，我有好几次必须控制住自己，不要踏出看似显而易见的一步。需要限制思维构造以免产生矛盾。

- 我们在 2.1 节中看到，要求每个陈述句都要么为真要么为假是错

误的。如果做出这样的要求，那么我们就必须判断说谎者悖论为
真或为假，进而跌入矛盾的陷阱。

- 我们在 2.2 节中看到，有些短语（如"与自身不符的"）甚或词汇
（如"非自状的"）——尽管它们有显而易见的含义——不能被赋
予意义。

- 我们在 3.3 节中看到，在涉及模糊词汇时，我们必须限制假言推
理这个逻辑法则的使用，以免出现证明假命题的情况。

- 我们在 4.4 节中看到，不能做出貌似显而易见的假设，认为对于每
个性质都存在满足该性质的对象的集合。我们不能这样假设，只
是因为担心落入像罗素悖论这样的窘境。

- 我们在 9.4 节中看到，必须限制我们在逻辑中对不动点机器的使用，
以免产生 Löb 悖论。

在所有这些情况下，我们都可以踏出看似平淡无奇的一步。但我们意识到
自己正身处悬崖边缘，于是我们限制了自己的行为，以免坠入矛盾的世界。注
意，所有这些限制都是针对思维构造而非物质对象的。

对于自然语言和某些思维构造，存在一个小小的退出策略。正如我在第 1
章中强调的那样，作为人类的我们在日常语言的使用中不会因为拥有一些矛盾
而受到困扰，我们也不会因为思维之中的矛盾而烦恼。所以当遇到自然语言和
某些思维构造中的限制时，我们或许会忽略这种限制并得到矛盾。然而，当我
们的语言被用来描述物质世界（科学）或者我们用制造出来的语言描述数学时，
我们就不能拥有矛盾这种奢侈品了。我们必须让这些思维构造和语言保持没有
矛盾的状态，才能描述没有矛盾的物质宇宙。

可行性限制

我们遇到的另一类限制是稍微没那么根本性的限制。它们指出的不是某些东西（物质性的或思维性的）不可能存在。相反，它们指出的是某些东西的存在极为不可行。也就是说，在正常的时间之内或者消耗正常资源量的情况下无法做出某种预测或找到某种解决方案。第 5 章讨论了某些可解决的计算机问题，但是它们需要数万亿个世纪才能解决。虽然计算机理论上能解决这些问题，但是出于可行性的考虑，这超出了人类的能力范围。7.1 节讨论了混沌理论，这种理论指出对于初始条件极为敏感的系统，解决方案基本上是不切实际的。就蝴蝶效应而言，虽然理论上我们或许能够追踪巴西的所有蝴蝶来预测得克萨斯州的飓风，但实际上并不可行。除此之外，本书还讨论了其他几种可行性限制。

直觉的限制

我们已经看到我们天生的直觉存在某种程度的缺陷，而且显示出来的与其说是局限，不如说是错误。我们对周遭宇宙的基本直觉受到了多次挑战，通常的看法被指出是错误的。在 3.1 节中，我们对忒修斯之船的讨论表明物体并不真正**作为该物体**存在（于思维之外）。我们见到这不仅是物质对象和人的问题，而且也是直觉和观念的问题。第 4 章表明我们关于无限的朴素直觉存在一些问题。我们在 3.4 节中遇到了蒙蒂·霍尔问题，这个问题指出我们对知道的观念需要调整。

我们了解到，尤其是在量子力学（7.2 节）和相对论（7.3 节）中，观察者在被观察的宇宙中发挥着重要作用。世界客观存在于观察者之外，这是朴素天真的观念。这种朴素的观念说我们可以在不改变外部世界的情况下了解它。这个观念需要更新。真相是，我们看到的外部世界取决于它被观察的方式。我们的实验结果取决于我们做的是什么类型的实验。问题的答案取决于提出的是什么问题及这些问题是如何提出的。这将观察者的意识思维提升到了宇宙研究中更加核心的地位。科学家并不是置身于宇宙之外向内观看。相反，他们就是宇宙的一部分并试图理解它。也就是说，他们是研究现象的一部分。很难将实验者从实验中分离出来。可以说，宇宙是终极的自我指涉系统：宇宙使用科学家来研究自身。[4]我们在量子力学和相对论中见到了其他几个违反直觉的概念。

关于科学和物质世界，还有许多问题需要我们调整自己的直觉（第 8 章）。科学的本质以及它与数学、宇宙和思维的关系是开放的。我们如何以及为何要察觉宇宙中的结构和秩序，这些宏大的问题还远未解决。

上述限制是用不同的方法论发现或证明的。然而，它们存在一些值得强调的相似模式。

我们发现的很多限制只不过是自我指涉的副产品。一旦某个系统拥有谈论自身并处理自身性质的能力，该系统就会存在局限性。表 10-1 针对我们发现的自我指涉系统列出了一张清单。

这些各式各样的系统全都拥有自我指涉，并拥有自相矛盾的情形和局限性。[5]我们还可以将这些自我指涉的系统按照本节开头列出的四种限制类型进行分类。2.2 节、3.2 节、5.2 节和 7.1 节中的情形是关于物理限制的。4.3 节、4.4 节和 9.4 节中的情形与思维构造（数学、集合论和逻辑）的限制有关，表明这些严格的思维构造是不被允许的。2.1 节和 3.4 节涉及人类语言和观念，矛盾在这些地方司空见惯。值得注意的是，所有自我指涉悖论都拥有共同点：它们都否定了自身的某些基本方面。这似乎是理性的一个根本性的方面。[6]

一旦存在限制（来自自我指涉悖论或任意其他方式），就不难通过归约找到其他限制。一种限制可以基于另一种限制。实际上，仔细阅读第 6 章和 9.3 节就能看出，只有一个问题被指出是计算机无法解决的：停机问题。所有其他问题都只是对停机问题的归约。以一种限制为基础，就能搭建出众多限制的大厦。我们不禁想知道，是否每种限制都通过某种方式来自某种自我指涉的限制或者来自对这种限制的归约。

表 10-1　自我指涉的系统

节	主题	自我指涉的对象	推论
2.1	语言	否定自身真实性的句子	存在既不为真也不为假的陈述句
2.2	理发师悖论	否定自己村庄关于刮胡子的规则的村民	拥有这种规则的村庄不可能存在
3.2	时间旅行悖论	否定自身存在的事件	（完全自由的）时间旅行是不可能的
3.4	观念	否定自身真实性的观念	有些陈述性的想法既非真亦非假
4.3	无限性	在假设中的自然数与自然数幂集的一一对应关系中，否定自身存在的自然数子集	这种对应关系不可能存在（自然数幂集的无限性大于自然数的集合）
4.4	罗素悖论	否定自身规则的集合，即该集合只包含那些不包含自身的集合	这样的集合不可能存在
6.2	停机问题	否定自身"停机性"的程序。该程序在被问到自己是否停机或陷入死循环时会给出错误的答案	不可能存在这样的程序
7.1	预测	否定自身未来的预测	完美地预测未来在逻辑上是不可能的
9.4	哥德尔不完全性定理	否定自身可证明性的逻辑命题	该命题不可证明，因此为真。可证明命题的集合是真命题集合的真子集

我们见到的另一个共同主题是可描述对象与不可描述对象之间的区别。[7] 根据语言的本质，可描述对象是可数无限的。相比之下，"外面"真实存在的东西是不可数无限的。表 10-2 列出了两者的一些区别。

表 10-2　可描述对象和不可描述对象

节	可数无限	不可数无限
6.3	可解决的计算机问题	不可解决的计算机问题
7.1	可描述的现象	不可描述的现象
9.1	代数数	超越数
9.4	（可证明的）数学命题	数学

可数无限和不可数无限的巨大区别表明，语言和形式推理能够捕捉到的内容只是存在的所有内容中极小的一部分。正如据说艾萨克·牛顿曾说过的那样："我们知道的是一滴水，我们不知道的是一片海洋。"[8]

10.2 定义理性

在第 1 章的结尾，我要求对理性做出定义。整本书的内容探讨的都是理性的边界，因此我们迫切需要对理性做出定义。为什么有些过程是合乎理性的，而有些不是呢？为什么检查自己的血压是理性的，查看自己的星座就是不理性的呢？为什么重视今天的化学家并忽视几个世纪以前的炼金术士是理性的呢？

千百年来，哲学家提出了理性的许多定义并讨论了它们的性质。哲学家还将大量笔墨花在如何区分理性及其相关概念上，如**智力**（intelligence）、**才智**（intellect）、**推理力**（rationality）、**理解力**（understanding）和**智慧**（wisdom）。还有很多区分人类理性与动物推理和计算机推理的尝试。[9]对关于这个主题的所有理论和意见进行总结超出了本书的范围。

然而大部分思想家认为理性拥有一种性质：不能用理性推导出矛盾和虚假的事实。在整本书中，我都有意避免这两个陷阱。无论何时，只要假设某些概念后推导出矛盾，我们就立刻知道假设是错的。宇宙就是不允许存在矛盾。一种性质不可能既是真的又是假的。同理，如果推导出为假的事实，我们就知道某些假设或推导过程是错误的。如果推导出了为假的事实，我们的推理就是毫无价值的。必须避免颠倒事实和不严谨的推理。[10]

现在我们可以专注于对理性定义的追寻了。什么样的推理过程能确保我们不会得到矛盾或推导出虚假事实？我们能总结出导致这些不良结论的过程类型吗？哪些推理过程能够避免这些可怕的结果？

与其对避免矛盾和谬误的推理过程给出严谨、准确的总结，不如对理性下一个我们自己的定义：**理性是一系列不会导致矛盾和谬误的过程和方法论**。任何不会将我们指引到矛盾或谬误的过程都是理性的。无论何时，每当得到矛盾或谬误时，我们就知道我们逾越了理性的边界，变得不理性起来了。我们通过查看理性的边界定义了理性。很难确定到底是什么会保证我们不跨越这些边界，但是当得到矛盾或谬误时，我们就会知道自己已经走得太远了。虽然无法提供关于什么是理性的严格规则，但是我们能说出来一个过程在什么时候是错误的。虽然这个定义听上去或许有些奇怪，但它是行之有效的。

　　由于不知道什么会导致错误，什么不会导致错误，因此我们对理性的定义在某种程度上取决于时间。曾经被认为合乎理性的东西将来可能会被发现导致矛盾。实际上，纵观历史的长河，曾被认为是科学的东西后来被发现是谬误，这种情况已经出现过许多次了。以下是一些著名的例子。

- 人们曾经认为光波是在一种名为以太的介质中传播的。科学家直到 20 世纪初才意识到这种物质不可能被检测到。
- 以往的化学家相信，当某件东西燃烧的时候，会有一种叫作燃素的物质释放出来。直到许多年后，化学家才意识到不存在这种物质。
- 颅相学认为可以通过观察颅骨和大脑的外形特征了解人类的性格。它直到进入 20 世纪很久之后还被认为是科学。
- 体液学说和自然发生说曾被认为是科学。

　　相比之下，一些观念刚开始被认为是愚蠢的，但是随着时间的推移而逐渐成为理性和科学的一部分。这种情况也发生过很多次，举例如下。

- 在古希腊，宇宙被认为是一直存在的。直到近代，科学家才意识到宇宙是在某个有限的时间内形成的。

- 路易·巴斯德和伊格纳茨·泽梅尔魏斯（Ignaz Semmelweis）的细菌理论在刚刚问世时遭到了忽视。如今他们的理论会被教给每个学龄前儿童，以便引导他们洗手。

- 负数和虚数刚刚出现时被认为是稀奇古怪的玩意儿。几百年之后，人们才意识到它们实际上是有意义的。

这个清单可以一页页地列下去。我要强调的一点是，没有确切的规则能够用于判断某个观念或过程是理性的一部分还是超出了理性的边界。[11]

有人也许会反驳说，经验性证据应该总能用来确定概念的真实性。虽然这或许是真的，但事情并不总是这么简单。例如，哥白尼和伽利略说地球围绕着静止的太阳运动。教皇乌尔班八世（Pope Urban VIII）说太阳围绕着静止不动的地球运动。当你看着自己身边静止不动的物品时，似乎教皇是对的。我们现在知道教皇和他的经验性证据是错的。伽利略的实验表明，因为地球是以匀速运动的，所以我们感觉不到这种运动。如他所言，我们必须查看**所有**经验性证据才能看出，虽然地球似乎没有动，"然而它的确是在动的"。[12]

区分理性和非理性的一个问题是，我们的直觉有时候会让我们失望。通常情况下，当某件事违反我们的直觉时，我们会认为它是错的。这种看法并不总是有道理。例如，我们最基本的直觉之一是物体在一个时刻只能处于一个位置。我们还是蹒跚学步的孩子时就知道这一点了。然而，量子系统拥有令人震惊的叠加态，它向我们指出这个简单的直觉是错误的。另一个显而易见的直觉是，物体有固定的长度而过程持续固定的时间。相对论向我们指出这个简单的直觉是错的。还有什么直觉会被发现是错的呢？

由于理性的边界不是固定的，因此有些概念仍然处在边缘地带。当代科学中的很多概念还没有被指出是正确的或错误的。一些例子包括暗物质、暗能量、多重宇宙、弦理论和超对称性。所有这些概念都有很多支持者而且可能是正确的，但我们还无法确定。它们在不在理性的边界之内呢？

得到对理性的这种定义之后，我们或许就可以回答第 1 章针对理性的本质提出的一些问题了。

为什么一种假设比另一种假设更理性？在本书中讨论局限的时候，很多情况下我们会遭遇互相冲突的合理假设。例如，直觉会让我们断言：

(a) 某个集合的真子集的元素数量一定少于原集合。

然而在关于无限的那一章中，我们发现：

(b) 某些真子集的大小和原集合相等。

这两个论断哪个才是正确的？正如我在第 4 章中指出的那样，如果不遵循集合论的规定，我们就会陷入矛盾，而集合论支持 (b)。既然我们想在理性过程中避免矛盾，就必须接受 (b) 而抛弃 (a)。虽然听上去违反直觉，但 (b) 是正确的，而 (a) 是不正确的。我们不怕糟糕的直觉，我们只怕矛盾。

为什么检查自己的血压是理性的，查看自己的星座就不是理性的呢？很简单：健康生活依赖于拥有良好的血压水平，这是基本的事实。相反，之所以没有理由查看自己的星座，是因为星座的预测已经被指出不同于任何可观测的事实。因此，关注星座超出了理性的边界。

可能存在这样一种稍微违反直觉的过程：我们不知道该过程会让我们得到正确的预测还是让我们得到矛盾。这个过程理性吗？也许理性，也许不理性。我们确切地知道，如果一个过程导致谬误或矛盾，那么它就不理性。这让理性过程拥有了一种层次感。位于最核心的是我们对矛盾和虚假事实的恐惧。这将是我们对任何理性过程的最终评判标准。

我们应该相信什么，又应该抛弃什么？人类本来就容易轻信他言，我们接受许多超越理性的概念。我们想相信星座分析；我们想相信只需要吃一些药片，我们就能减肥，不用做任何运动或者削减热量摄入；我们想相信当我们穿上那身衣服时会和模特一样好看。但是可惜啊，这些都是假的。人类思维很容易受到谬误观念的影响。当跨越理性的边界时，我们需要警觉将什么内容接受为事实。通过意识到我们容易轻信他言，我们就是在保护自己。[13]

随着时间的推移，我们得到与理性、科学和数学有关的更多经验，也就更加了解理性的边界。我们更加了解错误的直觉及导致谬误和矛盾的过程。于是，理性的边界和定义也就变得更加清晰了。

10.3　向更远处眺望

在审视理性的边界并为理性定义之后，我们不禁想知道理性之外有什么。当理性让我们失望时，我们还可以使用什么方法？我们如何了解理性无法向我们揭示的信息？我们应该对跨越理性的边界抱有谨慎的态度。使用理性之外的其他方法理解周遭世界或创造新技术是危险的。必须在此重述第 1 章开头所说的内容：理性是令我们的福祉进步的唯一方法论。

- 乔纳斯·索尔克（Jonas Salk，1914—1995）不是用直觉找到小儿麻痹症的治疗方法的。他用的是理性和科学方法。
- 人类不是靠想象力登上月球的。人类使用的是基于理性和科学的技术。
- 世界上的饥荒问题不会仅靠爱和温暖等情感得到解决。有助于解决饥荒问题的将是基因改良作物和硝铵肥料。

理性是所有这些成就必需的。就算强调理性的许多局限，我们仍然不应该轻易跨越理性的边界。

理性的边界之外有什么？本书讨论了我们不应逾越的某些边界，以免出现矛盾和谬误。但是如果我们像图 10-1 这幅古老的木刻版画中的这位探索者那样向边界之外窥视，会发现什么呢？[14] 我们停留在理性的边界之内，这让我们错失了什么？外面是什么？

图 10-1　探索者向边界之外窥视

我要在这里对本书中出现的许多空间隐喻提个醒。"外部边界"这个短语的使用令人感觉理性仿佛是一个地点。"之外"这个词的使用令人感觉好像存在一条将两边隔开的地理分界线。我们拥有不可以"逾越"的"边界"。我们在"窥视"某个地方吗？这些空间隐喻可能导致错误。这里没有地方，这里也没有墙壁。通过假设一面墙壁的存在，我们会错误地假设研究墙的两边是同样合理的。事情并非如此。图 10-1 中的木刻版画美则美矣，却并不真实。不要将比喻误认为现实。[15]

　　然而"理性之外有什么"的问题仍然有它的合理性。理性是学习并应用信息的一种方法论。本书指出，我们得到并使用这些信息的能力存在局限性。然而这些信息的确存在，以下是一些例子。

- 旅行商问题存在最短的路径。我们将无法获得这个知识，但它的确存在。
- 混沌理论指出，我们永远无法预测混沌系统的未来。然而混沌系统的未来的确存在。
- 我们也许不能判断某个计算机程序最终是否停机，但这个程序必定会停机或陷入死循环。
- 虽然按照定义，我们不能证明哥德尔语句为真，但它的确为真。

　　在所有这些情况下，相关信息是存在的[16]而且"真的就在外面"，但我们无法知道这些信息是什么。获得这些信息的其他方法是什么？我们有推测的权利。[17]

　　虽然可以推测，但遗憾的是，我认为我们关于这个话题不可能说出任何智慧之语。我们对理性的定义是，一系列避免矛盾或谬误的过程和方法论。与这种边界之外的任何信息相关的任何可理解的内容都肯定只是猜想，因此我们实际上不能说出任何智慧之语。我们或许能够猜出这些信息，或者以其他某种方式接受这些信息。也许有人会给我们信息，而我们就信以为真。这些获取信息的方法不在本书的讨论范围之内，而且就像位于理性边界之外的任何事情一样，我们必须接受这样一个事实：矛盾和谬误或许就在我们前面。那里或许有很多信息，但是因为没有确定那些信息的正确工具，我们只好保持沉默。

　　想象一下这样的场景：你得到一个金属盒子并被告知不可能知道盒子里有

什么。你可以尝试钻它，烧它，用 X 光照它，摇晃它，打破它或使用其他各种手段，但是你永远无法打开它或者知道里面有什么。盒子里可能有昂贵的珠宝或无用的沙子，也可能有一张纸，上面写着 42 这个数。我们还必须接受盒子里空无一物的可能性。它可能就是一个空盒子。我们永远也不会知道答案。这就是我想说的：我们知道了理性的边界并被告知我们不可能超越这些边界，否则就会跌进矛盾或不准确的世界。理性的边界之外或许存在某种知识或信息是我们不能知道的。然而就像对待盒子一样，我们必须意识到自己永远不会知道答案。我们可能会觉察或者凭直觉知道一些信息。我们或许会对这条边界之外的东西有所希冀。但我们必须非常谨慎，提防矛盾和谬误的幽灵。

人不应该被理性的边界束缚太过。我们不能看到本书列出的边界之外有什么，但也没有理由为此沮丧。**我们人类本来就生活在理性之外**。人类居住的世界不是冰冷无情的理性、逻辑和科学的世界。我们的思维并不处于一个由石头、碳基生命形式和各种遵循物理定律的分子组成的世界里。相反，我们所有人都拥有不受理性和逻辑支配的感觉和情感。我们有对美、惊奇、伦理和价值的感受，这些感受都超越了理性并蔑视合乎理性的解释。我们不是出于任何逻辑上的理由欣赏优雅的艺术和音乐的。在领略雄伟的山脉时，我们充满了敬畏和惊奇之感。我们力图避免做某些错事，就算这些事或许对我们有好处。我们珍惜和挚爱之人相处的时间，尽管这并没有逻辑上的必要性。当远离挚爱之人时，我们会感到痛苦。我们的决定不是根据逻辑和理性做出的。相反，我们使用了美学、实践经验、道德倾向、勇气、冲动、情感、直觉和感受。从这个意义上来说，我们每一个人都已经摆脱了理性的束缚。

在某种程度上，人类彼此之间如此难相处的原因就是我们全都有超越客观逻辑和理性的欲望和价值观。如果我们全都像一台计算机或者《星际迷航》（*Star Trek*）中的斯波克那样严格按照逻辑行事，我们就会步调一致，永远不会彼此争吵了。意志的多样性造就了有趣的生活。各种人类欲望的冲突给我们的人际关系赋予了色彩。它还让我们感觉**其他每个人**都是疯狂且不理性的。当然，其他每个人对我们也有类似的感觉。我们都有不理性的欲望和意志，它们以与其他人都不同的方式控制着我们。

这种不理性的部分不仅存在于我们的心智之中，它还是我们最重要的组成部分。是它让我们在早上起床。它是我们的动力和意志。做任何事都不存在逻辑上的理由。理性和逻辑告诉我们现实情况是什么，有时候还能告诉我们未来情况会如何。这些工具可以用来帮助我们得到我们想要的东西，但它们不会告诉我们想要什么东西或情况应该是什么样子。只有意志和欲望才会告诉我们这些。[18] 如果不存在爱、欲望、音乐和艺术，我们的世界就毫无意义。只有当伦理、价值和美被包括在内时，真实的生活才拥有重要性。意志和欲望是根本，而理性是意志和欲望的一件工具。理性是一件强大但仍有局限的工具。

致　谢

在某种意义上，本书是我在纽约市立大学布鲁克林学院计算机和信息科学系的朋友和同事们与我共同努力的成果。他们审阅了本书的各个章节，更正了我的错误，在我犯傻时批评我，在我停滞不前时鼓励我。他们为我创造了温馨的学术氛围，使这本书得以顺利出版。我要感谢他们！

布鲁克林学院的许多教职工阅读了本书的若干章节并提出了宝贵意见，他们是：乔纳森·阿德勒、戴维·阿诺、乔治·布林顿、萨米尔·乔普拉、吉尔·奇拉塞拉、戴顿·克拉克、伊娃·科根、吉姆·考克斯、斯科特·德克斯特、基思·哈罗、丹尼·科佩茨、吉蒂德耶·兰萨姆、马修·摩尔、罗希特·帕里克、西蒙·帕森斯、迈克尔·索贝尔、阿龙·特南鲍姆，以及宝拉·惠特洛克。他们的意见大大提升了这本书的水平。

某些章节是我在布鲁克林学院的课程上使用的内容。学生对课程的参与以及课堂对话中的意见交换，使得这些内容更加充实。我要感谢学生们的倾听、争论、帮助和更正。布鲁克林学院及研究生中心的许多学生阅读了早期草稿并提出了宝贵意见，他们是：菲拉特·阿塔金、詹·巴什肯特、于贝尔·贝内、格雷格·本森、贝·伯查尔、瑞拉·C.伯吉特、法提梅·乔帕尼、西蒙·德克斯特、阿琳·阿尔曼、玛德琳娜·法因戈尔德、特里·格罗索、米丽娅姆·古特尔克、杰伊 扬克莱维奇、马修·P. 约翰逊、乔尔 卡美特、塔蒂亚娜·科德尔、邱韦、卡伦·克勒特、埃达尔·科塞、迈克尔·兰皮斯、沙尔瓦·兰迪、霍利·洛沃伊、约恩·洛沃伊、马修·迈耶、瓦利亚·米迪松、若尔迪·纳瓦雷特、肖莎娜·诺伊布格、哈达萨·诺洛维茨、妮科尔·莱利、阿图尔·萨哈基扬、康纳·萨维奇、安吉拉·沙塔什维利、亚历克斯·斯维尔德洛夫、斯坦尼斯拉夫·图尔扎夫斯基、弗雷达·温伯格，以及卡罗尔·维索茨基。我欠他们所有人一个感谢。

还有许多人浏览了本书的部分内容并提供了帮助，他们是：罗斯·阿布拉姆斯基、萨姆松·阿布拉姆斯基、马西娅·巴尔、迈克尔·巴尔、丽贝卡·巴尔、亚当·布兰登布格尔、理查德·邱吉尔、梅尔文·菲廷、利奥波德·弗拉托、罗伯特·J. 福格林、哈伊姆·古德曼–施特劳斯、阿里尔·哈尔佩特、埃利亚胡·赫什菲尔德、埃伦·赫什菲尔德、费吉·赫什菲尔德、平查斯·赫什菲尔德、沙伊·赫什菲尔德、伊茨乔克·赫什菲尔德、迈克尔·希克斯、约书亚·霍尼格瓦克斯、罗曼·科萨克、克拉斯·兰茨曼、安德烈·勒贝尔、拉斐尔·马加里克、卡米尔·马丁、乔利·马滕、罗切尔·莫斯科维茨、拉里·莫斯、纳夫托利·诺伊布格、亚诺什·帕克、卡罗尔·帕里克、舒里·拉贝尔、N. 拉贾、芭芭拉·里夫金德、安德烈·罗丁、阿里尔·罗佩克、埃文·J. 西格尔、迈克尔·维茨、莫伊舍·亚诺夫斯基、莎伦·亚诺夫斯基，以及马克·泽尔瑟。深深感激他们的批评、意见和有用的建议。

感谢罗伯特·迪吉克格拉夫允许我在图 8-6 中使用他绘制的插图。我还要感谢哈伊姆·古德曼–施特劳斯允许我在 9.3 节中使用他的许多图表。我的美丽又有才华的女儿哈达萨在部分图表上提供了帮助。

詹姆斯·德沃尔夫、马克·勒文塔尔、马西·罗斯，以及整个麻省理工学院出版社团队为本书的最后成型提供了许多帮助。谢谢你们。卡伦·克勒特仍然是世界上最好的编辑和校对员。谢谢你，卡伦！

如果这本书最后还存在什么错误的话，责任全在我。

我还要向其他几位人士表达谢意。我在撰写这本书时，我的朋友和研究合作者，雪兰多大学（Shenandoah University）的拉尔夫·沃特维兹对我的其他研究工作给予了支持，对此我深表感激。

1987 年春天，我在耶路撒冷的一个街角有幸与阿维·拉比诺维茨博士见面。阿维是一位聪明的物理学家，充满创造力和热情。我们最终成了旅伴和好朋友。很少有主题是阿维不能深入讨论的。我和他的对话往往节奏飞快，快得和光速一样。我们在希腊爬山以及观看荒谬的科幻电影时有过许多热烈的对话。他是一位真正的良师益友。这本书的每一页都含有我和他多年以来讨论过的想法。(对于我写的大部分东西,他很可能并不会同意。)他对我的影响是巨大的,而我永远心怀感激。

在过去的一些年里,三位令我的人生充实富足的人相继去世。他们对我的教育贡献良多,所以这本书也有他们的许多功劳。

我在布鲁克林学院上大四的时候,沙亚·格威茨教授曾在一个研究项目中指导我,从而将我带入了高等数学和计算机科学的世界。她教我如何阅读学术文章,如何将自己的想法付诸行动,以及如何分析结果。这段经历激起了我上研究生院的兴趣。她亲切地邀请我去她家吃了很多次饭,我和她的丈夫以及八个美好的孩子成了朋友。她在我就读研究生期间继续指引着我,直到她在 2008 年去世。她既是我的老师和同事,也是我为人处事的榜样,我真的从她那里获益良多。

我的博士论文指导老师亚历克斯·海勒是纽约市立大学研究生中心数学系的一位杰出教授。他是一位和蔼、文雅的绅士。虽然我在 1996 年就毕业了,但此后我们仍然每周见一两次面,直到他 2008 年过世。(从某种意义上说,我从他那里得到了 12 年的博士后教育。)我们谈话的主题从数学延伸到政治学、道德、哲学、历史等。他是个名副其实的天才,知识惊人地广博,尤其在数学方面令人印象深刻。在和他谈话时,你会觉得数学的全部框架似乎异常清晰地呈现在他的面前。在他门下学习并成为他的朋友是一种荣幸。

我在这里必须介绍一下海勒教授独特的指导方式。在跟随他进行了两年的课程学习后,他不再让我去上他的任何课程。他说我从他那里获得的已经足够了。从那时一直到他去世,虽然我们一直还谈论数学,但他再也没有教我一星半点的数学。我的任务是汇报我的工作或者我正在研究的内容。他的任务是在我的汇报或理解中找到瑕疵。他会向我滔滔不绝地演讲,讲述怎样获得正确的定义,指出我的证据在什么地方无效,并在我不精确的时候提醒我。他虽然是一位绅士——他总是言辞温和——但是不夸张地说,他的指导方法足以令人产生畏难情绪,心生沮丧。他从未将这种要么沉底、要么学会游泳的教育哲学清晰地表达出来过。不过他有一个明确的观点:学习数学是我自己的任务,而且我必须亲力亲为,努力在其中挣扎。我永远感激他对我的信心以及他对我自主性的坚持。他是最棒的老师。

我有一位邻居是世界级的数学家，这是我享有的便利条件之一。莱昂·埃伦普赖斯教授住在离我家只有几个街区的地方，我经常去拜访他。在周五的夜晚见到他时，我总是会得到一个温暖、热情的微笑。他除了是一流的数学家之外，还是拉比教义学者、马拉松选手、手球运动员、古典钢琴演奏家，此外还是八个孩子的父亲。这位文艺复兴式的人物拥有真正令人惊叹的广博知识。我的脑海中还储存着许多与他一起时的美好回忆，我们坐在他的餐桌旁谈论希伯来语语法的精妙之处、楔边定理（edge-of-the-wedge theorom）、养育儿女、科亨–施佩克尔定理的后果、《创世记》中牛的角色、超几何函数（hypergeometric functions）以及许多其他主题。埃伦普赖斯教授拥有最有亲和力的性情，总是能说出和蔼的、鼓舞人心的话。我从他那里学到了很多。他于 2010 年 8 月去世。

向他们三位寄予无限哀思。

谨以此书献给我的妻子谢娜·莉娅，她充满温暖和爱意的支持让这项工作成为可能。还要将它献给我的孩子们：哈达萨、丽芙卡、巴鲁克和米里亚姆，他们为我们的家和心灵带来了欢笑和快乐。我对他们的爱意和感激永无止境。

注 释

前言

1. Popper（2002，38）。

第 1 章

1. 摘自 Kant（1969）的序。德语原文是，"Die menschliche Vernunft hat das besondere Schicksal in einer Gattung ihrer Erkenntnisse: daß sie durch Fragen belästigt wird, die sie nicht abweisen kann; denn sie sind ihr durch die Natur der Vernunft selbst aufgegeben, die sie aber auch nicht beantworten kann; denn sie übersteigen alles Vermögen der menschlichen Vernunft"。

2. 不能确定爱因斯坦是否真的说过这句话。不过 Horgan（1996，83）引用了约翰·阿奇博尔德·惠勒类似的说法："我们的知识是一座岛屿，无知则是海滨，随着岛屿的增大，海滨也随之增大。"弗里德里希·尼采（Friedrich Nietzsche）在《悲剧的诞生》（*The Birth of Tragedy*；2000，97）中使用了同样的隐喻："但是科学被其强有力的幻觉所鼓舞，不可抗拒地朝着它的极限狂奔而去，在那里，它隐藏在逻辑本质之中的乐观主义折戟沉沙。因为科学的圆周上有无数的点；虽然无法知道能否看到这个圆的全貌，但高贵而有天赋的人仍然不可避免地抵达了圆周上的这些边界点，从这里凝视那些依然黝黑的地方。"

3. 这个说法需要一点解释。我们必须将工艺或技术与艺术和创造力区分开来，前两者是以自身为基础的，而后两者不以自身为基础。实际上，创造力要求艺术与先人不同。当我们认为最伟大的文学是几个世纪前但丁和莎士比亚的创作时，就很难说文学是以自身为基础逐渐进步的。20 世纪的战争是人类道德进步观念的反例。

4. 这个棋盘和多米诺谜题摘自 Gardner（1994），在原文中称为"残缺的棋盘"（Mutilated Chessboard）。不过这个谜题的历史比这篇文章久得多。

5. 摘自 Quine（1966，3）。

6. 我并不是在将人类思维等同于人类语言。后者的组织化程度、一致性和编码化程度都远胜过前者。人类思维并不一定必须让除了思想者之外的任何人明白——实际上通常情况下除了思想者之外没人明白——然而人类语言是使人类思维能够被其他人理解的一种尝试。口语是如此，书面语言就更是如此了。书面词汇需要更高的编码化和组织化水平。一份出色的书面作品必然非常规范且清晰，才能让其他许多人欣赏。相比之下，文学理论家将"沦落"到人类思维层次的书面语言称为"意识流"。此类文学作品的范例包括詹姆斯·乔伊斯（James Joyce）的《芬尼根的守灵夜》（*Finnegans Wake*）和 T. S. 艾略特（T. S. Eliot）的《J. 阿尔弗雷德·普鲁弗洛克的情歌》（*The Love Song of J. Alfred Prufrock*）。大多数人认为这些作品难以读懂。俄罗斯心理学家利维·维果茨基（Lev Vygotsky）的书《思想和语言》（*Thought and Language*）以及维特根斯坦后期的著作探讨了人类思想和语言之间的关系。然而思想和语言都容易产生矛盾。

第 2 章

1. 哎呀，我不能确定尤吉·贝拉是否真的说过这句话。

2. 德语原文是，"Wovon man nicht sprechen kann, darüber muß man schweigen"。

3. 一些分析指出，埃庇米尼得斯的宣言并不是真正的悖论。首先，我们默认骗子的每句话都是谎言。这是不对的。骗子是说过至少一次谎的人。我们这辈子都至少说过一次谎，所以我们全都是骗子。

   此外，推导出矛盾的逻辑也存在问题。假设某一时刻，埃庇米尼得斯在说真话。这说明他是个说谎者，这句话是假的。但假句并不是矛盾。相比之下，假设这一时刻埃庇米尼得斯说的句子是假的。这意味着并非所有克里特人都是骗子，也就是存在一个不是骗子的克里特人。这样一个可敬的讲真话的人可以是岛上的任何人。（如果埃庇米尼得斯是整座岛上唯一的人呢？）如果这个讲真话的人是埃庇米尼得斯，那么他就是在讲真话，这个句子就是真的。这就会产生矛盾了。然而讲真话的人不一定是埃庇米尼得斯，可以是岛上的任何人。所以只要我们接受埃庇米尼得斯说的是假话就可以了。

最后还有一个有趣的概念需要指出。我们已经判定埃庇米尼得斯的陈述不可能是真的，一定是假的。按照逻辑推理，我们由此断定岛上必定有某个讲真话的人。这展示了语言和逻辑的力量：从埃庇米尼得斯所说的话中，我们推断出了他人的诚实。虽然埃庇米尼得斯悖论存在这些问题，但我们将看到，其他类似的语言悖论是真正无疑的悖论。一个经典的悖论案例结果却不是真正的悖论。这太有悖论感了！

4. 女权主义者对这个困境的主张是，让理发师的妻子给理发师刮胡子。这只是女性千百年来众多得不到承认的丰功伟绩之一。她将男人们从矛盾的深渊里拽出来了！

5. 我们将在 4.4 节再次遇到这个悖论。

6. Hardy（1999，12）。

7. 迈克尔·巴尔向我指出，只有在仅限于正整数的情况下，1729 才是满足该条件的第一个数。如果允许负整数出现，那么 $91=6^3+(-5)^3=4^3+3^3$。

8. 我们将在 3.3 节中再次遇到模糊词。

9. 阅读 4.3 节后，理查德悖论就会容易理解得多。

第 3 章

1. 类似地，美国军舰宪法号（Constitution）已经在波士顿的港口停靠了将近 200 年。美国军舰无畏号（Intrepid）停靠在纽约的港口。

2. 亚里士多德假设物体存在四种主"因"（causes）：质料因（它是用什么做成的），形式因（它的形状），动力因（谁/什么制造了它），以及目的因（它的目的）。这些因当中的每一个都在某种程度上解释了该物体是什么。在这个段落，我指出我们可以让忒修斯之船的所有四个"因"都发生变化。然而，虽然发生了这些变化，很多人仍然会认为这艘船没有改变。

3. 然而我们可以对原子进行同样的分析。如果一个碳原子失去了它的一个电子，它还是一个碳原子吗？如果它失去了一个中子呢？如果它与其他原子形成了化学键呢？就连原子也不作为原子存在。

4. 我在这里引用了奥卡姆剃刀原则批评（极端）柏拉图主义。

5. 康德所说的自在之物（德语：ding an sich）。

6. 对东方哲学的讨论超出了本书的范围。然而这些概念的一部分在印度和中国哲学中体现得很突出。可以说冥想和"破除我执"的基本目的就是获得比人对事物的分类看得更远的能力。没有分类和名称，观念和物体之间也就也没有分别。现实世界从而呈现出"万物合一"的样式，成为一个统一的整体，这是神秘的传统哲学的核心观念。

7. 这实际上是最容易证明的定理之一，值得花一分钟时间展示它的证明过程。假设我们不知道下面这个式子的总和是多少，并将其称为 x：

$x = 1/2 + 1/4 + 1/8 + 1/16 + 1/32 + \cdots$

再重申一次，我们不知道 x 是多少，但是通过描述它，我们就能操纵它了。思考 $(1/2)\,x$。根据算术分配率，我们知道 $1/2\,(a + b + c) = (1/2)\,a + (1/2)\,b + (1/2)\,c$。

这不仅适用于 3 个数，还适用于无限多个数。于是我们还能得到

$(1/2)\,x = (1/2) \times (1/2) + (1/2) \times (1/4) + (1/2) \times (1/8) + (1/2) \times (1/16) + \cdots = 1/4 + 1/8 + 1/16 + 1/32 + \cdots$。

用 x 减去 $(1/2)\,x$，我们得到

$x - (1/2)\,x = (1/2)\,x$

或

$x - (1/2)\,x = (1/2 + 1/4 + 1/8 + 1/16 + \cdots) - (1/4 + 1/8 + 1/16 + 1/32 + \cdots) = 1/2$。即 $(1/2)\,x = 1/2$

即 $x = 1$。证明完毕。

8. 我们将在 7.2 节中遇到并解释其中的一些观念。

9. 亚里士多德写道："此外，原子构成物体的观念肯定会和数学产生冲突，还会让许多常见观念、显而易见的数据和感知变得无效。"[《论天》（*De Caelo*），303a21]

10. 如果我们假设数学是离散的，那么用来建造火箭和桥梁的数学就会比微积分复杂得多。或许我们生活在其中的世界真的是离散的，微积分只不过是这个世界的真正数学模型的一种简单的近似模拟。

11. 第 7 章深入地讨论了这些主题。

12. 我们都是时间旅行者：我们在时间中瞬息不停地向前旅行。

13. 应该提到的一点是，如果我能回到大陆会议之类的时空坐标，只有我自己会感到困惑。在我看来，我知道原本的大陆会议没有我，现在我却在那里。然而对所有其他人而言，既然我已经通过出现在那里改变了历史，他们就不会感到奇怪了。

14. 这是 1985 年的一部电影《回到未来》（*Back to the Future*）的主题。

15. Rucker（1982，168）。

16. 就连"色情作品"也是模糊词。美国最高法院的大法官波特·斯图尔特（Potter Stewart）曾经说过，他无法定义色情作品，"但我看见它的时候，就知道它是不是"。

17. 常见的一种观点是，如果两种动物可以交配，它们就属于同一个物种。然而这个定义存在一个严重的问题：动物 A 也许能够和动物 B 交配，这让它们属于同一个物种。与此同时，动物 B 也许能够和动物 C 交配，让它们也属于同一个物种。然而，动物 A 可能无法和动物 C 交配，因此它们是不同的动物。按照这个定义，物种缺乏同一性的传递性，这种缺乏类似我们在 3.1 节中见到的关于同一性的其他问题。

18. 这解释了为什么这一节位于本章，而不是关于语言悖论的那一章（第 2 章）。

19. 我们的老朋友芝诺也拥有该悖论的一个版本。有人甚至在《圣经》中找到了堆垛悖论类型的论证（见《创世记》18:23–33）。

20. 关于这个主题，罗希特·帕里克（Rohit Parikh）也写了一篇非常有趣的论文：Parikh（1994）。

第 4 章

1. 摘自帕斯卡的《沉思录》（*Pensées*，267），法语原文是，"La dernière démarche de

la raison est de reconnaître qu'il y a une infinité de choses qui la surpassent, Elle n'est que faible si elle ne va jusqu'à connaître cela"。

2. 我们将在 9.1 节中见到更多。

3. 集合 (0,1) 不应该被当成 0 和 1 构成的有序对。它表示的是 0 和 1 之间的所有实数构成的区间。

4. 康托尔在寄给自己的朋友理查德·戴德金（Richard Dedekind，1831—1916）的一封信中宣布了这个极其重要的结论。这封信的署名日期是 1873 年 12 月 7 日，这个日期可以被视为现代集合论的起点。

5. 在 2.3 节中，我陈述了与描述数的性质的英语短语有关的理查德悖论。现在我们应该清楚地看到，理查德悖论同样使用了这种对角化证明的方法。

6. 除了策梅洛-弗伦克尔集合论之外，还有其他很多公理体系，但其中大多数和策梅洛-弗伦克尔集合论一样强大。这意味着无论使用策梅洛-弗伦克尔集合论能够证明什么，使用其他体系也能证明，反之亦然。因此我将只讨论策梅洛-弗伦克尔集合论。

7. 尼古拉斯·布尔巴基（Nicholas Bourbaki），法语原文是，"Aujord'hui qu'il est possible, logiquement parlant, de faire deriver toute la mathématique actuelle d'une source unique, la Théorie des Ensembles [《集合论》（*Théorie des ensembles*），1954，巴黎，4]"。

8. 20 世纪首屈一指的数论学家安德烈·韦依（André Weil）总结得很妙："上帝是存在的，因为数学是一致的；魔鬼是存在的，因为我们不能证明这一点。"

9. 我将忽略华盛顿特区和所有其他特殊情况，以便对这个问题进行理性思考。

10. 需要注意的是，一个球上所有无穷小的理想点可以很轻松地和两个球上所有无穷小的理想点形成一一对应的关系，就像自然数可以和正整数、负整数与零的集合形成对应关系一样。然而，如果这个球是原子构成的，这样的对应就不能存在了。任何球都只包含有限数量个原子，而有限数量不可能与自身的两倍形成一一对应的关系。就像面对芝诺悖论时一样，我们必须问问自己，将（拥有无限观念的）数学用作真实世界的模型是否可行。

11. 其实它们包括很多不同的思想流派，我将它们全部归为一类是有些略显不公的。有一些大部头的著作维护唯名论的 x 类型，攻击唯名论的 y 类型，等等。不过所有这些不同的思想流派都不喜欢抽象本质的概念。

12. 实际上这已经在几何学中实现了。我们将在 8.2 节中看到，欧几里得第五公设独立于其他九条公设。数学家没有限制于其中一套公理体系，而是同时研究了两种。他们研究了假设第五公设为真的九条公设，得到了欧几里得几何学；与此同时，他们还研究了假设第五公设为假的九条公设，得到了非欧几里得几何学。这仍然给我们留下了一些开放性问题。在几何学中，这两套体系对应不同的背景。欧几里得几何学是关于平面的几何学。非欧几里得几何学描述的是弯曲和扭曲的面。在集合论中如何进行这样的类比呢？带有选择公理的体系对应什么？不带选择公理的体系对应什么？毕竟这是集合论，我们在这里讨论的是对象的集合。对象的集合之间如何会存在变异性呢？对于我们的所有问题，另一种可能的解决方案是后退一步，抛弃所有公理体系。毕竟康托尔在完成自己的丰功伟绩时也没有使用公理。然而没有公理的话，我们可能就要重新产生悖论和矛盾了。关于这一点的更多内容见 9.5 节。

13. 我们将在第 8 章中更深入地讨论这些问题。

14. 我在网上找到了对保罗·科恩这句话的引用（但不能为这句话找到来源）："对于连续统假设而言，集合的概念过于模糊，无法产生肯定或否定的答案。"这句话的意思是，我们无法得到关于连续统假设问题的答案，是因为集合的概念没有得到充分的定义。这导致我们提出下面的问题："对于对象的合集这样明明白白的概念，模糊性能够体现在什么地方呢？"

第 5 章

1. 摘自 Al-Daif（2000，4）。

2. 布鲁克林目前有 250 万人。由于网络的快捷高效，现在真的没什么人用电话号码簿了。

3. 岛上有柯尼斯堡最著名的居民伊曼努尔·康德的坟墓。

4. 实际上，只有 120 条路线是必须检查的，因为我们将哪座城市选作起点无关紧要。换句话说，对于 n 座城市，只有 $(n-1)!$ 条可能的路线。

5. 有一家互联网公司曾经想用这个庞大的数给公司命名。传说他们把这个单词拼错了。可惜他们没有让谷歌（Google）检查拼写。

6. 我们对 NP 的确切定义有点含糊其词了。给出真正的定义会让我们有点离题太远。然而 NP 问题的大部分例子实际上是 2^n 或 $n!$ 的。很重要的一点是，NP 不代表"非多项式"（NonPolynomial）。它代表的是"非确定性多项式"（Nondeterministic Polynomial）。它的意思是，如果由一台非确定性机执行任务，这些问题可以在多项式时间内解决。非确定性机的本质是一台同时进行许多次猜测的机器。哎，非确定性机并不存在，我们无法使用非确定性机解决我们的问题。

7. 我们将在 7.2 节深入探讨这些概念。

8. 从本质上说，库克和莱文做的事情就是指出，对于每个 NP 问题和这些问题的每个输入，都可以模仿计算机寻找解决方案时的行为，写下一串（极长的）逻辑表达式。如果计算机可以找到解决方案，那么这个逻辑表达式就是可满足的。如果不能找到解决方案，这个逻辑表达式就无法满足。

9. 有人相信这些命题中的任何一个都无法被现代数学的公理证明。他们相信 $P =?\ NP$ 问题"独立于"数学公理。我在 4.4 节中讨论了这样的独立状态，并将在 9.5 节中再次讨论。

10. 我感觉有责任警示你们，七大千年难题之一庞加莱猜想（Poincaré conjecture）已经被格里戈里·佩雷尔曼（Grigori Perelman）解决了。所以现在解决剩余的难题就更紧迫了。抓紧时间！

11. 由于旅行者不准经过任何城市两次，我们必须假设他在从点 c 向点 e 的旅程中坐飞机飞越了点 a。

12. 我从未在文献中见过这种近似算法。这大概是因为它一般很难得到比较好的解决方案。

第 6 章

1. Mac 或 Linux 用户会发现这些概念抽象得无法理解。他们真是幸运。

2. 有趣的是，这只是微软用来对付停机问题的一种解决方案。当某个程序运行一段略长的时间时，一条"未响应"信息就会出现在窗口的顶部栏上。然后用户应该采取措施终止这条信息提示的死循环。遗憾的是，计算机并不清楚程序是否真的陷入了死循环。它可能只是运行得比 Windows 操作系统期望得更久而已。

3. 很容易看出程序和数值之间的这种对应：每个程序在计算机中都被储存为某个独一无二的 0 和 1 的序列。这个序列其实是一个非常大的二进制数。一个典型的程序通常被储存为数百万个 0 和 1。对应的数值将非常庞大，但我们不必为此担心。

4. 42 是关于生命、宇宙和所有一切的终极问题的答案[①]。除此之外，这个数没有什么特殊之处。

5. 第 5 章提出了非常相似的概念。然而由于我没有想当然地假设第 5 章的知识，我就在这里将它重复了一遍。

6. 目前最难的数学问题是**黎曼假设**（Riemann hypothesis）。它是克雷数学研究所在 2000 年提出的七大千年难题之一。如果你解决了这个问题，就能获得 100 万美元。这个问题比哥德巴赫猜想更难陈述，所以我不会深入探讨它。然而对于专业人士，如果存在寻找哥德巴赫猜想的反例的程序，那么同样存在系统地搜寻其黎曼 ζ 函数的实数部分不是 1/2 的零点的程序。

7. 用正式的语言表述，他们指出这个问题独立于策梅洛-弗伦克尔集合论。4.4 节和 9.5 节还有更多关于这种独立性的讨论。

8. Bierce, 1906/2010, 21。

9. 人类能判断关于自身思维的众多事实吗？我们的潜意识呢？心理学是人类研究人类思维尤其是潜意识的学科。和其他人相比，心理学家拥有对自身更深入的见解吗？对于这个问题，我们必须给出清晰响亮的否定答案。

第 7 章

1. Poincaré（2010，75）。

2. 摘自艾拉妮丝·莫莉塞特（Alanis Morissette）的歌曲《讽刺》（Ironic）。

---

① 42 的出处是《银河系漫游指南》。——译者注

3. 皮埃尔-西蒙·拉普拉斯，摘自 *A Philosophical Essay on Probabilities* 一书的前言。法语原文是，"Nous devons donc envisager l'état présent de Fin il vers, comme l'effet de son état antérieur, et comme la cause de celui qui va suivre. Une intelligence qui, pour un instant donné, connaîtrait toutes les forces dont la nature est animée, et la situation respective des êtres qui la composent, si d'ailleurs elle était assez vaste pour soumettre ces données à l'analyze, embrasserait dans la même formule les mouvemens des plus grands corps de l'imivers et ceux du plus léger atome: rien ne serait incertain pour elle, et l'avenir comme le passé, serait présent à ses yeux"。

4. 实际上，关于在实验室里抛硬币已经出现了一些非常精彩的研究成果。见 Diaconis, Holmes, Montgomery（2007）。

5. 如果对复数不熟悉，可以将 c 当作实数对 $<c_1, c_2>$，将 z 当作实数对 $<z_1, z_2>$。然后将 $<z_1, z_2>$ 代入 $<z_1^2 - z_2^2 + c_1, 2z_1z_2 + c_2>$ 进行迭代运算。

6. 在涉及精确时间和同时性时，存在一些微妙之处。

7. 最早的文献来源之一似乎是撒摩撒他的路迦诺（Lucian of Samosata，公元 125 年—180 年）的《买卖生命》（*The Sale of Lives*）。《牛津英语词典》在 "crocodilite" 词条下说这个故事来自古埃及。更多来源见 Von Prantl（1855，493）。

8. 应该在这里提到的是，正因为量子力学是唯一已知的看似随机的系统，所以有些物理学家相信就算这个系统也一定具有可确定性。就像我们将在下文中看到的那样，这些物理学家认为虽然量子力学看上去是随机的，但是存在某些隐变量，它们决定了系统的行为。有些人实际上还提供了对量子力学进行预测的（绝不简单的）公式。虽然这些物理学家包括戴维·博姆和阿尔伯特·爱因斯坦这样的科学巨匠，但他们的意见不属于现代物理学家的主流，后者相信量子力学事实上就是随机的。如果量子力学的确存在隐变量，那么所有已知的物理系统都是可确定的。

然而故事还有另一面。虽然我在用平常的方法论述除量子力学之外的其他物理系统都是可确定的，但是这有些不诚实。所有物理规律——从更完整的角度看——都具有非确定性。电学规律的基础是量子电磁学，后者是一种量子系统，因此具有非确定性。流体动力学的规律以量子力学和统计力学为基础，所以它们也具有非确定性。

引力、经典力学和广义相对论似乎具有确定性，然而事实上它们并不是真正的规律，因为它们没有将量子力学考虑在内。这些规律是不完整的。当科学家最终构想出量子引力理论时，它会将量子力学考虑在内，所以具有非确定性。

上面两段文字意味着一共存在两种选择：(a) 如果量子力学存在隐变量，那么所有物理规律都具有可确定性；(b) 如果量子力学不存在隐变量，那么所有物理规律都具有非确定性。我们的宇宙是随机的吗？

9. 　这类似于 6.3 节结尾对可解决的计算机问题的讨论。我们还将在 9.1 节和 9.4 节遇到对数学的类似论证。

10. 　Rescher（2009）的第 5 章实际上列出了几个证据，表明"事实的数量比真相多"。研究者也声称，可表达之物和真实存在之物的不对等说明唯名论是错误的。那是我们"无法抵达的地方"。

11. 　歌德（1749—1832）曾诗意地说："让我们努力理解那些可理解的事物，在焦虑不安中敬畏那些不可理解的事物吧。"

12. 　Feynman（1963），第 3 卷，1-1。

13. 　用 3.3 节的语言说，在测量之前不存在认识论的模糊性，存在的是本体论的模糊性。

14. 　引用自 Pais（1979，907）。

15. 　Heisenberg（2007，129）。

16. 　20 世纪的量子物理学家以某种神秘的方式预料到了如今关于动物的敏感议题。他们对于动物非常谨慎，薛定谔的猫只是一个思想实验。于是量子力学进步了，而且没有为此损失生命。

17. 　这实际上和 EPR 的原始实验稍有不同。在那个实验中，他们测量了位置和动量。我在这里讨论的是戴维·博姆的版本，自旋是这个实验版本检验的现象。

18. 　描述两物体之间引力的牛顿公式（我们在上文中见到了这个公式）也有一种非定域性。当两个物体彼此接近时，这种引力就强。两个物体离得越远，这种引力就越弱。不过就算这个距离再大，也仍然存在引力。在现实生活中，这意味着虽然一粒沙很小而且月球很远，但是减去地球上的一粒沙仍然会影响地球和月球之间的引力。这种变化极小，但它仍然存在。然而引力和量子纠缠存在两个重大区别。首先，引力以光速发挥作用。也就是说，地球上的任何变化要想影响月球，都需要时间。其次，当两个物体远离时，引力会随之减小。相比之下，无论两个物体是相距五米还是五百万光年，量子纠缠的效应都同样强大且即时。这让量子纠缠比引力奇怪得多。

19. 爱因斯坦在写给马克斯·玻恩（Max Born, 1882—1970）的一封信中表达了自己对测量影响遥远的物体这种概念的不安。他描述了物理学的一些特点："这些物理对象进一步的特征是，它们被认为排列在一个空间与时间的连续统一体中。物体在物理学中的这种排列方式的一个基本方面是，它们在某个时间要求自身相对于彼此独立存在，只要这些物体'位于空间的不同部位'。如果不对空间中彼此远离的物体的存在（'实在'）的独立性——这首先来自我们的日常思维——做出这样的假设，以熟悉的意识进行物理学思考就是不可能的。如果一个人不对此形成清晰的认识，也很难看出他会有任何构想和测试物理定律的方法……下面的概念描述了在空间中彼此远离的物体（A 和 B）的相对独立性：施加在 A 上的额外影响对 B 没有直接影响；这被称为'临近原则'……如果要彻底抛弃这条公理的话，那么（准）封闭系统的存在这个概念，以及我们能理解的以实验为根据进行检查的定律的公设，都将成为不可能［Born（1971），170–171］。"

20. 我们已经在双缝实验中看到了这一点，而且这一点在科亨-施佩克尔实验中得到了更明显的验证。虽然科亨-施佩克尔实验的结果更清晰，而且不需要两个粒子来证明叠加态的真实性，但贝尔定理比科亨-施佩克尔定理早发表三年。此外，贝尔的结果也更以实验为基础，并对物理世界产生了巨大影响。相比之下，直到最近之前，科亨-施佩克尔定理在很大程度上是被实验主义者忽视的。

21. 我在这里描述的不等式实际上不是贝尔的原始构想。相反，我描述的是伯纳德·德斯帕纳特（Bernard d'Espagnat）提出的贝尔定理的一个变形。这个变形的结论和贝尔的原始定理的结论相同。

22. 这是我在本书中讨论得最详细的定理之一。需要阅读不止一次才能充分理解。继续努力！

23. 德语原文是"Spukhafte Fernwirkung"。

24. 我实际上在这里简化了真正的实验。真正的实验必须打开和关闭对角滤光器，而且是用纠缠粒子实现这一点的。为简洁起见，我描述了与实际实验相同的基本原理。

25. 如果人的行为不被过去发生之事提前决定，那么人就是有自由意志的。换句话说，他们的行为只被他们自己想要干什么决定。（无论他们想要干什么，正如我在第 1 章所强调的那样，人类充满了互相冲突的想法和欲望。哪个才是真正的人——想再来一块蛋糕的人还是想减肥的人？）这不是一个简单的概念。毕竟，如果因为母亲告诉我应该助人为乐，所以我帮助了一位老妇人过马路，我是在行使自由意志还是我被母亲此前的话控制着？要是母亲没跟我说过要做这种好事呢？另一个问题是：如果有人用枪指着我的头，让我去干一件坏事，然后我真的去做了，我是在行使自由意志还是罪犯逼迫我做的？毕竟我自己不需要去做这件事。自由行为在什么临界点变成随机行为？这些问题都没有简单的答案。

26. 2006 年，约翰·H. 康韦（John H. Conway）和西蒙·B. 科亨（Simon B. Kochen）发表了被他们称为"自由意志定理"（Free Will Theorem）的研究成果。该定理依据的实验结合了 EPR 和科亨-施佩克尔实验。科亨-施佩克尔实验只关注一个粒子，而康韦-科亨实验的结果取决于两个互相纠缠的自旋-1 粒子。两名观察者对这两个粒子进行测量。他们声称如果人类有自由意志，那么粒子也有。这个结果是否真的得到证明目前还存在一些争议。不过我相信我在延迟选择量子擦除实验中已经复制了他们的结果。

27. 目前不清楚的是，如果一个光子知道这名实验者将做出怎样的自由选择，那么实验者的自由意志如何被这一事实阻碍？即使实验者知道未来的选择，这是否就意味着缺少选择的自由意志？自由意志关乎对行动的控制，而不是对行动知晓与否。

28. 还有我没有提到的一种可能性。或许粒子真的拥有自由意志，而不知通过何种方式，实验者是否撤走对角滤光器的决定被粒子是否进入叠加态的决定左右。也就是说，粒子控制人类观察者。这当然很荒谬。不过本杰明·利贝特（Benjamin Libet，1916—2007）的一个重要实验值得一提。他发现大脑后部的特定区域会在人类意识到自己做出某些决定的数秒之前变得兴奋。换句话说，大脑中存在一个控制我们并告诉我们想要什么和做什么的区域。更多内容见精彩的 Nørretranders（1998）的第三部分。最近神经学家又在利贝特实验的基础上向前走得更远了。

29. 这类似于在宾果游戏中，一轮游戏的胜者跳起来尖叫说自己赢了简直是个奇迹。对所有其他没有赢的玩家而言，这显然不是奇迹。然而对"外部"观看者——那些知道有人会赢得游戏并尖叫这是个奇迹的人——而言，这是意料之内的事，是非常确定性的。

30. 用数学语言说，只用处理酉算子，而非厄米算子。

31. Birkhoff 和 von Neumann（1936）。

32. Deutsch（1997，4–6）。

33. 摘自休谟的《自然宗教对话录》（*Dialogues Concerning Natural Religion*）的第二部分的结尾（Hume 1988, 19）。

34. Bohr（1935，702）。

35. 我们可以在这个过程中做到怎样的极致呢？有人可能会说我们很难测量任何比原子还小的东西，所以原子应该是理想的测量单位。换句话说，我们可以数一数挪威海岸线从起点到终点经过了多少原子。这会让挪威海岸线的长度是一个非常大但有限的数。如果超越原子的界限，我们就会进入一种与 7.1 节中讨论的芒德布罗集类似的情况。这个数学对象的边界超越了原子的界限，它有无限的复杂性。可以证明芒德布罗集的边界拥有无限的长度，但它围合的面积是有限的。挪威又如何呢？

36. Galileo（1953，186–187）。

37. 伽利略用这个事实为哥白尼的日心说观点辩护，哥白尼提出太阳——而不是地球——是宇宙的中心。那些相信地球是宇宙中心（地心说）的人声称地球是不动的，因为我们没有感觉到它在动。当我们将一个球向上扔到空中后，它会落在我们的手中，而不是落在地球上别的地方。这似乎不符合地球运动的观念。伽利略在为哥白尼的辩护中指出，如果这种运动是匀速的，我们就感受不到它。

38. 这名旅客正在看着窗外，因此知道自己正在朝着火车的前部运动。他可能会推理出自己正在朝前面的闪光运动，因此自己才先看见了它。但他也知道爱因斯坦的假设，即光速的测量结果是恒定的，无论他是朝着光运动还是远离光运动。

39. 很显然，光是攀登珠穆朗玛峰付出的努力就能让一个人减轻体重。

第 8 章

1. Weinberg（1994，259）。

2. 我们一定想知道，假如我们发现了一只粉色的天鹅会怎样。我们或许会说它实际上并不是一只天鹅。毕竟我们以为所有天鹅都是白色的，所以这种粉色的鸟肯定是别的什么物种。白色在多大程度上是天鹅的特征呢？如果天鹅的一大特征就是白色，那么用不着任何观察，我们就可以把握十足地说："所有天鹅——根据定义——都是白色的。"不过，这只是理论而不是真实情况。在互联网上搜索一下很快就能知道，世界上其实有黑色的天鹅和白色的乌鸦。

3. Wheeler 和 Zurek（1984，195）。

4. Hume（1955，51）。

5. 用符号表示：$\forall x$（乌鸦 (x) 黑色 (x)）。

6. 这就是逆反命题：$\forall x$（不是黑色 (x) 不是乌鸦 (x)）。

7. 早在奥卡姆的威廉出生一百多年前，迈蒙尼德（Maimonides）就在他的《迷途指津》（*Guide for the Perplexed*）中表达了这种观念。在讨论太阳可能的各种运动方式时，他写道："而且，他会努力寻找需要最不复杂的运动和最少数量球体的假说：因此和需要四个球体才能解释恒星的所有现象的假说相比，他会更喜欢只需要三个球体的假说。"［迈蒙尼德（1881），第二部分，第 11 章，1904。］亚里士多德也有类似的论述。

8. 我们在 7.2 节对量子力学的讨论中了解了这个概念。之后，我们还将在 8.3 节讨论人择原理时再次看到它。

9. Dirac（1963，47）。

10. 据说爱因斯坦在批评这个观念时说道："如果你的工作是描述真相，那就把优雅交给裁缝吧。"（路德维希·玻尔兹曼在更早的时候也说过类似的话。）

11. 史蒂夫·温伯格分析了两个例子，它们都是看起来很美的理论，却没有达到预期。一个是沃森和克里克的 DNA 理论的一个早期版本，另一个是开普勒描述行星与太阳之间距离的早期理论。如果这两个理论行得通的话都会很美，可惜它们都是错误的。

12. Weinberg（1994，162–164）。

13. Russell（2009，67）。这段引文稍微有些脱离上下文。罗素批评的是爱丁顿的形而上学类型，统一性和完整性在其中发挥了作用。

14. 关于数学在物理学中日益增长的重要性的有趣历史，见 Burtt（1932）。

15. 我将在 8.2 节中对数学和物理学之间的重要关系进行更深入的探讨。

16. 向尼尔斯·艾崔奇（Niles Eldredge）和斯蒂芬·杰·古尔德（Stephen Jay Gould）提出的相关生物学理论致歉。

17. Kuhn（1987）。

18. 在写到库恩时必须谨慎。他的书被许多哲学家利用，他们将他的一些观念引申到了极端的程度。库恩花了很多时间去澄清自己的观念，抗议某些似乎是他的写作导致的概念。随着时间的推移，他也修饰和转变了自己的思想。我不会详细列出谁在某个时间说了什么，或者他们说的内容其实是什么意思。相反，我将基于库恩发起的某些概念提出和理性的局限性有关的问题。

19. 在文献中，发现尼罗河源头的例子被认为是史蒂夫·温伯格在 Weinberg（1994）中提出来的。实际上他在阐明这一点时用的是发现北极点的例子（第 231~232 页）。他在阐明另一点时用的才是发现尼罗河源头的例子（第 61 页）。

20. Kant（1949），第 57 节，第 122 页。萧伯纳（George Bernard Shaw）在称赞爱因斯坦时说过一句著名的话："科学总是错的。它每解决一个问题就总是要制造出另外十个问题。"

21. "很快"到底是多快？约翰·霍根（John Horgan）在 1996 年出版了一本著名的书，他在书中预言科学即将终结，到现在已经 20 多年了。然而我不认识任何一个相信这个预言已经成真的人。和 1996 年相比，现在的科学更接近终结了吗？预测科学将"很快"终结却不给出时间表，这不是可证伪的预测。"很快"不是一个拥有确切定义的词。我们如何知道这个判断是不是错的？

22. 关于这个主题，文献中充满了许多富有激情的观念。一些研究人员不知为何"知道"这些问题的答案。遗憾的是，愚钝的我就是"不知道"答案。

23. 科学哲学的许多其他主题也冲击着科学的局限。例如，哲学家讨论自然法则的存在。这些法则在多大程度上是真实的，而不只是观察结果的简单模式或在社会中构造的概念？科学有哪些现实局限性？科学在多大程度上受到科学家的社会结构的影响？关于科学的现实局限性的更多内容，见 Rescher（1978）。与科学的理论和哲学局限有关的许多其他问题，见 Rescher（1999）。经典认识论中的许多主题对科学的局限性显然也有影响。例如，哲学家提问道，我们如何证明自己不是被给予各种刺激的"罐子里的大脑"？另一种有趣的哲学思想是唯我论，即相信唯一存在的思维是自己的思维。（唯我论者通常会对其他人不接受他们的想法表示震惊。）哲学家甚至更进一步，发展出了"此刻的唯我论"，不但认为自己的思维是唯一存在的思维，而且这种存在开始于仅仅五分钟之前。换句话说，即便是一个人的回忆也源自最近。虽然这些奇怪的观念显然是错误的，但是并没有合乎逻辑或基于理性的证据表明它们是错误的。我将这些概念留给他人去解释。

24. 意大利语原文是，"La filosofiaé scritta in questo grandissimo libro che continuamente ci sta aperto innanzi a gli occhi (io dico l'universo), ma non si puo intendere se prima non s'impara a intender la lingua, e conoscer i caratteri, ne' qualié scritto. Eglié scritto in lingua matematica, e i caratteri sono triangoli, cerchi, ed altre figure geometriche, senza i quali mezi e impossibile a intenderne umanamente parola; senza questi e un aggirarsi vanamente per un'oscuro laberinto"（伽利略，*Opere Il Saggiatore*，171）。

25. Dirac（1963）。

26. Einstein（1921）。

27. Dirac（1982，603）。

28. Dirac（1939，122）。

29. 哈达萨·亚诺夫斯基绘。

30. Whewell（1858），第 1 卷，311。

31. Einstein（1921）。

32. 我们将在 9.2 节和 9.3 节中更详细地介绍群论。

33. Weinberg（1994，157）。

34. 教皇本笃十六世是 2009 年在国际大会"从伽利略的望远镜到进化宇宙学：科学、

哲学和神学对话"（From Galileo's Telescope to Evolutionary Cosmology: Science, Philosophy and Theology in Dialogue）上说这番话的。

35. Bell（1937）引用，16。

36. Gardner（2005）。

37. 即使在物理学中也可以质疑数学的必要性。物理是对因和果的理解。数学在物理学中被用来确切地描述因和果的量。我的博士论文指导老师亚历克斯·海勒曾透露过他和伟大的美国物理学家理查德·费曼的一段私人对话，后者说了这样一段话："物理学是用数学的语言写成的。如果我们没有数学，物理学的进展就不会像现在这样，而是比现在落后……大约15分钟。"我在网上找到了下面这个故事：费曼在一次讲座中说："如果所有数学都消失了，那么物理学的发展会落后整整一周。"数学家马克·卡克（Mark Kac）回应道："恰好是上帝创造世界的那一周。"

38. 社会学研究分析的某些现象也适合使用当代数学方法。这也是罗希特·帕里克的社会学软件项目的主要驱动力。

39. 艾萨克·阿西莫夫（Isaac Asimov）经典的《基地》（Foundation）系列小说就是以这个概念为基础的。

40. 年轻物理学家的黑板上是描述粒子相互作用的示意图和方程。年轻数学家的黑板上是一些对象的示意图，它们都有奇怪的名字，如"配边""上同调"和"同伦函子"。

41. 据说西德尼·摩根贝瑟（Sidney Morgenbesser, 1921—2004）曾对这种言论回应道："如果什么都没有，你们还是会抱怨！"传说伍迪·艾伦说："如果一切都是假象，任何东西都不存在，那么我的地毯绝对买贵了。"

42. 可以将上一节讨论的问题视为这些谜团向前发展的又一个层次。思考下面这个问题。问题4：为什么能够理解宇宙结构的这种智慧生物使用数学语言来描述这种结构？为什么数学语言如此适合描述物理定律？形成方程和不等式的数学运算的排列和组合成了自然法则。我在上一节中讨论了这个问题。

43. 将自己这个物种称为是"智慧"的，我们或许有点儿自以为是了。毕竟这个物种曾经发动过很多次愚蠢的战争，令千百万个同类惨遭屠杀。作为一个整体，这个物种每年花数万亿小时观看无聊的电视节目。对于发明垃圾邮件并鼓励自恋式消遣的物种，"智慧"并不是恰当的名字。然而千百年来，这个物种产生了大量闪耀的星光，让我们配得上这个崇高的头衔：布莱兹·帕斯卡、艾萨克·牛顿、玛丽·居里、阿尔伯特·爱因斯坦、亚瑟·斯坦利·爱丁顿、埃米·诺特、安德鲁·洛伊德·韦伯、梅丽尔·斯特里普，当然，还有提拉米苏。

44. 我们可以用符号将这个推导过程表示为 $[(A \vee B) \wedge (\sim B)] \rightarrow A$。这条规则是逻辑中很常见的析取三段论（disjunctive syllogism）。

45. 实际上正是弗洛伊德 1917 年在《精神分析路径上的一个难点》（"A Difficulty in the Path of Psycho-Analysis"）中首次指出了针对人类的这三重攻击。

46. 如果我们要采取参与式人择原理的观点（我们将在几页之后遇到这个概念），那么有意识的观察者就是宇宙之所以如此的真正原因。

47. 用于这些解释的神明有两种类型，必须将它们区分开。一类是现身的人格化神，不知出于什么原因，这个神明想看一看人类上演的一出大戏。另一类是哲学家的非人格化神。这些神明既不现身，也不要求人类的任何东西。不应当混淆这两种类型的神。正如帕斯卡写下的那句名言："'亚伯拉罕的上帝，以撒的上帝，雅各的上帝'——不是哲学家和学者的上帝。"（法语原文是 "DIEU d'Abraham, DIEU d'Isaac, DIEU de Jacob，non des philosophes et des savants"。）总体而言，这个非人格化的神基本上等同于自然。更时髦的新时代名称会是"宇宙意识"。然而，大多数哲学家和神学家在讨论非人格化神明时更喜欢用"上帝"这个名字，以便激起历史上与这个头衔关联的敬畏和尊崇。目前不清楚非人格化神明的存在如何解答关于宇宙为何如此的任何问题。

48. J. D. 塞林格（J. D. Salinger）在他精彩的小说《抬高房梁，木匠们》（*Raise High the Roof Beams, Carpenters*，2001）中如此描述一个角色的继母："她是这样一个人，被终身剥夺了对在世间万物中流淌的所有诗意的任何理解或品位。她跟死了也没什么两样，不过她还是继续生活着，在熟食店停下购物，去看她的心理医生，每天晚上读一本小说，穿上她的紧身褡，谋划穆里尔的健康和前途。我爱她。我发现她无法想象地勇敢。"这个角色显然不关心精准调整的宇宙或人择原理蕴含的意义。

49. 有人使用宇宙不适合智慧生命这个事实解释费米悖论（Fermi paradox）。这个悖论询问的是，为什么宇宙中有亿万个星系，每个星系有亿万颗恒星，却还没有任何智慧生命造访过地球（除了电视剧《X 档案》中的几次短暂造访）。这个谜团有许多候选答案。2002 年，斯蒂芬·韦布（Stephen Webb）出版了一本书，书名为《如果有外星人，他们在哪》（*If the Universe Is Teeming with Aliens ... Where Is Everybody?: Fifty Solutions to the Fermi Paradox and the Problem of Extraterrestrial Life*）。第 50 个解释——也是作者最喜欢的一个——是这个宇宙并不产生其他智慧生命，我们是孤单的。这本书里的第一个解释据说是物理学家李奥·西拉德（Leó Szilárd）提供的："他们已经来到我们之中了，只是他们称自己为匈牙利人。"见 Webb（2002，28）。

50. 或许我们可以说宇宙不利于智慧生命的出现，拥有智慧生命的概率可能是百分之 0.0000001。也就是说，我们只能在宇宙百分之 0.0000001 的部分看到智慧生命。

51. 关于这个发现的真实性，文献中存在一些争议：最初认为这些生命形式存在于砒霜之外，现在认为它们只存在于砒霜里。感谢乔利·马滕（Jolly Mathen）指出这一点。

52. 见 Weinberg（1994，221）。

53. 实际上，大多数作者不将它作为一种多重宇宙理论看待。

54. 丽芙卡·亚诺夫斯基的眼睛。哈达萨·亚诺夫斯基绘。

55. 警告：长时间同时思考参与式人择原理和延迟选择量子擦除实验会产生神秘和疯狂的感觉。

56. 多重宇宙论的支持者也许会辩称，在某个时刻我们必须停止问问题。他们会说，我们可以对一个宇宙及其性质提问，但我们不能问为什么多重宇宙拥有它所拥有的性质。这样的问题会让我们陷入无限回归，或者毫无意义。这种争辩和中世纪神学家如出一辙，后者争辩说世上的一切都必须有原因，而宇宙的原因是某个神明；然而，神明的原因是不允许探究的。这种对可提出问题的限制一点儿也没有说服力。既然拥有智慧，我们就一定会继续提问。

57. Manson（2003，18）。

58. Eddington（1939，21）。

59. Eddington（1958，16）。

60. 我们将在 10.3 节中再次遇到这些问题。

61. Dyson（1979，250）。

第9章

1. Gibbon（2001，142）。

2. Churchill（1996，27）。

3. Allen（1993，62）。

4. 有理数和无理数的区别并不只是古希腊哲学和宗教的主题。今天的我们也可以有类似的讨论。在我们的想象中，世界以某种方式被实数（和复数）描述和控制。一张桌子长 1.822 529 32... 米；气温是 19.191 532 28... 摄氏度；球落地所需的时间是 5.83245... 秒。然而，人类思维不能得到一个完全随机的实数（复数）。我们的大脑是有限的机器，只能处理整数或两个整数的比例（有理数）。与之类似，计算机能够处理的数值类型也是受限的。这种"真实世界"和我们关于"真实世界"所能知道的内容的不对等，正是理性的一种真实的局限。

   至少有两种方式可以绕过这种局限。首先，我们可以说真实世界是离散的，因此适合用有理数来描述。正如我们在前文中看到的那样，量子力学（7.2 节）和芝诺的智慧（3.2 节）向我们保证宇宙是离散的，在普朗克长度、普朗克能量和普朗克时间之外不存在任何信息。因此，有理数是描述和理解"真实世界"所需的一切。其次，连接人类 / 计算机能力和"真实世界"之间差异的另一种方式是意识到虽然我们不能在自己的思维中得到随机实数，但我们仍然能处理这些数。

   我不能在自己的头脑中记住 π 和 e 的所有小数位的数字，但我可以完美地描述这些数字。π 是一个完美圆形（只存在于思维中而不存在于真实世界中）的周长与其直径之比。另外，为了描述随机实数，我有方法得到尽可能多的数位。从这个意义上说，存在描述实数的方法。我敢肯定，关于这个主题的最终意见还没有出现。

5. 几乎可以从这两种构造方式中看出欧几里得的前四条几何公设（见 8.2 节）。

6. 法语原文是，"Tu prieras publiquement Jacobi ou Gauss de donner leur avis, non sur la vérité, mais sur l'importance des théorèmes. Après cela, il y aura, j'espere, des gens qui trouveront leur profit à déchiffrer tout ce gâchis"。

7. 法语原文是，"Ne pleure pas, Alfred! J'ai besoin de tout mon courage pour mourir à vingt ans"。

8. Weyl（1952, 138）。

9. 我们在第 8 章见过这位天才。他发明了复数，而且是概率论的创建者之一。尽管一生非常悲惨，但他仍然获得了巨大的成就。见 Penrose（1994）的 5.5 节。

10. 只是为了好玩，下面列出了其中一个求解公式：

$$x_1 = -\frac{b}{3a} - \frac{1}{3a}\sqrt[3]{\frac{2b^3 - 9abc + 27a^2d + \sqrt{(2b^3 - 9abc + 27a^2d)^2 - 4(b^2 - 3ac)^3}}{2}}$$

$$-\frac{1}{3a}\sqrt[3]{\frac{2b^3 - 9abc + 27a^2d - \sqrt{(2b^3 - 9abc + 27a^2d)^2 - 4(b^2 - 3ac)^3}}{2}}$$

为什么高中不教这个立方根公式，真是显而易见了！

11. 阿贝尔死的时候也很年轻。他也度过了悲惨的一生，在极度贫穷中死去。

12. 感谢哈伊姆·古德曼-施特劳斯（Chaim Goodman-Strauss）提供图 9-10~ 图 9-16。

13. 这个聪明的例子需要感谢哈伊姆·古德曼-施特劳斯的贡献。

14. 用专业术语来说，虽然基础算术是不完备的（incomplete），但基础几何学被希尔伯特证明是完备的（complete）。

15. 这基本上是归纳法，我们在第 3 章讨论麦粒堆时见过这种方法。

16. Post（1941），见 Davis（2004, 343n12。）

17. 这和我们在第 6 章中做的事非常相似。在那一章，我们为每个程序分配了一个独一无二的数。在这一章，我们为每个证明分配一个独一无二的数。目标也是相似的：自我指涉。在面对程序时，我们想让处理数的程序拥有数，从而让程序能够处理程序。在这里，我们想让处理数的数学命题拥有数，从而让数学命题能够处理数学命题。

18. 我在这里省略了一些细节。哥德尔的结果在一致性和奥米伽一致性（ω-consistency）方面有一些复杂。1936 年，约翰·巴克利·罗瑟（John Barkley Rosser，1907—1989）修改了哥德尔语句，得到了如今所称的哥德尔-罗瑟语句（Gödel-Rosser sentence）。该语句指出了我们希望得到的结果。

19. 在 6.3 节末尾，我指出虽然计算机能完成可数无限多个任务，但还有不可数无限多个任务是计算机无法完成的。在 7.1 节的末尾，我陈述了这样一个论点：科学只能描述可数无限多个现象，但是还存在不可数无限多个现象不能被科学描述。我在这里陈述了与这些结果类似的数学方面的结果。

20. 顺着这些思路，利奥波德·勒文海姆（Leopold Löwenheim，1878—1957）构思出了降 L-S 定理（downward Löwenheim-Skolem theorem）。这个深奥的定理声称，被描述之物不可能比用来描述它的语言更复杂。具体地说，数学中的命题是用符号的有限集合写成的。使用这些符号可以写出可数无限多个可能的命题。现在思考某个拥有不可数无限多个元素的系统。降 L-S 定理声称，如果存在使用某种语言描述这种系统且前后一致的方法，那么那种语言很可能只使用可数无限多个元素描述这个系统。也就是说，这些公理的目的或许是讨论某种不可数无限的事物，但我们其实不能证明它拥有的元素数量比可数无限更多。这对我们可以描述的内容产生了巨大的限制。

21. 值得思考一个有趣的结果。正如我所说的那样，佩亚诺算术比 ZFC 弱。换句话说，能够在佩亚诺算术中证明的内容一定能够在 ZFC 中证明。但是它到底有多弱呢？有人指出，如果你保留 ZFC 的公理，剔除无穷性公理，那么剩下的系统就和佩亚诺算术等效。（等效的意思是，在一个系统内可以证明的任何内容都可以在另一个系统内证明，反之亦然。）这可以写成 ZFC = 佩亚诺算术 + 无穷性公理。

由于 ZFC 可以证明佩亚诺算术的一致性（以及佩亚诺算术体系内的任何其他真命题），因此它认为接受佩亚诺算术前后一致等同于接受存在处理无限集合的一致性方法。又或者上述等式指出了这样一个事实：如果数学家愿意放弃存在无限集合的观念，所有数学就会和基础算术一样前后一致。

22. 我们真的知道吗？计算机科学的一个核心概念是所有不同类型的实体计算设备基本上都能解决相同的问题。有些设备的计算速度比其他设备快，但它们都拥有相同的计算能力。一台设备可计算的问题也可以被另一台设备计算。对我们的讨论而言更重要的是，一台设备永远不可能计算的问题，另一台设备也永远无法计算。这个概念称作丘奇-图灵论题（Church-Turing thesis）。它是一个论题而不是定理，因为它永远无法被证明。我们没有办法证明关于每一台实体设备的论断。但是也许丘奇-图灵论题是错的。或许在遥远的将来，科学家会开发一种设备，能够解决此前无法解决的问题。如果是那样的话，本书描述的不可解决的计算问题就仍然是可解决的，计算局限会是相对而非绝对的局限。

第 10 章

1. 法语原文是，"Le silence éternel de ces espaces infinis m'effraie"［Pascal，《沉思录》（Pensées），206 段］。

2. Nash（1994）。

3. 引自 Wang（1996），9.4.3。

4. 我想起了一个笑话：和"母鸡是鸡蛋制造鸡蛋的一种方式"类似，我强调的是"科学家是原子了解原子的一种方式"。

5. 关于自我指涉系统的更全面的清单，见 Yanofsky（2003）。

6. 还有很多其他自我指涉悖论是我没有涉及的，例如涅槃悖论（你只有消除了自己的所有欲望才能抵达涅槃境界，包括抵达涅槃境界的欲望）和容忍度悖论（如果想拥有一个高容忍度的社会，你必须不容忍那些不能容忍别人的人）。虽然这些悖论颇为引人入胜，但它们超出了我们的讨论范围。

7. Rescher（2009）的第 5 章也讨论了这一点。那一章的标题是"事实多于真相"。

8. 我想起了路德维希·维特根斯坦的话："我的语言的局限意味着我的世界的局限。"（德语原文是 "Die Grenzen meiner Sprache bedeuten die Grenzen meiner Welt"，《逻辑哲学论》，5.6。）

9. 我在 6.5 节和 9.3 节中简短地比较了计算机和人类的能力。

10. 据说挪威《童军手册》（Boy Scout Handbook）关于地图阅读的章节中有这样一句话："如果实地地貌和地图不一样，相信实地地貌。"

11. 在某种意义上，这就是保罗·费耶拉本德（Paul Feyerabend，1924—1994）在谈论科学方法时所说的"无所不为"（anything goes）的意义。

12. 意大利语原文是，"Eppur si muove"。

13. 詹姆斯·兰迪（James Randi，1928—2020）做过一个有趣的实验，这个实验强调了人性的一些令人着迷的方面。兰迪走进一个班级，让学生们把自己的名字和一些个人信息（例如生日及最喜欢的颜色）写在一张卡片上。然后他把卡片收回并在第二天重新发回到学生手上。这一次卡片上添加了对每个学生的个人化描述和星座分析。兰迪让学生们看了卡片上针对自己的星座分析。在和他们讨论之前，他让学生们给这些描述的准确程度打分。在"准极了""很好""好""差"四个等级中，绝大多数的学生将自己的个人描述评价为"好"或以上的等级。然后，兰迪允许学生查看彼此的个人星座分析。令他们震惊的是，所有描述都完全一样，充满了模棱两可的客套话。大多数学生接受了这个令人愉悦的星座分析，尽管它其实并没有说出任何针对性的话。

14. 木刻版画来自卡米耶·弗拉马利翁（Camille Flammarion），《大气：大众气象学》（*L'Atmosphere: Météorologie Populaire*），巴黎，1888，163。

15. 既然我在批评本书，不妨再做一些自我批评。毫无疑问，我用了很多方式使用"界限"和"局限"等词语。"理性"和"存在"等字眼也是以多种方式使用的。如果要我为自己辩解的话，这些词语本来就没有清晰的定义。

16. 不同于某些问题的答案，例如"独角兽有几颗牙齿"或"现任法国国王是光头吗"，这些信息根本不存在。

17. 我在 6.4 节中描述了人类和计算机无法解决的某些问题的层级。我们也能在这里得到类似的层级吗？

18. 充满哲学意味的说法是"理性是意志和欲望的婢女"。这是亚瑟·叔本华（Arthur Schopenhauer，1788—1860）和戴维·休谟的著作的主题之一。

参考文献

Adams, Douglas. *The Hitchhiker's Guide to the Galaxy*. New York: Del Rey, 1995.

Al-Daif, Rashid. *Dear Mr. Kawabata*. Trans. Paul Starkey. London: Quartet Books, 2000.

Allen, Woody. *Getting Even*. London: Picador, 1993.

Aristotle. *The Basic Writings of Aristotle*. Ed. Richard McKeon. New York: Random House, 1941.

Baase, Sara. *Computer Algorithms: Introduction to Design and Analysis*. 2nd ed. Reading, MA: Addison-Wesley, 1988.

Baker, T. P., J. Gill, and R. Solovay. Relativizations of the P =? NP question. *SIAM Journal on Computing* 4, no. 4 (1975): 431–442.

Balaguer, Mark. Fictionalism in the philosophy of mathematics. In *Stanford Encyclopedia of Philosophy*. 2011.

Barrow, John D. *Impossibility: The Limits of Science and the Science of Limits*. Oxford: Oxford University Press, 1999.

Barrow, John D. *New Theories of Everything*. Oxford: Oxford University Press, 2007.

Barrow, John D., and Frank J. Tipler. *The Anthropic Cosmological Principle*. Oxford: Oxford University Press, 1986.

Bell, E. T. *Men of Mathematics*. New York: Simon and Schuster, 1937.

Bell, J. S. Bertlmann's socks and the nature of reality. *Journal de Physique,* colloque C2, suppl. 3, vol. 42 (1981). Reprinted in J. S. Bell, *Speakable and Unspeakable in Quantum Mechanics*. Cambridge: Cambridge University Press, 1987.

Bell, J. S. On the Einstein-Podolsky-Rosen paradox. *Physics* 1, no. 3 (1964): 195–200. Reprinted in J. S. Bell, *Speakable and Unspeakable in Quantum Mechanics*. Cambridge: Cambridge University Press, 1987.

Bell, J. S. *Speakable and Unspeakable in Quantum Mechanics*. Cambridge: Cambridge University Press, 1987.

Berlinski, David. *The Advent of the Algorithm: The 300-Year Journey from an Idea to the Computer*. San Diego: Harcourt, 2001.

Berto, Francesco. *There Is Something about Gödel: The Complete Guide to the Incompleteness Theorem*. Malden, MA: Wiley-Blackwell, 2009.

Bierce, Ambrose. *The Collected Works of Ambrose Bierce*. Reprint of the 1909 edition, Forgotten Books, 2012.

Bierce, Ambrose. *The Devil's Dictionary of Ambrose Bierce*. Ed. James H. Ford. Reprint of the 1906 edition, 2010. Special Edition Books.

Birkhoff, Garrett, and Saunders Mac Lane. *A Survey of Modern Algebra*. Rev. ed. New York: Macmillan, 1957.

Birkhoff, Garrett, and John von Neumann. The logic of quantum mechanics. [Second Series] *Annals of Mathematics* 37 (4) (1936): 823–843.

Bohr, Neils. Can quantum-mechanical description of physical reality be considered complete? *Physical Review* (48) (1935): 696–702.

Boolos, George S., John P. Burgess, and Richard C. Jeffrey. *Computability and Logic*. 4th ed. Cambridge: Cambridge University Press, 2002.

Born, Max. *The Born-Einstein Letters: Correspondence between Albert Einstein and Max and Hedwig Born from 1916–1955*. Trans. Irene Born. London: Macmillan, 1971.

Brandenburger, Adam, and H. Jerome Keisler. An impossibility theorem on beliefs in games. *Studia Logica* 84 (2006): 211–240.

Bub, Jeffrey. *Interpreting the Quantum World*. Cambridge: Cambridge University Press, 1997.

Bunch, Bryan H. *Mathematical Fallacies and Paradoxes*. New York: Van Nostrand Reinhold, 1982.

Burtt, E. A. *The Metaphysical Foundations of Modern Science: The Scientific Thinking of Copernicus, Galileo, Newton, and Their Contemporaries*. Rev. ed. Garden City, NY: Doubleday Anchor, 1932.

Calaprice, Alice. *The New Quotable Einstein*. Princeton, NJ: Princeton University Press, 2005.

Calude, C., H. Jürgensen, and M. Zimand. Is independence an exception? *Applied Mathematics and Computation* (66) (1994): 63–76.

Carr, Bernard, ed. *Universe or Multiverse*? Cambridge: Cambridge University Press, 2007.

Casti, John L. *Paradigms Lost: Images of Man in the Mirror of Science*. New York: Morrow, 1989.

Churchill, Winston. *My Early Life: 1874–1904*. New York: Scribner, 1996.

Cohen, Paul J. Skolem and pessimism about proof in mathematics. *Philosophical Transactions of the Royal Society* 363, no. 1835 (2005).

Conway, John, and Simon Kochen. The Free Will Theorem. *Foundations of Physics* 36, no. 10 (2006): 1441–1473.

Cook, Alan. *The Observational Foundations of Physics*. Cambridge: Cambridge University Press, 1994.

Cook, Stephen. The complexity of theorem proving procedures. *Proceedings of the Third Annual ACM Symposium on Theory of Computing*, 151–158. 1971.

Cook, Stephen. The P versus NP problem. 2002.

Corman, T. H., C. E. Leiserson, R. L. Rivest, and C. Stein. *Introduction to Algorithms*. 3rd ed. Cambridge, MA: MIT Press, 2002.

Cutland, Nigel. *Computability: An Introduction to Recursive Function Theory*. Cambridge: Cambridge University Press, 1980.

Dasgupta, Sanjoy, Christos Papadimitriou, and Umesh Vazirani. *Algorithms*. Boston: McGraw-

Hill Science/Engineering/Math, 2006.

Dauben, Joseph W. *Georg Cantor: His Mathematics and Philosophy of the Infinite.* Cambridge, MA: Harvard University Press, 1979.

Davies, Paul. *The Goldilocks Enigma: Why Is the Universe Just Right for Life?* Boston: Houghton Mifflin, 2008.

Davies, P. C. W. *The Accidental Universe.* Cambridge: Cambridge University Press, 1982.

Davies, P. C. W. Where do the laws of physics come from?

Davis, Martin, ed. *The Undecidable: Basic Papers on Undecidable Propositions, Unsolvable Problems and Computable Functions.* Mineola, NY: Dover Publications, 2004.

Davis, Martin. The Incompleteness Theorem. *Notices of the AMS* 53, no. 4 (2006): 414–418.

Davis, Martin. What is a computation? In Lynn Arthur Steen, ed., *Mathematics Today*, 241–267. New York: Vintage Books / Random House, 1980.

Davis, Martin, and Reuben Hersh. Hilbert's 10th problem. *Scientific American*, November 1973, 84–91.

Davis, Martin D., Ron Sigal, and Elaine J. Weyuker. *Computability, Complexity, and Languages: Fundamentals of Theoretical Computer Science.* 2nd ed. Boston: Academic Press, 1994.

d'Espagnat, Bernard. The quantum theory and reality. *Scientific American*, November 1979, 159–181.

d'Espagnat, Bernard. *In Search of Reality.* New York: Springer-Verlag, 1983. Deutsch, David. *The Fabric of Reality.* New York: Penguin, 1997.

Devlin, Keith. *The Joy of Sets: Fundamentals of Contemporary Set Theory.* 2nd ed. New York: Springer Verlag, 1993.

Dewdney, A. K. *Beyond Reason: 8 Great Problems That Reveal the Limits of Science.* Hoboken, NJ: Wiley, 2004.

Diaconis, Persi, Susan Holmes, and Richard Montgomery. Dynamical bias in the coin toss. 2007.

Diacu, Florin. The solution of the n-body problem. *Mathematical Intelligencer* 18 (1996): 66–70.

Diacu, Florin, and Philip Holmes. *Celestial Encounters: The Origins of Chaos and Stability*. Princeton, NJ: Princeton University Press, 1996.

Dirac, P. A. M. The evolution of the physicist's picture of nature. *Scientific American,* May 1963, 45–53.

Dirac, P. A. M. Pretty mathematics. *International Journal of Theoretical Physics* 21 (1982): 603–605.

Dirac, P. A. M. *The Principles of Quantum Mechanics*. 4th ed. Oxford: Clarendon Press, 1986.

Dirac, P. A. M. The relation between mathematics and physics. *Proceedings of the Royal Society of Edinburgh* 59 (1939): 122–129.

Dyson, Freeman. *Disturbing the Universe*. New York: Harper and Row, 1979.

Eddington, Arthur. *Philosophy of Physical Science*. Ann Arbor: University of Michigan Press, 1958.

Eddington, Arthur. *Space, time and gravitation*. 1920.

Einstein, Albert. Geometry and experience. 1921.

Einstein, A., B. Podolsky, and N. Rosen. Can quantum-mechanical description of physical reality be considered complete? *Physical Review* 47 (777) (1935).

Einstein, Albert. Physics and reality. *Journal of the Franklin Institute* 221 (3) (1936): 349–382.

Einstein, Albert. *Relativity: The Special and General Theory*. New York: Crown Publishers, 1961.

Eklund, Matti. Fictionalism. In *Stanford Encyclopedia of Philosophy*. 2007.

Enderton, Herbert B. *A Mathematical Introduction to Logic*. San Diego: Academic Press, 1972.

Eves, Howard. *An Introduction to the History of Mathematics*. 4th ed. New York: Holt, Rinehart and Winston, 1976.

Feynman, Richard Phillips. *The Feynman Lectures on Physics*. 3 vols. Reading, MA: Addison Wesley Longman, 1970.

Flammarion, Camille. *L'Atmosphere: Météorologie Populaire*. Paris: Librairie Hachette, 1888.

Fogelin, Robert. *Walking the Tightrope of Reason*. Oxford: Oxford University Press, 2003.

Friedman, Michael. *Dynamics of Reason*. Stanford, CA: CSLI Publications, 2001. Galilei, Galileo. *Dialogue Concerning the Two Chief World Systems*. Trans. Stillman Drake. Berkeley: University of California Press, 1953.

Gamow, George. *One, Two, Three—Infinity: Facts and Speculations of Science*. New York: Dover, 1988.

Gamow, George. *Thirty Years That Shook Physics: The Story of Quantum Theory*. New York: Dover, 1966.

Gardner, Martin. *My Best Mathematical and Logic Puzzles*. New York: Dover, 1994.

Gardner, Martin. *Relativity Simply Explained*. Illustrated by Anthony Ravielli. New York: Dover, 1997. Gardner, Martin. Review of *Science in the Looking Glass: What Do Scientists ReallyKnow? Notices of the American Mathematical Society* 52, no. 11 (2005): 1344–1347.

Garey, Michael, and David S. Johnson. *Computers and Intractability: A Guide to the Theory of NP-Completeness*. New York: Freeman, 1979.

Gibbon, Edward. *The Autobiographies of Edward Gibbon: Printed Verbatim from Hitherto Unpublished MSS., with an Introduction by the Earl of Sheffield*. Chestnut Hill, MA: Adamant Media Corporation, 2001.

Gilder, Louisa. *The Age of Entanglement: When Quantum Physics Was Reborn*. New York: Vintage, 2009.

Gillespie, Daniel T. *A Quantum Mechanics Primer*. 1970. New York: Wiley.

Glazebrook, Trish. Zeno against mathematical physics. *Journal of the History of Ideas* 6, no. 2 (2001): 193–210.

Gleick, James. *Chaos: Making a New Science*. New York: Penguin Books, 1987.

Gödel, Kurt. What is Cantor's continuum problem? *American Mathematical Monthly* 54, no. 9 (1947): 515–525.

Godfrey-Smith, Peter. *Theory and Reality: An Introduction to the Philosophy of Science*. Chicago: University of Chicago Press, 2003.

Goodman-Strauss, Chaim. Can't decide? Undecide! *Notices of the AMS* 57, no. 3 (March 2010): 344–356.

Goodman-Strauss, Chaim. Tassellazioni. In Claudio Bartocci, ed., *La Matematica*, vol. 4, 249–285. Turin: Einaudi, 2011.

Gorham, Geoffrey. *Philosophy of Science: A Beginner's Guide*. Oxford: Oneworld, 2009.

Greene, Brian. *The Fabric of the Cosmos*. New York: Vintage, 2004.

Greene, Brian. *The Hidden Reality: Parallel Universes and the Deep Laws of the Cosmos*. New York: Knopf, 2011.

Gribbin, John. *Schrödinger's Kittens and the Search for Reality: Solving the Quantum Mysteries*. Boston: Little, Brown, 1995.

Gribbin, John. *In Search of Schrödinger's Cat: Quantum Physics and Reality*. New York: Bantam Books, 1984.

Gribbin, John, and Martin Rees. *Cosmic Coincidences: Dark Matter, Mankind, and Anthropic Cosmology*. New York: Bantam Books, 1989.

Grim, Patrick. *The Incomplete Universe: Totality, Knowledge, and Truth*. Cambridge, MA: MIT Press, 1991.

Grünbaum, Adolf. Modern science and refutation of the paradoxes of Zeno. *Scientific Monthly* 81 (1955): 234–239. Reprinted in Wesley C. Salmon, ed. *Zeno's Paradoxes*, 164–176. Indianapolis, IN: Hackett, 1970.

Guillemin, Victor. *The Story of Quantum Mechanics*. New York: Scribner, 1968.

Hannabuss, Keith. *An Introduciton to Quantum Theory*. Oxford: Clarendon Press, 1997.

Hardy, G. H. *Ramanujan: Twelve Lectures on Subjects Suggested by His Life and Work*. Providence, RI: Chelsea, 1999.

Harel, David. *Computers Ltd.: What They Really Can't Do*. Oxford: Oxford University Press, 2003.

Hartmanis, J., and J. Hopcroft. Independence results in computer science. *SIGACT News* 8, no. 4 (1976): 13–24.

Hayes, Brian. *Group Theory in the Bedroom, and Other Mathematical Diversions*. New York: Hill and Wang, 2008.

Heisenberg, Werner. *Physics and Philosophy: The Revolution in Modern Science*. New York: Harper Perennial, 2007.

Held, Carsten. The Kochen-Specker Theorem. In Edward N. Zalta, ed. *The Stanford Encyclopedia of Philosophy*. Winter 2008 ed.

Herbert, Nick. *Quantum Reality: Beyond the New Physics*. Garden City, NY: Anchor Press / Doubleday, 1985.

Hodges, Andrew. *Alan Turing: The Enigma*. New York: Simon and Schuster, 1992.

Hofstadter, Douglas R. *Gödel, Escher, Bach: An Eternal Golden Braid*. New York: Basic Books, 1979.

Hofstadter, Douglas R. *I Am a Strange Loop*. New York: Basic Books, 2007.

Horgan, John. *The End of Science: Facing the Limits of Knowledge in the Twilight of the Scientific Age*. New York: Broadway Books, 1996.

Huggett, Nick. Zeno's paradoxes. In *Stanford Encyclopedia of Philosophy*. 2010.

Hume, David. *Dialogues Concerning Natural Religion*. Indianapolis, IN: Hackett, 1988.

Hume, David. *An Inquiry Concerning Human Understanding*. New York: Liberal Arts Press, 1955.

Hume, David. *A Treatise of Human Nature*. Oxford: Oxford University Press, 1978.

Jacobson, Nathan. *Basic Algebra I*. San Francisco: Freeman, 1985.

Jech, Thomas. *Set Theory*. San Diego: Academic Press, 1978.

Jech, Thomas. Set theory. In *Stanford Encyclopedia of Philosophy*. 2009.

John, Gribbin, and Martin Rees. *Cosmic Coincidences: Dark Matter, Mankind, and Anthropic Cosmology*. New York: Bantam New Age, 1989.

Jordan, Thomas F. *Quantum Mechanics in Simple Matrix Form*. New York: Wiley, 1986.

Kaku, Michio. *Physics of the Impossible: A Scientific Exploration into the World of Phasers, Force Fields, Teleportation, and Time Travel*. New York: Doubleday, 2008.

Kant, Immanuel. *The Critique of Pure Reason*. Trans. Norman Kemp Smith. New York: Bedford Books, 1969.

Kant, Immanuel. *Prolegomena to Any Future Metaphysics*. 1949.

Karp, Richard M. Reducibility among combinatorial problems. In R. E. Miller and J. W. Thatcher, eds., *Complexity of Computer Computations*, 85–103. New York: Plenum, 1972.

Kilmister, C. W. *Eddington's Search for a Fundamental Theory: A Key to the Universe*. Cambridge: Cambridge University Press, 1994.

Kirby, L., and J. Paris. Accessible independence results for Peano arithmetic. *Bulletin of the London Mathematical Society* 14 (1982): 285–293.

Klein, Morris. *Mathematics and the Physical World*. New York: Dover, 1981.

Kline, Morris. *Mathematics: The Loss of Certainty*. Oxford: Oxford University Press, 1980.

Kramer, Edna E. *The Nature and Growth of Modern Mathematics*. 2 vols. New York: Fawcett, 1970.

Kuhn, Thomas S. *The Structure of Scientific Revolutions*. 2nd ed. Chicago: University of Chicago Press, 1970.

Kuhn, Thomas S. What are scientific revolutions? In L. Krüger, L. Daston, and M. Heidelberger, eds., *The Probabilistic Revolution*, 7–22. Cambridge: Cambridge University Press, 1987.

Kursunoglu, Behram N., and Eugene Paul Wigner, eds. *Paul Adrien Maurice Dirac: Reminiscences about a Great Physicist*. Cambridge: Cambridge University Press, 1990.

Laplace, Pierre Simon. *A Philosophical Essay on Probabilities*. New York: Wiley, 1902.

Laplace, Pierre Simon. *A Philosophical Essay on Probabilities*. Translated into English from the original French 6th ed. by F. W. Truscott and F. L. Emory. New York: Dover Publications, 1951.

Lavine, Shaughan. *Understanding the Infinite*. Cambridge, MA: Harvard University Press, 1994.

Lawvere, F. William. Diagonal arguments and cartesian closed categories with author commentary. *Lecture Notes in Mathematics* 92 (1969): 134–145.

Lederman, Leon M., and Christopher T. Hill. *Symmetry and the Beautiful Universe*. Amherst, NY: Prometheus Books, 2004.

Levin, Leonid. "A survey of Russian approaches to perebor (brute-force searches) algorithms." *Annals of the History of Computing* 6, no. 4 (1973): 384–400.

Losee, John, ed. *A Historical Introduction to the Philosophy of Science*. 4th ed. Oxford: Oxford University Press, 2001.

Lorenz, Edward. "Predictability: Does the Flap of a Butterfly's Wings in Brazil Set Off a Tornado in Texas?" Address at the Annual Meeting of the American Association for the Advancement of Science in Washington, December 29, 1972. In E. N. Lorenz, *The Essence of Chaos,* Seattle: University of Washington Press, 1993.

Maimonides, Moses. *The Guide for the Perplexed*. Trans. M. Friedländer. London: Routledge & Kegan Paul, 1904.

Makin, Stephan. Zeno of Elea. In *Routledge Encyclopedia of Philosophy*. London: Routledge, 1998.

Malin, Shimon. *Nature Loves to Hide: Quantum Physics and Reality, a Western Perspective*. Oxford: Oxford University Press, 2001.

Manin, Yuri Ivanovich, with B. Zilber. *A Course in Mathematical Logic for Mathematicians*. 2nd ed. New York: Springer, 2010.

Manson, Neil A. *God and Design: The Teleological Argument and Modern Science*. London: Routledge, 2003.

Mazur, Joseph. *Motion Paradox: The 2,500-Year-Old Puzzle behind All the Mysteries of Time and Space*. New York: Dutton, 2007.

Mendelson, Elliott. *Introduction to Mathematical Logic*. 4th ed. Boca Raton, FL: Chapman &

Hall/CRC, 1997.

Mickens, Ronald E. *Mathematics and Science*. Teaneck, NJ: World Scientific, 1990.

Musser, George. *The Complete Idiot's Guide to String Theory*. New York: Penguin Books, 2008.

Nietzsche, Friedrich. *Basic Writings of Nietzsche*. Trans. Walter Kaufmann. New York: Modern Library, 2000.

Nørretranders, Tor. *The User Illusion: Cutting Consciousness Down to Size*. New York: Viking, 1998.

Okasha, Samir. *Philosophy of Science: A Very Short Introduction*. Oxford: Oxford University Press, 2002.

Pagels, Heinz R. *The Cosmic Code: Quantum Physics and the Language of Nature*. New York: Simon and Schuster, 1982.

Pais, A. Einstein and the quantum theory. *Reviews of Modern Physics* 51 (1979): 863–914.

Pais, A. Playing with equations, the Dirac way. In Behram N. Kursunoglu and Eugene Paul Wigner, eds., *Paul Adrien Maurice Dirac: Reminiscences about a Great Physicist*, 93–116. Cambridge: Cambridge University Press, 1990.

Papadimitriou, Christos H. *Computational Complexity*. Reading, MA: Addison-Wesley, 1994.

Parikh, Rohit. Existence and feasibility in arithmetic. *Journal of Symbolic Logic* 36, no. 3 (1971).

Parikh, Rohit. Vagueness and utility: The semantics of common nouns. *Linguistics and Philosophy* 17 (1994): 521–535.

Pascal, Blaise. *Pascal's Pensées*. New York: Dutton, 1958.

Paulos, John Allen. *Mathematics and Humor*. Chicago: University of Chicago Press, 1980.

Peat, F. David. *Einstein's Moon: Bell's Theorem and the Curious Quest for Quantum Reality*. New York: Contemporary Books, 1991.

Penrose, Roger. *The Emperor's New Mind: Concerning Computers, Minds, and the Laws of Physics*. Oxford: Oxford University Press, 1991.

Penrose, Roger. *The Road to Reality: A Complete Guide to the Laws of the Universe*. New York: Knopf, 2005.

Penrose, Roger. *Shadows of the Mind: A Search for the Missing Science of Consciousness*. Oxford: Oxford University Press, 1994.

Pickering, Andrew. *Constructing Quarks: A Sociological History of Particle Physics*. Chicago: University of Chicago Press, 1984.

Poincaré, Henri. *Science and Method*. New York: Cosimo Classics, 2010. Popper, Karl. *Conjectures and Refutations: The Growth of Scientific Knowledge*. 2nd ed. London: Routledge, 2002.

Poundstone, William. *Labyrinths of Reason: Paradox, Puzzles, and the Frailty of Knowledge*. New York: Anchor Press / Doubleday, 1989.

Poundstone, William. *The Recursive Universe: Cosmic Complexity and the Limits of Scientific Knowledge*. Chicago: Contemporary Books, 1985.

Pour-El, Marian Boykan, and J. Ian Richards. *Computability in Analysis and Physics*. New York: Springer, 1989.

Priest, Graham. *Beyond the Limits of Thought*. 2nd ed. Oxford: Oxford University Press, 2003.

Quine, W. V. *The Ways of Paradox and Other Essays*. New York: Random House, 1966.

Rescher, Nicholas. *The Limits of Science*. Rev. ed. Pittsburgh: University of Pittsburgh Press, 1999.

Rescher, Nicholas. *Scientific Progress: A Philosophical Essay on the Economics of Research in Natural Science*. Pittsburgh: University of Pittsburgh Press, 1978.

Rescher, Nicholas. *Unknowability: An Inquiry into the Limits of Knowledge*. Lanham, MD: Lexington Books, 2009.

Rice, H. G. Classes of recursively enumerable sets and their decision problems. *Transactions of the American Mathematical Society* 74, no. 2 (March 1953): 358.

Rindler, Wolfgang. *Essential Relativity: Special, General, and Cosmological*. New York: Van Nostrand Reinhold, 1969.

Rivest, R. L., A. Shamir, and L. Adleman. A method for obtaining digital signatures and public-key cryptosystems. *Communications of the ACM* 21, no. 2 (1978): 120–126.

Ross, Kenneth A., and Charles R. B. Wright. *Discrete Mathematics*. 5th ed. Englewood Cliffs, NJ: Prentice Hall, 2003.

Rucker, Rudy. *Infinity and the Mind: The Science and Philosophy of the Infinite*. Boston: Birkhäuser, 1982.

Russell, Bertrand. *The Scientific Outlook*. London: Routledge, 2009. Sainsbury, R. M. *Paradoxes*. 2nd ed. Cambridge: Cambridge University Press, 2007.

Sakurai, J. J. *Modern Quantum Mechanics*. Rev. ed. Reading, MA: Addison-Wesley, 1994.

Salinger, J. D. *Raise High the Roof Beam, Carpenters and Seymour: An Introduction*. New York: Back Bay Books, 2001.

Salmon, Wesley C. *Zeno's Paradoxes*. Indianapolis, IN: Hackett, 1972.

Scarani, Valerio. *Quantum Physics: A First Encounter; Interference, Entanglement and Reality*. Trans. Rachael Thew. Oxford: Oxford University Press, 2006.

Schwartz, Jacob T. *Relativity in Illustrations*. New York: Dover, 1989. Shainberg, Lawrence. *Memories of Amnesia: A Novel*. New York: Ivy Books, 1989.

Sipser, Michael. *Introduction to the Theory of Computation*. 2nd ed. Boston: Thomson Course Technology, 2005.

Smolin, Lee. *The Life of the Cosmos*. Oxford: Oxford University Press, 1999. Sorensen, Roy. *A Brief History of the Paradox: Philosophy and the Labyrinths of the Mind*. Oxford: Oxford University Press, 2003.

Sorensen, Roy. Epistemic paradoxes. In *Stanford Encyclopedia of Philosophy*. 2006.

Sorensen, Roy. *Vagueness and Contradiction*. Oxford, New York: Oxford University Press, 2001.

Stenger, Victor J. *The Comprehensible Cosmos: Where Do the Laws of Physics Come From?* Amherst, NY: Prometheus Books, 2006.

Stewart, Ian. *Galois Theory*. 3rd ed. Boca Raton, FL: Chapman & Hall/CRC, 2003.

Sudbery, Anthony. *Quantum Mechanics and the Particles of Nature: An Outline for Mathematicians*. Cambridge: Cambridge University Press, 1986.

Sudkamp, Thomas A. *Languages and Machines: An Introduction to the Theory of Computer Science*. 3rd ed. Reading, MA: Pearson / Addison-Wesley, 2006.

Tarski, Alfred. Truth and proof. *Scientific American*, June 1969, 63–77.

Tavel, Morton. *Contemporary Physics and the Limits of Knowledge*. New Brunswick, NJ: Rutgers University Press, 2002.

Torkel, Franzén. *Gödel's Theorem: An Incomplete Guide to Its Use and Abuse*. Wellesley, MA: A. K. Peters, 2005.

Truss, John. *Discrete Mathematics for Computer Scientists*. 2nd ed. Reading, MA: Addison-Wesley, 1998.

Unger, Peter. There are no ordinary things. *Synthese* 41 (1979): 117–154.

Van Heijenoort, J. *From Frege to Gödel: A Source Book in Mathematical Logic, 1879–1931*. Cambridge, MA: Harvard University Press, 1967.

Van Heijenoort, J. Gödel's Theorem. In *The Encyclopedia of Philosophy*. London: Collier Macmillan, 1967.

Vlastos, Gregory. Zeno of Elea. In *The Encyclopedia of Philosophy*, vol. 8, 369–379. New York: Macmillan / Free Press, 1972.

Von Prantl, C. *Geschichte der Logik im Abendlande*. Vol. 1. Leipzig: S. Hirzel, 1855.

Vygotsky, L. S. *Thought and Language*. Trans. Alex Kozulin. Cambridge, MA: MIT Press, 1986.

Waldrop, M. Mitchell. *Complexity: The Emerging Science at the Edge of Order and Chaos*. New York: Simon and Schuster, 1992.

Wang, Hao. *A Logical Journey: From Gödel to Philosophy*. Cambridge, MA: MIT Press, 1996.

Wapner, Leonard M. *The Pea and the Sun: A Mathematical Paradox*. Wellesley, MA: A. K. Peters, 2007.

Webb, Stephen. *If the Universe Is Teeming with Aliens ... Where Is Everybody? Fifty Solutions to Fermi's Paradox and the Problem of Extraterrestrial Life*. New York: Springer, 2002.

Weinberg, Steven. *Dreams of a Final Theory*. New York: Vintage, 1994.

Weyl, Hermann. *Symmetry*. Princeton, NJ: Princeton University Press, 1952.

Wheeler, J. A. Law without law. In J. A. Wheeler and W. H. Zurek, eds., *Quantum Theory and Measurement*, 362–386. Princeton Series in Physics. Princeton, NJ: Princeton University Press, 1984.

Wheeler, J. A., and W. H. Zurek, eds. *Quantum Theory and Measurement*. Princeton Series in Physics. Princeton, NJ: Princeton University Press, 1984.

Whewell, William. *History of the Inductive Sciences*. 3rd ed. Vol. 1. New York: Parker, West Strand, 1858.

White, Robert L. *Basic Quantum Mechanics*. New York: McGraw-Hill, 1966.

Wick, David. *The Infamous Boundary: Seven Decades of Controversy in Quantum Physics*. Boston: Birkhäuser, 1995.

Wigner, Eugene. The unreasonable effectiveness of mathematics in the natural sciences.

Wittgenstein, Ludwig. *Tractatus Logico-Philosophicus*. Trans. David Pears and Brian McGuinness. London: Routledge, 1994.

Yablo, Stephen. Paradox without self-reference. 1993.

Yanofsky, Noson S. Towards a definition of an algorithm. *Journal of Logic and Computation*, 21, no. 3, (2010): 253–286.

Yanofsky, Noson S. A universal approach to self-referential paradoxes, incompleteness and fixed points. *Bulletin of Symbolic Logic* 9, no. 3, (2003): 362–386.

Yanofsky, Noson S., and Mirco A. Mannucci. *Quantum Computing for Computer Scientists*. Cambridge: Cambridge University Press, 2008.